计算机应用能力培养丛书

电脑组装、维护、故障排除简明教程

陈　波　编著

清华大学出版社

北　京

内 容 简 介

本书系统地介绍了电脑组装、维护与故障排除的方法。全书共 14 章，主要内容包括：电脑的基础知识，电脑的三大件，电脑的存储设备，电脑的输入输出系统，电脑的其他一些常用外设，电脑的组装，BIOS 设置和硬盘初始化，安装操作系统和驱动程序，系统性能测试和常用外设，数据的备份、还原与恢复，操作系统的优化，操作系统的维护，电脑硬件的日常维护，最后一章还介绍了电脑常见故障的排除方法，可帮助用户自行解决一些电脑的常见故障。

本书内容丰富、结构清晰、语言简练、实例众多，具有很强的实用性和可操作性。本书可作为高等院校、高职高专学校，以及社会各类培训班“电脑组装、维护、故障排除”课程的教材，也可作为广大初、中级电脑用户的自学参考书籍。

图书在版编目(CIP)数据

电脑组装、维护、故障排除简明教程/陈波　编著.—北京：清华大学出版社，2010.9

ISBN 978-7-302-23527-9

Ⅰ. 电…　Ⅱ. 陈…　Ⅲ. ①电子计算机—组装—教材　②电子计算机—维修—教材　③电子计算机—故障修复—教材　Ⅳ. TP3

中国版本图书馆 CIP 数据核字(2010)第 154039 号

责任编辑：王　军　李维杰
装帧设计：康　博
责任校对：胡雁翎
责任印制：王秀菊
出版发行：清华大学出版社　　**地　　址**：北京清华大学学研大厦 A 座
http://www.tup.com.cn　　**邮　　编**：100084
社　总　机：010-62770175　　**邮　　购**：010-62786544
投稿与读者服务：010-62776969，c-service@tup.tsinghua.edu.cn
质 量 反 馈：010-62772015，zhiliang@tup.tsinghua.edu.cn
印 装 者：三河市春园印刷有限公司
经　　销：全国新华书店
开　　本：185×260　**印　张**：20　**字　数**：486 千字
版　　次：2010 年 9 月第 1 版　　**印　　次**：2010 年 9 月第 1 次印刷
印　　数：1～4000
定　　价：29.00 元

产品编号：017679-01

前　言

高职高专教育以就业为导向，以技术应用型人才为培养目标，担负着为国家经济高速发展输送一线高素质技术应用人才的重任。近年来，随着我国高等职业教育的发展，高职院校数量和在校生人数均有了大幅激增，已经成为我国高等教育的重要组成部分。

根据目前我国高级应用型人才的紧缺情况，教育部联合六部委推出“国家技能型紧缺人才培养培训项目”，并从 2004 年秋季起，在全国两百多所学校的计算机应用与软件技术、数控项目、汽车维修与护理等专业推行两年制和三年制改革。

为了配合高职高专院校的学制改革和教材建设，清华大学出版社在主管部门的指导下，组织了一批工作在高等职业教育第一线的资深教师和相关行业的优秀工程师，编写了适应新教学要求的计算机系列高职高专教材——《计算机应用能力培养丛书》。本丛书主要面向高等职业教育，遵循“以就业为导向”的原则，根据企业的实际需求来进行课程体系设置和教材内容选取。根据教材所对应的专业，以“实用”为基础，以“必需”为尺度，为教材选取理论知识；注重和提高案例教学的比例，突出培养人才的应用能力和实际问题解决能力，满足高等职业教育“学校评估”和“社会评估”的双重教学特征。

每本教材的内容均由“授课”和“实训”两个互为联系和支持的部分组成，“授课”部分介绍在相应课程中，学生必须掌握或了解的基础知识，每章都设有“学习目标”、“实用问题解答”、“小结”、“习题”等特色段落；“实训”部分设置了一组源于实际应用的上机实例，用于强化学生的计算机操作使用能力和解决实际问题的能力。每本教材配套的习题答案和教学课件均可在本丛书的信息支持网站(http://www.tupwk.com.cn/GZGZ)上下载或通过 E-mail(wkservice@vip.163.com)索取，读者在使用过程中遇到了疑惑或困难可以在支持网站的互动论坛上留言，本丛书的作者或技术编辑会提供相应的技术支持。

电脑作为一种常用工具在人们的学习和工作中发挥着重要作用。电脑的零部件很多，只有这些零部件协调运行，电脑才能正常工作。但是如此众多的组成部件，如果其中一个或多个安装不当或出现问题，就会给用户带来极大的不便。因此电脑的组装、维护与故障排除不仅是各类高校所要开设的专业课程，也是广大电脑爱好者渴望掌握的技能。

本书依据教育部《高职高专教育计算机公共基础课程教学基本要求》编写而成，在内容上尽可能紧跟电脑硬件技术的发展步伐。全书共 14 章，主要内容包括：电脑的基础知识，电脑的三大件，电脑的存储设备，电脑的输入输出系统，电脑的其他一些常用外设，电脑的组装，BIOS 设置和硬盘初始化，安装操作系统和驱动程序，系统性能测试和常用外设，数据的备份、还原与恢复，操作系统的优化，操作系统的维护，电脑硬件的日常维护以及电脑常见故障的排除等。

由于计算机科学技术发展迅速，再者受自身水平和编写时间所限，书中如有错误或不足之处，欢迎广大读者提出意见和建议。

编　者

目 录

第 1 章

电脑基础知识

随着社会的进步和科学技术日新月异的发展，信息时代的标志——计算机(俗称电脑)在人们的日常生活中扮演着越来越重要的角色。本章介绍电脑的基础知识，通过本章的学习，应该完成以下学习目标：

- ☑ 掌握电脑的构成
- ☑ 掌握电脑的硬件系统组成
- ☑ 掌握电脑的软件系统组成
- ☑ 熟悉电脑的主要部件
- ☑ 了解电脑的主要外设

1.1 初 识 电 脑

电脑是一种能够对收集的各种数据和信息进行分析并自动加工和处理的电子设备，由于具有逻辑判断等功能，是以近似人类大脑的“思维”方式进行工作，所以俗称“电脑”。日常生活中人们所接触的电脑只是计算机中的一种，即平时所说的 PC。

从外观上看，电脑一般都由主机、显示器、键盘、鼠标、音箱 5 大部分构成，如图 1-1 所示。有的可能还带有扫描仪、打印机等。

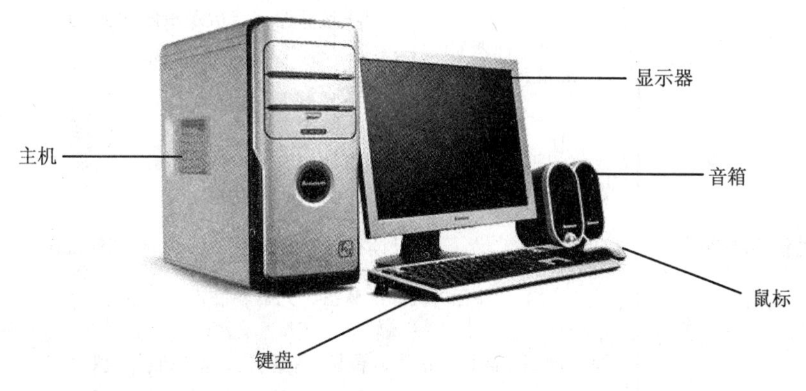

图 1-1　电脑的外观构成

主机是整个电脑的主体，主机箱中包括了电脑的主要硬件设备，有主板、CPU、硬盘、内存条、显卡、电源、声卡、光驱等。主机箱起着对内部硬件设备进行保护和对电磁辐射进行屏蔽的作用。键盘和鼠标是电脑的输入设备，用于输入字母、数字、符号以及位移信息。显示器是输出设备，图像、文字、视频等都通过它呈现在我们面前。音箱也是输出设备，用于播放声音。

提示：相对于图 1-1 所示的台式机，笔记本电脑要轻便得多。笔记本电脑又称手提电脑或膝上型电脑，它在很小的体积中集成了台式机所具备的各种硬件，包括主板、处理器、硬盘、内存、显示器、光驱等，如图 1-2 所示。

图 1-2　笔记本电脑的外观

1.2　电脑的系统组成

电脑是由硬件和软件构成的综合系统，硬件也就是我们看得到、摸得着的各种设备，它们是电脑的基本组成部分；软件则是操作硬件的各种语言和程序，用来管理和控制硬件设备。

1.2.1　电脑的硬件系统

电脑的硬件系统指的是组成一台电脑的各种物理设备，是整个电脑系统进行工作的基础，也是决定电脑功能的主要因素。电脑的硬件系统主要包括：中央处理器(CPU)、存储器、输入设备和输出设备，如图 1-3 所示。

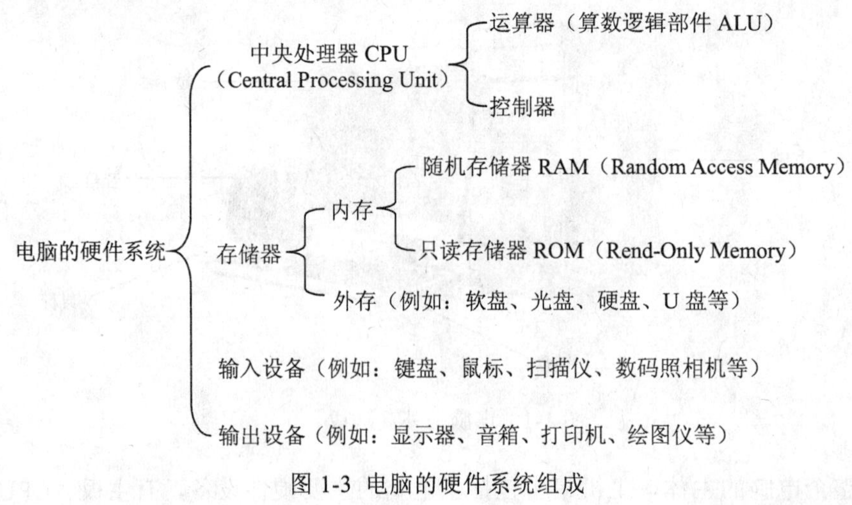

图 1-3 电脑的硬件系统组成

1. 中央处理器

中央处理器是电脑的核心部分，又称 CPU(Central Processing Unit)。CPU 包括运算器和控制器两部分，运算器又称算数逻辑部件，简称 ALU，主要用来完成数据的算术运算和逻辑运算。控制器是电脑的指挥系统，它通过地址访问存储器，逐条取出选中单元的命令，然后分析指令，根据指令产生相应的控制信号并控制其他部件完成指令要求的操作。CPU 的外观如图 1-4 所示。

图 1-4　CPU

2. 存储器

存储器是电脑里的一种具有记忆能力的部件，用来存放程序或数据。存储器分为内存储器和外存储器两类，简称内存和外存。内存用于暂时存放系统中的数据，它的特点是存储容量较小，但运行速度较快，如图 1-5 左图所示。外存用于存放永久性的数据，它的特点是存储容量较大，但存取速度相比内存较慢，如图 1-5 右图所示。

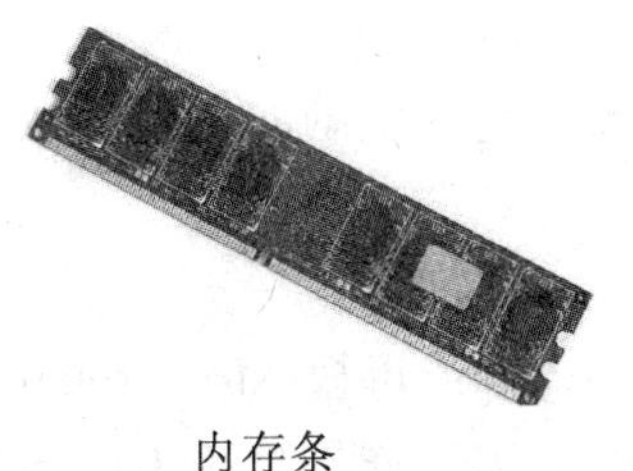

内存条　　　　硬盘

图 1-5 存储器

3. 输入设备

输入设备是指将原始数据或指令输入电脑中的部件，常见的输入设备有鼠标、键盘、扫描仪等。

4. 输出设备

输出设备是指把电脑处理后的数据以人们能够识别的形式输出的部件，常用的输出部件有显示器、音箱、打印机、绘图仪等。

1.2.2　电脑的软件系统

电脑的软件系统指的是在硬件设备上运行的各种程序、数据以及有关的资料，它包括系统软件和应用软件两种。系统软件包括操作系统、语言处理系统、数据库系统、分布式软件系统等，应用软件主要指的是针对某项工作专门开发的一组程序，例如：Office 系列软件、Photoshop 软件等。

1. 操作系统

操作系统用于管理电脑的资源和控制程序的运行，它的主要功能包括存储器管理、处理器管理、文件管理、设备管理和作业管理等。

2. 语言处理系统

语言处理系统的功能是处理软件语言，如编译程序等，主要是把用户输入的指令或源程序转换为可以被电脑识别和运行的目标程序，从而得到预期的效果。

3. 数据库系统

数据库系统是用于支持数据管理和存取的软件，它包括数据库系统和数据库管理系统等，其主要功能包括数据库的定义和操纵，共享数据的并发控制、数据的安全和保密等。

4. 分布式软件系统

分布式软件系统包括分布式操作系统、分布式程序设计系统、分布式数据库系统、分布式文件系统等，其主要功能是管理分布式电脑系统的资源和控制分布式程序的运行等。

5. 应用软件

应用软件主要是提供一个人机交互界面，也就是提供用户与电脑之间按照一定的约定进行信息交互的软件系统。

1.3 电脑的主要部件

电脑的主要部件包括主板、CPU、硬盘、内存、显卡、声卡、网卡、光驱、机箱、电源和一些外围设备等。这些部件有机地组合在一起来完成电脑的各项功能。

1.3.1 主板

主板又称主机板(Mainboard)、系统板(Systemboard)或母板(Motherboard)，如图 1-6 所示。主板是整个电脑硬件系统中最重要的部件之一，用于连接机箱内的各种设备。它不但是整个电脑系统平台的载体，也是系统中各种信息交流的中心。主板的类型和档次决定着整个电脑系统的类型和档次，主板的性能影响着整个电脑系统的性能。主板上提供了电脑的主要电路系统，并具有扩展槽和芯片组。

图 1-6 主板

1.3.2 CPU

CPU 是整个电脑系统的核心部分，负责整个电脑系统的协调、控制以及程序运行。它的硬件组成包括 3 个部分：基板、核心和针脚。

1. 基板

基板是承载核心和针脚的载体，核心和针脚通过基板连接成一个整体，它们决定着 CPU 的时钟频率，负责内核芯片和外界信息的交流，如图 1-7 所示。

2. 核心

CPU 的核心又称内核，是 CPU 最重要的组成部分，它的制作原材料是单晶硅，CPU 中心那块隆起的芯片就是核心，如图 1-8 所示。CPU 中所有的计算、接受/存储命令、处理数据都是由核心完成的。目前双核和多核 CPU 成了主流。

3. 针脚

CPU 的接口方式曾有引脚式、卡式、触电式及针脚式等各种，目前 CPU 的接口方式都是针脚接口，如图 1-9 所示。CPU 的接口类型不同，在性能、插口数、体积、形状上都有变化，所以不能混插。CPU 接口类型的命名，习惯上用针脚数来表示，例如，Athlon XP 系列处理器所采用的 Socket 939 接口，其针脚数为 939 针。

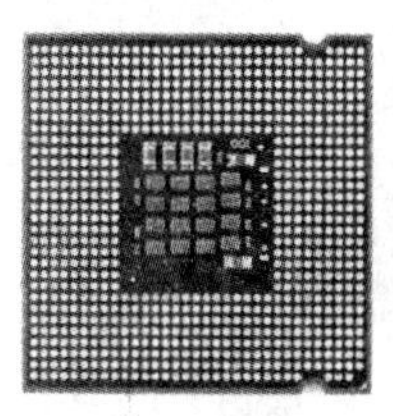

图 1-7　基板

图 1-8　核心(双核)

图 1-9　针脚

提示：用户通常看到的 CPU 都是已经封装好的，这是为了防止 CPU 损坏而采用特定的材料将 CPU 芯片或模块固化在了其中。固化好的 CPU 通常都有一个缺角，用于指明 CPU 的安装方向。

1.3.3　硬盘

硬盘(Hard Disk)是电脑中最重要的外部存储器，是由一个或者多个铝制或者玻璃制的碟片组成。硬盘主要包括盘片、磁头、盘片主轴、控制电机、磁头控制器、数据转换器、接口和缓存等。

硬盘的正面都贴有标签，标签上一般都标有产品型号、产地、出厂日期、产品序列号等硬盘相关信息，侧面有电源接口，硬盘的背面焊接着硬盘的控制电路，这些电路一般采用元件焊接，主要包括主轴调速电路、读写电路、控制电路、磁头驱动与定位电路和接口电路等。

1. 主控芯片

硬盘上最大的一块芯片就是硬盘的主控芯片，硬盘与外界的数据交互和数据处理都是通过它来完成的，如图 1-10 所示。

2. 存储芯片

硬盘主存储芯片的作用是在硬盘加电后自动执行启动主轴电动机、初始化寻道和硬盘自检等工作，如图 1-11 所示。

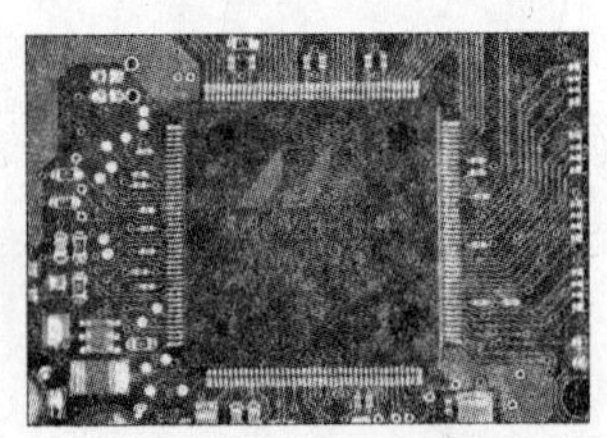
图 1-10　主控芯片

图 1-11　存储芯片

3. 缓存芯片

缓存芯片是位于主控芯片附近的一块长方形芯片，存取速度比较快，负责为数据提供暂时的存储空间，提高硬盘的读写效率，如图 1-12 所示。

4. 硬盘接口

硬盘接口分为电源接口和数据接口，如图 1-13 所示。电源接口与主机相连，为硬盘工作提供电力保证，数据接口负责硬盘数据和主板控制器之间的数据交换，目前市场上的硬盘大多采用 SATA 接口。

图 1-12　缓存芯片

图 1-13　硬盘接口

1.3.4　内存

内存即内部存储器，它的读取速度很快，是电脑在运行应用程序时临时存放数据的地方，它是 CPU 与外围设备沟通的桥梁。内存性能的好坏直接关系到电脑能否正常稳定地工作。内存的主要组成部分包括内存颗粒、金手指、内存缺口、内存卡槽等。

1. 内存颗粒

内存颗粒是内存中最重要的组成元件，它决定着内存的容量、性能、频率等重要元素。在它的背面标有厂家、编码等信息，内存的详细参数信息包含在编码中，如图 1-14 所示。

2. 金手指

金手指是指内存的电路板与主板内存插槽的插脚，它是内存条与主板内存插槽接通的桥梁，它因上面镀了金而又形似人的手指而得名，如图 1-15 所示。

图 1-14　内存颗粒

图 1-15　金手指

3. 内存缺口

内存缺口是与内存插槽上的防凸起设计相对应的，这是一个富于人性化的设计，能够有效地防止内存条被用户反插而烧毁，如图 1-16 所示。

4. 内存卡槽

内存卡槽位于内存条的两侧，用于安装时将内存更好地固定在内存插槽上，如图 1-17 所示。

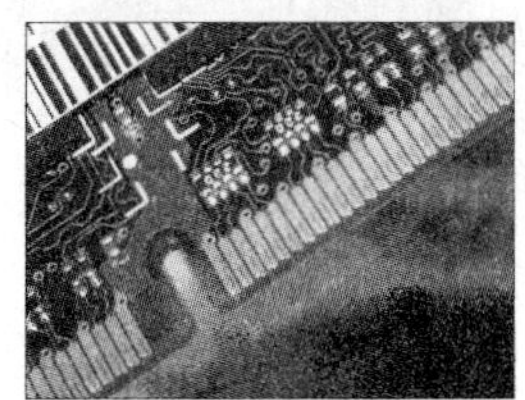

图 1-16 内存缺口

图 1-17 内存卡槽

1.3.5 显卡

显卡(Display Card)的基本作用是控制电脑的图形输出，主要负责将 CPU 送来的影像数据经过处理后再送到显示器显示出来。显卡是主机与显示器之间进行沟通的桥梁，由显卡连接显示器，用户才能够在显示屏幕上看到图像。显卡的外观如图 1-18 所示。

图 1-18 显卡

显卡由显示芯片、显存以及显卡接口等组成，这些组件决定了电脑屏幕上的输出，包括屏幕画面显示的速度、颜色以及显示分辨率。

1. 显示芯片

显示芯片 GPU(Graphic Processing Unit，图形处理单元)是显卡的核心芯片，它的主要任务是把电脑送出的数据进行处理，并将最终结果显示在显示器上，如图 1-19 所示。显示芯片性能的好坏直接决定了显卡性能的好坏。

2. 显存

显存是显示内存的简称，显存又称帧缓存，用来存储要处理的图形信息，如图 1-20 所示，显存的容量决定着能够临时存储数据的多少和显示器上能够显示的颜色数。一般来说，显存越大，显示 2D 和 3D 图形的画面质量就越高。

3. 显卡接口

显卡接口和显示器接口相连，就可以将处理好的图像在显示器上显示出来，如图 1-21 所示。显卡接口决定着显卡与系统之间传输的最大宽度，不同的接口决定着主板是否能够使用此显卡。

图 1-19　显示芯片

图 1-20　显存

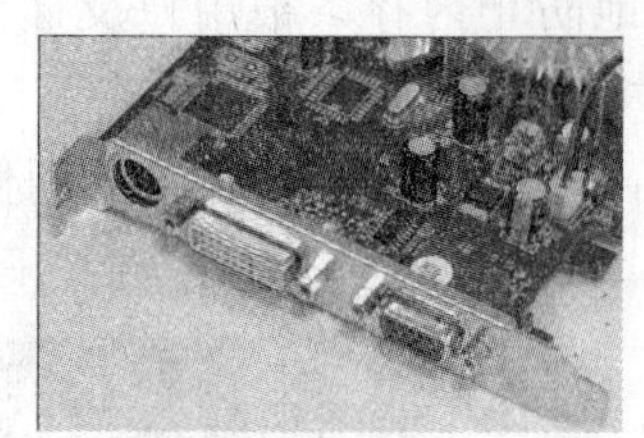

图 1-21　显卡接口

1.3.6　声卡

声卡又称音频卡，是多媒体电脑中的重要部件，可以实现声波/数字信号的相互转换，声卡是对送来的声音信号进行处理，然后再由声卡送到音箱进行还原。声卡处理的声音信息在电脑中以文件的形式存储。声卡主要由音效处理芯片、游戏/MIDI 插口、线性输入输出插口、话筒输入插口和内置声音输出接口组成。图 1-22 所示为声卡的音效处理芯片，图 1-23 所示为声卡的接口。

图 1-22　音效处理芯片

图 1-23　声卡接口

1.3.7　网卡

网卡(Network Interface Card)又称网络适配器，它是连接电脑与网络的硬件设备，是电脑上网必备的工具之一。网卡的作用是通过网线(双绞线、同轴电缆)或者其他的媒介来实现与网络中的其他用户共享资源和交换数据的功能。网卡分为有线网卡、无线网卡和无线移动网卡 3 种。

1. 有线网卡

目前台式电脑中普遍使用的都是有线网卡，有线网卡又分为独立网卡(图 1-24 所示)和集成网卡(图 1-25 所示)两类。由于网卡的重要性，现在大部分主板都集成了网卡。

图 1-24　独立网卡

图 1-25　集成网卡

2. 无线网卡

无线网卡的显著特点是上网不需要网线，它利用无线技术取代了网线，由于它的这一特性，所以它被广泛的应用于无线网络中，如图 1-26 所示。

3. 无线移动网卡

无线移动网卡和无线网卡相比，它的优点是可以随时通过移动、联通或电信的无线通信网络上网，这种上网方式虽然很方便，但是信号可能不稳定，资费贵，如图 1-27 所示。

图 1-26　无线网卡

图 1-27　3G 无线上网卡

1.3.8　光驱

光驱是光盘驱动器的简称，用来读取光盘上的数据。光驱主要由以下几部分组成：激光头、旋转电动机、内存机芯、外托架和程序芯片。目前的光驱技术已经发展得相当完善了。常见的光驱有：CD-ROM 光驱、DVD-ROM 光驱、CD-RW 刻录机、DVD-RW 刻录机等。

1. CD-ROM 光驱

CD-ROM 光驱在前些年比较流行，主要能够读取 CD、VCD 格式的光盘，但随着 DVD-ROM 技术的日益成熟和完善，CD-ROM 的光驱已经基本上被淘汰。

2. DVD-ROM 光驱

DVD-ROM 光驱是现在比较常见的光驱，它能够读取 CD、VCD 和 DVD 格式的光盘，如图 1-28 所示。

3. CD-RW 刻录机

CD-RW 刻录机既能读取光盘，又能将数据刻录到 CD 光盘上，如图 1-29 所示。但因为 CD 的容量比较小和 DVD-RW 刻录机的发展，CD-RW 刻录机也已逐渐被淘汰。

4. DVD-RW 刻录机

DVD-RW 刻录机不仅能读取 DVD 中的数据，还能将数据刻录到 DVD 上，是目前比较常见的光盘刻录机，如图 1-30 所示。

图 1-28　DVD-ROM 光驱

图 1-29　CD-RW 刻录机

图 1-30　DVD-RW 刻录机

1.3.9　机箱和电源

机箱和电源也是一台电脑必不可少的硬件，机箱主要用来固定电脑的硬件，并对硬件起到保护作用，而电源为电脑各个硬件的工作提供电力保证。

1. 机箱

机箱一般包括外壳、支架、面板上的各种开关、指示灯等，如图 1-31 所示。机箱外壳的硬度比较高，一般由钢板和塑料结合制成，主要起保护机箱内部硬件的作用。支架用于固定主板、电源和各种驱动器。

2. 电源

电源的作用是为电脑各个硬件的工作提供电力，电源提供的电源功率的大小、电流和电压的稳定性将会对电脑的工作性能和使用寿命造成直接影响。

电源安装在主机箱的内部，是一个封闭式的独立硬件，它将交流电通过一个变压器转换成为 5V、－5V、+12V、－12V 和+3.3V 等稳定的直流电，以保证机箱内各个部件的正常工作，如图 1-32 所示。

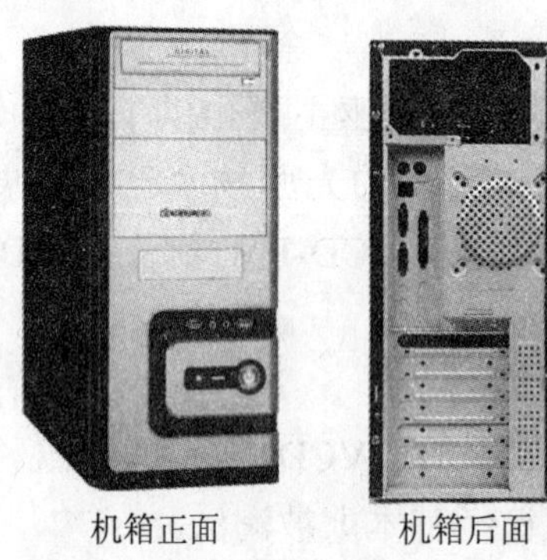

机箱正面　机箱后面

图 1-31　机箱

图 1-32　电源

1.3.10　电脑的外围设备

1. 显示器

显示器是电脑中必不可少的输出设备，它将电脑中的文字、图片和视频数据转换成为人的肉眼可以识别的信息显示出来，它为用户和电脑提供了一个交流的平台。显示器主要分为 CRT(Cathode-Ray-Tube，阴极射线管)显示器和液晶显示器(Liquid Crystal Display，LCD)两种，如图 1-33 所示。

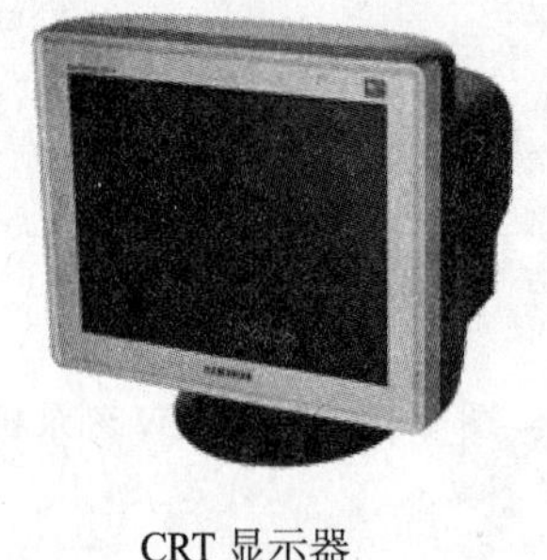

CRT 显示器

LCD

图 1-33 显示器

2. 键盘

键盘是电脑中最基本的也是最重要的输入设备，通过键盘用户可以向电脑输入字母、文字和标点符号等，从而实现输入数据和控制功能，如图 1-34 所示。

3. 鼠标

鼠标的英文名称是 Mouse，鼠标可以说是操作系统的钥匙，它的发明主要是为了让操作系统的操作更加简捷，鼠标的方便性和灵活性使它成为电脑中使用最为频繁的设备之一，如图 1-35 所示。

图 1-34　键盘

图 1-35　鼠标

4. 打印机

打印机可以把电脑中的文字、图像等信息打印到纸质媒介上。打印机可以分为针式打印机、喷墨打印机和激光打印机，如图 1-36 所示。

针式打印机

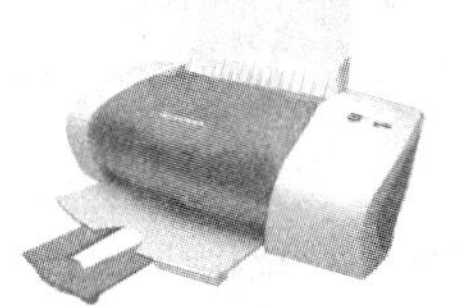

喷墨打印机

激光打印机

图 1-36　打印机

5. 扫描仪

扫描仪是电脑的一种输入设备，它能够将图片和文字等内容直接以图片的形式存储在电脑中。扫描仪分为平板式扫描仪和手持式扫描仪两种，如图 1-37 所示。

6. 音箱

音箱的主要作用是输出电脑发出的音频信号，将其转化为声波信号，供用户收听，如图 1-38 所示。

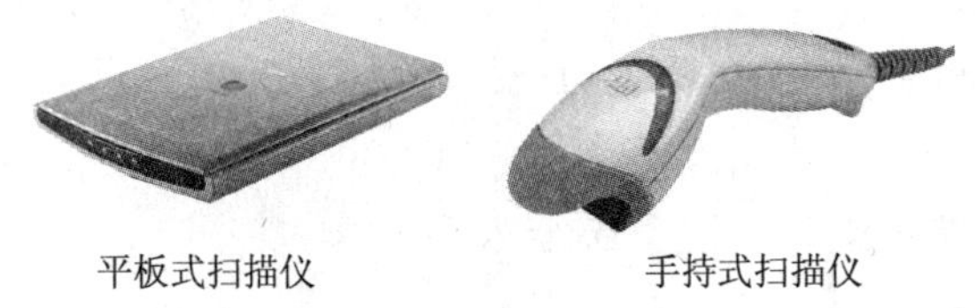

平板式扫描仪　　手持式扫描仪

图 1-37　扫描仪

图 1-38　音箱

7. 手写板

手写板类似于鼠标和键盘的功能，它的作用是输入文字或者绘画，如图 1-39 所示。

8. U 盘

U 盘是 USB 盘的简称，它的特点是体型小巧、价格低廉、存储容量大、价格便宜，是一种常见的移动存储设备，如图 1-40 所示。

9. 移动硬盘

移动硬盘是以硬盘为存储介质并注重便携性的存储产品，相对于U盘来说，它的存储容量更大，存取速度更快，但是价格比较贵一些，如图1-41所示。

图1-39　手写板

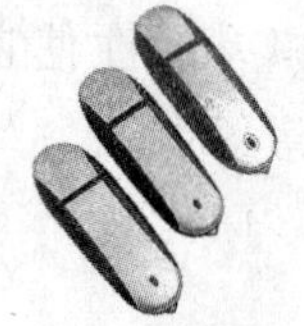

图1-40　U盘

图1-41　移动硬盘

本章小结

通过对本章的学习，用户可以对电脑有一个基本的了解，并熟悉电脑的硬件系统和软件系统，掌握电脑中各个重要部件的作用。下一章向读者介绍主板的相关知识。

习题

填空题

1. 电脑系统由________系统和________系统两大系统构成。

2. ________是电脑的核心部分，又称CPU。

3. CPU硬件组成的三个部分分别是________、________和________。

4. ________又称主机板（Mainboard）、系统板（Systemboard）和母板（Motherboard）。

5. 既能读光盘，又能将数据写入到光盘中的设备是________。

选择题

6. 下列哪一项不属于电脑的输入设备(　　)。

A. 鼠标　　B. 键盘　　C. 扫描仪　　D. 打印机

7. 下列软件中属于应用软件的是(　　)。

A. Word　　B. DOS　　C. Windows 7　　D. Linux

8. 以下哪一个部件通常不是安装在机箱内部的(　　)。

A. 内存条　　B. 显卡　　C. 电源　　D. U盘

9. 扫描仪属于电脑的(　　)。

A. 输入设备　　B. 输出设备　　C. 存储器　　D. 板卡

10. 与移动硬盘相比，下列哪项属于U盘的优点(　　)。

A. 存取速度快　　B. 容量大　　C. 便于携带　　D. 价格较高

简答题

11. 简述电脑的系统组成。

12. 简述电脑都有哪些外围设备。

操作题

13. 拆装一台电脑，仔细观察它的内部构成部件，熟悉主板、内存条、硬盘和各种板卡。

第 2 章

电脑三大件

电脑的三大件指的是 CPU、主板和内存，其中 CPU 是电脑的核心组成部分，是电脑的指挥中心，担负着计算、分析数据，以及发送命令给其他部件的重任；主板是整个电脑的中枢，电脑的所有内部部件和外设都是通过主板与处理器连接在一起进行通信的；内存是用来临时存放数据的存储器，起到在 CPU 和硬件之间缓冲的作用。本章主要介绍这三大件的相关基础知识。通过本章的学习，应该完成以下学习目标：

- ☑ 了解 CPU 的结构和性能指标
- ☑ 掌握 CPU 的选购技巧
- ☑ 了解主板的结构和性能指标
- ☑ 掌握主板的选购技巧
- ☑ 了解内存的结构和性能指标
- ☑ 掌握内存的选购技巧

2.1 CPU

CPU 就像是电脑的“心脏”，只有拥有一颗强劲的 CPU，才能够带动整台电脑的运转。要想配置一台电脑，选择一款合适的 CPU 至关重要。本节向读者介绍 CPU 的基本常识和 CPU 的选购技巧。

2.1.1 CPU 的工作过程

CPU 是电脑的重要组成部分，CPU 对数据一般进行以下操作：读取数据、对数据进行处理、执行数据处理结果要求执行的指令、将指令的执行结果存储到内存中，其工作流程如图 2-1 所示。

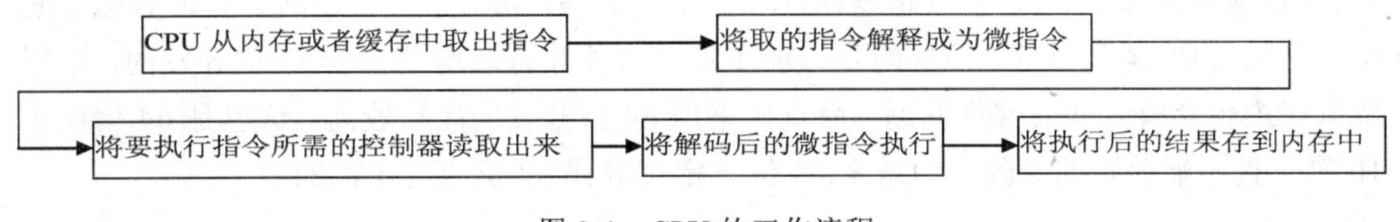

图 2-1　CPU 的工作流程

数据从输入设备流经内存，等待 CPU 的处理，这些将要处理的信息是按字节存储的，也就是以 8 位二进制数或 8bit 为 1 个存储单元，这些信息可以是数据也可以是指令。数据可以是二进制表示的字符、数字或颜色等等。而指令告诉 CPU 对数据执行哪些操作，例如完成加法、减法或移位运算等。

内存中的每个存储单元都有编号(称为地址)，指令指针(Instruction Pointer)会通知 CPU，将要执行的指令放置在内存中的存储位置，指令译码器从指令寄存器 IR 中取出指令，翻译成 CPU 可以执行的形式，然后决定完成该指令需要哪些必要的操作，它将告诉算术逻辑单元(ALU)什么时候计算，告诉指令读取器什么时候获取数值，告诉指令译码器什么时候翻译指令等。

如果数据被送往算术逻辑单元，数据将会执行指令中规定的各种运算。当数据处理完毕后，将回到寄存器中，通过不同的指令将数据继续运行或者通过 DB 总线送到数据存储单元中。

通常情况下，一条指令可以包含按顺序执行的许多操作，CPU 的工作就是执行这些指令，完成一条指令后，CPU 的控制单元又将告诉指令读取器从内存中读取下一条指令来执行。这个过程不断快速地重复，快速地执行一条又一条指令，在处理这么多指令和数据的同时，由于数据转移时差和 CPU 处理时差，可能会出现混乱处理的情况。为了保证各种指令有条不紊的执行，CPU 还有一个时钟控制器，时钟控制器控制着 CPU 对每一个指令的执行，它不停地发出脉冲，决定 CPU 的步调和处理时间，这就是 CPU 的标称速度，也称为主频。主频数值越高，表明 CPU 的工作效率越高。

2.1.2 最新的 CPU 技术

随着技术的发展与提高，CPU 技术也在不断创新，本节向读者介绍几种当前主流的 CPU 技术，使读者能够熟悉最新的 CPU 技术。

1. 64 位技术

随着硬件的升级和电脑计算速度的不断提升，原有的 32 位带宽已经不能满足硬件升级的需求，这时候特别需要有一条宽敞的带宽为硬件提供更高的传输速率，以满足硬件不断升级的需求。

64 位技术是相对于 32 位而言的，这个位数指的是 CPU GPRs(General-Purpose Registers，通用寄存器)的数据宽度为 64 位，64 位指令集就是运行 64 位数据的指令，也就是说处理器一次可以运行 64 位数据。

64 位计算主要有两大优点：可以进行更大范围的整数运算；可以支持更大的内存。不能仅从数字上的变化，就简单地认为 64 位处理器的性能是 32 位处理器性能的两倍。实际上在 32 位应用环境中，32 位处理器的性能甚至会更强，要发挥 64 位的优势，必须搭配 64 位操作系统和 64 位软件。遗憾的是目前主流的软件和游戏均是基于 32 位开发的，采用 64 位系统难免会有一些兼容性问题，而直接采用 64 位开发的风险较高，这也是 64 位在过去 10 年一直不能普及的原因，但未来 64 位一定会取代 32 位成为主流的。

2. 四核技术

四核技术是指在一个 CPU 上装有四个核心芯片，每个核心芯片都拥有独立的指令集、执行单元，可以同时执行多项任务，使 CPU 真正实现并行处理模式。

四核 CPU 拥有增强的安全性和最新的多媒体功能，与相同速度的单核、双核 CPU 相比，四核 CPU 可以带来翻倍的效率提升，而且全面增加 CPU 的功能。

3. 虚拟化技术

虚拟化技术(Virtualization Technology，简称 VT)可以让一个 CPU 工作起来就像多个 CPU 并行运行，从而能够在一部电脑内同时运行多个操作系统。

在微软最新的操作系统 Windows 7 上，可以再安装一个 XP 系统，并且能随时切换到【XP 模式】，以兼容旧的软件。若要让电脑能支持【XP 模式】功能，则 CPU 必须支持虚拟化技术。

4. 三通道内存技术

三通道内存技术，是从双通道内存技术发展而来的。推出双通道内存技术就是为了解决 CPU 总线带宽和内存带宽不匹配之间的矛盾，随着前端总线 FSB 越来越高，内存的带宽显然就成了一个瓶颈了，在这样的情况下，集成两个内存控制器，每个内存控制器控制一个通道，让两条内存独立寻址，这样内存的运行效率就可以实现翻倍的效果，让数据等待的时间缩短到 50%，这一技术的应用，对于整个 PC 系统还是有重要意义的，尽管不能做到在所有应用都有明显的效果，但是在大多数应用都可以实现不错的效果，而且随着硬件技术的发展，双通道内存技术的效果也开始凸显。三通道内存技术，实际上可以看作双通道内存技术的后续技术发展。

以 Core i7 处理器为例，采用三通道内存技术，最高可以支持 DDR3-1600 内存，能够提供高达 38.4GB/s 的高带宽，和双通道内存 20GB/s 的带宽相比，性能提高将近一倍。

2.1.3　CPU 的编号识别

CPU 上面的编号代表了 CPU 的主要性能指标，例如产品系列、主频、缓存容量、电压、封装方式、产地、生产日期等参数。通过对 CPU 编号的识别，用户在选购 CPU 时就可以更准确地了解 CPU 的真实性能。

1. 识别 Intel CPU 编号

下面以 Intel Core 2 Quad Q9300 处理器为例，如图 2-2 所示，介绍识别 Intel CPU 编号的方法。

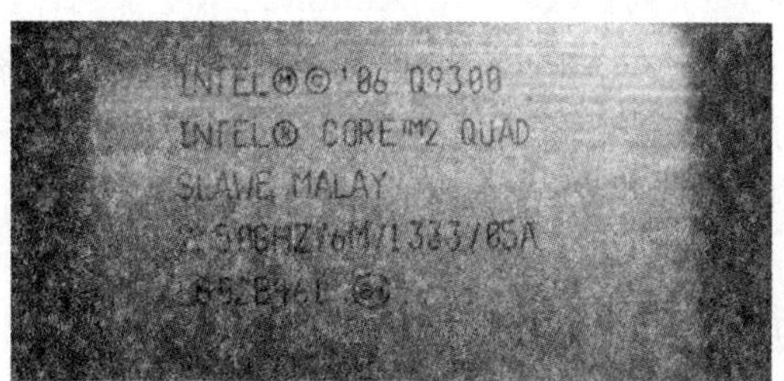

图 2-2　Intel Core 2 Quad Q9300 处理器

- 第 1 行的【Q9300】中前缀字母【Q】代表该 CPU 热设计功耗(TDP)的范围。前缀字母包括【E】、【QX】、【T】、【L】和【U】等。其中【E】、【Q】、【QX】代表 CPU 的 TDP 将超过 50W，主要针对个人台式电脑；【T】代表 CPU 的 TDP 介于 25W 到 49W 之间，适用于笔记本电脑；【L】代表 CPU 的 TDP 介于 15W 到 24W 之间，也就是低压版本；【U】代表 CPU 的 TDP 低于 14W，也就是超低电压版本。

- 第 1 行的【Q9300】中前缀字母后面的第一个数字代表产品系列，在前缀字母相同情况下，该数字越大，表示该产品系列的规格越高。
- 第 2 行的【Intel® Core™ 2 Quad】表示该 CPU 为酷睿 2 四核 CPU。
- 第 3 行的【SLAWE】表示该 CPU 的 S-Spec 编号。该编号是 Intel 为了方便用户查询其 CPU 产品所制定的一组编码，此编码通常包含了 CPU 的主频、二级缓存、前端总线、制造工艺、核心步进、工作电压、耐温极限、CPU ID 等重要的参数。在 Intel 的官方网站(http://processorfinder.intel.com)上，通过该编号就可以直接查到该型号 CPU 的一切相关信息。
- 第 3 行的【MALAY】表示该 CPU 封装地为马来西亚。
- 第 4 行的编号代表该 CPU 的主频为 2.50GHz、二级缓存为 6M、前端总线频率为 1333MHz、【05A】代表其该 CPU 的步进编号。
- 第 5 行的编号为 Intel 处理器的出厂编号，一个编号只对应一颗 CPU。

2. 识别 AMD CPU 编号

下面以 AMD PhenomII X4 810 处理器为例，如图 2-3 所示，介绍识别 AMD CPU 编号的方法。

图 2-3　AMD PhenomII X4 810 处理器

- 第 1 行的第 1 个字符代表 CPU 所属种类。【H】表示该 CPU 为 PhenomII 系列。此外【S】为 Sempron 系列；【A】为 Athlon X2 64 系列。
- 第 1 行的第 2 个字符代表 CPU 的适用范围。【D】表示该 CPU 适用于个人电脑；【S】代表适用于服务器。
- 第 1 行的【X810】数字代表 CPU 的具体型号。
- 第 1 行【WF】字符代表该 CPU 的 TDP 为 95W。若为【OB】或【OD】则 TDP 为 65W；【XA】则 TDP 为 125W。
- 第 1 行的数字【4】代表该 CPU 的核心数量为 4。
- 第 1 行的【F】字符代表该 CPU 的二级缓存为 2MB。
- 第 1 行最后的【GI】字符代表该 CPU 的核心版本。

- 第 2 行的一串字符代表为该 CPU 的核心周期定义，其中【0904】表示该 CPU 的生产日期为 2009 年第 4 周。
- 最后一串字符表示该 CPU 的序列号。

2.1.4　CPU 的性能指标

CPU 对于一台电脑十分重要，为了能为电脑选择一款合适的 CPU，在选购 CPU 时应对 CPU 的一些性能指标有所了解。

1. 主频

主频即 CPU 内部核心工作的时钟频率(CPU Clock Speed)，单位一般是 GHz。相同类型 CPU 的主频越高，一个时钟周期里面完成的指令数也越多，CPU 的运算速度也就越快。但是由于不同种类的 CPU 内部结构的不同，往往不能直接通过主频来比较，而且高主频的 CPU 的实际表现性能还与外频、缓存等大小有关。带有特殊指令的 CPU，则还要依赖软件的优化程度。

2. 外频

外频指的是 CPU 的外部时钟频率，也就是 CPU 与主板之间同步运行的速度。目前，绝大部分电脑系统中外频也是内存与主板之间的同步运行的速度，在这种方式下，可以理解为 CPU 的外频直接与内存相连通，实现两者间的同步运行状态。

倍频即主频与外频之比的倍数。CPU 主频与外频的关系是：CPU 主频＝外频×倍频数。

外频与前端总线(FSB)频率很容易被混为一谈，前端总线(FSB)频率(即总线频率)是直接影响 CPU 与内存直接数据交换速度，数据传输最大带宽取决于所有同时传输的数据的宽度和传输频率，即数据带宽＝(总线频率×数据带宽)/8。外频与前端总线(FSB)频率的区别在于，前端总线的速度指的是数据传输的速度，外频是 CPU 与主板之间同步运行的速度。

3. 内部缓存器

为了解决低速内存与高速 CPU 的不匹配，加快 CPU 对内存的访问速度，采用了在 CPU 和内存间插入高速缓存器(Cache)的方法。开始的缓存是安装在主板上的，后来由于 CPU 内部的一级和二级缓存采用了高速带宽总线，要比芯片外的二级缓存快得多，效率也高得多，而且能同步运行在 CPU 的主频上，所以逐渐代替了外部的缓存，成了现在的主流。在 Intel 推出的 Core 2 Quad Q9400 中，加入了高达 3MB×2 的二级缓存，使 CPU 访问内存的速度又达到了一个新的层次。

4. 接口类型

随着 CPU 制造工艺的不断进步，CPU 的架构发生了很大的变化，相应的 CPU 针脚类型也发生了变化。目前 Intel 四核 CPU 多采用 LGA 775 接口或 LGA 1366 接口；AMD 四核 CPU 多采用 Socket AM2+接口或 Socket AM3 接口。

5. 总线

CPU 总线指的是 CPU 与外部设备在进行数据交换和数据通信时的线路。根据连接设备的不同，总线可以分为前端总线、内存总线、扩展总线和系统总线，其各自的作用如下所示。

- 前端总线：前端总线直接影响 CPU 与内存交换数据的速度。数据传输最大带宽取决于所有同时传输的数据宽度和总线频率。
- 内存总线：内存总线能加快 CPU 的读写速度，内存总线速度指的是 CPU 与二级(L2)高速缓存和内存之间的工作频率。
- 扩展总线：扩展总线是电脑系统的局部总线，如 PCI-E 总线等。
- 系统总线：系统总线是计算机连接所有设备的共同通信线路。

6. 制造工艺

制造工艺一般是用来衡量组成芯片电子线路或元件的细致程度，通常以 μm(微米)和 nm(纳米)为单位。

制造工艺越精细，CPU 线路和元件就越小，则在相同尺寸芯片上就可以增加更多的元器件。这也是 CPU 内部器件不断增加、功能不断增强而体积变化却不大的重要原因。目前主流 CPU 已采用 32nm 制造工艺。

7. 工作电压

工作电压是指 CPU 正常工作时需要的电压，目前主流 CPU 的工作电压已经从原来的 5V 下降到 1.5V 左右。

低电压能够解决 CPU 耗电过多和发热量过大的问题，让 CPU 能够更加稳定地运行，同时也能延长 CPU 的使用寿命。

8. 核心代号

核心代号是芯片生产商为了便于区分和管理而给 CPU 设置的相应代号。每一个系列的 CPU 都会有单独的核心代号，甚至同一系列的 CPU 会采用不同的核心代号。

核心代号可以从侧面反映 CPU 的工作性能。一般情况下，新核心代号的产品会修正上一版本所存在的一些错误，并提升一定性能，所以新核心代号的 CPU 往往具有更好的性能。

2.1.5 CPU 的鉴别方法

CPU 并不像其他的日常生活用品有真假之分。也就是说，任何一个商家都不会用一块废铁来冒充 CPU。这里所说的真伪是指那些以次充好，或者以散装 CPU 冒充盒装 CPU 的现象。下面就介绍几种鉴别 CPU 的方法。

1. 直观法

对于正宗盒装 CPU 而言，其塑料封装纸上的标志水印字迹应是工工整整的，而不应是横着的、斜着的或者倒着的(除非在封装时由于操作原因而将塑料封纸上的字扯成弧形)，并且正反两面的字体差不多都是这种形式。假冒盒装产品往往是正面字体比较工整，而反面的字有些歪斜。

另外，正宗盒装 Intel CPU 的盒正面左侧的蓝色是采用四重色技术印制的，色彩纯正，通过对比很容易与假冒盒装产品进行区分。一个原包装 Intel CPU 盒在外盒背面印有多个国家文字的产品介绍，就在这些文字的上下分界处，有一行看起来像黑道的分界线，如果这盒 CPU 是正品的话，仔细查看就可以发现这些黑道其实是由字体极小的【Intel】标志组成，而且十分清晰。假冒盒装产品的包装盒上可就真正是条黑线。

2. 搓揉法

将盒装 CPU 拿在手中，然后用拇指以适当的力量搓揉包装盒外面的塑料封装纸。真品 CPU 的包装盒由于纸张质地较硬，不易出现褶皱；而假货 CPU 包装盒的纸质较软，往往是一搓就会出现褶皱。

3. 刮磨法

由于正宗 CPU 塑料封装薄膜上的水印字是采用特殊工艺印上的，无论用手指甲怎样刮擦(即使把封装纸抠破)，都不会出现把薄膜上的水印字擦掉的情况；而假货的薄膜上的水印字，只要用手指甲轻刮几下，就会刮掉一层粉末，使得水印字也随之消失。

4. 撕扯法

对于正宗盒装 CPU，经销商们通常都会在您购买时在盒的一侧(一般是右侧，即有条形码的一侧)用刀把塑封膜划上去(由于这种不干胶保修签贴内含有蛋清成分，所以一旦揭下来就会损坏，即贴上之后就无法揭下来重新使用，从而有效地防止别人假冒这种标签)。被划了开口的塑料薄膜通常韧性都很强，不易撕坏；而假货往往是一撕就断掉。

5. 封线法

由于正宗盒装 CPU 的塑料封纸的封装纸不可能封在盒右侧条形码处，所以如果发现封装线封在此处的话，就很可能是假货。

6. 问价法

了解电脑市场上大多数商家有关盒装 CPU 的报价，如果发现个别商家的报价比其他商家的报价低很多，而且这些商家又不是 Intel 公司直销点的话，那么最好不要贪图便宜而导致上当受骗。

7. 问询法

Intel CPU 上都有一串很长的编码。拨打 Intel 的 800 查询热线，并把这串编码告诉 Intel 的技术服务员，技术服务员会在电脑中查询该编码。当 CPU 上的序列号、包装盒上的序列号、风扇上的序列号，都与 Intel 公司数据库中的记录一样，则该 CPU 为正品 CPU。

8. 软件法

软件法主要是运行某些特定的检测程序来检测 CPU 是否已经被作假(超频)。Intel 公司推出了一款名为“处理器标识实用程序”的 CPU 测试软件。这个软件包括 CPU 频率测试、CPU 所支持技术测试以及 CPUID 数据测试等三部分功能。

2.1.6 CPU 风扇的选购技巧

高温是影响电脑稳定性一个十分关键的因素，CPU 作为整个电脑的核心非常重要，一款好的风扇对于 CPU 的正常使用更是不可被忽视，如果风扇出现故障，容易导致 CPU 过热而死机、有可能会烧坏 CPU。INTEL、AMD 这两个大厂对原包 CPU 风扇的挑选是很严格的，他们的产品所使用的风扇质量比市场上普通风扇要高很多。

风扇的价格只占整机价格的百分之一左右，购买风扇时很多用户会忽略其重要性，而购买普通风扇。有些风扇只有两根电源线，从电源接口取电而不像原装风扇那样从主板上取电，而且原装的还有一根测控风扇转速的信号线，现在的主板一般都支持风扇转速的监控。比较好的风扇采用滚珠轴承，用滚珠轴承结构的风扇转速平稳、长时间运行比较可靠、噪音也小。建议用户购买带三根线的滚珠轴承结构的风扇。

滚珠风扇与一般风扇不容易区分。有的滚珠风扇上边标有 Ball Bearing 的字样，辨别滚珠风扇可以在正面向滚珠风扇用力吹气。判断的根据是，如果不易吹动风扇页面，而一旦吹动风扇转动时间比较长的一般是滚珠风扇。另外选购风扇时还要注意散热片的齐整程度与重量、风扇卡子的弹性强弱等细节部分。

滚珠风扇也是会损坏的。当听到风扇有异常声音或转速不稳时，用户一定要提高警惕，这很可能就是风扇快要损坏的前兆。

2.2 主 板

主板实际上就是一块安装有各种插件并由控制芯片构成的电路板，它的主要作用就是把电脑的各个硬件连接在一起，并协调它们之间的工作。主板的类型和档次决定了电脑系统的稳定性。

2.2.1 主板的结构

主板的结构比较复杂，如图 2-4 所示，它的主要部件有：

- CPU 插槽：CPU 插槽用于安装 CPU，它与 CPU 针脚相对应，目前主流的 CPU 插槽类型包括 AM2、AM2+、AM3、LGA775、LGA1156 以及 LGA1366 等。
- 北桥芯片：北桥芯片在主板上位于 CPU 插槽旁。北桥芯片在主板芯片组中起主导作用，所以又称其为主桥。北桥芯片主要负责与 CPU 的联系并控制内存、PCI-E 数据传输，还提供对 CPU 的类型和主频、系统的前端总线频率、内存的类型和最大容量等支持。
- 南桥芯片：南桥芯片一般位于主板上离 CPU 插槽较远的下方。南桥芯片主要负责 I/O 总线之间的通信，如 PCI 总线、USB、键盘控制器、实时时钟控制器、高级电源管理等。
- 内存插槽：内存插槽用于安装内存，目前主流内存有 DDR2 与 DDR3 两种型号。
- PCI 插槽：PCI 插槽用于安装声卡、网卡以及其他基于 PCI 接口种类的扩展卡。通过在 PCI 插槽中安装不同的扩展卡，可以扩展电脑的功能。

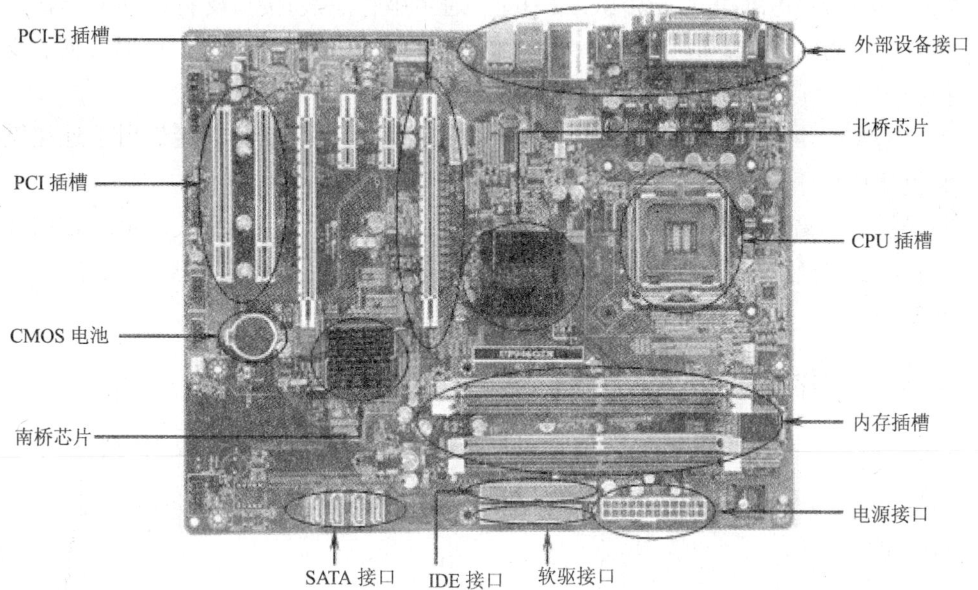

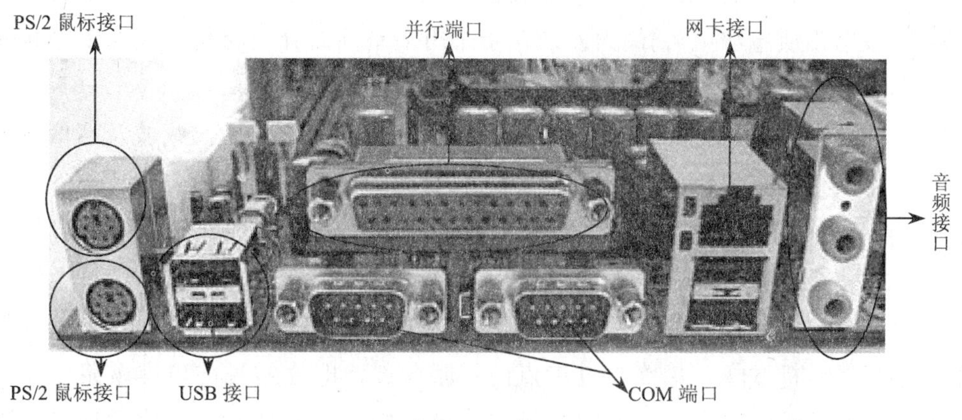

图 2-4　主板的结构

- PCI-E 插槽：PCI-E 插槽用于安装显卡，该插槽的主要优势就是数据传输速率高，目前最高可达 10GB/s 甚至更高，并且还拥有相当大的潜力。目前主流显卡均采用 PCI-E 接口，有些高端主板甚至带有两个 PCI-E 插槽，可以同时安装两块显卡，从而大幅度提高显示性能。
- IDE 插槽：IDE 接口，又称 PATA 接口，用于连接光驱和硬盘的数据线，现已逐渐淘汰。目前主板上已取消或只保留 1 个 IDE 接口，以兼容 PATA 接口的硬盘或光驱。
- SATA 接口：SATA 接口用于连接串口光驱和串口硬盘的数据线。
- BIOS 芯片与 CMOS 电池：BIOS(Basic Input Output System)是集成在主板上的一个 ROM 芯片，其中保存有电脑系统最重要的输入/输出程序、系统信息设置、开机加电自检程序和系统系统自检程序。CMOS 电池专门用来为 BIOS 芯片供电，使其存储的信息在电脑断电的情况下也不会丢失。
- 电源接口：电源接口是主板与电源连接的接口，专门负责为主板上的各个硬件设备提供电源。目前电源接口有 4 芯和 24 芯两种，其中 4 芯电源专门为 CPU 供电。

- USB 接口：USB(Universal Serial Bus，通用串行总线)接口支持即插即用，用于连接一些 USB 接口设备，如 U 盘等。USB 接口具有传输速度快、使用方便、支持热插拔、连接灵活以及独立供电等优点。
- PS/2 接口：PS/2 接口专门用于连接键盘和鼠标，其中紫色插接口用于连接键盘，绿色接口用于连接鼠标。
- 网线接口与音频接口：一些主板集成了网卡芯片与声卡芯片后，即可通过网线接口与音频接口连接网线与音频输入、输出设备，如耳机、音箱、麦克风等。
- 并口与串口：并口与串口用来连接一些外部设备，如打印机等。

2.2.2 主板最新技术

主板是连接电脑各部件的桥梁，随着芯片组技术的不断发展，主板上的新技术也层出不穷。下面介绍几项最新主板技术，帮助用户选购主板时作为参考。

1. 固态电容技术

固态电容又称为固态铝质电解电容，是目前最先进的电容器产品，如图 2-5 所示。它与普通电容(即液态铝质电解电容)最大差别在于采用了不同的介电材料，液态铝电容介电材料为电解液，而固态电容的介电材料则为导电性高分子。

与普通电容相比，固态电容具备环保、低阻抗、高低温稳定、耐高纹波及高信赖度等优越特性。

采用固态电容技术可以大幅度提高电脑主板的稳定性与安全性。例如当用户长时间使用普通电容主板的电脑时，主板上的液态铝质电解电容会产生大量的热量，当温度升高至一定程度时，电容中的电解液便会受热膨胀，随着温度的继续上升，用于滤波与稳压的电容功能也会不断下降并最终超过沸点而膨胀爆裂，即通常说的电容爆浆。此外若电脑长期不通电，主板电容的电解液很容易与电容阳极的铝质外壳发生化学反应，造成开机爆浆现象。

固态电容采用导电性高分子产品作为介电材料，该材料不会与氧化铝产生作用，因此可以避免通电后发生爆炸的现象；同时它为固态产品，不会发生由于受热膨胀导致爆裂的情况。

2. PCI-E 2.0 技术

PCI-E 2.0 与 PCI-E 1.0 相比，主要在数据传输速度上做出了重大升级，即从以前的 2.5Gbps 总线频率翻倍至 5.0Gbps，这也就是说 PCI-E 2.0 x16 接口能够达到惊人的 16GB/s 总线带宽(1GB/s=8Gbps)。

此外 PCI-E 2.0 插槽还能单独支持高达 300W 的显卡，并且还新增【输入输出虚拟化】(IOV)等新技术。PCI-E 2.0 插槽如图 2-6 所示。

图 2-5　主板的固态电容

图 2-6　PCI-E 2.0 插槽

3. SATA2 接口技术

SATA2 是 Intel 与 Seagate(希捷)在 SATA 的基础上发展起来的，其主要特征是外部传输率从 SATA 的 150MB/s 提高到了 300MB/s，此外还包括 NCQ(Native Command Queuing，原生命令队列)、端口多路器(Port Multiplier)、交错启动(Staggered Spin-up)等一系列的新技术。SATA2 接口如图 2-7 所示。

SATA2 的关键技术是 3Gbps 的外部传输率和 NCQ 技术。NCQ 技术可以对硬盘的指令执行顺序进行优化，避免像传统硬盘那样机械地按照接收指令的先后顺序移动磁头读写硬盘的不同位置。排序后的磁头将以高效率的顺序进行寻址，从而避免磁头反复移动带来的损耗，延长硬盘寿命。

4. eSATA 接口技术

外部储存设备的连接接口通常为 USB 2.0 或 IEEE 1394，但是这些接口的传输速度已经不能够满足越来越多设备的需要。

eSATA 接口就是新一代的外部设备接口，如图 2-8 所示。eSATA 实际上就是外置式 SATA2 规范，用来连接外部 SATA 硬件设备。简单的说，就是通过 eSATA 技术，让外部 I/O 接口使用 SATA2 功能，例如用户可以将 SATA 硬盘直接连接到 eSATA 接口，而不用打开机箱更换 SATA 硬盘。

eSATA 接口拥有极大传输速度优势：USB2.0 的数据传输速度可以达到 480Mb/s；IEEE1394 的数据传输速度可以达到 400~ 800Mb/s; eSATA 最高可提供 3000Mb/s 的数据传输速度，远远高于 USB2.0 和 IEEE1394，并且支持热插拔功能，使用十分方便。

图 2-7　SATA2 接口

图 2-8　eSATA 接口

2.2.3 常见主板的标识及含义

一块主板上都有很多英文标识，了解这些英文标识的含义，可以帮助用户更好地了解主板的一些基本性能。表 2-1 列出了主板上英文标识的含义。

表 2-1 主板上常见的英文标识

名 称	标 识	含 义
CPU 插槽	SOCKETAM3 和 SOCKELGA1156，SOCKET 370	表示 CPU 的类型和引脚数
硬盘和软驱	PRI IDE 和 IDE1 及 SEC IDE 和 IDE2	表示并口硬盘和光驱接口
内存插槽	DIMMO、DIMM1、DDR1、DDR2、DDR3	表示所使用内存的类型
扩展槽	PC11、PC12、AGP、CNR、ACR	表示主板的各种扩展槽
电源接口	ATX、ATXPWR、PW1	表示 ATX 电源接口
	ATX12V	表示为 CPU 供电的专用 12V 接口
	ATXP5	表示内存供电接口
外设接口	LPT1 和 PARALL	表示并口即打印机接口
	COM1 和 COM2	表示串口
	RJ45	表示内置网卡接口
	RJ11	表示内置调制解调器接口
	USB 或 USB1 及 USB2，FNT USB 等	表示主板上前置和后置 USB 接口
	MSE/KYBD	表示鼠标键盘接口
	CD_IN1 和 JCD	表示 CD 音频输入接口
	AUX_IN1 和 JAUX	表示线路音频输入接口
	JAUDIO 或 AUDIO	表示板载音频输入接口
	MODEM IN1	表示内置调制解调器输入接口
风扇接口	CPU_FATN1	表示 CPU 风扇接口
	PWR_FAN	表示电源风扇接口
	FRONT FAN	表示前置机箱风扇接口
	REAR FAN	表示后置机箱风扇接口
	CAS_FAN1、CHASSIS FAN、SYS FAN	表示机箱风扇电源接口
面板接口	F_PANEL 或 FRONT PNL1	表示前置面板接口
	PWR_SW 或 PW_ON	表示电源开关
	RESET 或 RST	表示复位开关
	PWR_LED	表示电源指示灯接口
	HD_LED 或 IDE_LED	表示硬盘指示灯
	HD＋和 HD－	表示硬盘指示灯的正负极
	SPEAKER 和 SPK	表示主板喇叭接口
	KB_LOCK 和 KEYLOCK	表示键盘接口
	LED	表示半导体发光二极管
	ACPI_LED	表示高级电源管理状态指示灯
	PANEL1	表示面板 1
	TUBRO_LED 或 TB_LED	表示加速状态指示灯
	SCSI LED	表示 SCSI 硬盘工作状态指示灯
	BZ1	表示蜂鸣器
	TUBRO S/W	表示加速转换开关接口

(续表)

名　称	标　识	含　义
BIOS 跳线	NORMAL(靠近电池附近)	表示正常使用模式
	CLEAR CMOS	表示清除 CMOS 内容
ON BOARD LAN 网卡启动允许	ENABLE	表示网卡远程启动允许
	DISABLE	表示网卡远程启动禁止
键盘开机	KEYBOARD POWER ON DISABLE	表示键盘开机允许
	KEYBOARD POWER ON ENABLE	表示键盘开机禁止

2.2.4　主板的性能指标

如果把一台计算机比作一个人的话，那么计算机的主板就好比一个人的中枢神经系统，主板担负着操控和调度 CPU、内存、显卡、硬盘等各个周边子系统并使他们协调工作的任务。因此，主板的选购十分重要。下面介绍主板的几个重要的性能指标。

1. 主板芯片组

主板是 CPU 与各种设备之间数据交换的通道，而主板的芯片组是衡量主板性能的重要指标之一，它决定了主板所能支持的 CPU 种类、频率以及内存类型等性能。目前主板芯片组的生产厂商有 Intel、VIA、NVIDIA、ATI 和 SIS，简介如下。

- Intel 芯片组：Intel 目前主流的芯片组是 P55/45H55157 与 X58 芯片组，其中 X58 芯片组能以 6.4GT/秒和 4.8GT/秒的速度支持最新的 Intel i7 处理器。
- AMD-ATI 芯片组：AMD 收购 ATI 公司后，正式进军主板芯片组市场。目前市场上主流的 AMD-ATI 芯片组 8909X、785G、790GX 系列。
- VIA(威盛)芯片组：VIA 是目前世界上主板芯片组的主要生产厂商之一。它既生产支持 Intel CPU 的芯片组，也生产支持 AMD CPU 的芯片组。
- nVIDIA 芯片组：nVIDIA 公司是目前世界上最大的显示芯片制造商，同时 nVIDIA 开始了主板芯片组的研发，其生产的主板芯片组主要支持 AMD 处理器。

2. 支持 CPU 的类型与频率范围

CPU 插座类型的不同是区分主板类型的主要标志之，尽管主板型号众多，但总的结构是很类似的，只是在诸如 CPU 插座等细节上有所不同，现在市面上主流的主板 CPU 插槽的不同分 AM2、AM3 以及 LGA775 等几类，它们分别与对应的 CPU 搭配。

CPU 只有在相应主板的支持下才能达到其额定频率，CPU 主频等于其外频乘以倍频，CPU 的外频由其自身决定，而由于技术的限制，主板支持的倍频是有限的，这样，就使得其支持的 CPU 最高主频也受限制，另外，现在的一些高端产品，出于稳定性的考虑，也限制了其支持的 CPU 的主频。因此，在选购主板时，一定要使其能够支持所选的 CPU，并且留有一定的升级空间。

3. 对内存的支持

目前主流内存均采用 DDR3 技术，为了能发挥内存的全部性能，主板同样需要支持

DDR3 内存。

此外，内存插槽的数量也是衡量一块主板以后升级的潜力。如果用户想要以后通过添加硬件升级电脑，则应选择至少有 4 个内存插槽的主板。

4. 对显卡的支持

目前主流显卡均采用 PCI-E 接口，如果用户要使用两块显卡组成 SLI 系统，则主板上至少需要两个 PCI-E 接口。

目前一些高端显卡采用 PCI-E 2.0 技术，用户若购买该类显卡，则应选购能支持 PCI-E 2.0 技术的主板。

5. 对硬盘与光驱的支持

目前主流硬盘与光驱均采用 SATA 接口，因此用户要购买的主板至少应有 2 个 SATA 接口，考虑到以后电脑的升级，推荐选购的主板应至少具有 4 到 6 个 SATA 接口。

6. USB 接口的数量

由于 USB 接口使用起来十分方便，因此越来越多的电脑硬件与外部设备都采用 USB 方式与电脑连接，如 USB 鼠标、USB 键盘、USB 打印机、U 盘、移动硬盘以及数码相机等。为了让电脑能同时连接更多的设备，发挥更多的功能，主板上的 USB 接口应越多越好。

7. BIOS 技术

BIOS 是集成在主板 CMOS 芯片中的软件，主板上的这块 CMOS 芯片保存有电脑系统最重要的基本输入输出程序、系统 CMOS 设置、开机上电自检程序和系统启动程序。现在市场上的主板使用的 BIOS 主要为 Award 和 AMI 两种。由于 BIOS 采用了 Flash ROM，用户可以更改其中的内容以便随时升级，但是这使得 BIOS 容易受到病毒的攻击，而 BIOS 一旦受到攻击，主板将不能工作，于是各大主板厂商对 BIOS 采用了种种防毒的保护措施，在主板选购上应该考虑到 BIOS 能否方便地升级，是否具有优良的防病毒功能。

8. 集成功能

目前市场上很多主板在保证其功能的前提下，还集成了网卡功能与声卡功能，甚至一些主板还集成了显卡功能。当用户购买到这类主板后，即可无需再次购买网卡、声卡。对于那些不过高追求电脑性能的普通用户来说，购买一块集成多项功能的主板可以大大降低购机成本。

9. 超频保护功能

现在市面上的一些主板具有超频保护功能，可以有效地防止用户由于超频过度而烧毁 CPU 和主板，如 Intel 主板集成了“Overclocking Protection”的超频保护功能，只允许用户“适度”地调整芯片运行频率。

2.2.5 选购主板时的注意事项

在了解主板的一些主要性能指标后，本节介绍在选购主板时应注意的一些事项和技巧。

1. 观察芯片上的生产日期

电脑的速度不仅取决于 CPU 的速度，同时也取决于主板的芯片组的性能。芯片的生产日期不能相差太大，一般来说时差不能超过 3 个月，否则将会影响主板的整体性能。

2. 注意主板电池

主板电池是为了保持 CMOS 中的数据和时钟的正常运转而设计的。主板电池如果没有电了，CMOS 中的数据就会丢失，电脑就不能正常工作。选购主板时应观察主板电池是否生锈、漏液。若生锈，可更换电池；若漏液，则有可能腐蚀整块主板而导致主板报废，这样的主板当然就不能选了。

3. 观察集成芯片及插槽

现在很多主板都是高集成化的产品，包含显卡、声卡、网卡等功能的主板产品在市场上已经比比皆是。在选购这类集成主板产品时，主要还是应当考虑用户自身的需求，同时应当注意到这些集成控制芯片在性能上还是要略逊于同类中高端的板卡产品的，因此如果用户在某一方面有较高需求的话，则还是应该选购相对应的板卡来实现更高的性能。

在主板插槽数量方面的选择也应当如此，主要考虑用户自身的需求。如果需要使用大量扩展卡来实现一些附加功能的话则应当选择扩展插槽较多的产品。如果希望配置大容量内存的话就应当挑选 DIMM 内存插槽较多的产品。

因此，在选购上还是应当注意一下产品的实际使用需求，以避免出现功能重叠或功能浪费的现象发生。

4. 观察主板的外表做工

首先，看主板的厚度，把主板拿起，隔着主板对着光源看，若能观察到另一面的布线元件，则说明该主板为双层板；否则就是四层板或多层板，选购时应该选后者。再观察主板电路板的层数及布线系统是否合理，芯片上的标识要清晰可辨，无划痕等明显印迹。

一般好的厂家生产的主板做工都比较精细，无论是从 PCB 板的布线设计还是从线路纹理。一般市场上同一个型号的主板有大板和小板之分，通常大板在设计方面都是比较正规的厂家设计出来的，相对来说，小板很多都是公板设计，因此主板稳定性能大板要好于小板。在用料方面，先要看的是 PCB 的用料，线路板的洗刷。好的 PCB 板周边光滑整洁，没有毛刺，各处厚度一致，而杂牌厂的就不同了，好的主板用的都是正规的配件厂商提供的，而且在焊接等方面都非常精细。

5. 观察跳线

应仔细观察各组跳线是否虚焊。开机后轻微触动跳线，看电脑是否出错，如果有出错信息则说明跳线松动，性能不稳定，这类主板不应选购。

总之，用户在选购主板时应该首先确定一下要选择什么样的主板，什么样的主板对自己来讲是合适的。不要盲目地认为最贵的就是最好的。其实，最贵的产品不见得就是最适合自己的。

2.3 内　存

内存是电脑中不可缺少的硬件，是用来临时存放数据的存储器。CPU 的速度很快，而硬盘的速度较慢，内存则起到在 CPU 和硬件之间缓冲的作用，首先将要处理的数据从硬盘调入内存，CPU 从内存中获取数据进行处理。

2.3.1 内存新技术

随着电脑技术的飞速发展，与内存相关的新技术也层出不穷。下面介绍几项最新内存技术，帮助用户选购内存时作为参考。

1. DDR3 技术

DDR3 是新一代内存技术，在同样核心频率下，DDR3 能提供两倍于 DDR2 的带宽。DDR3 内存和传统的 DDR2 内存相比优势如下。

- 更强的性能与可扩充性：DDR3 内存目前可达到 2000MHz，并且有望可不断更新。
- 更低功耗：通过降低核心电压，DDR3 内存比 DDR2 内存能降低 25%的功耗，DDR3 1066 的功耗比 DDR2 800 的功耗都要低。此外，处于休眠模式后，DDR3 内存还能降低 15%的功耗。
- 更高容量：单根 DDR3 内存已经可以达到 4GB。

2. 50 纳米级的制造技术

50 纳米芯片制程技术，可以有效降低内存芯片制造成本，从而降低内存的成本。目前包括三星和 Hynix 都有计划转向 50 纳米制程技术，其中三星是从 68 纳米技术转到 56 纳米，Hynix 则是从 66 纳米转移到 54 纳米。

3. 内存散热技术

为了让电脑发挥更强性能，越来越多的用户对内存进行超频，但事物都有两面性，超频带来的副产物就是温度大幅上升。超频过程中只要散热做得好，就可以满足系统长期运行的要求，在这一要求下，不少内存商家在提高内存本身的品质前提下，辅以金属质地散热片来帮助散热，进而让内存在长期超频状态下仍旧有良好的稳定性，散热金属片的形状如图 2-9 所示。

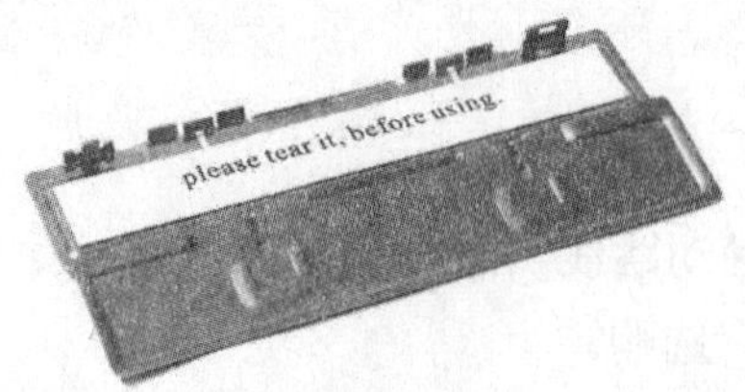

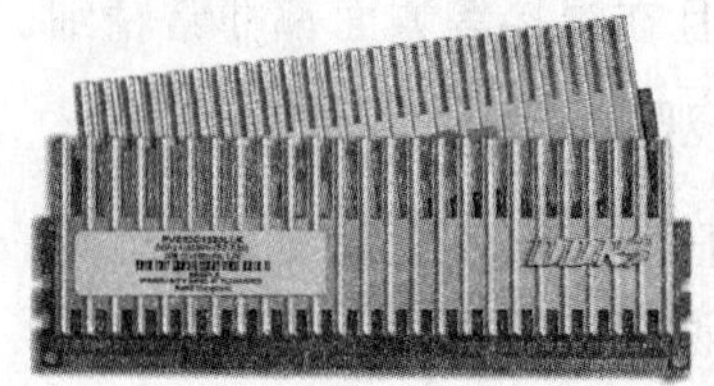

图 2-9 内存散热金属片

2.3.2 内存的结构

内存主要由内存芯片、金手指、金手指缺口、SPD 芯片和内存电路板组成。从外观上看，内存是一块长条形的电路板，如图 2-10 所示。

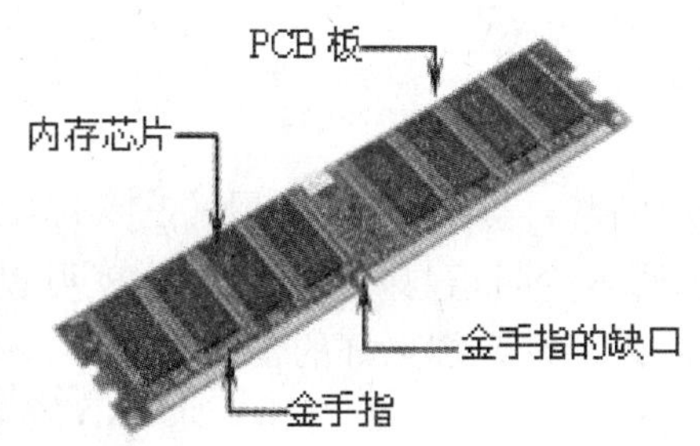

图 2-10　内存的结构

1. 内存芯片

内存的芯片颗粒就是内存的灵魂所在，内存的性能、速度、容量都与内存芯片密切相关。如今市场上有许多品牌的内存，但内存颗粒的型号并不多，常见的有 HY(现代)、三星和英飞凌等。三星内存芯片以出色的稳定性和兼容性知名；HY 内存芯片多为低端产品采用；英飞凌内存芯片在超频方面表现出色。内存芯片如图 2-11 所示。

2. PCB 板

PCB 板是以绝缘材料为基板加工成一定尺寸的板，它为内存的各电子元器件提供固定、装配的机械支撑，可实现电子元器件之间的电气连接或绝缘，如图 2-12 所示。

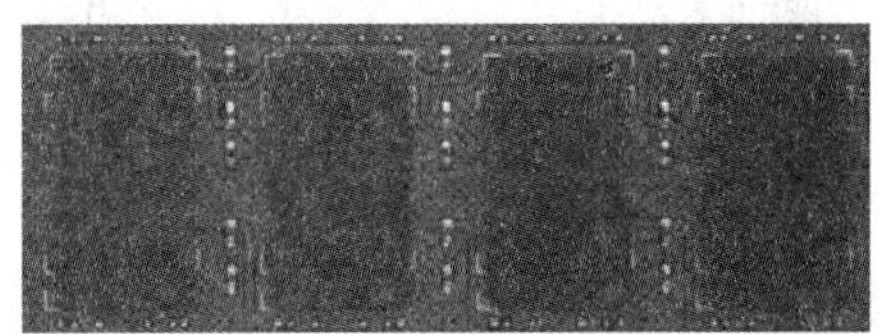

图 2-11　内存芯片

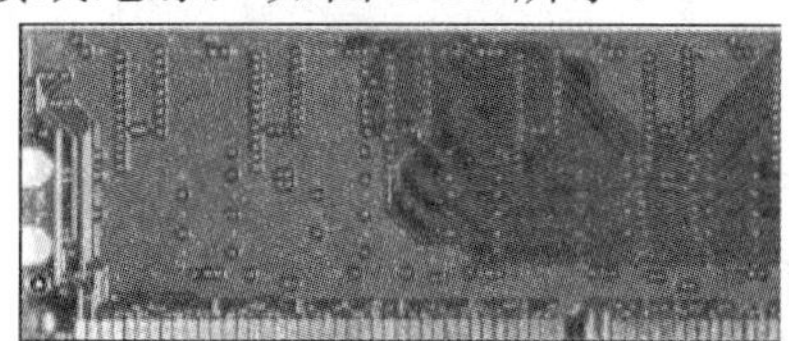

图 2-12　PCB 板

3. 金手指

金手指是指内存与主板内存槽接触的部分，即一根根黄色的接触点，数据就是靠它们来传输的。金手指是铜质导线，使用时间长就可能有氧化的现象，会影响内存的正常工作，容易发生无法开机的故障，所以可以隔一年左右时间用橡皮擦清理一下金手指上的氧化物。金手指如图 2-13 所示。

4. 内存固定卡口

内存插到主板上后，主板上的内存插槽会有两个夹子牢固地扣住内存两端，这个卡口便是用于固定内存用的，如图 2-14 所示。

图 2-13　金手指

图 2-14　内存固定卡口

5. 金手指缺口

内存金手指上的缺口用来防止将内存插反，只有正确安装，才能将内存插入主板的内存插槽中，如图 2-15 所示。

6. SPD 芯片

SPD 芯片是一个 8 脚的小芯片，如图 2-16 所示。它实际上是一个 EEPROM 可擦写存储器，容量有 256 字节，可以写入少量信息，这些信息中就可以包括内存的标准工作状态、速度、响应时间等，用于协调计算机系统更好的工作。

图 2-15　金手指缺口

图 2-16　SPD 芯片

7. 电容与电阻

PCB 板上必不可少的电子元件就是电容和电阻，它们是为了提高电气性能的需要而加入到 PCB 板中的。内存电容采用贴片式电容，因为内存的体积较小，不可能使用直立式电容，但这种贴片式电容性能一点也不差，它对提高内存的稳定性起到了很大作用。内存电阻同样采用贴片式设计，一般好的内存电阻的分布规划也很整齐合理。

8. 内存芯片空位

在内存上有可能经常看到空位，这是因为采用的封装模式预留了一片内存芯片，为其他采用这种封装模式的内存所使用。

2.3.3　内存的性能指标

在了解了内存的结构与主流品牌等信息后，为了能选购到合适、高质量的内存，还应了解内存的性能指标以及一些选购注意事项。内存的性能指标是反映内存优劣的重要参数，主要包括内存容量、时钟频率、存取时间、延迟时间、奇偶效验、ECC 效验和数据位宽和带宽等。

1. 容量

内存最主要的一个性能指标就是内存的容量，普通用户在购买内存时往往也最关注该性能指标。目前市场上主流内存的容量为 1GB、2GB 和 4GB。

> **内存容量的大小是如何衡量的？**
>
> 内存容量的大小以字节数为单位来衡量，其单位为 Byte(B)、Kbyte(KB)、Mbyte(MB)和 Gbyte(GB)。它们之间的关系是，1KB=1024B、1MB=1024KB 和 1GB=1024MB =1048576KB。

2. 频率

内存主频和 CPU 主频一样，习惯上被用来表示内存的速度，它代表着该内存所能达到的最高工作频率。内存主频是以 MHz(兆赫)为单位来计量的。内存主频越高在一定程度上代表着内存所能达到的速度越快。内存主频决定着该内存最高能在什么样的频率正常工作。

目前市场上主流 DDR2 内存的频率为 667MHz 与 800MHz，DDR3 内存的频率为 1066 MHz、1333MHz 以及 2000MHz。

3. 工作电压

内存的工作电压是指使内存在稳定工作条件下所需要的电压。内存正常工作所需要的电压值，不同类型的内存电压也不同，但各自均有自己的规格，超出其规格，容易造成内存损坏。内存的工作电压越低，功耗也越小，目前一些 DDR3 内存的工作电压已经降到 1.5V。

4. 存取时间

存取时间(tAC)指的是 CPU 读或写内存数据的过程时间，也称为总线循环(bus cycle)。以读取为例，从 CPU 发出指令给内存时，便会要求内存取用指定地址的数据，内存响应 CPU 后便会将 CPU 所需要的数据送给 CPU，一直到 CPU 收到数据为止，形成一个读取的流程。内存的存取时间越短，速度越快。

5. 延迟时间

延迟时间(CL)是指纵向地址脉冲的反应时间。它是在一定频率下衡量支持不同规范的内存的重要标志之一。

内存延迟表示系统进入数据存取操作就绪状态前等待内存响应的时间，它通常用 4 个连着的阿拉伯数字来表示，例如【3-4-4-8】，一般而言 4 个数中越往后值越大，这 4 个数字越小，表示内存性能越好。由于没有比 2-2-2-5 更低的延迟，因此国际内存标准组织认为以现在的动态内存技术还无法实现 0 或者 1 的延迟。但也并非延迟越小内存性能越高，因为 CL-TRP-TRCD-TRAS 这 4 个数值是配合使用的，相互影响的程度非常大，并且也不是数值最大时其性能也最差，那么更加合理地配比参数很重要。各个数字代表的信息如下所示：

- 第一个数字最为重要，表示注册读取命令到第一个输出数据之间的延迟(CAS Latency)，即 CL 值，单位是时钟周期。这是纵向地址脉冲的反应时间。
- 第二个数字表示从内存行地址到列地址的延迟时间(RAS to CAS Delay)，即 tRCD。
- 第三个数字表示内存行地址控制器预充电时间(RAS Precharge)，即 tRP。指内存从结束一个行访问到重新开始的间隔时间。
- 第四个数字表示内存行地址控制器激活时间 Act-to-Precharge Precharge Delay(tRAS)。

内存总的延迟时间有一个计算公式，总延迟时间=系统时钟周期×CL 模式数+存取时间(tAC)。从中可以发现 CL 设置较低的内存具备更高的优势。

6. 奇偶校验

EEC 校验是内存校验的另一种，它能够在检测到错误数据后纠正错误，使系统在不中断和不破坏数据的前提下继续运行。EEC 校验与传统的奇偶校验类似，区别是奇偶校验只能检测到错误的所在，不能进行纠正。

奇偶校验就是接收方用来验证发送方在传输过程中所传数据是否由于某些原因造成破

坏。具体方法如为： 奇校验：就是让原有数据序列中(包括你要加上的一位)1 的个数为奇数，如 1000110(0)必须添 0，这样原来有 3 个 1 已经是奇数了，所以你添上 0 之后 1 的个数还是奇数个；偶校验，就是让原有数据序列中(包括你要加上的一位)1 的个数为偶数，如 1000110(1)你就必须加 1 了，这样原来有 3 个 1，要想 1 的个数为偶数就只能添 1 了。

例如，11001100 有 4 个 1，4 为偶数，校验位为 0，则数据变为 11001100 0；11001101 有 5 个 1，5 为奇数，校验位为 1，则数据变为 11001101 1。

7. 数据位宽和带宽

数据位宽指的是内存在一个时钟周期内可以传送的数据长度，其单位为 bit。内存带宽则是指内存的数据传输率。

从功能上理解，我们可以将内存看作内存控制器(一般位于北桥芯片中)与 CPU 之间的桥梁或与仓库。显然，内存的容量决定【仓库】的大小，而内存的带宽则决定【桥梁】的宽窄。

内存带宽的计算方法并不复杂，计算公式为：带宽＝总线宽度×总线频率×一个时钟周期内交换的数据包个数。

目前 DDR3 内存的数据位宽已经达到 8bit，也就是说在同样核心频率下，DDR3 内存能提供两倍于 DDR2 的带宽。

2.3.4 选购内存的注意事项

选择性价比高的内存条对于电脑的性能起着至关重要的作用。在介绍了内存的一些相关知识后，本节将介绍选购内存的一些技巧。

1. 检查 SPD 芯片

SPD 可谓是内存的【身份证】，它能帮助主板快速确定内存的基本情况。在现今高外频的时代，SPD 的作用更大，兼容性差的内存大多是没有 SPD 或 SPD 信息不真实的产品。另外，有一种内存虽然有 SPD，但其使用的是报废的 SPD，所以用户可以看到这类内存的 SPD 根本没有与线路连接，只是被孤零零地焊在 PCB 板上做样子。建议不要购买这类内存。

2. 检查 PCB 板

一个内存由内存芯片和 PCB 板及其他的一些元件组成，芯片的质量只是内存质量的一部分，PCB 板的质量也是一个很重要的决定因素。决定 PCB 板好坏的有如下几个因素，首先就是板材。一般情况下，如果内存使用 4 层板，这种内存在工作过程中由于信号干扰所产生的杂波就会很大，有时会产生不稳定的现象。而使用 6 层板设计的内存相应的干扰就会小得多。当然，并不是所有的东西都是肉眼能观察到的，比如内部布线等只能通过试用才能发觉其好坏，但还是能看出一些端倪：比如好的内存表面有比较强的金属光洁度，色泽也比较均匀，部件焊接也比较整齐划一，没有错位；另外，内存 PCB 板的边缘不应该出现任何形式的形变，如果有这样的情况，则表明该内存的 PCB 板质量不过关，或在运输过程中遭到了损坏。

3. 检查内存金手指

内存金手指部分应该比较光亮，没有发白或者发黑的现象。如果内存的金手指存在色斑或氧化现象的话，这条内存肯定有问题，建议不要购买。

4. 品牌标准

和其他产品一样，内存芯片也有品牌的区别，不同品牌的芯片质量自然也是不同。一般来说，名牌内存芯片在出厂的时候都会经过严格的检测，而且在对一些内存标准的解释上也会有所不同。另外名牌厂商的产品通常会给最大时钟频率留有一定的宽裕空间，从而便于超频。

5. 散热片

为了吸引消费者，一些内存条厂商纷纷为自己生产的内存条加上了散热片。不过，如果用户不打算超频的话，那么没有必要选购具有散热片的内存条。因为，目前的内存颗粒的发热量并不大，即使在密闭的机箱里，它们也不会出现过热的情况。

本 章 小 结

本章主要介绍了电脑的三大件，包括 CPU、主板和内存的相关知识。通过本章的学习，用户应了解如何识别 CPU 的编号、CPU 的性能指标、主板的结构、主板的性能指标、内存的结构和内存的性能指标等相关常识。在下一章中，将向用户介绍电脑中的存储设备。

习　　题

填空题

1. 对于一个使用 64 位技术的 CPU 来说，它一次可以处理________位数据。
2. 在微软最新的操作系统 Windows 7 上，若要使用 Windows XP 模式，则 CPU 应支持________技术。
3. __________指的是 CPU 的外部时钟频率，也就是 CPU 与主板之间同步运行的速度。
4. 主板上的主要部件有________、________、________、________、________、________、________、________、________、________、________、________、________等。
5. 按照分布的位置，主板上的控制芯片可以分为________和________。
6. BIOS 中保存着电脑中最重要的________、________、________和________程序。

选择题

7. 主频即 CPU 内部核心工作的时钟频率(CPU Clock Speed)，单位一般是(　　)。

   A. GHz　　B. MHz　　C. Hz　　D. KHz
8. 目前可用来安装显卡的插槽是(　　)。

   A. PCI　　B. SATA　　C. ISA　　D. IDE
9. 选购主板时，主板芯片的生产日期时差一般应为不超过(　　)个月为宜。

   A.1 个　　B. 2 个　　C.3 个　　D. 4 个

10. 下列哪项故障是由于主板电池没电造成的(　　)。

　　A. 开机时屏幕出现横纹　　　　　　B.CMOS 设置无法保存

　　C. 机箱前置 USB 接口无法使用

　　D. 电脑在关机状态下，当触动其他设备电源线插头时，会自动启动

11. 下列关于主板选购的说法中不恰当的是(　　)。

　　A. 选购主板应当根据自身的需求，对用户来说，适合自己的才是最好的

　　B. 主板芯片组对主板的性能起着一定的决定作用，购买时一定要看准主板芯片组的生产日期，一般以相差不超过 3 个月为宜

　　C. 主板电池对主板的性能影响不大，所以选购时，可不必在意主板电池的正常与否

　　D. 主板的外表做工也是选购主板时应关注的内容，一款好的主板，它的做工一般来说都比较精细

简答题

12. 简述 CPU 的性能指标有哪些？

13. 简述主板的性能指标有哪些？

14. 简述内存的性能指标有哪些？

第 3 章

存储设备

存储设备是指计算机系统中的记忆设备，用来存放程序和数据。计算机中的全部信息，包括输入的原始数据、计算机程序、中间运行结果和最终运行结果都保存在存储器中。本章介绍硬盘、光盘和光驱、U 盘、移动硬盘等存储设备的相关知识，通过本章的学习，应该完成以下学习目标：

- ☑ 了解硬盘的工作原理
- ☑ 掌握硬盘性能优化的方法
- ☑ 掌握硬盘常见故障的维修方法
- ☑ 了解内存的分类和主要性能指标
- ☑ 掌握内存常见故障的维修方法
- ☑ 了解光盘和光驱的相关知识
- ☑ 了解 U 盘和移动硬盘的相关知识

3.1 硬　　盘

在组装一台个人电脑时，硬盘是一个不可缺少的配件，因为硬盘不仅是电脑中存储用户数据信息的地方，而且还关系着用户数据的安全，影响着计算机的整体性能。

3.1.1 硬盘的内部结构

硬盘的内部结构由固定面板、控制电路板、磁头、盘片、主轴、电机、接口及其他附件组成，其中磁头盘片组件是构成硬盘的核心，它封装在硬盘的腔体内，包括有浮动磁头组件、磁头驱动机构、盘片、主轴驱动装置及前置读写控制电路等几个部分，如图 3-1 所示。

- 盘片：盘片是硬盘存储数据的主要载体，现在硬盘盘片的制作材料大多采用玻璃和金属薄膜，这种金属薄膜比软盘的不连续颗粒载体具有更高的存储密度、高剩磁及高矫顽力等优点。硬盘盘片的表面上被涂上了磁性物质，通过磁头的读写将数据记录在其中。
- 盘体：硬盘的盘体由多个盘片组成，这些盘片重叠在一起放在一个密封的盒中，它们在主轴电机的带动下以很高的速度旋转，其每分钟转速达 5400 转、7200 转、10000 转或 15000 转。

- 磁头组件：这个组件是硬盘中最精密的部位之一，它由读写磁头、传动手臂、传动轴三部分组成。磁头是硬盘技术中最重要和关键的一环，实际上是集成工艺制成的多个磁头的组合，它采用了非接触式头、盘结构，加电后在高速旋转的磁盘表面移动，与盘片之间的间隙只有 0.1～0.3μm，这样可以获得很好的数据传输率。现在转速为 7200RPM 的硬盘一般都低于 0.3μm，以利于读取较大的高信噪比信号，提供数据传输率的可靠性。

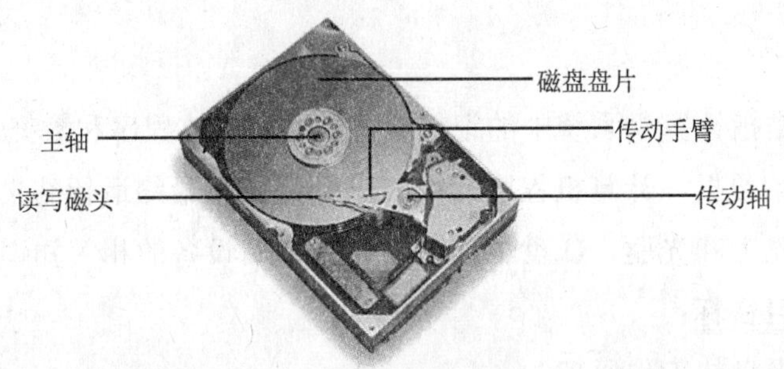

图 3-1　硬盘的内部结构

- 磁头驱动机构：硬盘的寻道是靠移动磁头，而移动磁头则需要该机构驱动才能实现。磁头驱动机构由电磁线圈电机、磁头驱动小车、防震动装置构成，高精度的轻型磁头驱动机构能够对磁头进行正确的驱动和定位，并能在很短的时间内精确定位系统指令指定的磁道。其中电磁线圈电机包含着一块永久磁铁，这是磁头驱动机构对传动手臂起作用的关键。
- 防震装置：防震动装置在老硬盘中没有，它的作用是当硬盘受到强烈震动时，对磁头及盘片起到一定的保护作用，以避免磁头将盘片刮伤等情况的发生。
- 主轴组件：主轴组件包括主轴部件如轴承和驱动电机等。随着硬盘容量的扩大和速度的提高，主轴电机的速度也在不断提升，目前主流硬盘的转速是 7200 转/分，也有一些较高转速的达到 10000 转/分。主轴电机采用的主要是精密机械工业的液态轴承电机技术，它有利于降低硬盘工作噪音。
- 传动手臂：硬盘的传动手臂是用来固定硬盘磁头的，当硬盘处于非工作状态时，传动手臂将磁头停放在硬盘盘片的最内圈的起停区内。当硬盘开始工作时，固化在硬盘中的 ROM 芯片程序开始对硬盘进行初始化，初始化完成后，主轴开始高速转动，传动手臂将磁头悬浮在盘片的 0 磁道处待命。当有读写命令时，传动手臂就会将磁头带到需要读写数据的地方。
- 前置控制电路：前置电路控制磁头感应的信号、主轴电机调速、磁头驱动和伺服定位等，由于磁头读取的信号微弱，将放大电路密封在腔体内可减少外来信号的干扰，提高操作指令的准确性。

3.1.2 硬盘的最新技术

随着电脑技术的飞速发展，与硬盘相关的新技术也层出不穷。下面介绍几项最新硬盘技术，帮助用户选购硬盘时作为参考。

1. 垂直记录技术

应用了垂直记录技术的硬盘在结构上不会有什么明显的变化。从微观上看，磁记录单元的排列方式有了变化，从原来的【首尾相接】的水平排列，变为了【肩并肩】的垂直排列。磁头的构造也有了改进，并且增加了软磁底层。这样做的好处是：

- 磁盘材料可以增厚，让小型磁粒更能抵御超顺磁现象的不利影响。
- 软磁底层让磁头可以提供更强的磁场，让其能够以更高的稳定性将数据写入介质。
- 相邻的垂直比特可以互相稳定。
- 提高单碟容量。
- 减小硬盘体积。

2. IntelliSeek 技术

IntelliSeek 技术是西部数据提出的一项最新技术，可以主动提前计算最佳的寻道速度，避免像其他硬盘那样因寻道时磁头臂做瞬间高速移动而产生噪声和能耗，达到转速、数据传输速率和缓存算法的精确平衡。采用 IntelliSeek 技术的硬盘可以在实现显著节能效果的同时提供可靠性能。

3. 固态硬盘技术

固态硬盘(Solid State Drive)泛指使用 NAND 闪存组成的通用存储系统，由控制单元和存储单元(FLASH 芯片)两部分组成。存储单元负责存储数据，控制单元负责读取、写入数据。由于固态硬盘没有普通硬盘的机械结构，因而系统能够在低于 1ms 的时间内对任意位置存储单元完成 I/O(输入/输出)操作。

由于采用 FLASH 存储介质，它内部没有机械结构，因此没有数据查找时间、延迟时间和寻道时间。众所周知，一般硬盘的机械特性严重限制了数据读取和写入的速度，而固态硬盘在操作系统中就是一个普通的盘符，用户可以完全把它作为存储介质来使用。固态硬盘主要有以下优点：

- 数据存取速度快。
- 经久耐用、防震抗摔。因为全部采用了闪存芯片，所以固态硬盘内部不存在任何机械部件，这样即使在高速移动甚至伴随翻转倾斜的情况下也不会影响到正常使用。
- 固态硬盘工作时非常安静，没有任何噪音产生。由于固态硬盘拥有无机械部件以及闪存芯片发热量小、散热快等特点，因此固态硬盘没有机械马达和风扇，工作噪音值为 0 分贝。
- SSD 固态硬盘比常规 1.8 英寸硬盘重量轻 20-30 克。

4. NCQ 技术

NCQ(Native Command Queuing，原生命令队列)是被设计用于改进在日益增加的负荷情况下硬盘的性能和稳定性的技术。当用户的应用程序发送多条指令到用户的硬盘，NCQ 硬盘可以优化完成这些指令的顺序，从而降低机械负荷达到提升性能的目的。

大多数情况下，数据存入硬盘并非是顺序存入，而是随机存入，甚至有可能一个文件被分配在不同盘片上。对于不支持 NCQ 的硬盘来说，大量的数据读写需要反复重复操作，而对于不同位置的数据存取，磁头需要更多的操作，降低了存取效率。支持 NCQ 技术的硬盘对接收到的指令按照他们访问的地址的距离进行了重排列，这样对硬盘机械动作的执行过程实施智能化的内部管理，大大地提高整个工作流程的效率：即取出队列中的命令，然后重新排序，以便有效地获取和发送主机请求的数据，在硬盘执行某一命令的同时，队列中可以加入新的命令并排在等待执行的作业中。显然，指令排列后可以减少了磁头臂来回移动的时间，使数据读取更有效。

3.1.3 硬盘的工作原理

硬盘的工作原理是利用特定的磁粒子的极性来记录数据。磁头在读取数据时，将磁粒子的不同极性转换成不同的电脉冲信号，再利用数据转换器将这些原始信号变成电脑可以使用的数据，写入数据的操作则正好与此相反，其工作原理如图 3-2 所示。

硬盘驱动器加电正常工作后，利用控制电路中的 DSP 处理器首先调用 ROM 中的程序进行初始化工作，此时磁头置于盘片中心位置，初始化完成后主轴电机将启动并开始高速旋转，磁头将被置于盘片表面的“00”磁道，此时硬盘处于等待指令状态。当接口电路接收到操作系统传来的指令信号时，会通过前置放大控制电路和驱动音圈电机发出磁信号，根据感应到的磁阻的变化，磁头对盘片数据信息进行正确定位，并将接收后的数据信息解码，通过放大控制电路传输到接口电路，然后再反馈给主机系统完成指令操作。硬盘操作结束后，在反力矩弹簧的作用下浮动磁头将重新回到盘面中心。

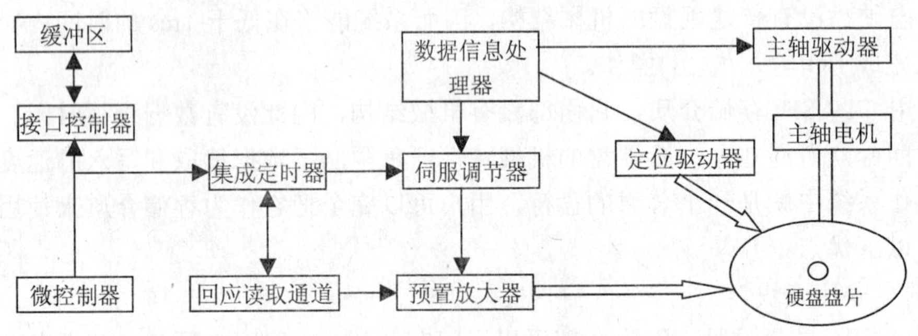

图 3-2　硬盘的工作原理

3.1.4 硬盘的主要性能指标

判断硬盘性能的标准主要有容量、主轴转速、寻道时间、平均延迟、单碟容量、缓存、硬盘表面温度、全程访问时间、最大内部数据传输度、连续无障碍时间、外部数据传输率和 S.M.A.R.T 等。

1. 容量

容量是硬盘最基本也是用户最关心的性能指标之一，硬盘容量越大能存储的数据也越多，对于现在动辄上 GB 安装大小的软件程序而言，选购一块大容量的硬盘是非常有必要的。目前市场上主流硬盘的容量在 500GB 以上，并且随着更大容量硬盘价格的降低，TB 硬盘也开始被普通用户接受(1TB=1024GB)。

2. 主轴转速

硬盘的主轴转速是决定硬盘内部数据传输率的决定因素之一，它在很大程度上决定了硬盘的速度，同时也是区别硬盘档次的重要标志。

主轴转速(Rotational Speed)，是硬盘内电机主轴的旋转速度，也就是硬盘盘片在一分钟内所能完成的最大转数。硬盘的主轴转速是硬盘内部数据传输率的决定因素之一，它在很大程度上决定了硬盘的速度，同时也是区别硬盘档次的重要标志。硬盘的主轴马达带动盘片高速旋转，产生浮力使磁头飘浮在盘片上方。要将所要存取资料的扇区带到磁头下方，转速越快，则等待时间也就越短。因此转速在很大程度上决定了硬盘的速度。

硬盘的转速越快，硬盘寻找文件的速度也就越快，相对的硬盘的传输速度也就得到了提高。硬盘转速以每分钟多少转来表示，单位表示为 RPM，RPM 是 Revolutions Perminute 的缩写，是转/每分钟。RPM 值越大，内部传输率就越快，访问时间就越短，硬盘的整体性能也就越好。

目前主流硬盘的主轴转速为 7200rpm，建议用户不要购买更低转速的硬盘，如 5400rpm，否则该硬盘将成为整个电脑系统性能的瓶颈。

3. 寻道时间

平均寻道时间(Average Seek Time)是硬盘性能至关重要的参数之一。平均寻道时间是指硬盘在接收到系统指令后，磁头从开始移动到移动至数据所在的磁道所花费时间的平均值，单位为毫秒(ms)。不同品牌、不同型号的产品其平均寻道时间也不一样，但这个时间越低，则产品越好，现今主流的硬盘产品平均寻道时间都在 9ms 以内。

平均寻道时间实际上是由转速、单碟容量等多个因素综合决定的一个参数。一般来说，硬盘的转速越高，其平均寻道时间就越低；单碟容量越大，其平均寻道时间就越低。当单碟片容量增大时，磁头的寻道动作和移动距离减少，从而使平均寻道时间减少，加快硬盘速度。当然出于市场定位以及噪音控制等方面的考虑，厂商也会人为地调整硬盘的平均寻道时间。在硬盘上数据是分磁道、分簇存储的，经常的读写操作后，往往数据并不是连续排列在同一磁道上，所以磁头在读取数据时往往需要在磁道之间反复移动，因此平均寻道时间在数据传输中起着十分重要的作用。在读写大量的小文件时，平均寻道时间也起着至关重要的作用。

4. 平均延迟(潜伏时间)

平均延迟是指当磁头移动到数据所在的磁道后，然后等待所要的数据块继续转动(半圈或多些、少些)到磁头下的时间。平均延迟越小代表硬盘读取数据的等待时间越短，相当于具有更高的硬盘数据传输率。7200RPM IDE 硬盘的潜伏期为 4.17ms。

5. 缓存

缓存(Cache memory)是硬盘控制器上的一块内存芯片，具有极快的存取速度，它是硬盘内部存储和外界接口之间的缓冲器。由于硬盘的内部数据传输速度和外界接口的传输速度不同，缓存在其中起到一个缓冲的作用。缓存的大小与速度是直接关系到硬盘的传输速度的重要因素，能够大幅度地提高硬盘整体性能。当硬盘存取零碎数据时需要不断地在硬盘与内存之间交换数据，如果有大缓存，则可以将那些零碎数据暂存在缓存中，减小外系统的负荷，也提高了数据的传输速度。目前主流硬盘的缓存大小为 16MB 和 32MB。

缓存的应用存在一个算法的问题，即便缓存容量很大，而没有一个高效率的算法，那将导致应用中缓存数据的命中率偏低，无法有效发挥出大容量缓存的优势。算法是和缓存容量相辅相成，大容量的缓存需要更为有效率的算法，否则性能会大打折扣，从技术角度上说，高容量缓存的算法是直接影响到硬盘性能发挥的重要因素。更大容量缓存是未来硬盘发展的必然趋势。

6. 单碟容量

单碟容量(storage per disk)，是硬盘重要的参数之一，一定程度上决定着硬盘的档次高低。硬盘是由多个存储碟片组合而成的，而单碟容量就是一个磁盘存储碟所能存储的最大数据量。

硬盘厂商在增加硬盘容量时，可以通过两种手段：一个是增加存储碟片的数量，但受到硬盘整体体积和生产成本的限制，碟片数量都受到限制，一般都在 5 片以内；而另一个办法就是增加单碟容量。

目前单碟容量已经达到 500GB，这项技术不仅仅可以带来硬盘总容量的提升，能在一定程度上节省产品成本。

7. 硬盘表面温度

硬盘表面温度指标表示硬盘工作时产生的温度使硬盘密封壳温度上升的情况。硬盘工作时产生的温度过高将影响薄膜式磁头的数据读取灵敏度，因此硬盘工作表面温度较低的硬盘有更稳定的数据读、写性能。

一般硬盘正常工作时，表面温度在 35 到 45 摄氏度之间。如果室温高，大量长时间运行大型的程序或游戏，可达 50 摄氏度以上。

8. 全程访问时间

全程访问时间(Max full seek time)是指磁头开始移动直到最后找到所需要的数据块花费的全部时间，单位为毫秒(ms)。全程访问时间越短，表示该硬盘的性能越好。

9. 最大内部数据传输度

最大内部数据传输率(internal data transfer rate)：也叫持续数据传输率(sustained transfer rate)，单位 MB/S。它指磁头至硬盘缓存间的最大数据传输率，取决于硬盘的盘片转速和盘片数据线密度(指同一磁道上的数据间隔度)。

硬盘磁头读取存储在盘片内的数据向硬盘高速数据缓存传送时的数据传输速率。从这个定义中，可以了解到影响硬盘内部数据传输率的根本因素是硬盘磁头、盘片和转速。因为只有更快的转速、更高的存储密度，才能从根本上提高硬盘的内部数据传输率。如果硬盘盘片的数据存储密度可以做得非常大，也就是能存储的信息可以越多，这就是通常所说的硬盘单碟容量更高了。因此，硬盘转速和单碟容量是决定硬盘内部数据传输率的直接原因，而从下文的介绍中可以看出，内部数据传输率上不了一个更高台阶才是当今硬盘速度的瓶颈所在。

内部传输率可以明确表现出硬盘的读写速度，它的高低是评价一个硬盘整体性能的决定性因素，它是衡量硬盘性能的真正标准。有效地提高硬盘的内部传输率才能对性能有最直接、最明显的提升。目前各硬盘生产厂家努力提高硬盘的内部传输率，除了改进信号处理技术、提高转速以外，最主要的就是不断地提高单碟容量以提高线性密度。由于单碟容量越大的硬盘线性密度越高，磁头的寻道频率与移动距离可以相应的减少，从而减少了平均寻道时间，内部传输速率也就提高了。虽然硬盘技术发展的很快，但内部数据传输率还是在一个比较低(相对)的层次上，内部数据传输率低已经成为硬盘性能的最大瓶颈。目前主流的家用级硬盘，内部数据传输率基本还停留在 70~90 MB/s 左右，而且在连续工作时，这个数据会降到更低。

10. 连续无故障时间

连续无故障时间是指硬盘从开始运行到出现故障的最长时间，单位是小时。一般硬盘的 MTBF 至少在 3 万或 4 万小时。这项指标在一般的产品广告或常见的技术特性表中并不提供，需要时可专门上网到具体生产该款硬盘的公司网址中查询。

3.1.5 硬盘的专业术语

对于初步接触电脑硬盘的用户来说，硬盘的一些专业术语会让初学者感到陌生，本节将对硬盘的常见专业术语作简要解释。

- 磁道：磁道是以盘片中心为圆心，把盘片分成若干个同心圆，每一条划分圆的轨迹称为磁道，磁盘的规格不同，磁道数也不相同。
- 扇区：磁盘上的每个磁道被等分为若干个弧段，这些弧段便是磁盘的扇区，每个扇区可以存放 512 个字节的信息，磁盘驱动器在向磁盘读取和写入数据时，要以扇区为单位。
- 柱面：硬盘通常由重叠的一组盘片构成，每个盘面都被划分为数目相等的磁道，并从外缘的“0”开始编号，具有相同编号的磁道形成一个圆柱，称之为磁盘的柱面。磁盘的柱面数与一个盘面上的磁道数是相等的。由于每个盘面都有自己的磁头，因此，盘面数等于总的磁头数。硬盘的容量=柱面数×磁头数×扇区数×512B。

3.1.6 选购硬盘的注意事项

硬盘是电脑的主要存储系统，存储着大量的数据，其速度和稳定性都将影响电脑的整体性能，本节将介绍如何选购一块合适的硬盘。选购硬盘需要从以下几个方面考虑：

1. 硬盘容量

容量是硬盘最为直观的参数，是用户最为关注的焦点，硬盘的容量是非常关键的，大多数被淘汰的硬盘都是因为容量不足，不能适应日益增长的海量数据存储。原则上说，在尽可能的范围内，硬盘的容量越大越好，一方面用户得到了更大的存储空间，能够更好地面对将来可能潜在的存储需要，另一方面硬盘容量越大，它每兆存储介质的成本就越低，无形中为用户降低了使用成本。但是并不是对所有用户都是如此，不同类的用户应该根据自身的不同需要进行选择。

2. 硬盘速度

硬盘的转速对性能的提高息息相关，更高的主轴速度可以缩短硬盘的寻道时间并提高数据的传输率，从而能够进一步提高硬盘的性能。目前市场上流行的是 5400rpm(每分钟转数)和 7200rpm 的硬盘。在性能方面，7200rpm 的硬盘比 5400rpm 的硬盘有着明显的提升。7200 转的如果质量稳定应优先考虑，不宜选用低于 5400 转的产品。

3. 缓存大小

硬盘的缓存有些类似于处理器的二级缓存，容量越大，则工作效率也就越快，性能就越高。目前主流已达 6MB、32MB，甚至 64MB，不应低于 8MB。

4. 观察硬盘配件与防伪标识

用户在购买硬盘时应注意不要购买到水货，水货硬盘与行货硬盘最大的直观区分就是有无包装盒，此外还可以通过国内代理商的保修标贴和硬盘顶部的防伪标识来确认。

5. 售后服务

无论购买任何一款商品，售后服务是一定要多加留意的，硬盘工作的时候总是在不停地高速运转，而且硬盘其实是很脆弱的东西，其读写操作比较频繁，很容易老化，所以保修问题更是突出。在国内，对于硬盘的售后服务和质量保障这方面各个厂商做的还都不错，尤其是各品牌的盒装还为消费者提供三年或五年的质量保证，但是购买时一定要注意，千万不要买水货硬盘，因为水货得不到商家的质保。

3.2 移动硬盘

移动硬盘指的是以硬盘为存储介质，强调便携性的存储产品。目前市场上绝大多数的移动硬盘都是以标准硬盘为基础，而只有很少部分采用微型硬盘(1.8 英寸硬盘等)，但价格因素决定着主流移动硬盘是以标准笔记本硬盘为基础。移动硬盘的外观如图 3-3 所示。

图 3-3 移动硬盘

3.2.1 移动硬盘的特点

在家庭应用与办公操作中，移动硬盘凭借其特点受到了越来越多用户的青睐。移动硬盘的主要特点如下所示：

1. 容量大

移动硬盘可以提供相当大的存储容量，是种较具性价比的移动存储产品。目前大容量闪盘价格还无法被用户所接受，而移动硬盘能在用户可以接受的价格范围内，提供给用户较大的存储容量和不错的便携性。目前市场中的移动硬盘能提供 320GB、500GB、1TB 等容量，完全可以满足普通用户的需求。

2. 传输速度快

移动硬盘大多采用 USB、IEEE 1394 接口，能提供较高的数据传输速度。然而，移动硬盘的数据传输速度在一定程度上受到接口速度的限制，尤其在 USB 1.1 接口规范的产品上，在传输较大数据量时的速度会很缓慢。而 USB 2.0 和 IEEE 1394 接口就在传输速度上有很大的提升。

3. 使用方便

现在的 PC 基本都配备了 USB 接口功能，主板通常可以提供 2~8 个 USB 口，一些键盘、显示器也会提供 USB 转接器，USB 接口已成为个人计算机中的必备接口。USB 设备在大多数 Windows 操作系统中都可以不需要安装驱动程序，具有真正的“即插即用”特性，使用起来灵活方便。因此，使用 USB 接口的移动硬盘也具有使用方便的特点。

4. 可靠性提升

数据安全一直是移动存储用户最为关心的问题，也是人们衡量该类产品性能好坏的一个重要标准。移动硬盘以高速、大容量、轻巧便捷等优点赢得许多用户的青睐，而更大的优点还在于其存储数据的安全可靠性。这类硬盘与笔记本计算机硬盘的结构类似，多采用硅氧盘片。这是一种比铝、磁更为坚固耐用的盘片材质，并且具有更大的存储量和更好的可靠性，提高了数据的完整性。采用以硅氧为材料的磁盘驱动器，以更加平滑的盘面为特征，有效地降低了盘片可能影响数据可靠性和完整性的不规则盘面的数量，更高的盘面硬度也使移动硬盘具有很高的可靠性。

3.2.2 移动硬盘的选购技巧

对绝大多数用户而言，移动硬盘中的数据价值已经远远超出产品的价格。作为随身携带的数据存储必要设备，移动硬盘不仅要具有防摔、抗震等强大的物理安全性能，还要具备数据加密、防护备份等多方面数据安全功能。

1. 外壳以金属外壳为最佳

因为目前的硬盘转速越来越快，散热成了首当其冲的问题，而金属外壳散热性能比塑料外壳更好。而且在抗压等方面也表现得很出众。当然，最好采用波浪表面的金属材质外壳，它的散热面积大，抗压和防震都比较理想。

2. 防震技术

因为硬盘是精密仪器，对于无防震措施或防震设计有较大缺陷的移动硬盘，一次失手就可能使整个硬盘报废。目前一些厂家采用了自动平衡滚动轴系统等技术加强抗震能力。只有很少的品牌采用了 F-PCB 技术和 SGW 技术，把抗震性能提高到专业的程度。

3. 接口标准

目前市面上的移动硬盘按接口可以分为并口、USB、IEEE 1394 三大类型。并口是出现最早的，由于传输速度慢，已经被淘汰；而 IEEE 1394 的数据传输率理论上可达到 400Mb/s，速度最快，但是普及程度不高；USB 接口是现在普遍使用的类型，USB 2.0 的移动硬盘的传输速度高达 480Mbps，支持热插拔和即插即用。

4. 安全性

目前各个厂家采用了不同的加密保护软件。用户可以根据自己的需要挑选更适合自己的加密技术。

3.3 光盘和光驱

光盘是电脑中的重要外部存储器之一，而光驱则是读取光盘的设备，本节主要来介绍光盘和光驱的相关知识。

3.3.1 光盘的结构

光盘是用塑料压制而成的圆盘，直径为 120mm，厚度约为 1.2mm。随着多媒体技术的发展，光盘以其容量大、寿命长、成本低的优点，很快受到人们的欢迎并迅速得到普及，一张光盘的容量一般在 650MB 以上，而 DVD 光盘的单面容量可达 4.7GB。

从图 3-4 可以看出，光盘主要可分为 5 层，其中包括基板层、记录层、反射层、保护层、印刷层等。

1. 基板层

它是各功能性结构(如沟槽等)的载体，其使用的材料是聚碳酸酯(PC)，冲击韧性极好、使用温度范围大、尺寸稳定性好、耐候性、无毒性。一般来说，基板是无色透明的聚碳酸酯板，在光盘中，它不仅是沟槽等的载体，更是整个光盘的物理外壳。CD 光盘的基板厚度为 1.2mm、直径为 120mm，中间有孔，呈圆形，它是光盘的外形体现。光盘之所以能够随意取放，主要取决于基板的硬度。

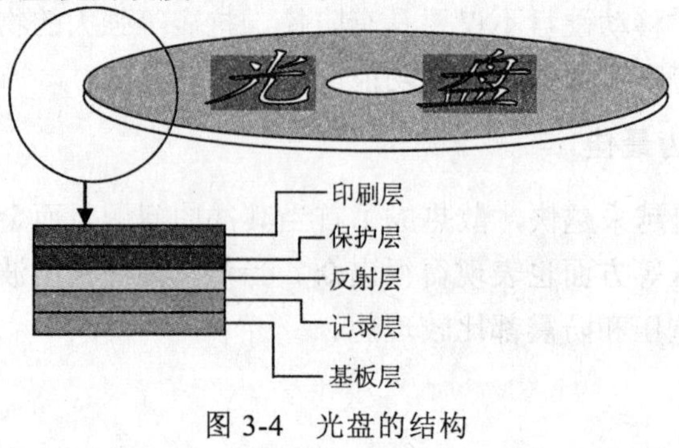

图 3-4 光盘的结构

2. 记录层

也叫染料层，这是烧录时刻录信号的地方，其主要的工作原理是在基板上涂抹上专用的有机染料，以供激光记录信息。由于烧录前后的反射率不同，经由激光读取不同长度的信号时，通过反射率的变化形成 0 与 1 信号，借以读取信息。

目前，一次性记录的 CD-R 光盘主要采用有机染料(酞菁)，当此光盘在进行烧录时，激光就会对在基板上涂的有机染料进行烧录，直接烧录成一个接一个的“坑”，这样有“坑”和没有“坑”的状态就形成了‘0’和‘1’的信号，这一个接一个的“坑”是不能回复的，也就是当烧成“坑”之后，将永久性地保持现状，这也就意味着此光盘不能重复擦写。这一连串的“0”、“1”信息，就组成了二进制代码，从而表示特定的数据信息。

另外，对于可重复擦写的 CD-RW 而言，所涂抹的就不是有机染料，而是某种碳性物质，当激光在烧录时，就不是烧成一个接一个的“坑”，而是改变碳性物质的极性，通过改变碳性物质的极性，来形成特定的“0”、“1”代码序列。这种碳性物质的极性是可以重复改变的，这也就表示此光盘可以重复擦写。

3. 反射层

这是光盘的第三层，它是反射光驱激光光束的区域，借反射的激光光束读取光盘片中的资料，它就如同镜子一样，此层就代表镜子的银反射层，光线到达此层，就会反射回去。一般来说，光盘可以当作镜子用，就是因为有这一层的缘故。其材料为纯度为 99.99%的纯银金属。

4. 保护层

这层很重要，保护层由一种专门的胶质组成，主要目的是防止染料层与反射层被氧化，另外还要抵抗紫外线与磨损的侵蚀。单凭肉眼是不太能看出保护层的好坏，甚至有些小厂为了降低成本，在保护层偷工减料，这就是某些光盘的在刻录后不长的时间内突然读不了的根本原因。有些刻录盘采用抗 UV 保护膜，能有效抵御自然光中的紫外线及各式环境变化，防止盘片变质；即便使用频繁，也不必担心资料丢失。

5. 印刷层

这一层也马虎不得。很多用户认为这只是用来印刷光盘的说明文字和商标的，没有别的用途，其实这种看法是错误的，它不仅可以标明信息，还可以起到一定的保护光盘的作用，因为光盘不同于其他产品，其结构比较精密，而且都比较单薄；而市面上很多油墨对于盘基是有一定弱腐蚀性的，如果错用了这些油墨，负面效应就会慢慢地显现出来了。

3.3.2　光盘的分类

CD-DA(Compact Disc-Digital Audio)：用来储存数位音效的光碟片，就是常说的 CD 音乐光盘。1982 年 SONY、Philips 所共同制定红皮书标准，以音轨方式储存声音资料。CD-ROM 都有兼容此规格音乐片的能力。

CD-G(Compact Disc Graphics)：CD-DA 基础上加入图形成为另一格式，但未能推广。是对多媒体电脑的一次尝试。

CD-ROM(Compact Disc-Read Only Memory)：只读存储器。1986 年，SONY、Philips 一起制定的黄皮书标准，定义档案资料格式。定义了用于电脑数据存储的 MODE1 和用于压缩视频图像存储的 MODE2 两类型，使 CD 成为通用的储存介质。并加上侦错码及更正码等位元，以确保电脑资料能够完整读取无误。

CD-R(Compact-Disc-Recordable)：1990 年 Philips 发表多段式一次性写入光盘数据格式。属于橘皮书标准。在光盘上加一层可一次性记录的染色层，可进行刻录，必须配合 CD-RW 刻录机和刻录软件才能写入和擦除数据。它的特点是只能一次性写入，不能修改和擦除，具有较高的安全性。

CD-RW(Compact Disc-Rewritable)：在光盘上加一层可改写的染色层，通过激光可在光盘上反复多次写入数据，必须配合 CD-RW 刻录机和刻录软件才能写入和擦除数据，一般可重复擦写 1000 次左右。

DVD(Digital-Versatile-Disk)：数字多用光盘，以 MPEG-2 为标准，拥有 4.7G 的大容量，可储存 133 分钟的高分辨率全动态影视节目，图像和声音质量是 VCD 所不及的。

DVD-RW(DVD-Rewritable)：可反复写入的 DVD 光盘，又叫 DVD-E。由 HP、SONY、Philips 共同发布的一个标准，单面容量 4.7GB，双面容量 8.5GB，采用 CAV 技术来获得较高的数据传输率。

3.4 光 驱

光驱是电脑中很重要的输入设备，其工作原理是由指令程序控制产生特定的波长和能量的激光，扫描光盘以实现对数据的读取。

3.4.1 光驱的外部结构

光驱的正面如图 3-5 所示，主要由耳机插孔和一些控制键组成。

- 耳机插孔(EARPHONE)：用来插耳机或音箱。
- 音量控制器(VOLUME)：用来调节输出音量的大小。

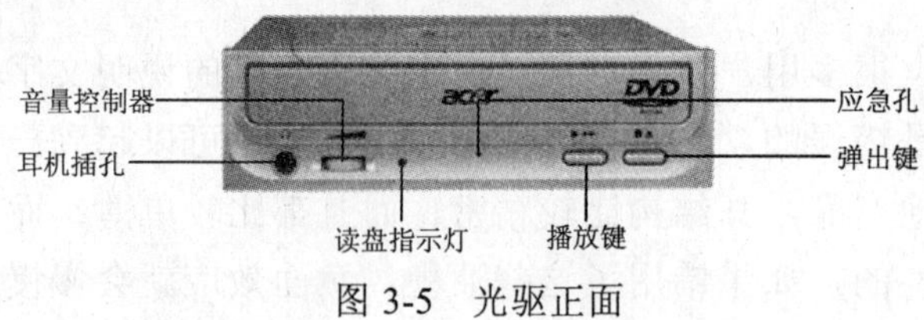

图 3-5 光驱正面

- 读盘指示灯(ON/BUSY LED)：当光驱读盘时会随着光盘的旋转而闪烁，用户可据此判断光驱的工作状态。
- 应急孔(PINHOLE EJECT)：当光盘托架无法弹出时，可用一根针插入其中，光盘托架就可以弹出了。
- 播放键(PLAY/SKIP)：当 CD 碟片放入光驱时，按这个键可以播放 CD，也可以按键选择下一首歌曲。

- 弹出键(STOP/EJECT)：按此键可以弹出和关闭光驱，以便取出和放入碟片，若正在播放 CD 按此键可以停止播放音乐，再按一下弹出光驱。

光驱的正面如图 3-6 所示，主要由一些接口组成。

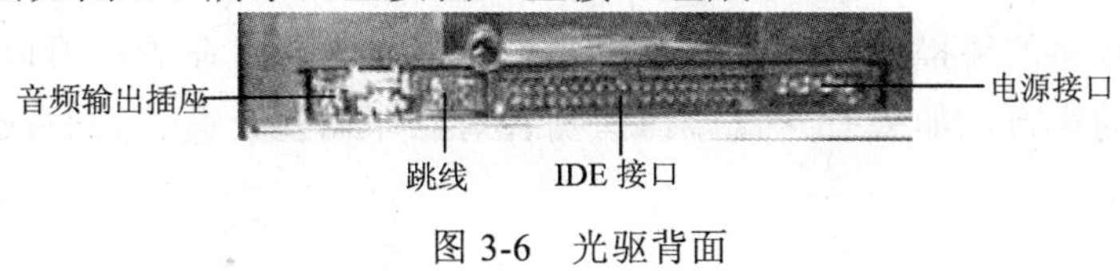

图 3-6　光驱背面

- 音频输出插座(ANLONG AUDIO)：用一根音频线和声卡 CD 输入端相连就可以听 CD，而不用占用系统资源。
- 跳线(JUMPER)：用于设置光驱是主盘(MASTER)、从盘(SLAVE)还是数据选择模式。
- IDE 接口：用数据线和主板上的 IDE 接口相连接。
- 电源接口：接电源线。

3.4.2　光驱的内部结构

所有光驱的内部结构基本相同，都是由激光头、旋转电机、聚焦定位系统、驱动控制系统、数字信号处理系统、系统控制和接口电路等部分组成。

激光头是光驱最重要的元件，它是用来扫描光盘盘面的数据位置，直接决定了光驱的读写能力。它固定在两根平行滑竿之间，在定位装置的控制下，来回移动读取光盘上不同位置的数据。光盘在放入托架关闭仓门后，托架会自动上升以和压盘顶盖一起夹固光盘，在电机的带动下高速旋转并和激光头配合读取光盘数据。

3.4.3　光驱的工作过程

在无光盘状态下，光驱加电后，激光头组件启动，此时光驱面板指示灯将闪烁，同时激光头组件移动到主轴马达附近，并由内向外顺着导轨步进移动，最后又回到主轴马达附近，激光头的聚焦透镜将向上移动 3 次搜索光盘，同时主轴马达也顺时针启动 3 次，然后激光头组件复位，主轴马达停止运行，面板指示灯熄灭。

在有盘状态下，激光头聚焦透镜重复搜索动作，找到光盘后主轴马达将加速旋转。此时如果读取光盘，面板指示灯将不停地闪烁，步进电机带动激光头组件移动到光盘数据处。聚焦透镜将数据反射到接收光电管，再由数据带传送到系统，计算机就可读取光盘数据。如果停止读取光盘，激光头组件和马达仍将处于加载状态中，面板指示灯熄灭。目前高速光驱在设计上都考虑到可以使主轴马达和激光头组件在 30 秒或几分钟后停止工作，直到重新读取数据，这样能有效地节能，并延长使用时间。

3.4.4　光驱的保养维护

光驱的激光头是最怕灰尘的，很多光驱长期使用后，识盘率下降就是因为尘土过多，所以平时不要把托架留在外面，也不要在电脑周围吸烟。而且不用光驱时，尽量不要把光盘留在驱动器内，因为光驱要保持“一定的随机访问速度”，所以盘片在其内会保持一定的转速，这样就加快了电机老化(特别是塑料机芯的光驱更易损坏)。另外在关机时，如果劣质光盘留在离激光头很近的地方，那么当电机转起来后会很容易划伤激光头。

散热问题也是非常重要的，一定要注意电脑的通风条件及环境温度的高低，机箱的摆放一定要保证光驱保持在水平位置，否则光驱高速运行时，其中的光盘将不可能保持平衡，将会对激光头产生致命的碰撞而损坏，同时对光盘的损坏也是致命的，所以在光驱运行时要注意听一下发出的声音，如果有光盘碰撞的噪音请立即调整光盘、光驱或机箱位置。

3.4.5 光盘刻录机

光盘刻录机分为两种，CD 光盘刻录机和 DVD 光盘刻录机。CD 光盘刻录机(CD-RW)只有一种，而 DVD 刻录机分为 DVD-R/RW 和 DVD+R/RW。刻录机利用的是一种重擦写技术。由于 DVD 刻录机具有容量大、成本低、兼容性好、记录可靠等优点，目前已得到广泛应用。光盘刻录机如图 3-7 所示。

图 3-7　光盘刻录机

3.4.6 光驱的选购技巧

本节将介绍选购光驱的一些技巧，并且重点介绍了 DVD 刻录光驱的选购技巧。

1. 缓存容量

刻录光驱的缓存具有重要意义，在刻录的过程中，所有数据都要首先从硬盘读取到缓存中，然后再刻录到光盘上。而这一过程必须是连续的，否则就会导致刻录失败。目前主流刻录光驱都采用了 2MB 以上的大容量缓存，使用时更加安全。

2. 防刻坏技术

根据刻录标准，光盘扇区之间的空隙不能大于 100 微米，一旦出现数据传输中断，必须在 100 微米内将数据接续并继续刻录，否则就会出现 Buffer Under Run 错误。显然单单增大缓存容量并不是最好的解决方法，而采用先进的防刻坏技术才是解决之道。目前主要的防刻坏技术有 BURN-Proof、Just Link、Seamless Link、Exac-Link、Power-Burn、Safe Burn 等。

3. 盘片兼容性

要进行高速的刻录，仅仅有刻录光驱的支持还是不够的，使用的光盘还必须支持高速刻录。以 24X 刻录为例，所使用光盘必须标明支持 24X，否则就只能使用较低的速度进行刻录。另外，目前流行的光盘格式和光盘品牌非常多，要保证刻录成功，就要求刻录光驱能够使用不同的刻录盘成功刻录不同格式的光盘。而检测盘片兼容性并没有什么最佳方法，一般来说，名牌大厂生产的刻录光驱由于经过了严格的质量检测，兼容能力会好一些。用户可以首先广泛进行试用对比，再决定是否购买。

4. 刻录稳定性

高速的刻录必然会导致稳定性下降，而具有良好稳定性的刻录光驱能够在长时间的使用过程中保持稳定、良好的刻录能力，在选购过程中可以通过以下方面了解产品的稳定性。

- 机芯材料：很多优秀的光驱使用了全钢机芯，刻录光驱也是如此。对比普通的塑料机芯，全钢机芯无论是稳定性还是耐用性都有较大的优势。
- 减震技术：高速刻录之所以会导致稳定性下降，主要的原因就是光盘高速旋转引起的震动，为此厂商开发了各种抗震系统，较为常用的有 DDS(动态减震系统)、DDSS(双动态减震双悬吊系统)、DPSS(双悬浮动态减震系统)、WSS(游丝悬挂系统)、DTDS(四悬浮八角抗震系统)等，用户在购买的时候要注意这方面的介绍。
- 纠错能力：纠错能力通常是用户在购买光驱时考虑的要点，刻录光驱也有同样的要求。在购买刻录光驱的时候也要正确理解所谓【超强纠错】：很多光驱产品都号称自己【超强纠错】，但这些产品往往是将激光头功率调高，虽然在使用初期有很好的读盘效果，但是其使用寿命却非常短。

5. 其他方面

除了上面介绍的问题之外，还有一些容易让人忽视的地方，具体如下。

- 固件(Firmware)能否升级：刻录光驱的 Firmware 就像主板的 BIOS，通过升级 Firmware 可以有效提升性能和解决兼容性问题。优秀的刻录光驱产品都应该支持 Firmware 升级。
- 刻录光驱接口：目前主流的刻录光驱接口和硬盘一样，都是 SATA 接口产品，并且相比 IDE 接口产品价格相对低廉。USB 接口刻录光驱由于其外置性和易装卸性，适合上网本用户和办公电脑用户使用。

噪音、防尘和散热性能：刻录光驱的噪音和热量同其速度是密切相关的，速度越高，噪音和热量就越大。噪音和热量也可以从另一方面体现稳定性，为提高稳定性所采取的措施对减少噪音和发热都很有帮助。而灰尘的侵入会严重影响激光头等重要部件的灵敏度，而且有可能造成漏电、短路等故障。

3.5 U盘

U 盘是 USB 盘的简称，而优盘只是 U 盘的谐音称呼。U 盘是闪存的一种，因此也叫闪盘，其外观如图 3-8 所示。U 盘的最大特点就是：小巧便于携带、存储容量大、价格便宜，是常用的移动存储设备。

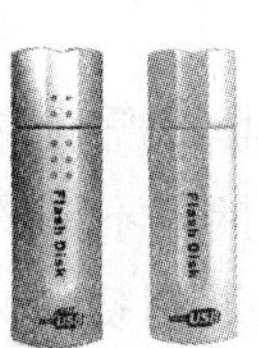

图 3-8 U盘

3.5.1 U 盘的内部结构

U 盘由硬件和软件两部分组成，其中核心硬件包括 Flash 存储芯片和控制芯片，除此之外还有 USB 端口、PCB 板、外壳、电容、电阻以及 LED 等。软件部分包括嵌入式软件和应用软件，嵌入式软件是优盘技术的核心，它嵌入在控制芯片中，直接决定了 U 盘能否支持双启动功能、能否支持 USB 2.0 标准协议等。因此 U 盘的品质首先取决于控制芯片中嵌入式软件的功能。

3.5.2 闪存技术的优点

闪存技术是计算机领域近年兴起的存储技术。它与传统的电磁存储技术相比有许多优点：首先，这种存储技术在存储信息的过程中没有机械运动，这使得它的运行非常的稳定，从而提高了它的抗震性能，使它成为所有存储设备里面最不怕震动的设备。其次，由于它不存在类似软盘，硬盘，光盘等的高速旋转的盘片，所以它的体积往往可以做得很小。现在的 MP3 播放器可以做得很小的原因就是因为采用了这种存储技术。

3.5.3 U 盘的存储容量

存储容量是指该便携存储产品最大所能存储的数据量，是便携存储产品最为关键的参数，常见的 U 盘存储容量有 2GB、4GB、8GB 和 32GB 等，大的达到 256GB，U 盘的发展潜力非常大，今后还会看到更大存储容量的 U 盘。

3.5.4 使用 U 盘的注意事项

- 不要在 U 盘的指示灯闪烁的时候拔出 U 盘，因为这时 U 盘正在读取或写入数据，中途拔出可能会造成硬件、数据的损坏。
- 不要在备份文档完毕后立即关闭相关的程序，因为那个时候 U 盘上的指示灯还在闪烁，说明程序还没完全结束，这时拔出 U 盘，很容易影响备份。所以文件备份到闪盘后，应过一些时间再关闭相关程序，以防意外。
- 在系统提示“无法停止”时也不要轻易拔出 U 盘，这样也会造成数据遗失。
- U 盘应放置在干燥的环境中，不要让 U 盘接口长时间暴露在空气中，否则容易造成表面金属氧化，降低接口敏感性。
- 不要将长时间不用的 U 盘一直插在 USB 接口上，一方面容易引起接口老化，另一方面对 U 盘也是一种损耗。
- U 盘的存储原理和硬盘有很大出入，不要整理碎片，否则影响使用寿命。

3.5.5 U 盘的选购技巧

随着 U 盘成本的不断降低，使得 U 盘同质化现象非常严重，很多产品外观都一模一样。而价格贵的 U 盘往往都拥有独特的设计与好的颗粒，拥有不错的传输速度，可以用做启动盘。因此建议用户根据自己的需求来购买 U 盘，对于普通消费者来说一般的 U 盘就能使用，价格会便宜很多。此外在购买 U 盘时，还应注意以下几个方面。

1. U 盘的容量

U 盘的容量是用户在购买 U 盘时的首要考虑对象，现在市场上的 U 盘容量以 2GB、4GB 和 8GB 的为主，价格也不是很贵，用户在购买时可以灵活选择。

2. U 盘的传输速度

U 盘的数据传送速度一般与数据接口和 U 盘质量有关，因为 U 盘用的是 FLASH 闪存，不像硬盘那样受转速的限制，它只跟 USB 的接口类型有关。以前用于区分速度的 USB1.1 和 USB2.0 标准现在已经统一改成 USB 2.0 Full Speed(即对应以前的 USB1.1)和 USB 2.0 High Speed(即对应以前的 USB2.0)此外，还有 USB 2.0 Normal Speed 传输速度很慢，一般在键盘、鼠标上使用，这些标准在一些检测软件中也可能会显示成 USB 2.0 (FS)和 USB2.0 (HS)，所以购买的时候一定要确认是 HS 的接口，要是统一说成 USB 2.0 而没有标明速度一定要当场测试，一般来说 HS 速度可以达到 5~10Mb/s，而 FS 则在 1Mb/s 以下。

3. U 盘的品牌

在购买 U 盘时应选择大厂品牌 U 盘，这些产品不仅读写速度快，而且有较好的售后服务。介绍几款比较好用的 U 盘品牌：SanDisk、Kingston、LG、联想、朗科、明基、纽曼、优百特等。

本 章 小 结

本章主要介绍了电脑中存储器的相关知识，电脑中的存储器主要分为内存和外存两部分，外存主要包括硬盘、光盘、U 盘以及移动硬盘等。

通过对硬盘的学习，应了解硬盘的内部构造、硬盘的工作原理以及硬盘的性能指标。

光驱也是电脑中不可或缺的配件之一，通过对光驱的学习，应了解光驱的结构和工作原理以及光驱的选购技巧。

便携式移动存储设备有 U 盘和移动硬盘等，通过本章的学习应了解它们的基本性能和选购方法。下一章向读者介绍输入与输出设备的相关知识。

习　　题

填空题

1. 硬盘的主要性能指标包括________、________、________、________、________、________、________、________、________、________等。

2. 磁道是以盘片中心为圆心，把盘片分成若干个同心圆，每一条划分圆的轨迹称为________。

3. 硬盘通常由重叠的一组盘片构成，每个盘面都被划分为数目相等的磁道，并从外缘的“0”开始编号，具有相同编号的磁道形成一个圆柱，称之为磁盘的________。

4. 光盘主要可分为 5 层，其中包括________、________、________、________、________。

选择题

5. 下列哪项不属于光盘的优点(　　)?

A 容量大　　B 容量小

C 成本低　　D 寿命长

6. 下列关于U盘的使用中表述错误的是(　　)。

A. U盘支持热插拔，在任何时候都可以随意拔出　B. 在拔出U盘前应先关闭与U盘有关的窗口

C. 不应对U盘进行碎片整理　D. U盘不用时应拔下，不应长时间插在USB接口上

第 4 章

输入输出设备

本章主要介绍电脑中的输入输出设备，包括显卡、显示器、键盘、鼠标和打印机等。通过本章的学习，应该完成以下**学习目标**：

- ☑ 了解显卡的工作流程
- ☑ 了解显卡的结构
- ☑ 了解液晶显示器的工作原理和性能指标
- ☑ 掌握键盘快捷键的使用方法
- ☑ 熟悉鼠标的分类和选购方法
- ☑ 熟悉打印机的分类和性能指标

4.1 显　卡

计算机的显示系统是由显示器、显示适配器(显卡)和显示驱动程序组成的，本节主要介绍显卡的相关知识。

4.1.1 显卡概述

显卡又称为视频卡、视频适配器、图形卡、图形适配器或显示适配器等。它是主机与显示器之间连接的“桥梁”，作用是控制电脑的图形输出，负责将 CPU 送来的影像数据处理成显示器可以识别的格式，再送到显示器形成图像。

显卡分为 ISA 显卡、PCI 显卡、AGP 显卡、PCI-E 显卡等类型，ISA 显卡、PCI 显卡已经淘汰，AGP 显卡也基本淘汰，PCI-E 显卡是目前主流的显卡。

图 4-1　显卡

4.1.2 显卡的工作流程

简单的说，显卡的作用就是将 CPU 送来的图像信号经过处理后再输送到显示器上，而这个过程通常包括以下 4 个步骤：

❶ CPU 将数据通过系统 I/O 总线传送到显示芯片。

❷ 显示芯片对数据进行处理，并将处理结果存放在显示内存中。

❸ 显示内存将数据传送到 RAMDAC 并进行数/模转换。

❹ RAMDAC 将模拟信号通过 VGA 接口输送到显示器。

4.1.3 显卡的结构

显卡通常由显示芯片、显存、散热系统、RAMDAC、BIOS、总线接口以及输出接口组成。

1. 显示芯片

显示芯片也就是通常所说的 GPU(Graphic Processing Unit，即图形处理单元)，它是显卡的核心芯片，它的性能好坏直接决定了显卡性能的好坏，它的主要任务就是处理系统输入的视频信息并将其进行构建、渲染等工作。显示主芯片的性能直接决定了显示卡性能的高低。不同的显示芯片，无论从内部结构还是其性能，都存在着差异，而其价格差别也很大。显示芯片在显卡中的地位，就相当于电脑中 CPU 的地位，是整个显卡的核心

显卡所支持的各种 3D 特效由显示芯片的性能决定，它同时也是 2D 显卡和 3D 显卡区分的依据，2D 显示芯片在处理 3D 图像和特效时主要依赖显示芯片的处理能力，这称为“软加速”。而 3D 显示芯片是将三维图像和特效处理功能集中在显示芯片内，也就是所谓的“硬件加速功能”。

2. 显存

显存的全称是显示内存，分为帧缓存和材质缓存，是显卡的重要组成部分。显存与主板上内存的功能基本一样，通常用来存储显示芯片所处理的数据信息及材质信息。当显示芯片处理完数据后会将数据输送到显存中，然后 RAMDAC(数模转换器)从显存中读取数据，并将数字信号转换为模拟信号，最后输出到显示屏。显示内存越大，显卡图形处理速度就越快，在屏幕上出现的像素就越多，图像就更加清晰。

图 4-2 显示芯片

图 4-3 显示内存

3. 散热系统

和 CPU 超频一样，提高显示芯片核心频率和显存频率会使它们的发热量增大。所以要

适当地给 GPU 和显存加上散热系统。

4. RAMDAC

RAMDAC 即数模转换器，它的作用是将显存中的数字信号转换为能够用于显示的模拟信号。RAMDAC 的速度对在显示器上面看到的图像有很大的影响。这主要是因为图像的刷新率依赖于显示器所接受到的模拟信息，而这些模拟信息正是由 RAMDAC 提供的。RAMDAC 转换速率决定了刷新率的高低。然而，现在大部分显卡的 RAMDAC 都集成在主芯片中，很难看到独立的 RAMDAC 芯片。

5. 显卡 BIOS

显卡 BIOS 主要用于存放显示芯片与驱动程序之间的控制程序，另外还存有显示卡的型号、规格、生产厂家及出厂时间等信息。打开电脑时，通过显示 BIOS 内的一段控制程序，将这些信息反馈到屏幕上。早期显示 BIOS 是固化在 ROM 中的，不可以修改，而现在的多数显示卡则采用了大容量的 EEPROM 可以通过专用的程序进行改写或升级。

6. 总线接口

显卡必须插在主板上面才能与主板交换数据，因而就必须有与之对应的总线接口。常见的总线接口类型有 ISA、PCI、AGP 和 PCI-E 等。现在主流的显卡总线接口是 PCI-E 接口。

PCI-E 是 PCI Express 的简称，是用来代替 PCI、AGP 接口规范的一种新标准。PCI-E 由 PCI 或 AGP 的并行数据传输变为串行数据传输，并且采用了点对点技术，允许每个设备建立自己的数据通道，这样极大地加快了相关设备之间的数据传输速度。

同时，PCI-E 规范采用了双向数据传送，类似于 DDR 内存采用的技术，即在一个时钟周期的上下沿都可以传送数据，这样极大地提高了显示设备同内存的数据交换带宽，得以在较短时间内传送大量图形数据，为显示性能的飞跃打下基础。

7. 显卡的输出接口

显卡处理好的图像要显示在显示设备上面，那就离不开显卡的输出接口，现在最常见的输出接口主要有：VGA 接口、DVI 接口、S 端子。

图 4-4　显卡的输出接口

- VGA(Video Graphics Array，视频图形阵列)接口，也就是 D-Sub15 接口，作用是将转换好的模拟信号输出到 CRT 或者 LCD 显示器中。几乎每款显卡都具备标准的 VGA 接口，因为大多数显示器，包括 LCD，大都采用 VGA 接口作为标准输入方式。标准的 VGA 接口采用非对称分布的 15pin 连接方式，其工作原理是将显存内以数字格式存储的图像信号在 RAMDAC 中经过模拟调制成模拟高频信号，然后再输出到显示器成像。它的优点有无串扰、无电路合成分离损耗等。
- DVI(Digital Visual Interface，数字视频接口)接口，视频信号无需转换，信号无衰减或失真，显示效果提升显著，将是 VGA 接口的替代者。VGA 是基于模拟信号传输的工作方式，期间经历的数/模转换过程和模拟传输过程必将带来一定程度的信号损失，而 DVI 接口是一种完全的数字视频接口，它可以将显卡产生的数字信号原封不动地传输给显示器，从而避免了在传输过程中信号的损失。DVI 接口可以分为两种：仅支持数字信号的 DVI-D 接口和同时支持数字与模拟信号的 DVI-I 接口。
- S-Video(S 端子，Separate Video)，S 端子也叫二分量视频接口，一般采用五线接头，它是用来将亮度和色度分离输出的设备，主要功能是为了克服视频节目复合输出时的亮度跟色度的互相干扰。S 端子的亮度和色度分离输出可以提高画面质量，可以将电脑屏幕上显示的内容非常清晰地输出到投影仪之类的显示设备上。

4.1.4 显卡的最新技术

随着电脑技术的飞速发展，与显卡相关的新技术也层出不穷。下面介绍几项最新显卡技术，帮助用户选购显卡时作为参考。

1. 显卡交火技术

简单的说，显卡交火技术就是多显卡协同工作技术。要实现多显卡技术一般来说需要主板芯片组、显示芯片以及驱动程序三者的支持。

多显卡技术的出现，是为了有效解决日益增长的图形处理需求和现有显示芯片图形处理能力不足的矛盾。目前，多显卡技术主要是两大显示芯片厂商 AMD-ATI 的 CrossFire 技术和 nVIDIA 的 SLI 技术，如图 4-5 和图 4-6 所示。

图 4-5　ATI 显卡芯片

图 4-6　nVIDIA 显卡芯片

2. DirectX 10

DirectX 并不是一个单纯的图形 API，它是由微软公司开发的用途广泛的 API，它包含有 Direct Graphics(Direct 3D+Direct Draw)、Direct Input、Direct Play、Direct Sound、Direct Show、Direct Setup、Direct Media Objects 等多个组件，它提供了一整套的多媒体接口方案。DirectX 开发之初是为了弥补 Windows 3.1 系统对图形、声音处理能力的不足，如今已发展成为对整个多媒体系统各个方面都有决定性影响的接口。DirectX 11 是目前 DirectX 的最新版本。

3. HDMI 技术

HDMI 的中文名称是高清晰多媒体接口，使用该接口可以将显卡与显示器相连接，如图 4-7 所示。HDMI 能高品质地传输未经压缩的高清视频和多声道音频数据。

HDMI 不仅可以满足目前最高画质 1080P 的分辨率，还能支持 DVD Audio 等最先进的数字音频格式，支持八声道 96kHz 或立体声 192kHz 数码音频传送，而且只用一条 HDMI 线连接，免除数字音频接线。同时 HDMI 标准所具备的额外空间可以应用在日后升级的音视频格式中。

HDMI 的优点主要有以下几个方面：

- HDMI 在保持高品质的情况下能够以数码的形式传输未经压缩的高分辨率视频和多声道音频的数据。其卓越性能超越了以往所有的产品。
- HDMI 规格的连接器采用单线连接，取代了产品背后的复杂的线缆。
- HDMI 线缆没有长度的限制。
- HDMI 可搭配宽带数字内容保护(HDCP)，以防止具有著作权的影音内容遭到未经授权的复制。

4. 热管散热技术

热管散热是目前中高端主流显卡普遍采用的一种散热方式。热管散热能力已远远超过任何已知金属的导热能力，如图 4-8 所示。

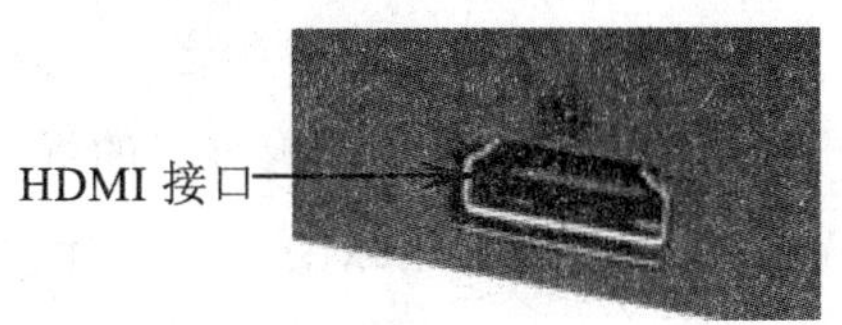

图 4-7　HDMI 接口

图 4-8　热管散热

热管散热技术主要有以下几个优点：

- 重量轻且构造简单。
- 温度分布平均，等温性好。
- 极高的导热性，热传输量大，热传输距离长。
- 没有主动元件，本身并不耗电。
- 可以在无重力力场的环境下使用。
- 没有热传方向的限制，蒸发端以及冷凝端可以互换。

- 容易加工以改变热传输方向。
- 耐用、寿命长、可靠，易存放保管。

4.1.5 显卡的性能指标

显卡的主要性能指标包括以下几个方面：

- 刷新频率：指图像在屏幕上更新的速度，即屏幕上每秒钟显示全画面的次数，其单位是 Hz。75Hz 以上的刷新频率带来的闪烁感一般人眼不容易察觉，因此，为了保护眼睛，最好将显示器的刷新频率调到 75Hz 以上。但并非所有的显卡都能够在最大分辨率下达到 75Hz 以上的刷新频率(这个性能取决于显卡上 RAMDAC 的速度)，而且显示器也可能因为带宽不够而不能达到要求。一些低端显示卡在高分辨率下只能设置刷新频率为 60Hz。
- 色彩位数(彩色深度)：图形中每一个像素的颜色是用一组二进制数来描述的，这组描述颜色信息的二进制数长度(位数)就称为色彩位数。色彩位数越高，显示图形的色彩越丰富。通常所说的标准 VGA 显示模式是 8 位显示模式，即在该模式下能显示 256 种颜色；增强色(16 位)能显示 65536 种颜色，也称 64K 色；24 位真彩色能显示 1677 万种颜色，也称 16M 色。该模式下能看到真彩色图像的色彩已和高清晰度照片没什么差别了。另外，还有 32 位、36 位和 42 位色彩位数。
- 显示分辨率(Resolution):是指组成一幅图像(在显示屏上显示出图像)的水平像素和垂直像素的乘积。显示分辨率越高，屏幕上显示的图像像素越多，则图像显示也就越清晰。显示分辨率和显示器、显卡有密切的关系。显示分辨率通常以“横向点数×纵向点数”表示，如 1360×768。最大分辨率指显卡或显示器能显示的最高分辨率，在最高分辨率下，显示器的一个发光点对应一个像素。如果设置的显示分辨率低于显示器的最高分辨率，则一个像素可能由多个发光点组成。
- 显存容量：显存容量是显卡上显存的容量数，这是选择显卡的关键参数之一。显存容量的大小决定着显存临时存储数据的能力，在一定程度上也会影响显卡的性能。显存容量从早期的 512KB、1MB 容量，发展到 8MB、32MB、64MB，一直到目前主流的 512MB、1G 和高档显卡的 2GB。

4.1.6 显卡的选购

1. 按需选购

对于用户而言，最重要的是根据自己的实际预算和具体应用来决定购买何种显卡。用户一旦确定自己的具体需求，购买的时候就能够做出轻松的选择。

- 办公和家庭的一般应用：对于这类用户要避免在显卡上的过分要求，只要够用就行，因此只需选择性能稳定的集成了显卡的主板即可。目前整合显卡主板非常多，集成显卡的性能也大有起色，而且集成主板价格比较便宜，可以节省大量的投资。同时集成主板还有一个重要的优势就是不容易发生兼容性问题。

- 平面设计、影音制作以及三维动画制作：这类用户应该特别关注显卡的 2D 性能和 3D 性能。专业显卡纵然不错，但是价格比较昂贵，nVIDIA 系列和 ATI 系列的中端产品都是较好的选择。
- 游戏发烧友：游戏的发展非常迅速，只有高端的显卡才能充分发挥游戏的画质和效果，因此应选比较高端的显卡。

2. 显示芯片

显示芯片作为显卡的动力，对显卡的好坏起着决定性作用。各大生产厂商的显示芯片层出不穷，性能各异。例如，nVIDIA GeForce 系列显卡非常适合进行游戏 3D 娱乐，因为许多游戏软件开发商对 nVIDIA 图形芯片上进行了优化，而 ATI 的 Radeon 系列图形芯片的优势在于画质和高清回放效果。所以，在购买显卡时，一定要清楚该显卡属于那种图形芯片，这种图形芯片有什么特性。

3. 芯片的造假问题

芯片的生产难度很大造假不易。但现在由于同一种芯片按频率分了许多档次。所以显卡市场也和 CPU 一样，出现了打磨产品，用低端冒充高端或者用存货代替新货。如果芯片大小一样，其上再加装风扇和散热片就更不好区分。在许可的情况下，用户在购买时，可以将散热片拆开，查看芯片上的标识，并仔细观察有无打磨的痕迹。

4. 板卡的做工

选择了芯片以后，还要查看板卡的做工。现在的显卡基板绝大多数都是 4 层板或 6 层板，当然是层数越多越结实。从颜色上看，现在显卡 PCB 板的颜色五花八门，不能成为购买显卡的理由。另外，还要查看基板的做工。在金手指处，做工精细的显卡应该打磨出斜边，这样在拔插显卡时不容易将手划破，显卡挡板处也应该有所打磨。挡板应该比较结实，不能太软，所以有的厂家将挡板折边以提高强度。

5. 显卡风扇

由于显卡速度的提高，其处理器的发热量就非常大，所以现在所有的显卡都用散热片甚至风扇来帮助散热。散热片各大厂商的材质都差不多，一般可以认为散热片越大越好，但散热片和芯片的接触方式个厂家用的方法区别比较大。最差的一种是用双面胶将它们粘在一起，仅仅是个隔热层而已，散热效果是最差的，有的使用硅胶将它们粘在一起，有的是用夹子直接将它们夹在一起，这几种方式的效果都不太好。最好的办法是在接触面上涂上硅脂后，再用夹子夹在一起。

6. 售后服务

产品的售后服务是非常重要的，谁的售后服务好，谁就能占领市场。对于选购者来讲，无论哪一款显卡，在没使用之前都很难分辨它的好坏，因为其内在的性能从外观上是辨别不出来的。如果购买了质量差的显卡，又没有好的售后服务，会带来很多麻烦。所以，在选购显卡时一定要注意它的售后服务。

4.2 显　示　器

显示器是电脑中十分重要的外部设备，是实现用户和计算机进行沟通的重要手段，显示器一般分为 CRT 显示器、LCD 显示器、等离子显示器、触屏和投影机等。其中 CRT 显示器目前已基本淘汰，取而代之的是 LCD 显示器。LCD 显示器与传统的 CRT 相比，有体积小、厚度薄、重量轻、耗能少、无辐射、无闪烁并能直接与 CMOS 集成电路匹配等优点，现在，LCD 显示器随着价格的不断下降，已经逐渐成为市场的主流。

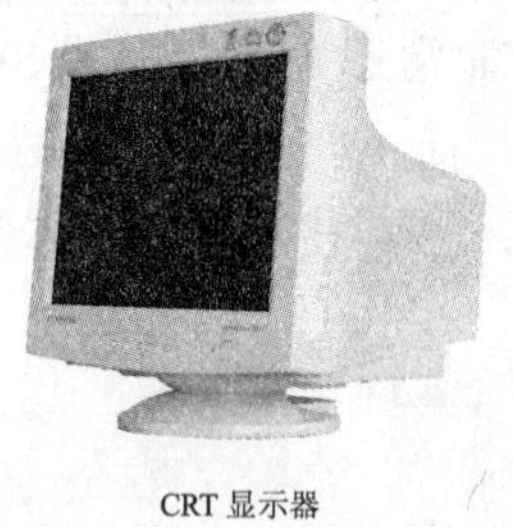

CRT 显示器

LCD 显示器

图 4-9　显示器

4.2.1　液晶显示器的工作原理

液晶显示器(LCD)英文全称为 Liquid Crystal Display，它一种是采用了液晶控制透光度技术来实现色彩的显示器。和 CRT 显示器相比，LCD 的优点是很明显的。由于通过控制是否透光来控制亮和暗，当色彩不变时，液晶也保持不变，这样就无须考虑刷新率的问题。对于画面稳定、无闪烁感的液晶显示器，刷新率不高但图像也很稳定。

液晶显示器还通过液晶控制透光度的技术原理让底板整体发光，所以它做到了真正的完全平面。一些高档的数字液晶显示器采用了数字方式传输数据、显示图像，这样就不会产生由于显卡造成的色彩偏差或损失。完全没有辐射的优点，即使长时间观看 LCD 显示器屏幕也不会对眼睛造成很大伤害。体积小、能耗低也是 CRT 显示器无法比拟的，一般一台 15 寸液晶显示器的耗电量也就相当于 17 寸纯平 CRT 显示器的三分之一。

从液晶显示器的结构来看，无论是笔记本电脑还是桌面系统，采用的液晶显示屏都是由不同部分组成的分层结构。LCD 由两块玻璃板构成，厚约 1mm，其间由包含有液晶材料的 5μm 均匀间隔隔开。因为液晶材料本身并不发光，所以在显示屏两边都设有作为光源的灯管，而在液晶显示屏背面有一块背光板(或称匀光板)和反光膜，背光板是由荧光物质组成的可以发射光线，其作用主要是提供均匀的背景光源。

背光板发出的光线在穿过第一层偏振过滤层之后进入包含成千上万液晶液滴的液晶层。液晶层中的液滴都被包含在细小的单元格结构中，一个或多个单元格构成屏幕上的一个像素。在玻璃板与液晶材料之间是透明的电极，电极分为行和列，在行与列的交叉点上，通过改变电压而改变液晶的旋光状态，液晶材料的作用类似于一个个小的光阀。在液晶材料周边是控制电路部分和驱动电路部分。当 LCD 中的电极产生电场时，液晶分子就会产生扭曲，从而将穿越其中的光线进行有规则的折射，然后经过第二层过滤层的过滤在屏幕上显示出来。

液晶显示技术也存在弱点和技术瓶颈，与 CRT 显示器相比亮度、画面均匀度、可视角度和反应时间上都存在明显的差距。其中反应时间和可视角度均取决于液晶面板的质量，画面均匀度和辅助光学模块有很大关系。

对于液晶显示器来说，亮度往往和它的背板光源有关。背板光源越亮，整个液晶显示器的亮度也会随之提高。而在早期的液晶显示器中，因为只使用 2 个冷光源灯管，往往会造成亮度不均匀等现象，同时明亮度也不尽如人意。一直到后来使用 4 个冷光源灯管产品的推出，才有很大的改善。

信号反应时间也就是液晶显示器的液晶单元响应延迟。实际上就是指的液晶单元从一种分子排列状态转变成另外一种分子排列状态所需要的时间，响应时间愈小愈好，它反应了液晶显示器各像素点对输入信号反应的速度，即屏幕由暗转亮或由亮转暗的速度。响应时间越小则用户在看运动画面时不会出现尾影拖曳的感觉。有些厂商会通过将液晶内的导电离子浓度降低来实现信号的快速响应，但其色彩饱和度、亮度、对比度就会产生相应的降低，甚至产生偏色的现象。这样信号反应时间上去了，但却牺牲了液晶显示器的显示效果。有些厂商采用的是在显示电路中加入了一片 IC 图像输出控制芯片，专门对显示信号进行处理的方法来实现的。IC 芯片可以根据 VGA 输出显卡信号频率，调整信号响应时间。由于没有改变液晶体的物理性质，因此对其亮度、对比度、 色彩饱和度都没有影响，但这种方法的制造成本也相对较高。

4.2.2 显示器的最新技术

在竞争激烈的市场环境下，为了提升产品的竞争力，各大显示器厂商亦努力在产品的技术方面做文章，力求令产品更具吸引力。

1. 3D 显示技术

目前实现 3D 效果的液晶显示器需要搭配 3D 眼镜使用，此外液晶显示器的刷新率达到了 120MHz，就具备 3D 显示的性能。

液晶显示器通过自身 IC 电路在两帧画面之间插入一个运算帧，这样能够让画面过渡得更加平滑，同时在减少细节损失的情况下减少画面的拖尾现象，画面色彩更加清晰、稳定。对于液晶显示器厂商而言，将刷新率提高在技术上并不存在很大的难度，成本也不是很高。

除了通过这种 3D 眼镜配套的立体显示方案之外，一些液晶显示器厂商还将开发裸眼 3D 液晶显示器，让用户可以摆脱眼镜的束缚。

2. LED 背光技术

采用 LED 背光技术的优势就是可以令液晶的色域大大提升。由于液晶本身是不发光的，而是靠透过背光的光线来显示图像，因此其色域范围主要受到背光源的影响。

除了色域方面的优势外，LED 背光技术还有 4 大优点：

- LED 背光液晶更加环保，因为普通液晶必不可少需要采用汞，这对人体是有害的，而 LED 背光则完全不含汞，符合绿色环保的提倡。

- LED 背光源非常节电，功耗和安全性均好于传统背光方式，而由于效率更高，可以减少采用 LED 灯的数量，设计可以更加合理。
- LED 背光的使用寿命也更长，可以达到传统背光的两倍左右。
- 由于电路设计方面的原因，采用 LED 背光源的液晶的体积还有望更加小巧，成本也将大大降低。

3. 16:9 显示比例技术

16:9 是液晶电视的比例，而 16:10 则是液晶显示器的传统比例。16:9 比例的液晶电视可以让用户更好地享受高清视频。

4. 广视角面板技术

目前市场上的一些广视角液晶显示器都是采用缩水的广视角面板，其都带有广视角面板的主要特性，但是在功能方面均有大幅度的缩水，不过价格就相对便宜很多，得到了普通用户的关注。而对于厂商而言，这些廉价的广视角面板不仅可以提高产品的良率，还拥有强大的市场宣传效应，厂商也会继续推出广视角液晶显示器。

5. 护眼技术

长时间使用显示器会伤害视力，这是一个公认的事实。随着用户对自身身体健康的关注，液晶生产厂商也研发出一些保护眼睛的相关技术，减弱显示器对人眼的伤害，从而起到爱眼护眼的作用。

4.2.3 液晶显示器的性能指标

液晶显示器的性能指标包括分辨率、刷新率、防眩光防反射、观察屏幕视角、亮度、对比度、响应时间、显示色素及可视角度等。

1. 尺寸

液晶显示器的尺寸是指屏幕对角线的长度，单位为英寸。液晶显示器的尺寸是用户最为关心的性能参数，也是用户可以直接从外表识别的参数。

目前市场上主流液晶显示器的尺寸包括 20 寸、23 寸、23.6 寸、24 寸以及 24.6 寸。

2. 可视角度

一般而言，液晶的可视角度都是左右对称的，但上下不一定对称，常常是垂直角度小于水平角度。可视角度愈大愈好，用户必须要了解可视角度的定义。当可视角度是 170 度左右时，表示站在始于屏幕法线 170 度的位置时仍可清晰看见屏幕图像。但每个人的视力不同，因此以对比度为准。

目前主流液晶显示器的水平可视角度 170 度；垂直可是角度为 160 度。

3. 亮度

液晶显示器的亮度以流明(cd/m2 或者 nits)为单位，并且亮度普遍在 250 流明到 500 流明之间。需要注意的一点是，市面上的低档液晶显示器存在严重的亮度不均匀的现象，中心的亮度和距离边框部分区域的亮度差别比较大。

4. 对比度

对比度是直接体现液晶显示器能够显示的色阶的参数，对比度越高，还原的画面层次感就越好，即使在观看亮度很高的照片时，黑暗部位的细节也可以清晰体现。

液晶显示器的对比度又可以细分为典型对比度与动态对比度。典型对比度就是在同一画面下的对比度；动态对比度指的是液晶显示器在某些特定情况下测得的对比度数值，例如逐一测试屏幕的每一个区域，将对比度最大的区域的对比度值，作为该产品的对比度参数。动态对比度与真正的对比度是两个不同的概念，一般同一台液晶显示器的动态对比度是实际对比度的 3-5 倍。

5. 响应时间

响应时间是液晶显示器的一个重要的参数，它反映了液晶显示器各像素点对输入信号反应的速度，即当像素点在接收到驱动信号后从最亮到最暗的转换时间。

液晶显示器的这项指标直接影响到对动态画面的还原。因此，响应时间越小，用户在看运动画面时就越不会出现尾影拖拽的现象。目前主流液晶显示器的响应时间 5ms。

6. 点距(像素间距)

液晶显示器的点距是指显示屏相邻两个像素点之间的距离。液晶显示器显示的画面是由许多的像素点所形成的，而画质的细腻度就是由点距来决定的。

点距越小，液晶显示器的成像效果也就越好。目前主流液晶显示器的点距范围在 0.26mm 到 0.28mm 之间。

7. 分辨率

液晶显示器的最佳分辨率一般不能任意调整，它由制造商所设置和规定。例如 20 寸液晶显示器的分辨率为 1600*900，23 寸、23.6 寸以及 24 寸液晶显示器的分辨率都为 1920×1050 等。

8. 面板最大色彩

面板最大色彩是指液晶显示器能支持的色彩数，目前主流显示器的面板最大色彩数均为 16.7M，能支持 16.7 百万色。一些老型号液晶显示器的面板最大色彩为 16.2M，用户应尽量不要购买此类产品。

9. 接口类型

显示器的接口类型要与显卡的输出接口类型向对应才能使用。目前主流液晶显示器均包含 DVI 接口与 HDMI 接口，部分液晶显示器还包含老式的 VGA 接口。

4.2.4　液晶显示器的选购

选购显示器一般有 3 个原则：一是必须明确显示器的功能与用户的工作以及应用的关系，购买适合自己的显示器；二是显示器的性能指标；三是用户必须确定所购显示器是否符合人体工程学。因为操作人员会一直面对显示器，如果显示器不符合人体工程学，会对人体造成一定程度的伤害。一般是拿 TCO 标准来衡量是否符合人体工程学。

1. 接口选择

目前液晶显示器的两种常用接口，分别为 VGA 和 DVI。其中 VGA 接口是经过两次转换的模拟传输信号，而 DVI 接口则是全数字无损失的传输信号。VGA 接口的液晶显示器在长时间使用后，会出现效果模糊的状况，需要重新校对才能恢复正常效果。但 DVI 接口的液晶显示器就绝对不会出现类似的状况，在长时间使用后，显示效果依然优秀。在价格相当的情况下，消费者应多考虑 DVI 接口的液晶显示器。同时目前采用 DVI/VGA 双接口的液晶显示器比较多，用户可以更自由的选择。

2. 可视角度

单就当前市面上出售的 LCD 显示器来说，可视角度都是左右对称的，但上下就不一定了，上下可视角度通常都小于左右可视角度。由于背光管的光源经折射和反射后输出时已有一定的方向性，所以超出这一范围观看就会产生色彩失真现象。一般以水平视角为主要参数，该值越大则可视角度越大，市场上产品的水平视角大多介于 100～150 度之间，垂直视角大多介于 80～120 度之间。

为了解决可视角度的问题，众多厂商已采用不同的技术。其中，MVA 技术(多区域垂直配向技术)可让一般 LCD 显示器拥有 160° 的可视角度。除了 MVA 技术外，一些厂商开发了其他增强 LCD 显示器可视角度的技术，例如 NEC 采用的 XtraView+，可以将 LCD 显示器的可视角度增加至 170° 。

3. 亮度、对比度

亮度是反映液晶显示器性能的重要指标之一，LCD 的画面亮度以流明(cd/m2 或 nits)为测量单位，亮度一般介于 250 流明～500 流明之间。需要注意的是，数据并不是产品性能的全部，较亮的产品不见得就是较好的产品，亮度是否均匀才是关键，这是在产品规格说明书里找不到的。亮度均匀与否，和光源与反光镜的数量与配置方式息息相关，离光源远的地方，其亮度必然较暗。

对比度则是最大亮度和最小亮度值的对比值，对比度越高，图像愈清晰，但对比度高到某一个程度，颜色就有可能失真。大多数 LCD 显示器的对比度介于 100:1 至 300:1 之间。和亮度规格一样，现今尚无一套有效又公正的标准来衡量对比度，所以还只能靠肉眼来辨别。

亮度与对比要搭配得恰到好处，才能够呈现美丽的画质，一般来说，品质较佳的显示器都具有智能调节的功能，能够自动调节图像，使亮度和对比度达到最佳状态。

4. 响应时间和刷新频率(扫描频率)

响应时间是 LCD 显示器的特定指标，它是指 LCD 显示器各像素点对输入信号反应的速度，其单位是毫秒(ms)。响应时间越小，像素反应愈快，而响应时间长，在显示动态影像(甚至是鼠标的光标)时，会有较严重的显示拖尾现象，目前液晶显示器的标准响应时间应该在 30ms 以下。

LCD 刷新频率是指显示帧频，亦即每个像素为该频率所刷新的时间，与屏幕扫描速度及避免屏幕闪烁的能力相关。由于肉眼能够感觉到 CRT 显示器的扫描频率高低，因此扫描频率至少要 75Hz 以上，画面看起来才不会闪烁。而 LCD 显示器属于面阵像素显示，只要刷新频率超过 60Hz，就不存在 CRT 显示器线性扫描所带来的闪烁现象。

5. LCD 的像素间距

LCD 显示器的像素间距(pixel pitch)的意义类似于 CRT 的点距(dot pitch)。不过前者对于产品性能的重要性没有后者那么高。LCD 显示器的像素数量是相对固定的，因此，只要在尺寸与分辨率都相同的情况下，所有产品的像素间距都应该是相同的。例如，分辨率为 1024×768 的 15 英寸 LCD 显示器，其像素间距皆为 0.297mm(亦有某些产品标示为 0.30mm)。

6. 色温调节

由于数码相机的流行，不少电脑用户都会利用电脑来编辑相片。要准确的表现相片中丰富的颜色，显示器所产生的色温便相当重要。目前有些厂商会直接在 LCD 显示器加入色温调控技术，例如 NEC 的 sRGB 技术。有些厂商则利用软件程序，将显示的颜色进行调整，例如 ViewSonic 的 Colorific 程序。相信厂商日后仍会继续引入色温调整技术，以增强 LCD 显示器的表现。用户在选购时，特别是对于需要编辑相片的用户，最好选择配备色温调控技术的 LCD 显示器。

7. 坏点识别

在选择 LCD 显示器的时候，屏幕上也许会有一个以上的坏点，这是性能指标里没有提到的，但却是非常重要的。而坏点又分为亮点和暗点两种，坏点部分像素是不会随着输入信号变化而产生相应变化的，这就会出现非常显眼，影响视觉效果的缺陷，而且坏点是不易修复的。所以在选择显示器的时候一定要选择那种品牌知名度较高，值得信赖的，有些商家可以让你更换甚至只有一个坏点的显示器，当然这才是最理想的。鉴别坏点的方法有很多，最有效和可行的是将显示器的背景设置成全白，然后将亮度和对比度设置到最高，看看屏幕上有没有黑点，然后将亮度和对比度开到最小，再观察，这样往返几次后，往往就可以看出该台 LCD 是否具有坏点，用户也可以借助 Nokia Monitor Test 这个软件进行测试。

此外，液晶板的质量和厂家的售后服务以及承诺等方面也都是在选择 LCD 时需要关注的，因此，选择具有知名度和熟悉的厂商可获得可靠的质量保证。

4.3　键　　盘

键盘是电脑最基本、最重要的输入设备，如图 4-10 所示。它的主要功能是把文字信息和控制信息输入到计算机中，使计算机能够按照人的指令来运转，实现人机对话。

图 4-10　键盘

4.3.1 键盘的分类

1. 按键盘的功能分

- 标准键盘：一般常见的都是标准键盘，应用范围比较广泛，价格也比较便宜。如图 4-11 所示。
- 人体工程学键盘：人体工程学键盘是在标准键盘上将指法规定的左手键区和右手键区这两大板块左右分开，并形成一定角度，如图 4-12 所示，使操作者不必有意识的夹紧双臂，保持一种比较自然的形态，这种设计的键盘被微软公司命名为自然键盘(Natural Keyboard)，对于习惯盲打的用户可以有效地减少左右手键区的误击率，如字母“G”和“H”。有的人体工程学键盘还有意加大常用键(如空格键和回车键)的面积，在键盘的下部增加护手托板，给以前悬空的手腕以支撑点，减少由于手腕长期悬空而导致的疲劳。这些都可以视为人性化的设计。

图 4-11 标准键盘

图 4-12 人体工程学键盘

- 多功能键盘：多功能键盘是在普通键盘的基础上增加了一些功能键，用来完成一些快捷操作。如一键上网、一键恢复、关闭计算机等，如图 4-13 所示。另外还有带写字板的键盘，写字板是一种笔输入设备，可以取代鼠标和键盘的某些功能，而且可以进行汉字的手写输入。

2. 按键盘的接口类型分

键盘接口类型可分为 AT 接口键盘、PS/2 接口键盘、USB 接口键盘和无线键盘 4 种。AT 接口常用于 AT 结构的主板，俗称大口键盘。PS/2 接口在 ATX 主板上使用，俗称小口键盘。市场上有一种大/小口键盘转换连接器，可以解决两种键盘的兼容问题。USB 接口的键盘是在操作系统支持 USB 接口以后出现的一种键盘，如果要使用 USB 键盘就要在 BIOS 设置中打开该功能，否则无法使用。无线键盘又可以分为红外线、RF 无线电、蓝牙 3 种方式。它由与电脑相连的接收器，以及通过电池提供能源的键盘组成。如图 4-14 所示。

图 4-13 多功能键盘

图 4-14 无线光学套装

4.3.2 键盘按键的功能

键盘上有许多按键，要想熟练的操作电脑，首先要熟练掌握键盘上各个按键的功能和作用。

1. 键盘分区

键盘通常由标准键区、小键盘键区(又称为数字键区)、功能键区和光标控制键区组成，除了以上 4 个区域，在键盘的右上角还有 3 个键盘指示灯，如图 4-15 所示。

- 标准键区：该区主要用于字符输入，由于键盘上的英文键不是按照英文 26 个字母的顺序排列的，因此掌握键位对提高打字速度非常重要。
- 小键盘键区：该区主要用来输入数字，将数字键集中在一起，可以用右手很方便地完成数字录入工作，特别适合财务、银行等工作人员使用。

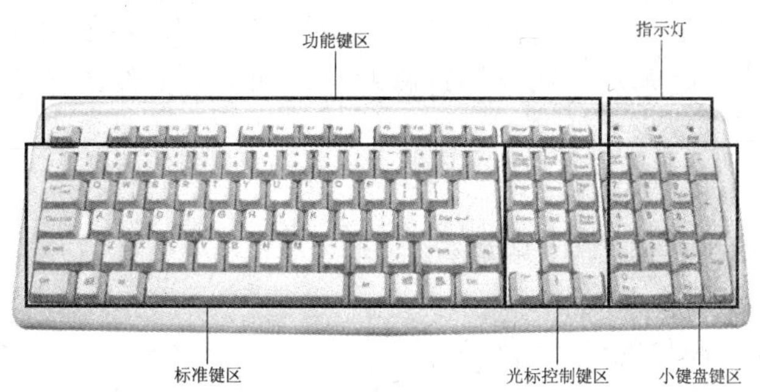

图 4-15　键盘分区

- 功能键区：该区的键一般直接对应某项特定功能，可以起到快速执行命令的效果。
- 光标控制键区：该区主要用来进行文字编辑等，数量不多，使用方便。

2. 常用按键功能介绍

1) 单键用法介绍

F1：在 Windows 下一般为“帮助”键，显示当前程序或者 windows 的帮助内容。

F2：在 Windows 下一般为“重命名”键，当你选中一个文件的话，按下 F2 键意味着“重命名”。

F3：在 Windows 下一般为“搜索”键，即用户在 Windows 的一个窗口内按下 F3 键，就会弹出【搜索】对话框，并且会将搜索范围定在当前文档下

F4：在 Windows 下一般为“地址”键，当用户在浏览网页时，按下 F4 键，就会弹出【地址】下拉列表框。

F5：本键为“刷新”键，可对当前内容进行刷新。

F6：一般为“地址定位”键，用户在浏览网页时，按下此键就会快速选中当前地址，方便用户修改。

F7：一般在某些特定软件中才有特殊的功能，例如在 Microsoft Word 2003 中，按下此键将打开【拼写和语法】对话框。

F8：在系统启动时，按下此键可以选择启动的模式，比如可以进入安全模式。

F9：一般在某些特定软件中才有特殊的功能。

F10：激活当前程序的菜单栏。

F11：在 Windows 下一般为“全屏”按钮。

F12：一般在某些特定软件中才有特殊的功能，例如在 Microsoft Word 2003 中，按下

此键将打开【另存为】对话框。

DELETE：删除被选择的选择项目，如果是文件，将被放入回收站。

Windows 键：打开开始菜单。

SHIFT：在放入 CD 的时候按下不放，可以跳过自动播放 CD。在打开 word 的时候按下不放，可以跳过自启动的宏。

PRINT SCREEN：将当前屏幕以图像方式拷贝到剪贴板。

2) 组合键用法介绍

CTRL+ESC：打开开始菜单。

CTRL+ALT+DELETE：在 Windows XP 中打开【任务管理器】窗口。

SHIFT+DELETE：彻底删除被选择的选择项目，如果是文件，将被直接删除而不是放入回收站。

CTRL+N：新建一个新的文件。

CTRL+O：打开【打开文件】对话框。

CTRL+P：打开【打印】对话框。

CTRL+S：保存当前操作的文件。

CTRL+X：剪切被选择的项目到剪贴板。

CTRL+INSERT 或 CTRL+C：复制被选择的项目到剪贴板。

SHIFT+INSERT 或 CTRL+V：粘贴剪贴板中的内容到当前位置。

ALT+BACKSPACE 或 CTRL+Z：撤销上一步的操作。

Windows 键+M：最小化所有被打开的窗口。

Windows 键+CTRL+M：重新将恢复上一项操作前窗口的大小和位置。

Windows 键+E：打开资源管理器。

Windows 键+F：打开【查找：所有文件】对话框。

Windows 键+R：打开【运行】对话框。

Windows 键+BREAK：打开【系统属性】对话框。

Windows 键+CTRL+F：打开【查找：计算机】对话框。

SHIFT+F10：相当于右击鼠标，打开当前活动项目的快捷菜单。

ALT+F4：关闭当前应用程序。

ALT+SPACEBAR：打开程序最左上角的菜单。

ALT+TAB：切换当前程序。

ALT+ESC：切换当前程序。

ALT+ENTER：将 Windows 下运行的 MSDOS 窗口在窗口和全屏幕状态间切换。

ALT+PRINT SCREEN：将当前活动程序窗口以图像方式拷贝到剪贴板

CTRL+F4：关闭当前应用程序中的当前文本(如 word 中)。

CTRL+F5：强行刷新。

CTRL+F6：切换到当前应用程序中的下一个文本(加 shift 可以跳到前一个窗口)。

4.3.3　键盘的选购

键盘是每一个电脑用户都必须使用的电脑配件，更是电脑耗材。一块好的键盘对电脑的操作质量有着重要的影响，而一块质量低劣的键盘却可以给电脑的操作带来很多麻烦，因此，如何选购好的键盘也是很重要的。

选购键盘，用户可以从以下几个方面考虑：

1. 键盘的外观

键盘的外观是通过外形和色彩体现出来的，同时，键盘的色彩，外形要和整机相协调，更要符合购买者的个人喜好。对于不同的品牌的键盘来说，键盘表面采用的色彩和光洁度；键盘的厚度和长度，甚至还包括键盘四周的外形是椭圆形还是长方形等，这些因素都能凸现出键盘的个性，用户在购买键盘时要尽量选择符合自己个性的键盘。

2. 键盘的做工

键盘的做工不仅可以通过目测来评定，也可以通过从不同的角度看键盘。从中审视键盘的边缘是否平滑，结合部有没有杂刺、空隙；将键盘在不同的水平线上平放，仰放，以此观测键盘的整个盘体是否“平直”，有无细微的异常形变现象等。再者，用户还需要对键盘的每个键位进行敲击和观测，检查其按下和弹起是否正常，有无弹起后歪斜的现象。

3. 键盘的手感

键盘的手感通俗来讲，就是手在与键盘的物理接触中产生的感觉，这种感觉会根据键位的敲击反映而显得或软或硬。对于不同的用户来说，这种或软或硬的手感是不一样的，因此在购买时一定要亲自测试，并从中选择出最适合自己手感的那种类型的键盘。

4. 键盘的快捷键

随着市场的不断进步，键盘正朝着多功能的方向发展，许多键盘除了标准的 104 键外，还有几个甚至十几个附加功能键，这些不同的按键可以实现不同的功能。而且有些品牌的键盘具备几个可定义的快捷键，一按他们就可以调用相应的程序，给操作者提供了很大的方便。因此，如果用户使用键盘的频率比较高或者经常需要处理大量信息时可以考虑选择带有可编程的快捷键的键盘，提高自己的工作效率。

5. 键盘是否符合人体工程学

随着电脑使用人群对健康的重视不断加强，采用人体工程学的键盘备受瞩目。这是因为采用人体工程学的键盘在长时间的使用中，能在一定程度上减轻用户的手疲劳，而基于人体工程学设计出的托盘和特殊的键盘布局，则为用户的手腕带来了一些细微的保护。

6. 键盘的特殊功能

特殊功能是厂家开发出来满足不同用户需求的功能，如防水键盘、无线键盘、游戏键盘等。当然，由于拥有这些特殊功能，这样的键盘在价格上就比普通键盘贵了一些。只要用户认为这样的功能实用，还是建议购买，但最好购买品牌大厂的，因为品牌大厂的产品品质好，售后服务也好。

4.4 鼠　标

鼠标是电脑的外部设备中使用最频繁的设备之一，世界上的第一个鼠标诞生于美国加州斯坦福大学，它的发明者是 Douglas Englebart 博士。设计鼠标的初衷就是为了使计算机的操作更加简便，来代替键盘繁琐的指令。最初制作的鼠标是一只小木头盒子，工作原理是：由它底部的小球带动枢轴转动，并带动变阻器改变阻值来产生位移信号，信号经电脑处理后，屏幕上的光标就可以移动了。

4.4.1 鼠标的分类

1. 按鼠标上的按键数量分

按鼠标上的按键数量分，可以分为传统双键鼠标、三键鼠标和多键鼠标，如图 4-16 所示。双键鼠标结构简单，应用广泛。三键鼠标是 IBM 在两键鼠标的基础上进一步定义而成的，又被称为 PCMouse，与两键鼠标相比，三键鼠标上多了个中键，使用中键在某些特殊程序中往往能起到事半功倍的作用，例如在 AutoCAD 软件中就可以利用中键快速启动常用命令，使工作效率成倍提高。为了与操作系统兼容并发挥中键的作用，很多产品都配备自己的第三方驱动程序，将中键在 Windows 系统中设置成某一常用功能的快捷键。

多键鼠标是在 Microsoft 发布 Microsoft 智能鼠标之后，发展的多功能鼠标。Microsoft 智能鼠标带有滚轮，给上下翻页提供了极大的方便，在 Office 软件中更可实现多种特殊功能，随着电脑技术的发展和鼠标应用的增加，之后其他厂商生产的新型鼠标除了有滚轮外，还增加了拇指键等快捷按键，进一步简化了操作程序。多键多功能鼠标将是鼠标未来发展的目标与方向。

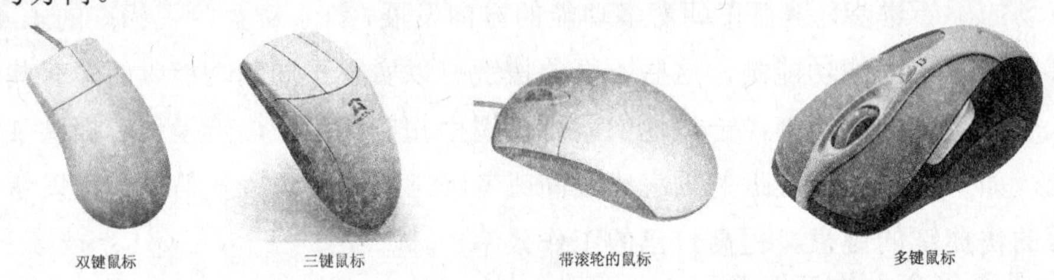

图 4-16　鼠标的种类

2. 按鼠标的接口类型分

按接口类型，鼠标可以分为 com 鼠标、PS/2 鼠标和 USB 鼠标 3 类，如图 4-17 所示。com 鼠标通过串行接口与主机相连，由于丰富的外设不断涌出和主板频繁的升级，人们逐渐开始使用 PS/2 鼠标，把本来为数不多的串行通讯口让给其他外设使用，因此 com 鼠标现在已经基本淘汰。PS/2 鼠标采用一个 6 芯的圆形接口，需要主板提供一个 PS/2 接口，由于 PS/2 接口的鼠标精度较高，使用方便，成为市场上的常见产品。USB 鼠标的优点是支持热插拔，目前已逐步成为市场的主流。

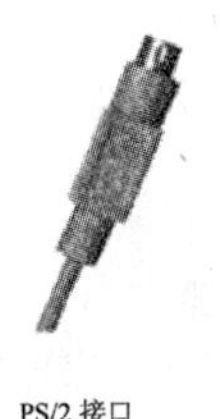

PS/2 接口

com 串行接口

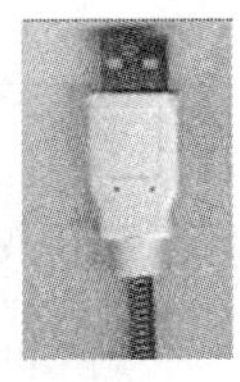

USB 接口

图 4-17　鼠标的接口

3. 按鼠标的工作原理分

按工作原理分，鼠标可以分为机械式鼠标、光电机械式鼠标、光电式鼠标，轨迹球鼠标和无线鼠标 5 大类。

- 机械式鼠标的结构最为简单，由鼠标底部的胶质小球带动 X 方向滚轴和 Y 方向滚轴，在滚轴的末端有译码轮，译码轮附有金属导电片与电刷直接接触。鼠标的移动带动小球的滚动,再通过摩擦作用使两个滚轴带动译码轮旋转，接触译码轮的电刷随即产生与二维空间位移相关的脉冲信号。由于电刷直接接触译码轮和鼠标小球与桌面直接摩擦，所以精度有限，电刷和译码轮的磨损也较为厉害，直接影响机械鼠标的寿命。因此，机械式鼠标已基本淘汰。
- 光电机械式鼠标，顾名思义，就是一种光电和机械相结合的鼠标，是目前市场上最常见的一种鼠标。光电机械式鼠标在机械鼠标的基础上，将磨损最厉害的接触式电刷和译码轮改进为非接触式的LED对射光路元件(主要由一个发光二极管和一个光栅轮组成)，在转动时可以间隔的通过光束来产生脉冲信号。由于采用的是非接触部件而使磨损率下降，从而大大地提高了鼠标的寿命，也能在一定程度上提高鼠标的精确度。光电机械式鼠标的外形与机械鼠标没有区别，不打开鼠标的外壳很难分辨。出于这个原因，虽然市面上绝大部分的鼠标都采用了光电机械式结构，但习惯上人们还称其为机械式鼠标。
- 光电鼠标通过发光二极管(LED)和光敏管协作来测量鼠标的位移，一般需要一块专用的光电板将 LED 发出的光束部分反射到光敏接收管，形成高低电平交错的脉冲信号。这种结构可以做出分辨率较高的鼠标，且由于接触部件较少，鼠标的可靠性大大增强，适用于对精度要求较高的场合。现在已经基本成为市场的主流。
- 轨迹球鼠标的基本原理与光电机械式鼠标相同，内部结构类似。不同的是轨迹球鼠标工作时球在上面，直接用手拨动轨迹球控制光标的移动，而球座固定不动。轨迹球鼠标外观新颖，占用空间小，便于放置，多用于笔记本电脑，如图 4-18 左图所示。
- 无线鼠标：无线鼠标(图 4-18 右图所示)分为红外无线鼠标和射频无线型鼠标，红外无线型鼠标要求与红外线接收器对准，中间不能有遮挡物；射频无线型鼠标则可真正实现“自由移动”。

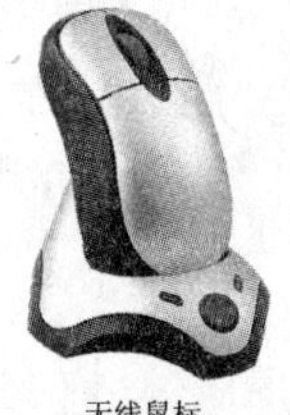

图 4-18　轨迹球鼠标和无线鼠标

4.4.2　鼠标的选购

选购鼠标，可以从以下几个方面考虑

- 手感：长期使用手感不合适的鼠标、键盘等设备，可能会引起上肢的一些综合病症。因此长时间使用鼠标，就应该注意鼠标的手感。好的鼠标应是根据人体工程学原理设计的外形，手握时感觉轻松、舒适且与手掌面贴合，按键轻松而有弹性，滚轮滑动流畅，屏幕指针定位精确。
- 造型：造型漂亮、美观的鼠标能给人带来愉悦的感觉，有益于人的心理健康，从这个角度上说，这其中有一种“绿色”的含义。
- 接口形式：应尽可能选择 PS/2 或 USB 接口的鼠标。
- 分辨率：分辨率是选择一款鼠标的主要指标。分辨率是衡量鼠标移动精确度的标准，分为硬件分辨率和软件分辨率。硬件分辨率是反映鼠标的实际能力，而软件分辨率是通过软件来模拟出一定的效果，其单位都是 dpi。现在市场上的鼠标分辨率一般为 400～800dpi，当然分辨率越高越好，但其价格也相对较高。
- 功能选择：一般的用户，使用标准的二键、三键鼠标就足够。对于经常使用 CAD 设计、三维图像处理、游戏等的用户，则最好选择专业光电鼠标或者多键、带滚轮可定义宏命令的鼠标。这种高级鼠标可以带来高效率的操作。使用笔记本电脑或需要用投影仪做演讲，则可选择遥控轨迹球。
- 质量衡量：首先是外观制作，亚光的要比全光的工艺难度大，而多数伪劣产品都达不到亚光这种工艺要求，可以比较明显地分辨。其次是鼠标的品牌，尽可能选择通过国际认证的厂家，这些在品牌上都有明确的标志，而且这类厂商往往能提供一年的质保，普通厂商则只有三个月。第三是看流水序列号，伪劣产品往往没有流水序列号，或者所有序列号都相同。最后是观察滚轮的质量，好产品的滚轮由优质特殊树脂材料制成，而劣质产品的滚轮则多为再生橡胶。
- 支持软件：从实用的角度看，软件的重要性不次于硬件。好而实用的鼠标应附有足够的辅助软件，比如，厂商所提供的驱动程序应优于操作系统所附带的驱动程序，而且每一键都能让用户重新自定义，能满足各类用户的需求。另外，软件还应配有完整的使用说明书，使用户能够正确利用软件所提供的各种功能，充分发挥鼠标的作用。

4.5 打　印　机

打印机是电脑的输出外部设备之一，使用打印机可以将电脑中的文稿、图片以及表格等内容输出到打印纸上，它是电脑办公操作中不可缺少的外部设备。

4.5.1　打印机的分类

打印机种类品牌较多，常见的分类方法是以最后成像原理和技术来区分的，可分为针式打印机、喷墨打印机、激光打印机等。下面就对各类打印机分别作简单介绍。

1. 针式打印机

针式打印机是利用机械和电路驱动原理，使打印针撞击色带和打印介质，进而打印出点阵，再由点阵组成字符或图形，从而完成打印任务。针式打印机如图 4-19 所示。

针式打印机不仅其机械结构与电路组织要比其他打印设备简单得多，而且耗材费用低、性价比好、纸张适应面广。由于针式打印机是一种击打式和行式机械打印输出设备，其特有的多份拷贝、复写打印和连续打印功能，使许多专业打印领域对其情有独钟。现代针式打印机越来越趋向于被设计成各种各样的专业类型，用于打印各类专业性较强的报表、存折、发票、车票、卡片等输出介质。

针式打印机噪声较高、分辨率较低、打印针易损坏，但近年来由于技术的发展，较大地提高了针式打印机的打印速度，降低了打印噪声，改善了打印品质，并使针式打印机向着专用化、专业化方向发展，使其在银行存折打印、财务发票打印、记录科学数据连续打印等应用领域广泛应用。

各类针式打印机从表面上看没有什么区别，但随着专用化和专业化的需要，出现了不同类型的针式打印机设备，其中主要有通用针式打印机、存折针式打印机、行式针式打印机和高速针式打印机等几种。

2. 喷墨打印机

喷墨打印机是一种经济型非击打式的高品质彩色打印机，是一款性价比较高的彩色图像输出设备，如图 4-20 所示。

图 4-19　针式打印机

图 4-20　喷墨打印机

喷墨打印机有着接近激光打印机的输出质量，应用范围十分广泛，既能满足专业设计或出版公司苛刻的彩色印刷要求，又能胜任简单快捷的黑白文字和表格打印任务。在整个纷繁复杂的打印机市场中，它在产品价格、打印效果、色彩品质以及体积、噪声等方面都具有一定的市场竞争综合优势，是目前办公打印，特别是家用打印市场中的重要设备。

喷墨打印机的优点是打印质量好、无噪声，可以用较低成本实现彩色打印。而缺点则是打印速度较慢，墨水较贵且用量较大，打印量较小。因此，它主要适用于家庭和小型办公室等打印量不大、打印速度要求不高的场合，也适用于低成本彩色打印环境。根据实际应用，可以将喷墨打印机分为普通彩色喷墨打印机和宽幅喷墨打印机两类。普通彩喷是一种打印宽度在 A3 纸张以内、打印速度低于 20ppm(打印速度的单位，表示打印机每分钟打印输出的纸张页数)、适用于家庭个人和小型办公室彩色输出环境的彩色喷墨打印机。宽幅喷墨打印机也叫大幅面喷墨打印机或彩色喷墨绘图机，由于喷墨打印机的打印头可以往复运动，容易实现大幅面打印与图形绘制功能。又由于喷墨打印机技术的全面提高，从而使得宽幅喷墨打印机在绘图应用领域具有较大的优势和应用价值，适用于专业 CAD 等制图应用领域对图形绘制的需要。

3. 激光打印机

激光打印机是现代高新技术的结晶，其工作原理与前两者相差甚远，因而也具有前两者完全不能相比的高速度、高品质和高打印量，以及多功能和全自动化输出性能。激光打印机如图 4-21 所示。

激光打印机的整个打印过程快速而高效，不但打印速度和分辨率是所有打印机之最，而且体积小、噪声低，打印品质高，日处理打印能力强。激光打印机根据应用环境可以分为普通激光打印机和彩色激光打印机。普通单色激光打印机的标准分辨率在 600dpi，打印速率为 15ppm 以下，纸张处理能力一般为 A4 幅面，打印自动化程度高，应用十分广泛，仅为单台计算机设计，其打印品质和速度完全可以满足一般办公室和个人的文字处理需求。彩色激光打印机比普通激光打印机配置更高，标准分辨率在 600dpi 以上，打印速度在 8ppm 左右，纸张输出基本在 A3 以下，适应于彩色输出专业人员或办公室需求。

图 4-21　激光打印机

彩色激打与普通激打不同，除了打印输出拥有极其艳丽的色彩之外，性能也更强大。而其与彩色喷墨打印机的区别则不仅在打印色彩品质上普遍要高，在打印速度、功能、耗材及管理等方面也要优越得多。

4.5.2　打印机的主要性能指标

1. 黑白打印速度

该性能指标是指打印机在黑白打印模式下的打印速度。目前主流打印机的黑白打印速度都在 20ppm 左右或者更快。

2. 彩色打印速度

该性能指标是指打印机在执行彩色打印任务时的打印速度，由于在彩色打印模式下要动用更多的系统资源和设备，因此彩色打印速度要明显低于黑白打印速度。目前主流打印机的彩色打印速度都在 14ppm 左右。

3. 最大打印幅面

打印幅面顾名思义也就是打印机可打印输出的面积。而所谓的最大打印幅面就是指激光打印机所能打印的最大纸张幅面。目前，激光打印机的打印幅面主要有为 A3、A4、A5 等幅面。打印机的打印幅面越大，打印的范围越大。打印幅面的大小也是衡量打印机的重要性能指标，目前适合家庭用户和办公用户使用的打印机大都是 A4 幅面或 A3 幅面产品，在选购时可以根据自己的打印需求选择相应的打印幅面。

4. 最高分辨率

打印机分辨率又称为输出分辨率，是指在打印输出时横向和纵向两个方向上每英寸最多能够打印的点数，通常以【点/英寸】即 dpi(dot per inch)表示。而所谓最高分辨率就是指打印机所能打印的最大分辨率，也就是所说的打印输出的极限分辨率。平时所说的打印机分辨率一般指打印机的最大分辨率。

打印分辨率是衡量打印机打印质量的重要指标，它决定了打印机打印图像时所能表现的精细程度，它的高低对输出质量有重要的影响，因此在一定程度上来说，打印分辨率也就决定了该打印机的输出质量。分辨率越高，其反映出来可显示的像素个数也就越多，可呈现出更多的信息和更好更清晰的图像。

打印分辨率一般包括纵向和横向两个方向，它的具体数值大小决定了打印效果的好坏与否，一般情况下激光打印机在纵向和横向两个方向上的输出分辨率几乎是相同的；而喷墨打印机在纵向和横向两个方向上的输出分辨率相差很大，一般情况下所说的喷墨打印机分辨率就是指横向喷墨表现力。如 4800×1200dpi，其中 4800 表示打印幅面上横向方向显示的点数，1200 则表示纵向方向显示的点数。

5. 打印介质

打印介质是指标签打印机可以打印的材料，从介质的形状分，主要有带状、卡状和标签，从材料分主要有纸张类、合成材料和布料类。用户在日常应用最多的是纸张类打印介质。下面介绍几种最常用的打印介质。

- 照片质量喷墨打印纸，这是一种高解析度专业用纸，是图像打印的理想介质。这种纸厚度比普通纸稍厚一些，一面比较白，选择这一面打印商业性的报告、讲座用的彩色文字、图表及各种商业统计图，效果十分出色。
- 360dpi 喷墨打印纸，是专门为家庭用户设计的。这种喷墨打印纸适用于打印各种图片及文本，打印出的色彩逼真，字迹清晰精美。

- 照片质量喷墨卡片，这种纯白色喷墨专业卡片有 A6、5 英寸×8 英寸及 10 英寸×8 英寸三种尺寸，适合打印自制的明信片、贺卡、请柬等，也可用来输出各种电子照片。

除了以上三种普通的打印介质外，由于打印机应用多样化的发展，打印介质也日益更新，目前比较流行的打印介质还有照片纸、大头贴、喷墨布纹纸、T 恤转印纸、喷墨透明胶片和横幅大标题纸等。

6. 接口类型

打印机的接口类型主要有两种，分别为并行接口和 USB 接口两种。目前 USB 数据接口成为打印机的主流接口，并行接口的打印机已经越来越少了。

4.5.3 打印机的选购技巧

打印机是最常使用的计算机外部设备，选购一款合适的打印机不仅可以增强计算机的功能，还能提高办公效率。本节将向用户介绍一些选购打印机时的技巧。

1. 喷墨打印机的选购技巧

购买喷墨打印机有 5 个相对重要的因素要考虑，分别是购机用途及价格、打印质量、打印速度和色彩数目、功能与易用性、耗材费用和综合成本等几方面。

- 购机用途及价格：购买喷墨打印机时，建议用户首先分析自己的购机用途，也即购买喷墨打印机主要用来做什么。价格固然重要，但资金使用效果更重要。简单地划分用途，可分为打印文本与打印照片。再细点分，有专业(单位)需求与业余(家庭)使用的区别；有文本为主、照片为辅与照片为主、文本为辅的区别。购机时一定要认清自己的用途，购买相应的机型。在价格与价值的判断上有两个尺度：200 元以下的价差不算太重要，以个人需求和打印机的指标为重；500 元以上的价差就很重要，必须有明确的性能或指标提高才可以考虑。
- 打印质量：对彩色喷墨打印机而言，打印质量包括两个方面：一是打印分辨率，即 dpi，它是衡量打印质量最重要的标准，分辨率越高，图像精度就越高，打印质量自然就越好；二是色彩的表现力，也就是通常所说的颜色是否“真”，色彩的种类是否足够多。现在各大厂家均有自己针对彩色图像打印的调整技术，购买时一定要进行样张打印，并最好选择有渐变色的自然风光作为样张，重点看一看色彩过渡是否自然，色彩还原能力如何，细节表现能力如何。不过，影响打印质量的因素还有很多，打印色彩的深浅控制、厂商提供的墨盒及打印所用的介质都会对打印质量产生影响。
- 打印速度与色彩数目：打印速度一般用每分钟打印纸张的页数(ppm)来衡量。厂商在标注产品的技术参数时通常都会用黑白和彩色两种打印速度进行标注，因为一方面，打印图像和文本时打印机的打印速度有很大不同；另一方面，打印速度与打印时设定的分辨率有直接的关系，打印分辨率越高，打印速度自然就越慢。更多的彩色墨盒数就意味着更丰富的色彩，尤其是对中高档用户而言，比传统的三色多出了黑、淡蓝和淡红的六色打印机以其上佳的图形打印质量而更符合用户要求。

- 功能与易用性：现在市场上的彩色喷墨打印机的功能繁多，对家庭用户而言比较实用的功能有两个：一是多介质打印功能，用户不仅可以在普通纸上打印，而且可以在信封、卡片、透明胶片、纤维织物等介质上进行打印；二是经济打印模式，也可以称为省墨模式，它是通过降低清晰度以及墨水的喷射量来达到节省墨水的目的，打印草稿、一些非正式的文本等时经常会用到这种模式。
- 耗材费用：喷墨打印机耗材费用很高是不争的事实，所以在购机时耗材费用也是一个重要的考虑因素。耗材费用主要是墨盒费用，考虑的因素有：墨盒的绝对价格与打印张数、是分色墨盒还是多色墨盒，墨盒是否与喷头一体。对于彩色墨盒考虑的因素比黑白墨盒要多，影响较大的因素是一体的多色墨盒与分体的单色墨盒，尤其是照片打印，偏色的情况较多，经常的情况是某一种颜色用完了，其他颜色还剩不少，使用一体多色墨盒而又不用填充墨水的用户只能换新墨盒，损失较大。分体的单色墨盒的好处是哪种颜色用完了就换哪种颜色的墨盒，避免无谓的浪费。
- 综合成本：打印机不是一次性资金投入的硬件设备，买回来后还需要不断进行投入。因此，购买打印机应该重点考虑其综合成本。打印机的综合成本包括整机价格、墨盒、墨水和打印介质。多数打印机在普通纸上打印黑白文本有着不错的效果，但要打印色彩丰富的图像，特别是图片的精美打印，就需要使用专业纸，这也就意味着增加了打印成本。普通家庭用户应该选择在普通纸上能得到比较好的打印效果的打印机。

2. 激光打印机的选购技巧

激光打印机一般可分成个人型、办公型、工作组型等几类。下面将主要介绍个人型和办公型两种常用的激光打印机类型的特点。

- 易用性：个人激光打印机的打印幅面基本都是 A4 幅面，选择余地不大。选购时值得注意的还有激打的易用性。由于激光打印机的结构复杂精密，一般用户自行维护较困难，如果产品的易用性不好，不但影响使用效率，而且会增加故障率。其他要注意的还有打印机的使用可靠性及产品的可扩展性等问题。
- 耗材：激光打印机的耗材是另一个非常重要的问题。一台激光打印机用上几年之后，可能它的耗材费用会远远超过购买打印机时的价格。激光打印机的耗材一般是感光鼓、碳粉、充电辊等，而其中最常更换的就是感光鼓和碳粉。大部分打印机都标明要使用它们自己的零配件，因此弄清楚配件的价格是非常必要的。

技术支持和售后服务：打印机属于消耗型硬件设备，使用时间长了难免会出现一些问题，如喷头堵塞、机械故障等，一般的家庭用户也不具备自己动手维修的能力。因此，良好的售后服务与技术支持对于用户是非常重要的，在购买打印机时应注意厂家是否能提供至少一年的保修，以及维修网点是否多。此外，对于维修的花费，不同的厂商有不同的规定。保质期时间长短，保修期外的元器件维修以及备件储备，这些都是在购买打印机时需要用户注意的问题。

本章小结

本章主要介绍了电脑的输入输出设备，显卡是连接电脑主板和显示器的桥梁，而显示器主要负责将电脑处理后的数据显示出来提供一个人机交互的界面；键盘和鼠标是电脑最常用的输入设备；而打印机是一个应用比较广泛的输出设备。通过本章的学习，读者应该掌握电脑基本的输入输出设备的相关常识。下一章向读者介绍电脑的其他一些常用设备。

习　题

填空题

1. 显卡通常由________、________、________、________、________、________以及________组成。
2. ________在显卡中的地位，就相当于电脑中 CPU 的地位，是整个显卡的核心。
3. 显卡的性能指标主要包括________、________、________、________等。
4. 液晶显示器的尺寸是指屏幕________的长度，单位为________。
5. 键盘可以分为________、________、________和________ 4 个区。
6. 按工作原理分，鼠标可分为________、________、________、________和________ 5 大类。
7. 常见的打印机可分为________、________和________三类。

选择题

7. 表示液晶显示器亮度的单位是(　　)。

   A. cd/m^2　　B. cd/m　　C. cd/mm　　D. cd

8. 与 CRT 显示器相比，下列哪项不是 LCD 显示器的优点(　　)。

   A. 低辐射，对人的眼睛伤害较小　　B. 可视角度更大
   C. 体积小，耗能低　　D. 无需考虑刷新率问题

9. 20 寸液晶显示器的最佳分辨率是(　　)。

   A. 1024×768　　B. 1280×1024　　C.1152×864　　D. 1600×900

10. 若要复制选定的内容，需要使用以下哪一组组合键(　　)?

   A. Ctrl+Z　　B. Ctrl+C　　C. Ctrl+V　　D. Ctrl+B

11. SHIFT+DELETE 组合键的作用是(　　)。

   A. 删除选定的内容并放入回收站　　B. 删除选定的内容而不放入回收站
   C. 删除光标后面的内容　　D. 删除光标所在行的整行内容

12. 光电鼠标和传统的机械式鼠标相比，有(　　)的优点。

A. 光电鼠标的价格比机械式鼠标便宜

B. 光电鼠标可以使用 USB 接口，而机械式鼠标不可以

C. 光电鼠标的手感比机械式鼠标要好

D. 光电鼠标采样率更高，定位更加准确

13. 下列有关打印机的说法中错误的是(　　)。

A. 针式打印机是利用点阵组成字符或图形，从而完成打印任务的

B. 喷墨打印机的优点是打印质量好、无噪声，可以用较低成本实现彩色打印

C. 打印机分辨率又称为输出分辨率，是指在打印输出时横向和纵向两个方向上每英寸最多能够打印的点数，通常以“点/毫米”表示

D. 激光打印机能够较好的输出彩色图形，且打印质量要高于喷墨打印机

简答题

14. 简述显卡的作用。

15. 简述 LCD 显示器都有哪些性能指标？

16. 简述键盘的结构。

第 5 章

其他常用设备

本章主要介绍电脑中的其他常用设备，包括机箱、电源、网卡和摄像头等。通过本章的学习，应该完成以下学习目标：

- ☑ 了解机箱的结构和作用
- ☑ 熟悉机箱的选购技巧
- ☑ 了解电源的主要性能指标和选购方法
- ☑ 了解网卡的分类和工作原理
- ☑ 了解网卡的性能指标
- ☑ 熟悉网卡的选购技巧
- ☑ 了解摄像头的分类和性能指标
- ☑ 熟悉摄像头的选购技巧

5.1 机　　箱

机箱为电源、主板、各种扩展板卡、硬盘驱动器、光盘驱动器、软盘驱动器等设备提供支撑，还具有防压、防冲击、防尘、防电磁干扰和防辐射等功能。此外还提供了许多便于使用的面板开关指示灯等，让用户更方便地操纵电脑或监视电脑的运行情况，如图 5-1 所示。

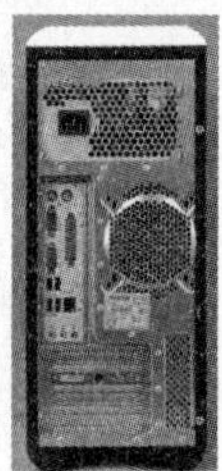

图 5-1　机箱的正面和背面

5.1.1　机箱的结构及作用

机箱一般由外壳、支架、前面板组成。外壳硬度较高，主要起保护机箱内部元件及防辐射的作用。支架主要用于固定主板、电源和各种驱动器的位置。前面板上有电源开关、复位开关等基本功能键，还有电源指示灯、硬盘指示灯等，用于表明当前的运行状态。现在很多机箱还在前面板上增加了一些实用功能，如音频接口、USB 接口以及麦克风接口等。

机箱的内部结构基本相同，主要有：

- 主板固定槽：用来安装固定主板。
- 电源槽：用来安装电源。
- 插卡槽：用来固定各种插卡，如固定显卡、声卡等板卡。对于 AT 机箱还有用于固定串行口所需要的挡板插件。而 ATX 机箱的串行口及 USB 口等集中在机箱后侧一个较大的开口处。
- 驱动器槽：用来安装软驱、硬盘、光盘驱动器等，个数越多越好。
- 控制面板：控制面板上有电源开关(Power Switch)、电源指示灯(Power LED)、复位按钮(Reset)、硬盘工作状态指示灯(HDD LED)等。
- 控制面板接脚：电源指示灯、硬盘指示灯、复位按钮及 ATX 机箱的电源开关，与主板相连。
- 支撑架孔和螺丝钉孔：用来安装支撑架和主板固定螺丝钉。要把主板固定在机箱内，需要一些支撑架和螺丝钉。支撑架把主板支撑起来，使主板不与机箱底部接触，易于装取，螺丝钉用来将主板固定在机箱上。
- 安装配件：除了已经固定在机箱内部的零件外，还会配备一些其他零件，通常放在一个小盒或是一个纸袋内。主要有金属螺丝钉、塑料膨胀螺栓、带绝缘垫片的小螺丝钉、角架和滑轨(用于固定软盘驱动器和光盘驱动器)、前面板的塑料挡板(用于机箱前面防尘和防辐射)、后面板的金属插卡(用于挡住空闲插卡口)等。

机箱的作用有三个方面：

- 首先，它提供空间给电源、主板、各种扩展板卡、软盘驱动器、光盘驱动器、硬盘驱动器等存储设备，并通过机箱内部的支撑、支架、各种螺丝或卡子夹子等连接件将这些零配件牢固固定在机箱内部，形成一个集约型的整体。
- 其次，它坚实的外壳保护着板卡、电源及存储设备，能防压、防冲击、防尘，并且它还能发挥防电磁干扰、辐射的功能，起屏蔽电磁辐射的作用。
- 最后，它还提供了许多便于使用的面板开关指示灯等，让操作者更方便地操纵电脑或观察电脑的运行情况。

5.1.2　机箱的选购技巧

选购机箱，可以从以下几个方面考虑：

1. 外观

好的机箱制作工艺精良，面板设计美观大方，没有划伤的痕迹，切口圆滑，折边平整。选用优质 ABS 材料做的机箱，线条流畅，外部烤漆层非常均匀。

2. 用料与整体结构

中高档机箱最明显的特点之一是采用优质板材。一般来说，标准半高机箱采用 0.8mm 厚的镀锌钢板，而全高标准和服务器机箱多采用 1.0mm 镀锌钢板(也有部分产品采用 0.8mm 钢板)，不少型号的钢材都由国外进口。铝质机箱通常使用厚度 1.0mm 的铝材，关键部分如机箱边角等应力集中的部位有加强筋、加强条等加固。撑住机箱四角适当摇动，会明显感觉整体的结构牢固度较普通机箱更胜一筹。

3. 定位孔

机箱内部的定位孔要准确无误，标准化程度要高。如果定位孔出现了误差，安装配件时固定用的螺丝帽就无法对准机箱上的固定孔。

4. 前置接口设计

好的机箱的 USB/音频前置接口设计往往偏上方(注：置于桌面的小机箱、半高机箱例外)，以方便用户插拔使用。多数型号还设有保护挡板以便防尘，部分产品还加上了 1394 前置接口。如果留意机箱内部，你将发现前置 USB、1394 数据线通常带有较厚的屏蔽层(有的还装有屏蔽磁环)，其接头一般设计为方形集束型接口，可直接插在主板前置 USB 插针上，这些设计既保证了信号传输质量，同时也避免了接口插错的问题。

相比之下，不理想的设计表现在：前置接口通常裸露，易进灰尘；所处部位多位于机箱中下方，不利于插拔；USB 前置线、音频前置线等的插针比较散乱，需参考主板说明书对接，不够人性化；前置 USB 接口的线路板设计粗糙，线材质量差，常导致前置 USB 口供电不足，如无法带动移动硬盘等耗电量较大的设备，严重的甚至会烧毁 USB 设备。

5. 是否易于安装配件

配件安装是否人性化、简易化也是选购一款好的机箱需要考虑的问题。一方面机箱内部留足配件安装空间，另一方面光驱、硬盘、PCI 插卡等安装多采用免螺钉方式。光驱和硬盘则采用滑轨安装，可快捷拆卸(滑轨材料有塑料和金属两类)。而 PCI 插卡一般使用固定条或固定口安装。部分机箱还有专用于固定较长插卡的卡槽，避免晃动，有的则设计了可拆卸的主板安装底板、硬盘安装架等，可在机箱外部安装。低档机箱虽也有部分型号采用免螺丝固定设计，但并不完善，如尺寸匹配不佳导致安装费劲、安装部位强度不够，提供的滑轨数量不足等(某些型号机箱附赠滑轨只能固定一个光驱和一个硬盘，无法适应扩展需求)。

6. 散热设计

散热设计是中高档机箱的主要卖点之一。一般来说，半高机箱均设计有前后风道，前面板下部和背板上都设置有 8～12cm 的风扇架或已直接安装风扇，符合 38℃机箱标准的导风管更是标配。一些全高机箱还在机箱侧面安装有风扇或风扇架，部分甚至在机箱顶部也设置有风扇架。一般来说，这些风扇架都采用了免螺丝安装，可方便地安装。与此同时，转速更低、散热效果更好的 12cm 风扇开始逐渐成为机箱厂家的首选，选购时值得留意。很多风扇架上还装有可拆卸清洗的风扇防尘网或防止异物进入的风扇罩，而且一些为发烧友设计的机箱还可与水冷套件相配合，进一步提高散热能力，低档机箱在这方面毫无可比之处。

7. 防辐射功能

防辐射设计是区分优劣机箱的一个重要标志，好机箱不仅采用了较厚的钢板，在细节处也有针对性的处理，如侧板采用单面喷漆，但是一定要留意侧面板内侧不能喷漆，否则将无法形成闭合回路，大大降低屏蔽效果。

5.2 电　　源

电源是一种安装在主机箱内的封闭式独立部件，如图 5-2 所示。它的作用是将交流电通过一个开关电源变压器换为 5V、-5V、+12V、-12V、+3.3V 等稳定的直流电，以供应主机箱内主板、软硬盘驱动器及各种适配器扩展卡等部件正常运行所需的电力保证。电源是一台电脑的动力之源，如果没有稳定的供电电源，配置再好的电脑也很难发挥作用。

图 5-2　电源

5.2.1　电源的性能指标

一般来说在电脑电源的侧面都贴着电源的铭牌，上面标注有电源的性能指标。电源的性能指标直接关系到电源的稳定性。

- 输入指标：包括额定输入电压、电压的变化范围、频率和输入电流等。输入电源的额定电压因地域的不同而有所改变，一般是 220V。电源的电压范围比较宽，一般在 180～220V 之间。交流输入的频率为 50Hz 或 60Hz。最大输入电流是指输入电压为下限值时，输出的电流、电压为上限值时所允许的最大的输入电流。
- 电源的功率：指电源能够达到的最大负荷。电源的功率并非越大越好，最重要的是电源的整体性能和质量。普通用户一般使用 300W 左右的电源就可以了。
- 电源的效率：指电源的输出功率与输入功率的百分比，电源的正常效率应该在百分之七十以上。能够承受电压的最大范围是指电压在过低或过高时，电源仍能够稳定地提供电力供应。
- 噪音和纹波：噪音是指附着在直流输出电压上的交流电压的峰值，纹波是指附着在直流输出电压上的高频尖峰信号的峰值。
- 电源负载的稳定度：指在输入电压和周围温度保持恒定的情况下，输出的电压随着负载的变化在指定的范围内变化的百分比。
- 电源的散热性能：指电源在正常工作时产生的热量应及时地散发出去。否则就会造成电源工作的不稳定，以及内部器件的老化。它一般取决于散热扇的性能和屏蔽外壳的设计是否合理等。

- 电源的隔离电压：指电源电路中任何一部分与电源基板地线之间的最大电压，或者是开关电源的输入输出端和输出端之间的最大直流电压。

5.2.2 电源的输出接口

电源的输出线上有很多的输出接头，它们一般有主板电源接口插头、大小 4 芯插头，还有一些其他的插头，如图 5-3 所示。

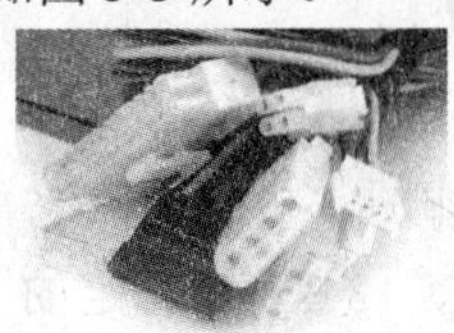

图 5-3 电源的输出接口

- 主板电源接口插头：这个插头是电源线输出线路中最大的一个，它有 20 根数据线组成，在插头和主板的插槽上有一个卡口，它采用的是防反插设计，将扣子扣在插槽上不仅能固定插头，而且能防止插头反插。
- 4 芯插头(大)：这种插头的插头处呈 D 字型，它的两个边角呈斜面状，这样设计的目的也是为了防止将插头插反。这种大 D 字型插头一般用于硬盘、光驱等设备。
- 4 芯插头(小)：除了大的 4 芯插头外，还有一种小的 4 针插头，在插头的侧面有一条棱，背面有一个小的突出块，这种插头也是防反插设计，一般用在早期的软驱上。

5.2.3 电源的选购

电源作为电脑的动力之源，它的性能优劣直接关系到整台电脑能否正常工作。尤其在今天，随着 CPU 的运算速度不断加快，大容量高转速硬盘的使用不断增加，以及其他高功耗设备的不断更新，对电源的品质和承载能力都提出了更为严格的要求。用户在选购电源时可以参照以下几点：

1. 电源的认证

无论是何种品牌的电源，一定要通过认证。全世界各个国家都对电源制定了严格的规范。我国在 2002 年 8 月 1 日开始强制实行产品的认证制度——3C 认证，其全称是“中国国家强制性产品认证(China Compulsory Certification)”，3C 认证对电源主要提出了安全和电磁兼容两项要求，只有同时获取安全及电磁兼容认证的产品才会被授予 CCC(S&E)标志，现在在中国市场上销售的电源必须通过 3C 认证。

2. 电磁干扰

电源内部具有较强的电磁振荡，因而具有类似无限电波的对外辐射特性，如果不加以屏蔽可能会对其他设备造成影响。在国际上有 FCCA 和 FCCB 标准，在国内也有国标 A 级(工业级)和国标 B 级(家用电器级)标准，购买时一定要认清此标志。

3. 电源输出线

优质电源输出线较粗。因为电源输出电流一般较大，很小的一点电阻值会产生较大的压降损耗，故质量好的电源必是粗线。

4. 测量空载电压

可以通过实验来测量一下空载压降，好电源压降较小。对于 ATX 电源，可以让所有输出端悬空，先测一下空载输出电压，方法是让 PS-ON 与 GND 短接启动电源，再测一下输出电流为 10A 时的电压，压降小者为优。但上述试验不能在±12V 上做，否则会烧坏电源。如果电源未接地线，通过安规认证的好电源在通电启动后其外壳上约有 110V 交流电压，并略有麻手感。若测不出电压则说明内部偷工减料未装滤波电路。另外空载运行时风扇声均匀并较小，接上负载后风声略大则为正常。

5. 标贴

优质电源明确标识各组的输出电压、最大电流和联合输出功率，且印刷清晰，有明确的危险警示标识以及公司和产地信息。伪劣电源印刷粗糙，未标明电压的联合输出功率以及制造商信息。

6. 风扇及插座

优质电源的风扇采用非透明阻燃材料，而劣质电源采用透明非阻燃材料。电源最易发生问题的地方就是电源插座、风扇、束线扣等地方。尽管使用透明材料可以增加美观程度，但是也同样增加了危险。另外，优质的电源轻轻摇晃是没有异常声音和脱松感的。如果一台新装的电脑出现莫名其妙的故障无法解决，就应当先考虑是否是电源引发的故障。

5.3 网　　卡

网卡(Network Interface Card，NIC)的全称叫网络接口卡，它是电脑进行联网的基本设备，是连接电脑硬件和网络传输设备之间的“桥梁”，是电脑接入 Internet 的必要通信工具，如图 5-4 所示。

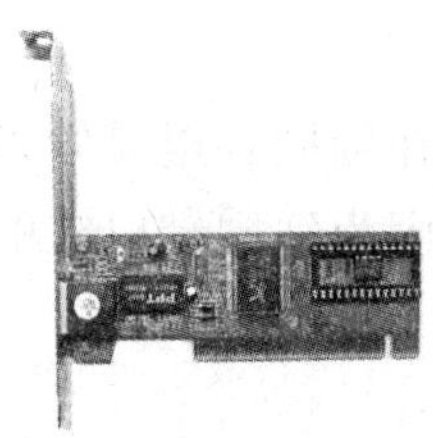

图 5-4　网卡

5.3.1　网卡概述

作为网络硬件来说，网卡是最基本、应用最广泛的一种网络设备。网卡的标准是由 IEEE 定义的。网卡工作于 OSI(Open System Interface，开放式系统互连)模型的最低层，也就是物理层，不同的网卡必须要有相应的网线或其他网络设备跟它相对应，不能盲目混用。网卡的基本功能是提供网站主机的网络接口电路、数字缓存器的管理、数据链路管理、编码解码和网络内部的收发等。

5.3.2 网卡的分类

1. 根据网卡的传输速度分

- 10Mbit/s 的网卡：这是早期流行的一种网卡，最大传输速率为 10Mbit/s。它主要应用于总线型网络拓扑结构中，后来为解决网络冲突问题，也出现了星型拓扑(RJ-45)的网卡。这种网卡的特点是价格便宜，适用于一般家庭和小型局域网使用。
- 100Mbit/s 的自适应网卡：100Mbit/s 的网卡是目前市场上比较先进的一种网卡，它的最大传输速率为 100Mbit/s。自适应指的是具有自动检测网络速度的功能，如果目前的物理设备传输速率不能达到 100Mbit/s，那么它会自动降到 10Mbit/s。
- 1000Mbit/s 的自适应网卡：1000Mbit/s 的网卡是一种新型的高速局域网技术，它的最大传输速率为 1000Mbit/s，也就是现在所说的千兆网卡，它也可以根据线路及物理设备来自动检测网络速度，可将自身速率调至 10Mbit/s 或 100Mbit/s。

2. 根据接口类型分

- RJ-45 接口的网卡(图 5-5 所示)：RJ-45 接口的网卡是目前最常见的网卡，它所依赖的传输介质是双绞线。RJ-45 接口连接的线芯是 8 根(RJ-11 是 4 根)，在网卡上还有两个指示灯，通过两个指示灯显示的颜色可以初步判断网卡的工作状态。

图 5-5　RJ-45 接口和水晶头

- AUI 接口的网卡(图 5-6 所示)：这种网卡主要应用于总线型拓扑结构中，所要使用的网线是粗同轴电缆。
- BNC 接口的网卡(图 5-7 所示)：BNC 接口的网卡主要应用在细同轴电缆的以太网或令牌环网络中。这种类型的网卡在现在市面上比较少见，因为细同轴电缆的局域网的普及程度要远远低于双绞线的局域网。

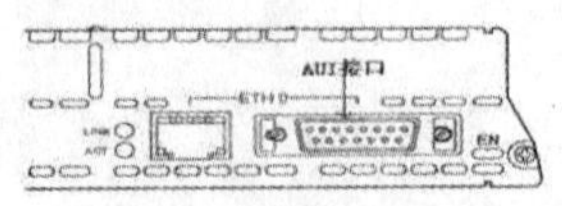

图 5-6　AUI 接口示意图

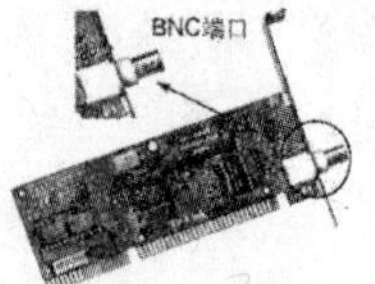

图 5-7　BNC 接口的网卡

- FDDI 接口的网卡：FDDI 接口的网卡主要应用于光纤网络中。这种网络具有 100Mbit/s 的网络带宽。现在已经出现了一种高速的以太网，它具有更高的传输速度和更低的价格，因此 FDDI 网络已渐渐失去了优势，将逐渐退出网络市场。

3. 根据是否需要网线分

- 有线网卡：就是我们平时所使用的普通网卡，需要网线作为传输介质。
- 无线网卡(图 5-8 所示)：顾名思义，就是不需要网线作为传输介质，它所对应的是无线网络。无线网卡一般用于笔记本电脑中，它的优点是在有无线网络覆盖的区域可以随时随地上网，缺点是传输速度比较慢。

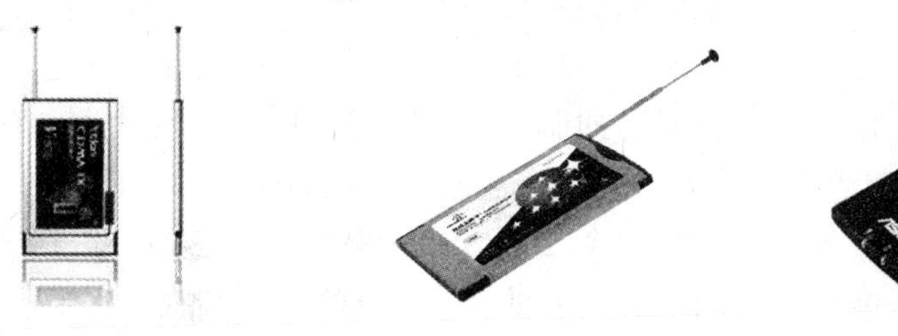

图 5-8　无线网卡

5.3.3　网卡的工作原理

网卡的工作过程是一个不断监听和收发数据的过程。

1. 网卡工作原理

在发送数据时，网卡首先侦听介质上是否有载波(载波由电压指示)，如果有，则认为其他站点正在传送信息，继续侦听介质。一旦通信介质在一定时间段内(称为帧间缝隙IFG=9.6 微秒)是安静的，即没有被其他站点占用，则开始进行帧数据发送，同时继续侦听通信介质，以检测冲突。在发送数据期间，如果检测到冲突，则立即停止该次发送，并向介质发送一个“阻塞”信号，告知其他站点已经发生冲突，从而丢弃那些可能一直在接收的受到损坏的帧数据，并等待一段随机时间(CSMA/CD 载波监听多路访问/冲突检测，确定等待时间的算法是二进制指数退避算法)。在等待一段随机时间后，再进行新的发送。如果重传多次后(大于 16 次)仍发生冲突，就放弃发送。

在接收数据时，网卡浏览介质上传输的每个帧，如果其长度小于 64 字节，则认为是冲突碎片。如果接收到的帧不是冲突碎片而且目的地址是本地地址，则对该帧进行完整性校验，如果帧长度大于 1518 字节(称为超长帧，可能由错误的 LAN 驱动程序或干扰造成)或未能通过 CRC 校验，则认为该帧发生了畸变。通过校验的帧被认为是有效的，网卡将它接收下来进行本地处理。

2. 影响网卡工作的因素

网卡能否正常工作取决于网卡及其相连接的交换设备的设置以及网卡工作环境所产生的干扰。如信号干扰、接地干扰、电源干扰、辐射干扰等都可对网卡性能产生较大影响，有的干扰还可能直接导致网卡损坏。

电脑电源故障时常导致网卡工作不正常。电源发生故障时产生的放电干扰信号可能会进入到网卡输出端口，在进入网络后将占用大量的网络带宽，破坏其他工作站的正常数据包，形成众多的 FCS 帧校验错误数据包，造成大量的重发帧和无效帧，其比例随各个工作站实际流量的增加而增加，严重干扰整个网络系统的运行。

地线干扰也常影响网卡工作，接地不好时，静电因无处释放而在机箱上不断累积，从而使网卡的接地端(通过网卡上部铁片直接跟机箱相连)电压不正常，最终导致网卡工作不正常，这种情况严重时甚至会击穿网卡上的控制芯片造成网卡的损坏。

干扰的情况比较容易出现，有时网卡和显卡由于插得太近也会产生干扰。干扰不严重时，网卡能勉强工作，数据通信量不大时用户往往感觉不到，但在进行大数据量通信时，就会出现“网络资源不足”的提示，造成电脑死机现象。

网卡的设置也将直接影响工作站的速度。网卡的工作方式可以为全双工和半双工，当服务器、交换机、工作站工作状态不匹配，如服务器、工作站网卡被设置为全双工状态，而交换机、集线器等都工作在半双工状态时，就会产生大量碰撞帧和一些 FCS 校验错误帧，访问速度将变得非常慢，从服务器上拷贝一个 20MB 的文件可能也需要 5～10 分钟。 这方面的错误往往是由于网络维护人员的疏忽造成的，大多时候他们都使用默认设置，而并不验证实际的状态。

5.3.4 网卡的性能指标

网卡的主要技术参数包括带宽、总线接口方式，主控芯片、系统资源占用率、ACPI 电源管理、远程唤醒和兼容性等。

1. 网卡的带宽

带宽指的是传输速率，是指每秒钟传输的最大字节数，也就是设备每秒能够处理的兆字节数，带宽越高，网卡每秒钟所能处理的字节数就越多，就意味着设备的处理能力越强。

2. 总线接口方式

总线是指通过分时复用的方式，将信息以一个或者多个源部件传送到一个或者多个目的部件的一组传输线。按照不同的标准，网卡总线具有不同的分类。

按照功能分，总线可分为地址总线和数据总线；按照传输数据的方式分，可以分为串行总线和并行总线；按照时钟信号是否独立，可以分为同步总线和异步总线；按照总线的接口类型分，可以分为 ISA 总线网卡、PCI 总线网卡、PCMCIA 网卡和 USB 总线网卡。

3. 主控芯片

网卡的主控制芯片是网卡的核心元件，一块网卡性能的好坏，主要是看这块芯片的质量。网卡的主控制芯片一般采用 3.3V 的低耗能设计、0.35μm 的芯片工艺，这使得它能快速计算流经网卡的数据，从而减轻 CPU 的负担。

4. 系统资源占用率

网卡对系统资源的占用一般感觉不到，但在网络数据量大的情况下就很明显了，如进行在线点播、语音传输、IP 电话通话时。一般情况下，PCI 网卡对系统资源的占用率要比 ISA 网卡小得多。

5. ACPI 电源管理

ACPI 是一种新的工业标准，它通过硬件和操作系统提供支持系统的电源管理功能，支持 ACPI 电源管理的网卡可以通过计算机的睡眠模式减少电量的损耗。

6. 远程唤醒

远程唤醒是一个 ACPI 功能，它允许用户通过网络远程唤醒计算机，进行系统维护、病毒扫描、备份数据等操作，因此成为很多用户购买网卡时看重的一个指标。要实现远程唤醒功能还要求主板支持远程唤醒，并且网卡和计算机主板都符合 PCI2.2 规范。

7. 兼容性

和其他电脑产品一样，网卡的兼容性也很重要，不仅要考虑到和自己的计算机兼容，还要考虑到和它所连接的网络兼容，所以选用网卡尽量采用知名品牌的产品，不仅安装容易，而且还能享受到更多的售后服务。

5.3.5　网卡的选购

在购买网卡时往往要考虑网卡的性能指标，虽然网卡的性能指标很多，但只要注意将其中几个重要的性能指标比较一下，就可以判断网卡的优劣了。

1. 网卡品牌

购买网卡时最好选择信誉比较好的名牌产品，当然并不是说一定要购买 3COM、Intel、D-link、Accton 之类的一线国际品牌，国产较好信誉的品牌也是不错的选择。因为网卡现在已经是低技术含量的产品，各大品牌采用的技术也差不多，只不过体现在制作工艺上，现在一些知名的国产厂商也在这方面做得比较好，可以放心选购。

2. 根据网络类型选择网卡

由于网卡的种类比较繁多，而不同的网卡使用的环境也不一样，因此用户在选购网卡之前最好应明确所选购网卡使用的网络及传输介质类型、与之相连的网络设备带宽等情况。如果是以双绞线为传输介质，则要选用 RJ-45 接口类型的网卡；如果传输介质是粗同轴电缆，则要求选用 AUI 接口的网卡；如果传输介质是细同轴电缆，则需要使用 BNC 接口类型的网卡。还有 FDDI 接口类型的网卡、ATM 接口类型的网卡，它们分别应用于对应的网络。

另外网卡还有传输速率之分，一般个人用户和家庭组网时因传输的数据信息量不是很大，主要选择 100Mbps 和 10/100Mbps 自适应网卡。不过现在比较流行的是 100/1000Mbps 自适应网卡，它能够根据相连网络设备的速度自动调整速率，可升级性也较强。需要注意的是与网卡相连的各网络设备在速度参数方面必须保持兼容才能够正常工作。

3. 根据电脑的总线插槽类型选择网卡

网卡需要插在电脑的主板上才能正常工作，这就要求所买网卡的总线类型必须和装入机器的总线相符。总线的性能直接决定从服务器内存和硬盘向网卡传递信息的效率。与 CPU 一样，影响硬件总线性能的因素也有两个：数据总线的宽度和时钟速度。网卡按总线类型，可以分为 PCI 网卡、ISA 网卡、EISA 网卡及服务器 PCI-X 总线网卡。16 位总线的 ISA 插槽在目前计算机主板上已经基本看不到，所以没有必要选择 ISA 接口的网卡。目前主流的是 PCI 网卡，如果还需要细分的话，可以查看网卡所支持的 PCI 总线标准版本，PCI 最新版本为 PCI2.2，版本越高，性能就越好。

4. 根据使用环境来选择网卡

为了能使选择的网卡能和计算机协同高效的工作，还必须根据使用环境来选择合适的网卡。例如，如果购买了一块价格昂贵、功能强大、速度快捷的网卡，但是却安装在了一个普通的工作站中，那么就大材小用了，网卡也不能充分发挥其性能，这样就造成了极大的资源浪费。相反，如果在一台服务器中安装了一块性能普通、传输速度低下的网卡，这样很容易产生瓶颈现象，从而会抑制整个网络性能的发挥。

因此，用户在选用网卡时一定要注意应用环境。例如服务器端网卡由于技术先进、价格会贵很多，为了减少 CPU 的占用率，服务器网卡应选择带有自高级容错、宽带汇聚等功能，这样服务器就可以通过增插几块网卡提高系统的可靠性。此外，如果要在笔记本中安装网卡的话，最好购买与电脑品牌相一致的网卡，这样才能最大限度的和其他部件保持兼容，并发挥最佳性能。如果组建的网络还有其他要求的话，就要根据局域网实现的功能和要求来选择网卡。例如组建的局域网如果需要实现远程控制功能，就应该选择带有远程唤醒功能的网卡。

5. 优质网卡需要具备的条件

一般来说，优质的网卡应该具有以下条件：

- 采用喷锡板：优质网卡的电路板一般采用喷锡板，网卡板材为白色，劣质网卡为黄色。
- 采用优质的主控芯片：主控芯片是网卡上最重要的部件，它往往决定了网卡性能的优劣，所以优质网卡所采用的主控芯片应该是市场上的成熟产品。市面上很多劣质网卡为了降低成本而采用版本较老的主控芯片，这无疑给网卡的性能打了折扣。
- 大部分采用 SMT 贴片式元件：优质网卡除电解电容以及高压瓷片电容外，其他电容器件大部分采用比插件更加可靠和稳定的 SMT 贴片式元件。劣质网卡则大部分采用插件，这使网卡的散热性和稳定性都不够好。
- 镀钛金的金手指：优质网卡的金手指选用镀钛金制作，既增大了自身的抗干扰能力，又减少了对其他设备的干扰。同时金手指的节点处为圆弧形设计。而劣质网卡大多采用非镀钛金。节点也为直角转折，影响了信号传输的性能。

5.3.6 3G 无线网卡的选购

3G(第三代移动通信技术，3rd-generation)，是一种支持高速数据传输的蜂窝移动通讯技术。随着我国 3G 运营商数据业务的开展，用户使用 3G 无线网卡即可随时随地接入 Internet。

市面上的 3G 上网卡种类繁多，上网资费也千奇百怪，用户在购买的时候一定要当心。山寨厂的产品与正规厂家产品质量还是有差距的，这体现在上网卡的网速稳定性、发热量以及使用寿命上。另外每个省份的移动通讯公司对自身业务侧重点不一样，它的上网资费标准也不尽相同，市面上一些资费卡是外省流窜过来的。为防意外，用户在购买的时候就要让商家注明网络收费标准，特别要注意漫游费和上网时长用超过后的收费问题。选择商家的时候还是应选择正规的商铺。

5.4 摄　像　头

摄像头是电脑的一种视频输入设备，通过网络用户可以使用摄像头进行视频交流，让用户之间的沟通变得更加直观。

5.4.1 摄像头的分类

目前市面上的摄像头种类很多，本节就从不同方面对摄像头进行分类，帮助用户进一步了解摄像头。

1. 根据工作原理分类

根据工作原理，摄像头可以分为数字摄像头和模拟摄像头两大类。

- 模拟摄像头可以将视频采集设备产生的模拟视频信号转换成数字信号，进而将其储存在电脑里；模拟摄像头捕捉到的视频信号必须经过特定的视频捕捉卡将模拟信号转换成数字模式，并加以压缩后才可以转换到电脑上运用。
- 数字摄像头可以直接捕捉影像，然后通过串/并口或者 USB 接口传到电脑里。现在电脑市场上的摄像头基本以数字摄像头为主。

2. 根据形态分类

根据摄像头的形态，可以分为桌面底座式、高杆式及液晶挂式三大类型，它们的外观分别如图 5-9、5-10、5-11 所示。

3. 根据功能分类

根据摄像头的功能，还可以分为防偷窥型摄像头、夜视型摄像头。

- 防偷窥摄像头的工作原理是在摄像头的主体上增加一个电源开关，在不使用的时候把摄像头的电源切断，从而避免黑客在远程启动摄像头，达到反偷窥的目的。
- 夜视型是指摄像头是否具备 LED 灯。该灯可以弥补低照度下光线的不足。

图 5-9 桌面底座式

图 5-10 高杆式

图 5-11 液晶挂式

4. 根据驱动分类

根据摄像头是否需要安装驱动，可以分为有驱型与无驱型。

- 有驱型摄像头指的是不论在什么系统下，都需要安装对应的驱动程序。
- 无驱型摄像头是指在 Windows XP SP2 以上系统中，无需安装驱动程序，插入电脑即可使用。无驱型由于使用便捷，已经成为主流。

5.4.2 摄像头的主要性能指标

本节将介绍摄像头的一些主要性能指标，为用户在选购摄像头时提供参考。

1. 动态像素与静态像素

动态像素是指视频时的像素，静态像素是指使用摄像头拍照的像素。目前主流摄像头的动态像素可以达到 130 万，静态像素可以达到 500 万。

2. 帧速

帧速指的是每秒钟传播的帧数，用于衡量视频信号传输的速度，单位为帧/秒(fps)。摄像头的帧速越高，画面越流畅。目前主流摄像头的帧速已经达到 30 帧/秒。

3. 接口类型

由于 USB 接口的传输速度远远高于串/并口的速度，因此现在市场上的摄像头基本都采用 USB 接口。为了能更加流畅地使用摄像头，建议用户购买支持 USB2.0 接口的摄像头。

5.4.3 摄像头的选购技巧

在品牌众多、品质良莠不齐的情况下，要选购一款称心如意的摄像头产品并不容易。本节就向用户介绍一些选购要点，帮助用户选购一款合适的摄像头。

1. 优先选购玻璃材质的镜头

摄像头的镜头是透镜结构，由若干片透镜组成，根据材料不同可分为塑料透镜和玻璃透镜两种。玻璃对光的透过性要比塑料强很多，因此一个好的镜头应该使用玻璃透镜。玻璃镜头比塑料镜头要贵不少，而且透镜层次越多，成本越高。

目前市场上有纯塑料镜头、玻璃塑料混合镜头和全玻镜头三种，效果好的当然是全玻镜头。全玻镜头一般都会镀膜，镀膜后画面的亮度及流畅性更好，但成本较高。塑料、半塑料镜头出于成本原因都不会镀膜，拍摄效果自然要差上一些。

此外还可以通过通光系数(f)判断镜头优劣，一般好的玻璃镜头，通光口径也会做得较大，在光线不是很好的时候能够得到更好的效果。通光系数 f 值越小(一般小于 3)，通光系数就越大，光线透度越高，成像效果就越好。

2. 是否具有调焦功能

有些用户把摄像头买回家后发现影像很模糊，而在商家那里试的时候却是很好的。这种情况一般是因为没有调好焦距造成的。和傻瓜相机一样，摄像头采用的也是超焦距，景深大，但微距时应手动调焦，才能获得清晰的图像。

一些廉价低端摄像头采用的都是定焦镜头，即摄像头只能在一个固定距离上拍摄到清晰的图像，一旦过近或过远，拍出的图像都非常模糊。品质好的摄像头镜头则可以通过手动方式调节焦距，这样无论你将摄像头置于那一个位置，都能在调焦后获得清晰的图像。

3. CMOS 感光芯片

从原理上分，摄像头的感光元件有 CCD 和 CMOS 两种。CCD 分辨率高，色彩还原逼真，但是价格昂贵，而且对动态画面有轻微的响应延迟；CMOS 则具有节能、成本低等特点，而且百万像素内的感光效果完全可以和 CCD 媲美。因此目前市面上的摄像头几乎全都采用 CMOS 作为感光元件。

摄像头内置的 CMOS 芯片效果最好的是“镁光 360”，其多与中高端数字信号处理芯片搭配使用，也就是“中星微 301 系列”。用户在购买时，可以根据摄像头采用的处理芯片判断是否采用了较好的感光芯片。

4. 好品牌的处理芯片

摄像头产品中，数字信号处理芯片(DSP)是最核心的部件，作用相当于 CPU，对摄像头的画质、特效功能等起着决定性作用。

目前市场上占有率最高的 DSP 是中星微 301P、301PL 和较新的 301V，与各感光芯片兼容性良好。它在自动曝光/增益/白平衡/色彩/噪点控制/伽玛校正以及动态缩放边缘抗锯齿算法方面都有独到之处，图像转换速度也非常快，保证了画面流畅度。

此外还有不少产品采用了松翰 SN9C288F G 处理芯片，可以支持 USB Video Class 标准接口。它支持 USB 2.0 传输，能够搭配真正的 130 万像素感光器，静态插值最大支持 520 万像素，支持 10 倍数码变焦功能。

5. 是否附送配套软件

一些摄像头产品配有相应的软件，可以实现一些优化设置或特殊功能，帮助用户更好地使用摄像头，如优化 CPU 资源占有率，优化 USB 带宽、自动或手动曝光和白平衡调整等。另外一些产品也会随机附送一些其他软件，或者说增值服务，在价格相似的情况下，可以将附送软件也作为参考之一。

6. 售后服务

售后的重要性不必多说，优秀的售后服务可以让用户使用的更加放心。目前，大多数摄像头产品都实行“一年包换，全国联保”的服务策略，建议用户在购买摄像头时，尽量选择大品牌产品。

本 章 小 结

本章主要介绍了电脑的一些常用设备，包括机箱、电源、网卡和摄像头。机箱起到固定主板和保护机箱内元件的作用，电源为电脑的正常运行提供充足的电力保证，网卡是电脑连接 Internet 的必要设备，摄像头可以使用户通过网络和朋友进行视频交流。通过对本章的学习，用户应该对机箱、电源、网卡和摄像头有一个系统的认识并熟悉各自的作用和性能。下一章向读者介绍如何组装电脑。

习　　题

填空题

1. 机箱一般由__________、__________、和__________组成。
2. 电源的输出接口包括__________、__________和__________。
3. RJ-45 接口的网卡所依赖的传输介质是__________。

选择题

4. 机箱的作用不包括(　　)。

   A. 给主板以及主板上的各个元件提供支撑

   B. 保护机箱内各个元件，使其免受外界的撞击

   C. 机箱上的某些功能按钮，可以给使用者提供方便

   D. 可以帮助主机内各个部件的散热

5. 电源可以提供的输出电压中不包括(　　)。

   A. +12V　　B. +5V　　C. +3.3V　　D. +6V

6. RJ-45 接口连接的线芯是(　　)根。

   A. 4　　B. 6　　C. 8　　D. 10

简答题

7. 机箱都有哪些作用？
8. 选购电源需要从哪几个方面考虑？
9. 网卡的性能指标有哪些？
10. 摄像头有哪些分类？
11. 选购摄像头要注意哪些问题？

第 6 章

组装电脑

本章详细介绍电脑的组装过程和家庭高清平台的相关知识。通过本章的学习，应该完成以下学习目标：

- ☑ 熟悉装机前的准备工作
- ☑ 熟悉装机时的注意事项
- ☑ 掌握主机中各个设备的具体连接方法
- ☑ 掌握数据线和电源线的连接方法
- ☑ 了解如何整理机箱内部连线
- ☑ 掌握连接外部设备的方法
- ☑ 了解开机测试时主板报警声的含义
- ☑ 了解家庭高清平台的相关知识

6.1 装机前的准备工作

在组装一台电脑前，首先要做好准备工作，这样才能轻松应付在组装过程中出现的各种状况，从而保证组装流程的顺利进行。

6.1.1 准备工作

一般来说，在电脑配件的安装前需要做好以下几项准备工作。

- 工作台：如果有电脑桌的话，那么可以使用电脑桌作为工作台，另外使用比较结实的方桌也可以，工作台应该放置在房间的中间位置，这样用户可以方便地从不同位置进行各种操作。
- 配件放置台：可以使用床或沙发等一些比较柔软的家具，在他们上面铺垫一层硬纸板(例如硬件包装盒)、报纸、或纯棉布，注意不要使用化纤布或塑料布，防止产生静电损坏配件。
- 使用到的工具：中号十字螺丝起、一字螺丝起各一把、环形橡皮筋几只(用来捆扎机箱内导线)、导热硅胶，如图 6-1 所示。
- 放置配件：将买回的电脑配件拆开包装，除机箱放置在工作台上外，其他配件放置在配件放置台上，不要重叠。把说明书、安装盘、连接线、螺丝钉分类放开备用，注意尽量不要触摸配件上的线路及芯片，以防静电损坏他们。

图 6-1　使用到的工具

- 放电：最后要释放一下自身所带的静电，因为电子产品容易受静电干扰而影响品质。因此用户需要通过用手触摸地线或触摸自来水管的方法来释放静电。

6.1.2　注意事项

在装机过程中需要注意以下事项：

- 防止静电：这在上一节已经讲过，用户在组装电脑前一定要记得释放自身所带的静电。
- 防止潮湿：组装的过程中应尽量远离水源，并且室内不宜太潮湿，以免水分附着在电脑配件的电路上，造成电路短路，进而损坏配件。
- 轻拿轻放：在安装电脑配件的过程中应该按照正确的方法安装，配件要轻拿轻放，绝对禁止使用蛮劲强行安装，因为用力不当很有可能造成硬件的永久性损坏。
- 仔细阅读说明书：在组装电脑前一定要仔细阅读主板和有关部件的说明书，熟悉主板上的各个插槽，尤其要注意主板上跳线的设置(目前很多主板不用跳线)和面板的连线。
- 妥善保管说明书：电脑组装完成后，要保管好说明书，不要随意丢弃，以备不时之需。

6.2　安装主机

一台电脑分为主机和外设两大部分，主机是电脑最重要的部分，它由CPU、主板、内存条、显卡、硬盘、光驱、声卡和网卡等设备构成，在安装时需要将这些设备与主板相连，并安装至机箱内部。

6.2.1　安装 CPU 和风扇

安装 CPU 前，首先要确认 CPU 的接口类型是否与主板上的接口一样，如果不一样则不能安装，安装 CPU 和 CPU 风扇的具体操作步骤如下：

❶ 取出主板，将主板轻轻放置在安装台上，如图 6-2 所示。

❷ 将 CPU 插槽的稳定杆轻轻地抬起，并观察 CPU，将 CPU 有斜角的方向对准插槽相应的位置，如图 6-3 所示。

❸ 将 CPU 放置在 CPU 插槽中，轻轻按压，如图 6-4 所示。

❹ 将 CPU 插槽的稳定杆放平并固定好，锁紧 CPU，如图 6-5 所示，此时 CPU 已经安装完毕。

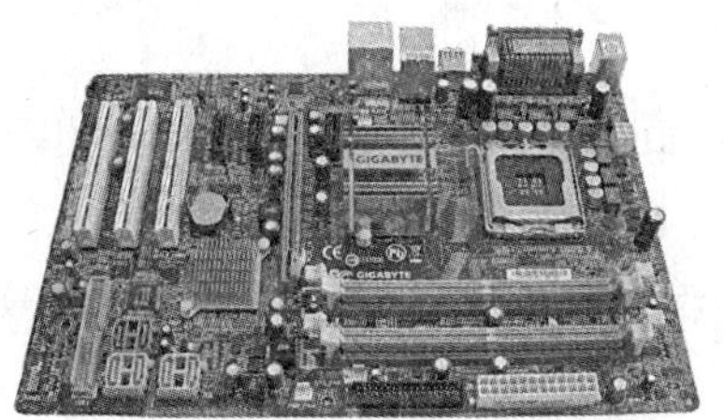

图 6-2　放置好主板

图 6-3　抬起 CPU 插槽稳定杆

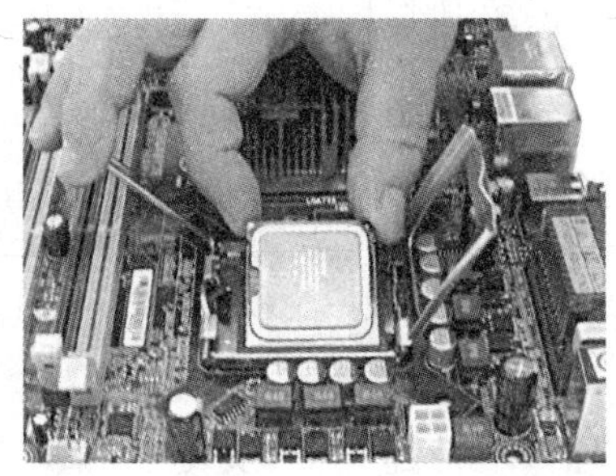

图 6-4　放置 CPU

图 6-5　锁紧 CPU

❺ CPU 安装完成后，接下来要安装 CPU 风扇，注意安装前需要在 CPU 的核心上涂上散热硅胶，但不要涂的太多，涂上一层就可以了，散热硅胶的主要作用是和散热器能良好的接触，保证 CPU 正常稳定的工作。

❻ 散热部分由散热器和风扇组成，如图 6-6 所示，安装时应先将散热器和 CPU 的核心接触在一起，不要用力压，安装后如图 6-7 所示。

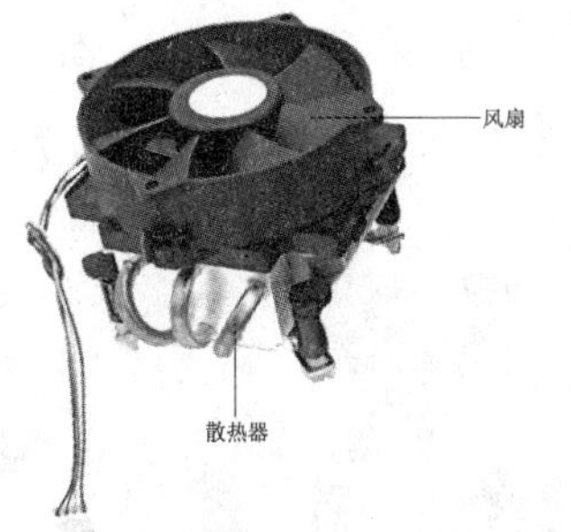

图 6-6　散热装置

图 6-7　安装后的 CPU 风扇

❼ 最后将 CPU 风扇的电源线接到主板上 3 针的 CPU 风扇电源接头上，如图 6-8 所示。

图 6-8　连接风扇电源线

6.2.2 安装内存

接下来在主板上安装内存，这里以目前最常用的DDR2内存为例来进行介绍，具体安装步骤如下：

❶ 安装内存条前，应先将内存插槽两端的白色卡子向两边扳动，将其打开，如图6-9所示，这样才能将内存条插入。

❷ 将内存条的一个凹槽直线对准内存槽上的一个凸点，然后向下缓缓用力按压，如图6-10所示，直到内存插槽两端的白色卡子自动卡住内存条即可。

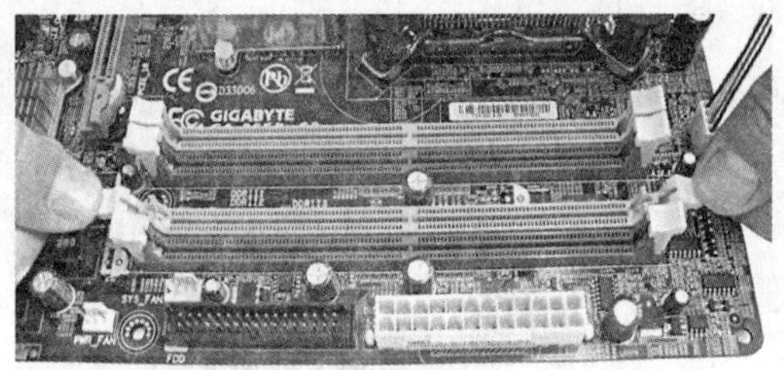

图6-9 扳开白色卡子

图6-10 安装内存条

6.2.3 安装主板

主板上的这些基本部件安装完成后，需要将主板装入机箱，安装主板的操作步骤如下：

❶ 安装主板前，需要先卸下机箱本身附带的主板挡板，因为各个厂家的主板其输入输出接口的位置不一样，所以要将机箱上附带的挡板卸下来，换上与主板相匹配的主板生产厂家的挡板，如图6-11所示。

❷ 将主板对准I/O接口放入机箱，平放在底板上，如图6-12所示，向下使塑料定位卡的底部圆柱卡入底板的定位孔较宽的一侧中，向前平推使塑料定位卡卡入较窄的一侧卡位并且卡紧。

图6-11 主板输入输出接口

图6-12 安装主板

❸ 将主板固定孔对准螺丝柱和塑料钉，然后用螺丝将主板固定好，如图6-13所示。

❹ 主板固定好后，需要连接机箱连线。机箱面板上一般有两个按钮和几个指示灯。在机箱面板后侧有一组连接相应开关和指示灯的插接线(图6-14所示)，这些插接线需要与主板上相应的插针座正确连接才能正常工作。大多数机箱插接线的塑料头上都标有相应的插接对象，以防止用户插错。

主板上主要的插接对象如下：

- H.D.D.LED：即硬盘指示灯，该指示灯采用两芯插头，1线一般为红色，与之对应主板的插针标着 IDE LED 或 HDD LED 的字样，连接时要红线对1脚。接好后，当电源在读写硬盘时，机箱上的红色 LED 指示灯会亮。
- RESET SW：即复位开关，当按下该开关时，电脑会重新启动。按下它时产生短路现象，松开后恢复开路，瞬间的短路就可以使电脑重新启动。
- SPEAKER：即 PC 喇叭，一般为黑、空、空、红 4 线插头(“空”表示无连接线)，只有 1、4 两根线，1 线通常为红色，它需要接在主板的 Speaker 插针上。(主板上一般也有标记，通常为 Speaker)。在连线时，注意红线对应 1 的位置。
- POWER LED：即电源指示灯，其接头一般采用芯头，使用 1、3 位，1 线通常为绿色。在主板上，插针通常标记为 Power，连接时注意绿色对应于第 1 针。
- POWER SW：即 ATX 电源开关，它是两芯的接头，与 RESET SW 的接头一样，按下时会短路，松开后开路(用户可以在 BIOS 里设置为开机时必须按电源 4 秒钟以上才会关机，或者只能靠软件关机)。

图 6-13 固定主板

图 6-14 主板插线

由于不同的主板在插针的定义上也是不同的，因此插接时需要查阅主板说明书。

6.2.4 安装电源

主板安装完成后，就可以开始安装电脑电源，安装电源的步骤如下：

❶ 将电源对应的放入机箱上方预留的安装电源处，如图 6-15 所示，并将电源上的螺丝孔对准机箱后面的螺丝孔。

❷ 将螺丝钉对准机箱上的螺丝孔，用螺丝起将螺丝钉拧进电源上的螺丝孔，如图 6-16 所示，稍用力拧紧后，电源即安装完毕。

图 6-15 安装电源

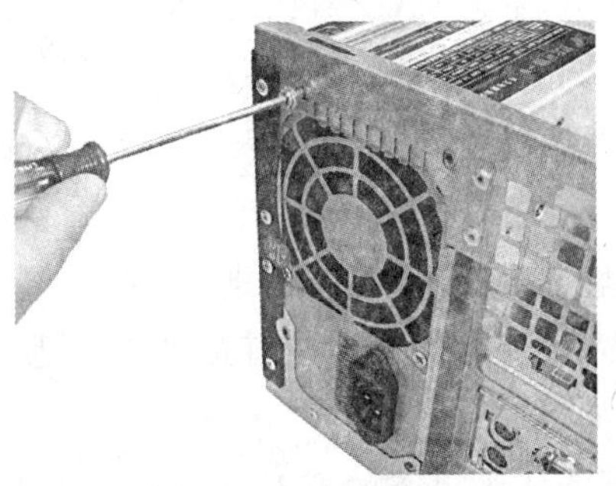

图 6-16 拧紧螺丝

6.2.5 安装显卡

接下来要安装主板上的各种扩展卡，首先来安装显卡，安装显卡的步骤如下：

❶ 首先应从机箱后面去掉对应 AGP 插槽或 PCI-E 插槽上的扩充挡板及螺丝，然后将显卡对准 AGP 插槽或 PCI-E 插槽并插入，如图 6-17 所示。插入时应确认将卡上的金手指的金属触点与插槽紧密的结合在一起。

❷ 然后用螺丝起和螺丝钉将显卡牢牢地固定在机箱上即可，如图 6-18 所示。

图 6-17 安装显卡

图 6-18 固定显卡

6.2.6 安装声卡和网卡

声卡和网卡一般安装在主板上的 PCI 插槽中，安装声卡和网卡一般有以下两个步骤：

❶ 在机箱插槽中找出两个多余的 PCI 插槽，然后移去对应的 PCI 插槽上的扩充挡板及螺丝。将声卡或网卡小心地对准 PCI 插槽并紧紧地插入其中。

❷ 用螺丝钉和螺丝起将声卡固定好即可，安装后的效果如图 6-19 所示。

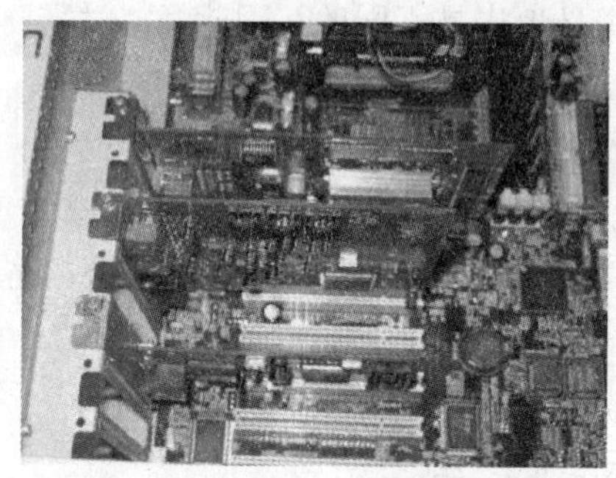

图 6-19 声卡和网卡的安装

6.2.7 安装硬盘

硬盘是用户存储数据的地方，目前最常用的是 IDE 接口与 SATA 接口的硬盘，并且随着硬件技术的不断发展，SATA 硬盘已逐渐取代 IDE 硬盘成为市场上的主流硬盘，硬盘的安装步骤如下：

❶ 将硬盘小心的放入机箱中的硬盘托架上，并将硬盘侧面的螺丝孔对准硬盘托架上的螺丝孔，如图 6-20 所示。

❷ 用螺丝钉和螺丝起将硬盘固定在硬盘托架上，如图 6-21 所示。

> **安装硬盘还有那些注意事项？**
>
> 硬盘安装前要根据实际情况通过跳线设置硬盘的模式，如果数据线上只连接了一块硬盘，则需设置跳线为 Spare(单机)模式，如果数据线上连接了两块硬盘，则必须分别将他们设置为 Master(主盘)和 Slave(从盘)模式。通常将用来启动系统的那块硬盘设置为 Master 模式而另一块硬盘设置为 Slave 模式。

图 6-20　安装硬盘

图 6-21　固定硬盘

6.2.8　安装光驱

CD-ROM、DVD-ROM 和刻录机的功能虽不一样，但其外形和安装方法都是一样的，具体安装步骤如下：

❶ 首先应拆掉机箱前面的光驱挡板，如图 6-22 所示。

❷ 然后将光驱小心的插入光驱卡槽中，并缓缓的向前推进，如图 6-23 所示，直到光驱的前表面和机箱的面板相平为止。

图 6-22　拆下光驱挡板

图 6-23　装入光驱

❸ 用螺丝钉和螺丝起将光驱固定在光驱托架上，如图 6-24 所示，即可完成光驱的安装。

> **机箱前面有很多挡板，应该如何取舍呢？**
>
> 一般来说机箱的前面都有 3～4 块挡板，用户需要安装几个光驱就拆掉几块挡板，其余的最好保留，不要拆下，以起到防尘的作用。

图 6-24　固定光驱

6.2.9　安装软驱

随着电脑技术的不断发展，软驱的部分功能已经被其他功能更强大的设备取代，很多用户在装机时也不再安装软驱。但软驱仍然有其不可替代的作用，如制作启动盘等。软驱的安装步骤如下：

❶ 和安装光驱一样，首先应拆掉机箱前面的软驱挡板。

❷ 将软驱从机箱前面缓缓地插入软驱卡槽，并向前推，直到软驱的前表面和机箱的面板相平为止。

❸ 用螺丝钉和螺丝起将软驱固定在软驱托架上，即可完成软驱的安装。

6.3　连接数据线和电源线

安装好机箱内的硬件后，接下来就该连接各个部件的连线了，通过这些连线可将机箱内的各个部件连接起来，组成一个有机的整体。

6.3.1　连接数据线

目前使用的数据线有两种，SATA 数据线和 IDE 数据线，如图 6-25 所示。

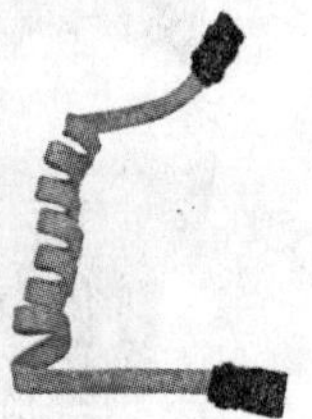

SATA 数据线

IDE 数据线

图 6-25　SATA 数据线和 IDE 数据线

❶ 如果使用的是 SATA 硬盘，可将 SATA 数据线的一端连接在主板上的 SATA 接口上，如图 6-26 所示，然后将 SATA 数据线的另一端连接在硬盘的 SATA 数据接口上，如图 6-27 所示。

图 6-26　SATA 数据线连接主板

图 6-27　SATA 数据线连接硬盘

❷ 用同样的方法连接光驱的数据线，我们以 IDE 接口光驱为例，先将 IDE 数据线的一端插入到主板的 IDE 接口内，如图 6-28 所示，然后将 IDE 数据线的另一端插入到光驱的 IDE 接口内，如图 6-29 所示。

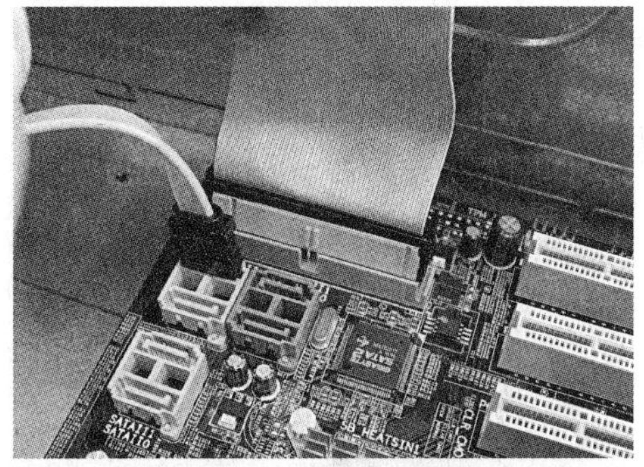

图 6-28　IDE 数据线连接主板

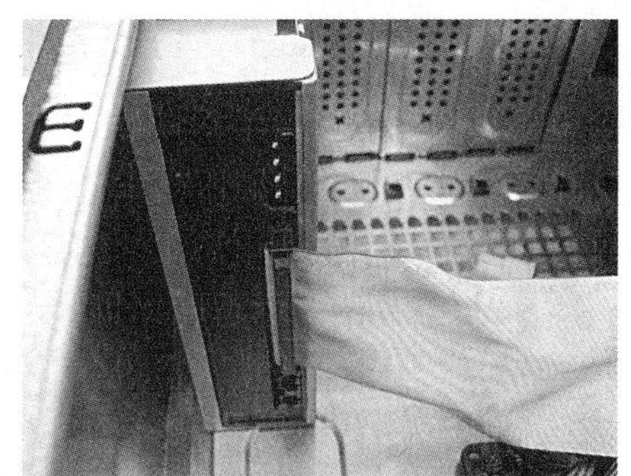

图 6-29　IDE 数据线连接光驱

这些数据线插反了会有什么后果？

一般来说这些数据线都带有防反插设置，如果方向不对是不能插入主板或设备的数据插槽中的。另外，插线时最忌硬拉乱扯，用力须均匀，切勿用蛮力，以免损坏相关设备。

6.3.2　连接电源线

在连接完数据线后，下面将机箱电源的电源线与主板以及其他硬件设备相连接，让它们获得运转的动力。

❶ 首先连接主板电源线，在主板上，可以看到一个长方形的插槽，这个插槽就是电源为主板提供供电的插槽。目前主板供电的接口主要有 24 针与 20 针两种，在中高端的主板上，一般都采用 24 针的主板供电接口设计，低端的产品一般为 20 针。不论采用 24 针还是 20 针，其插法都是一样的。如图 6-30 所示的为 24 针的电源接口。

❷ 其次连接 CPU 风扇的电源线，这在前面安装 CPU 风扇的时候已经讲过，连接后的效果如图 6-31 所示。

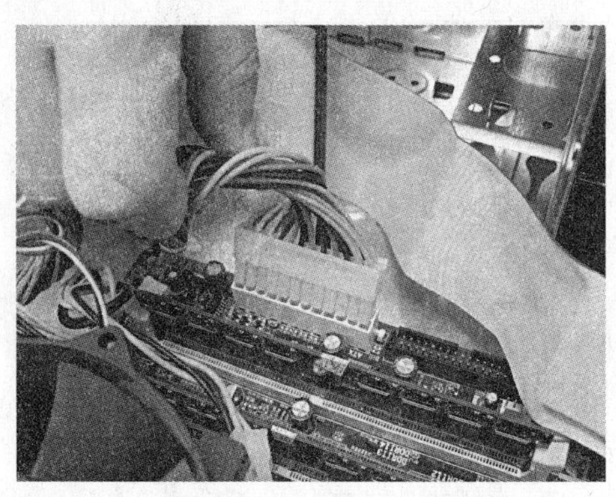

图 6-30 连接主板电源线

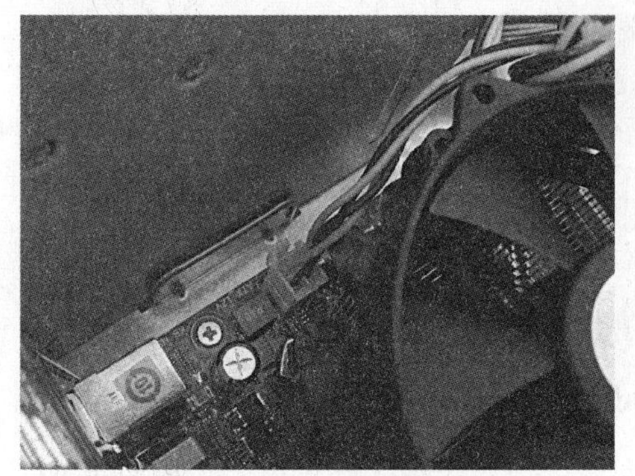

图 6-31 连接 CPU 风扇电源线

❸ 再次连接硬盘的电源线，硬盘的电源线一般为 1 红、两黑、1 黄，也有两根红线的，如图 6-32 所示为两根红线的硬盘数据线。

❹ 最后连接光驱的电源线，光驱的电源线一般为 2 红、4 黑、2 黄，共 6 根，如图 6-33 所示。

图 6-32 连接硬盘电源线

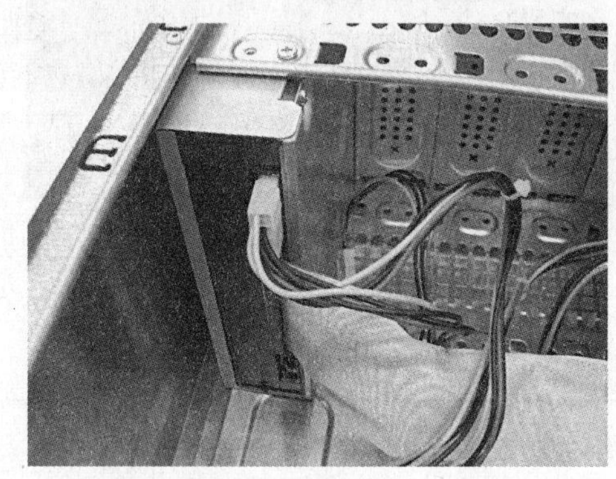

图 6-33 连接光驱电源线

6.4 连接前置 USB 接口

随着电脑技术的发展，USB 设备越来越多，鼠标、键盘、U 盘、移动硬盘等都需要使用 USB 接口，都使用机箱后面的 USB 接口会非常不便，因此现在的许多机箱都添加了前置 USB 接口。

现在主流主板都支持 USB 扩展功能，使用具有前置 USB 接口的机箱提供的扩展线，即可连接前置 USB 接口。机箱上的前置 USB 接口如图 6-34 所示。

在使用前置 USB 接口时，需要正确连接 USB 线。目前的主板大多都提供 1 组以上的 USB 扩展插针，以方便用户的升级使用。但由于主板上的插针各不相同，一旦插错，容易烧坏 USB 设备。因此用户在连线时一定要对照说明书，正确连接。USB 连线的说明如图 6-35 所示。

图 6-34　前置 USB 接口

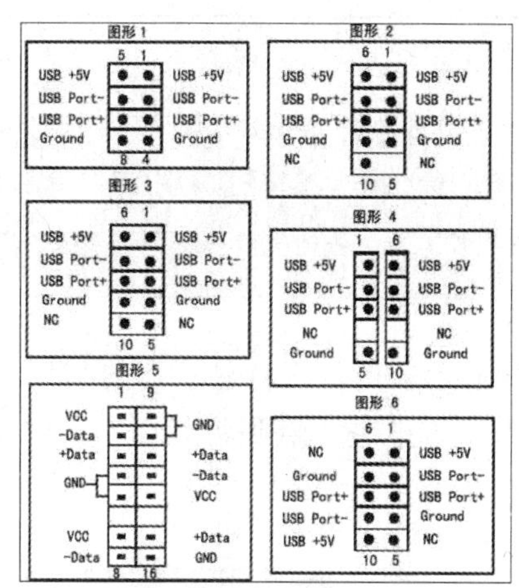

图 6-35　USB 接口连线图

前置 USB 接口和后置 USB 接口可以通用吗？

一般来说前置 USB 接口和后置 USB 接口是可以通用的，但是后置 USB 接口的供电性能会更好一些，例如当用户使用移动硬盘时，如果使用前置 USB 接口，就有可能出现供电不足的现象，从而导致无法识别硬盘。

6.5　连接外部设备

机箱内部的部件安装完成后，接下来就开始连接外部设备了，电脑的外设主要包括显示器、音箱、鼠标、键盘和电源线这几种。机箱的后部如图 6-36 所示。

图 6-36　机箱的后部

6.5.1　连接显示器

显示器一般分为 CRT 显示器和 LCD 显示器两种，通常都有两根连线，电源线和数据线。显示器的电源线一般为三相插头，很好辨认，显示器的数据线如图 6-37 所示。

显示器的接口有几种？

目前液晶显示器有 3 种接口，分别为 VGA、DVI 和 HDMI。其中 VGA 接口是经过两次转换的模拟传输信号，DVI 接口是无损的数字视频信号，HDMI 是高清多媒体接口，可以高带宽、无压缩地传输数字视频和音频信号。

连接显示器时，应将显示器的数据线对准显卡的数据输出接口，如图 6-38 所示，然后微微用力向前推进，直到将其插牢，插牢后，旋转数据线接头两边的螺丝，将数据线牢牢地固定在显卡上。

图 6-37　显示器数据接口

图 6-38　连接显卡

6.5.2　连接键盘和鼠标

键盘和鼠标比较常见的接口一般有两种，PS/2 接口和 USB 接口(还有一种串行接口已经不太常见，在此不作介绍)，如果用户使用的是 PS/2 接口，那么可以按照图 6-39 和图 6-40 所示的方法连接。

需要注意的是键盘一般使用左边的紫色接口，鼠标一般使用右边的绿色接口，不能插反，否则电脑不能识别出设备。

图 6-39　连接键盘

图 6-40　连接鼠标

如果用户使用的是 USB 接口的键盘和鼠标，则只需将它们的数据线 USB 插头插入机箱后面的 USB 接口即可，如图 6-41 所示。

图 6-41　USB 接口和 USB 接口的连接

6.5.3　连接音箱或耳机

音箱或耳机是多媒体电脑不可或缺的配件，连接音箱或耳机的方法如图 6-42 所示。需要注意的是，图中标注的颜色的依据为 PC99 规范。

图 6-42　连接音频线

一般来说当耳机或音箱只有一根音频线时，应插在第一音频输出接口中。

6.5.4　连接网线

如果用户的电脑需要连接互联网，那么就需要连接网线，以使用双绞线为例，连接网线的方法如图 6-43 所示。

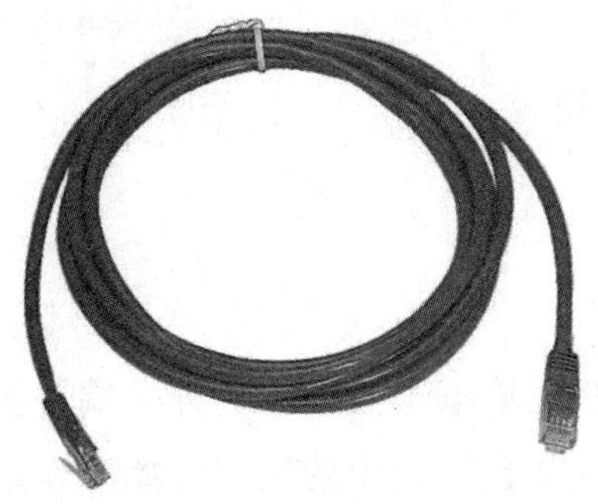

图 6-43　双绞线和网卡的连接

6.5.5 连接主机电源线

最后一步是连接主机的电源线，主机电源线如图 6-44 所示，电源线的一端连接主机电源，另一端连接家用 220V 电源插座。连接示意图如图 6-45 所示。

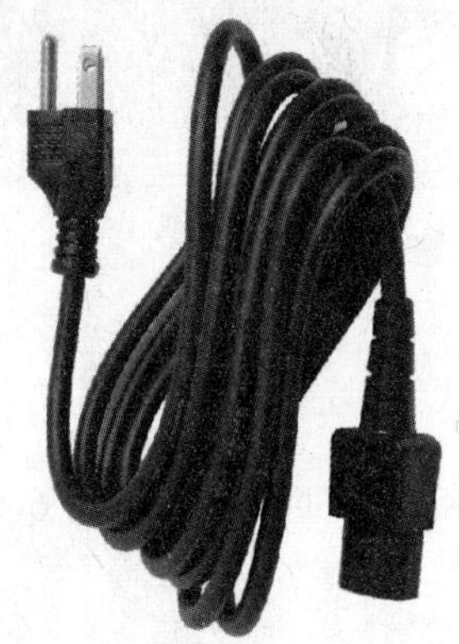

图 6-44 主机电源线

图 6-45 连接主机电源线

6.6 开 机 测 试

所有的设备都安装完成后，就可以启动电脑了。开机测试就是开机检验一下刚才的安装是否成功。只有顺利通过了这一步，才能从真正意义上说完成了一台电脑的硬件组装。

6.6.1 通电前的检查工作

组装电脑完成后不要立刻通电开机，还要再仔细检查一遍，以防出现意外。

- 检查主板上的各个跳线是否正确。
- 检查各个硬件设备是否安装牢固，如 CPU、显卡、内存、硬盘等。
- 检查机箱中的连线是否有搭在风扇上，影响风扇散热。
- 检查机箱内有无其他杂物。
- 检查外部设备是否连接良好，如显示器、音箱等。
- 检查数据线、电源线是否连接正确。

6.6.2 开机检测

检查无误后，即可将电脑主机电源线一端连接至机箱电源接口，另外一端连接电源插座。接通电源后，按下机箱开关，机箱电源灯亮起，并且机箱中的风扇开始工作。如果用户听到【嘀】的一声，并且显示器出现如图 6-46 所示的自检画面，则表示电脑已经组装成功，用户可以正常使用。

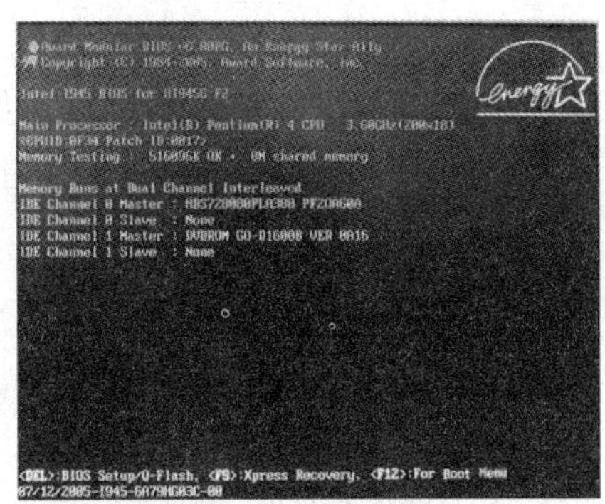

图 6-46　启动自检界面

否则，机箱扬声器会发出报警声音，根据出错的硬件不同，报警声音也不相同。以下列出报警声音代表的含义，用户可以根据表 6-1 所示的释义来查找硬件的出错部位，从而更快地解决问题。

表 6-1　报警声音代表的含义

报　警　声	报 警 原 因
1 长	没有找到显卡
2 短 1 长	没有连接显示器
3 短 1 长	与视频相关的故障
1 短	刷新故障，主板上的内存刷新电路存在问题
2 短	奇偶校验错误
3 短	内存故障
4 短	主板上的定时器没有工作
5 短	主板上的 CPU 出现错误
6 短	BIOS 不能切换到保护模式
7 短	处理器异常，CPU 产生了一个异常中断
8 短	显示错误，没有安装显卡，或者其内存存在问题
9 短	ROM 校验和错误，与 BIOS 中的编码值不匹配
10 短	CMOS 关机寄存器出现故障
11 短	外部高速缓存错误

6.6.3　整理机箱

开机检测没有问题后，即可整理机箱内部的各种线缆。整理机箱内部线缆的原因有下几点：

- 电脑机箱内部线缆很多，如果不进行整理，会非常杂乱，显得很不美观。
- 电脑在正常工作时，机箱内部各设备的发热量也非常大，如果线路杂乱，就会影响机箱内的空气流通，降低整体散热效果。
- 机箱中的各种线缆，如果不整理整齐很可能会卡住 CPU、显卡等设备的风扇，影响其正常工作，从而导致各种故障出现。

整理机箱中的各种线缆时，可以使用扎带将他们扎好，方法为：将要整理的线缆放到扎带线圈内，然后将扎带较细的一头插入较粗且有套的一头，拉紧并用剪刀减去多余扎带头即可，这样可以有效地减小线缆在机箱内的占用面积，使其排列整齐、美观，如图 6-47 所示。

图 6-47　主机内部电源线

6.7　家庭高清平台基础知识

随着人们对真实逼真画面的追求，传统的影音播放设备已经不能满足需要，此时高清播放平台而生，高清技术，将逐步走进并占领亿万家庭的客厅，实现在家也能轻松享有高清画质的视频内容，体验高清影院环境。

6.7.1　收看高清视频的主要途径

目前在普通家庭中，收看高清视频的主要方法有以下几种：

1. 购买蓝光播放机和蓝光影碟

如果用户的经济能力足够，那么可以使用蓝光看高清。首先，蓝光播放机可选择范围比较广，包括索尼、先锋、松下、夏普、飞利浦、三星等一线国际品牌都推出了相应的产品。对于游戏迷来说，索尼的次世代高清游戏机PS3 也内置了蓝光光驱，只要购买一台 PS3 就可以玩游戏和看蓝光电影了。

其次，蓝光电影片源比较丰富。目前，全球发行的蓝光电影已经将近 2000 部。同时，众多电影片商都表示大力支持蓝光，华纳、派拉蒙、二十世纪福克斯、米高梅、环球、梦工厂、迪斯尼等好莱坞制片公司都为最新热门大片发行蓝光版本，还把一些旧的经典电影重新制作成蓝光影碟发售。

但是目前国内，只有索尼、松下、飞利浦和华录发行了蓝光播放机，而且型号不多。蓝光影碟在大陆市场仅发行了 100 多部。多数高清发烧友只能到水货市场选购蓝光产品或者网购，并且蓝光光碟的价格也比较昂贵。

2. 购买 CBHD 高清播放机和 CBHD 影碟

中国高清光盘产业联盟引进蓝光高清技术体系，并将其改名为 CBHD，即中国蓝光高清光盘。目前，包括 TCL、新科、清华同方等公司在内都推出了各自的 CBHD 高清播放机产品，中国唱片总公司和中影音像出版社也制作出了首批 CBHD 高清光盘。

CBHD 产品和蓝光相比，最大的优势就是便宜。目前市面上的 CBHD 高清播放机零售价格都严格控制在 2000 元左右，CBHD 影碟的价格为 50 元左右。

但是目前来说该项技术还不是十分成熟，目前已经推出 CBHD 播放机的厂商只有 TCL、新科、清华同方三家，各自仅有一款型号，而且只能在一、二线城市的大型卖场看到产品，其他地方只能通过网站订购。另外，CBHD 格式的电影光盘数量也比较少，国内只有个别出版商发行。

3. 从网上下载高清视频，用个人 PC 播放

随着互联网的发展，网络上充斥着大量的高清视频，电脑用户可以通过网络将这些高清视频下载下来，然后在个人 PC 机上播放，这是目前大多数网友选择的收看高清视频的方式。该种方式最大的优点就是资源比较丰富、PC 升级容易，后期投资花费不高，比较经济实惠。缺点是下载速度受网速限制比较缓慢、占用硬盘空间比较大(一部 1080p 高清电影通常在 20GB 以上)。

4. 用高清播放机解码播放高清多媒体视频

高清播放机，指的是多媒体高清播放机。与个人 PC 相比，高清播放机接入电视的方法比较简单，有 HDMI 接口的只要一根 HDMI 线就可以了，没有的，也只需将视频和音频线分开连接，而不必像 PC 那样有很多凌乱的线头。其次，高清播放机的操作方法比较简易直观，一般买回来接好线，开机之后用遥控器就可以直接看高清了，方便上手，而且不用安装播放软件和解码软件，适合全家老少使用。再次，高清播放机体积比较小巧，占用空间少，能够随时移动摆放的位置。

但是目前这类产品的市场规范还不太到位，不少播放机支持的解码格式不全，有的播放机还有画质缺失的现象。

5. 购置高清机顶盒，收看高清数字电视节目

随着数字电视信号的普及，用户可以通过购买高清电视机顶盒来直接收看高清频道。但是该种方法的缺点是高清频道开通的比较少，节目内容也不够丰富，制作不够精良，每天播放的时间短。另外地面高清频道信号不太稳定，而有线高清频道收费比较昂贵，仅次于蓝光的开销。

6.7.2　高清视频的标准格式

数字高清电视的 720p、1080i 和 1080p 是由美国电影电视工程师协会确定的高清标准格式，其中 1080p 被称为目前数字电视的顶级显示格式，这种格式的电视在逐行扫描下能够达到 1920×1080 的分辨率。

720p 格式：750 条垂直扫描线，720 条可见垂直扫描线，16：9，分辨率为 1280×720，逐行/60Hz，行频为 45KHz。

1080i 格式：1125 条垂直扫描线，1080 条可见垂直扫描线，16：9，分辨率为 1920×1080，隔行/60Hz，行频为 33.75KHz。

1080p 格式：1125 条垂直扫描线，1080 条可见垂直扫描线，16：9，分辨率为 1920×1080，逐行扫描，专业格式。

6.7.3 可播放高清视频的 PC 配置

根据第 6.7.1 节的介绍，目前最适合广大用户收看高清视频的途径就是通过网络下载并使用个人 PC 机播放。对于个人 PC 机来说，要想流畅地播放高清视频需要具备以下条件：

主板：支持高清播放的主板。

处理器：双核处理器。

内存：DDR2 2GB 以上内存。

显卡：支持硬件高清加速解码。

显存：512MB 以上。

显示器：支持720P输出显示的显示器，分辨率为 1280×720。

6.7.4 高清解决方案

在了解了关于高清平台的基础知识后，那么什么样的方案才是最实用、最省钱、最简便呢？本节来向读者推荐几种常见的高清解决方案，用户可以根据自己的情况选择最适合自己的解决方案。

1. 通过 PC 连接液晶电视

电脑从各方面来讲，都无疑是性能最高、扩展性最好、可编程能力最强的一种设备。现在 PC 硬件的性能日益强大，而价格却更为低廉，许多用户家中电脑的配置都不差，尤其是很多显卡都搭配了 HDMI 输出，如图 6-48 所示。这样不仅可以做到高清硬解码，而且还能通过 HDMI 接口同时输出音频，让 PC 看起来更像是为平板电视的高清而设计的产品一样。

使用电脑连接了液晶高清电视后，就等于换上了一个超大的高清显示器，不仅能充分发挥电视的清晰度，而且还能用电视来显示完成一切你喜欢用电脑来完成的事情。所以对于高清的组建，PC 是一个绝佳的选择。

图 6-48 HDMI 接口及其连线

2. 使用高清硬盘播放机

高清硬盘播放机是早期为了弥补市场中没有高清信号源而出现的产物。这种硬盘高清播放机的原理是通过用一颗多媒体处理器进行高清的硬解码，支持 1080p 的输出，可以读取硬盘内拷入的高清片源来播放。用户只要拥有一块大硬盘，就可以放入海量的高清片源，这对于许多爱好高清电影的发烧友来说是一个很好的东西，但是片源的获取和拷入硬盘的过程有些耗费时间，但是这仍然是一个不错的高清解决方案。

使用这种高清硬盘播放机和高清液晶电视相连，播放效果也不错，如图 6-49 所示即为高清硬盘播放机的外观。

图 6-49　高清硬盘播放机

3. 购买蓝光播放机

该种方案在 6.7.1 节中已有介绍，因为其价格比较昂贵，因此对于经济条件允许的用户可以选择使用该种方式，蓝光播放机的外观如图 6-50 所示。

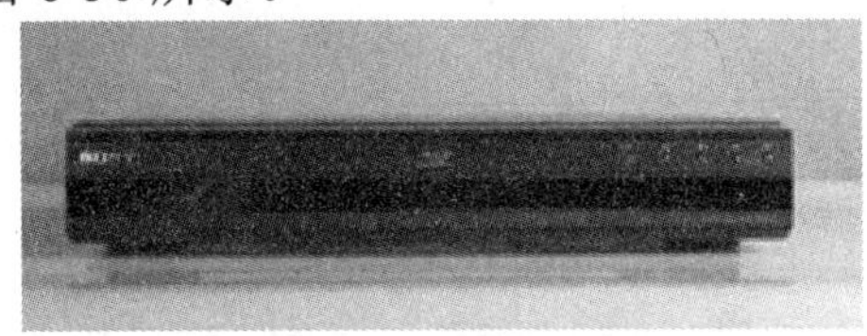

图 6-50　蓝光播放机

4. 安装高清数字机顶盒

在 6.7.1 节的第 5 小节中有过关于高清数字机顶盒的介绍，虽然高清数字机顶盒可以收看的节目频道不多，但是高清电视将是未来电视产业的发展方向，因此安装高清数字机顶盒也是一个不错的选择。高清电视机顶盒的外观如图 6-51 所示。

图 6-51　高清数字机顶盒

5. 通过高清游戏机

对于大多数游戏玩家和学生族来说，可以使用游戏机来观看高清视频。PS3(图 6-52)和 XBOX360(图 6-53)，这两台游戏机都能够实现 1080p 的输出，并且都能够播放高清晰影片以及进行高清游戏。性能上两款游戏机都十分出色，完成 1080p 的输出更是不在话下，因此使用这种游戏机进行高清娱乐也是一个不错的选择。

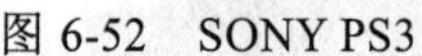

图 6-52　SONY PS3

图 6-53　微软 XBOX360

本 章 小 结

本章介绍了电脑的组装过程，从装机前的准备开始，逐步介绍电脑各个硬件的安装方法，以及机箱内部连线和外部连线的接法。另外还介绍了家庭高清平台的相关知识。通过对本章的学习，用户应该熟练掌握一台电脑各个硬件的安装方法和家庭高清平台的解决方案，能够自己独立的完成一台电脑的组装并学会如何收看高清视频。

习　　题

填空题

1. 在组装一台电脑前，需要准备的工具有________、________、________和________。
2. 在 CPU 和 CPU 风扇的散热器之间应该涂上一层________以便于 CPU 更好的散热。
3. 目前使用的数据线有两种，它们分别是________数据线和________数据线。
4. 目前给主板供电的电源线一般为________针和________针两种，在中高端的主板上，一般都采用________针的主板供电接口设计。
5. 在机箱后面的 PS/2 接口中，紫色的是________接口，绿色的是________接口。
6. 根据 PC99 规范，在机箱背面声卡的输入输出接口中，其中红色接口表示的是________，绿色接口表示的是________，黑色接口表示的是________。
7. 电脑主机的电源线一端与电脑主机相连，另一端连接________V 的家用交流电。

选择题

8. 在准备配件放置台时，最好不要使用(　　)以免产生静电，损坏元器件。

   A. 报纸　　B.木板　　C. 纯棉布　　D. 塑料布

9. 在机箱前置面板连线中 HDD LED 表示(　　)，RESET SW 表示(　　)，SPEAKER 表示(　　)，POWER LED 表示(　　)，POWER SW 表示(　　)。

   A. 复位开关　B. PC 喇叭　C. 电源指示灯　D. ATX 电源开关　E. 硬盘指示灯

10. 在机箱内发现有个颜色组成为 2 红、4 黑、2 黄，共 8 根的电源线，则这个电源线应属于(　　)电源线。

    A. 主板　　B.硬盘　　C. 光驱　　D. CPU 风扇

11. 在整理机箱内部连线时，音频线要远离电源线，这样做的主要原因是(　　)。

A. 防止电源线漏电烧毁音频设备

B. 避免电源线中的电流干扰音频信号

C. 两者混在一起难以区分

D. 节省机箱内空间，便于散热

12. 开机检测时，发现电脑运行不正常，且伴有 3 短 1 长的报警声，据此可以初步判断出现故障的原因是(　　)。

A. 视频设备的故障　　B. 奇偶校验错误　　C. 内存故障　　D. 无法判断

13. 关于高清平台的说法，下列错误的是 (　　)。

A. 用户可通过蓝光播放机来观看高清视频但是成本较高

B. 1080p 格式是标准数字电视显示模式，具有 1125 条水平扫描线，1080 条可见垂直扫描线

C. 用户可通过电脑的 HDMI 接口和电视相连，观看高清视频

D. PS3 和 XBOX360 这两台游戏机都能够实现 1080p 的输出

简答题

14. 用户在组装一台电脑前，需要哪些准备工作？

15. 用户在组装电脑时有哪些注意事项？

16. 为什么要整理机箱内部连线？

上机练习

17. 自己亲自动手组装一台电脑，并写出自己组装电脑的心得体会。

18. 电脑组装完成并且测试无误后，拔掉显示器数据线，然后开机测试，听主板的报警声。用这种方法来测试拔掉不同的部件，主板的报警声有何区别？

19. 有个人 PC 的用户可使用自己的电脑连接液晶电视，观看高清视频。

第 7 章

BIOS 设置和硬盘初始化

本章主要介绍 BIOS 的基本设置方法和硬盘的初始化。通过本章的学习，应该完成以下学习目标：

- ☑ 了解 BIOS 的种类
- ☑ 熟悉 BIOS 的功能和作用
- ☑ 掌握进入 BIOS 设置的方法
- ☑ 了解 BIOS 和 CMOS 的区别和联系
- ☑ 掌握 Award BIOS 设置的方法
- ☑ 掌握使用 Fdisk 初始化硬盘的方法
- ☑ 掌握使用 Partition Magic 初始化硬盘的方法

7.1 BIOS 设置

BIOS(Basic Input/Output System，基本输入输出系统)是厂家事先烧录在主板只读存储器中的程序，此程序不会因电脑的关机而丢失。BIOS 是硬件电路与软件系统沟通的唯一桥梁，主要负责管理或规划主板与附加卡上的相关参数的设定，从简单的参数设定(如时间、日期、硬盘等)，到复杂的参数设定(硬件时钟的设定、设备的工作模式等)。BIOS 是电脑系统的基石，它的设置和维护正确与否将直接影响到电脑的性能。

7.1.1 BIOS 的种类

由于 BIOS 直接和系统硬件关联，并且 BIOS 必须能够正确识别各种最新的硬件设备，因此 BIOS 也随着硬件的发展而不断发展。BIOS 主要有 3 类：Award、AMI 和 Phoenix。

Award BIOS 是由 Award Software 公司开发的产品，是目前使用最广泛的一种 BIOS。

AMI BIOS 是 American Megatrends Inc 公司开发的产品，该公司的 BIOS 系统软件以操作简单而闻名。早期的 286、386 大多采用 AMI BIOS，目前来说这种 BIOS 已经不太常见。

Phoenix 是一个生产 BIOS 的老厂商，它生产的 BIOS 主要应用在各类高档的原装品牌和笔记本电脑上，Phoenix 后来合并了 Award，因而合并后的 Award BIOS 被称为 Phoenix Award BIOS。

7.1.2　BIOS 的载体

BIOS 存放在 CMOS(Complementary Metal-Oxide Semiconductor，互补金属氧化物半导体)存储器中，CMOS 存储器的耗电量很小，系统电源关闭后 CMOS 存储器靠主板上的后备电池供电，所以保存在 CMOS 内的用户设置参数不会丢失。

7.1.3　BIOS 的功能和作用

BIOS 有以下几种功能。

1. 自检及初始化

当电脑接通电源后，系统将执行 BIOS 中的 POST 自检程序，完整的 POST 自检过程如下：

- 对 CPU、系统主板、基本的 64KB 内存、1MB 以上的扩展内存和系统 ROM BIOS 进行测试；
- 对 CMOS 中的系统配置进行校验；
- 初始化视频控制器，测试视频内存，检测视频信号和同步信号，对 CRT 接口进行测试；
- 对键盘、软驱、硬盘、及光驱子系统进行检查；
- 对并行口(打印机)和串行口(RS232)进行检查。

2. BIOS 中断调用

即 BIOS 中断服务程序，它是电脑系统中软、硬件之间的一个可编程的接口，用于程序软件和电脑硬件之间的衔接。Windows 操作系统对软盘、硬盘、光驱、键盘和显示器等外围设备的管理就建立在系统 BIOS 的基础上。程序员可以通过对 INT5 和 INT3 等中断的访问直接调用 BIOS 中断程序。

3. 程序服务

BIOS 直接与电脑的 I/O 设备打交道，通过特定的数据端口发出指令，发送和接受各种外部设备的数据，从而实现软件程序对硬件的操作。

7.1.4　进入 BIOS 设置的方法

进入 BIOS 设置程序通常有 3 种方法：

1. 开机启动时按热键

在开机时按下特定的热键就可以进入 BIOS 的设置程序，需要注意的是不同的 BIOS 所设置的热键也不同，有的会在屏幕上给出信息，有的则没有。几种常见的 BIOS 设置程序进入方式如下：

- Award BIOS：按 Del 键或 Ctrl＋Alt＋Esc 组合键。
- AMI BIOS：按 Del 键或 Esc 键。

- Phoenix BIOS：按 F2 键或 Ctrl＋Alt＋S 组合键。

2. 使用系统提供的软件

很多主板都提供了在 DOS 下进入 BIOS 设置的程序，另外在 Windows 的控制面板和注册表中已经包含了部分 BIOS 的设置项。

3. 使用某些可读写 CMOS 的应用软件

有些应用程序如 QAPLUS 提供了对 CMOS 的读、写以及修改功能，通过它们可以对一些基本系统配置进行修改。

7.1.5 BIOS 和 CMOS 的区别与联系

BIOS 和 CMOS 是两个不同的概念，而这不可混淆。

1. BIOS 和 CMOS 的区别

BIOS 是基本输入输出系统的缩写，是集成在主板上的一个 ROM 芯片，其中有电脑系统最重要的基本输入输出程序、系统开机自检程序等。它负责开机时，对系统各项硬件进行初始化设置和测试，以保证系统能够正常工作。

CMOS 是互补金属氧化物半导体的缩写。是主板上一块可读写的芯片，它存储了电脑系统的时钟信息和硬件配置信息等。系统在加电引导时，要读取 CMOS 信息，用来初始化电脑系统各个部件的状态。它靠后备电池来供电，关闭主机电源后信息不会丢失，但是当电池没电时信息将会全部丢失。

2. BIOS 和 CMOS 的联系

由于 BIOS 和 CMOS 都跟电脑系统设置密切相关，所以才有 CMOS 设置和 BIOS 设置一说。CMOS 是系统内存放参数的地方，而 BIOS 中的系统设置程序是完成参数设置的手段。因此准确的说法应该是：通过 BIOS 设置程序对 CMOS 参数进行设置。平常所说的 CMOS 参数设置与 BIOS 设置是其简化说法，这在一定程度上造成了两个概念的混淆。

7.1.6 BIOS 设置介绍

BIOS 的设置非常重要，本节主要介绍 BIOS 的设置方法。

1. 何种情况下需要进行 BIOS 设置

- 新配置的电脑：现在电脑的许多硬件虽然都有即插即用的功能，但是也并不是所有的硬件都能够被电脑自动识别，另外新配置电脑的系统软件、硬件参数和系统时钟等基本资料都需要用户自己去设置。
- 添加新硬件：当电脑添加新硬件时，由于系统可能不能识别出新加的设备，这个时候就必须通过 BIOS 设置来完成。另外新添加硬件与原有设备之间的 IRQ 冲突或 DMA 冲突也可以通过 BIOS 设置来解决。

- CMOS 数据丢失：主板的 CMOS 电池失效、CMOS 感染了病毒以及意外清除了 CMOS 中的参数等情况都有可能导致 CMOS 中的数据丢失。这时可以进入 BIOS 设置程序对 CMOS 参数进行更改或者重新设置。
- 安装或重装操作系统：当用户安装或重装操作系统时，需要进入 BIOS 更改电脑的启动方式，即把硬盘启动改为 CD-ROM 或者其他方式启动。
- 优化系统：当用户需要优化系统时，可以通过 BIOS 设置来更改内存读写等待时间、硬盘数据传输模式、内/外 Cache 的使用、节能保护、电源管理以及开机时的启动顺序等参数。BIOS 中的默认值对于不同的系统来说并非是最佳配置，因此需要进行多次实验，才能使系统性能得到充分的发挥。

2. BIOS 设置界面

进入到 BIOS 设置程序后，可以看到 BIOS 设置的主界面，图 7-1 所示为 Award BIOS 的主界面，它主要由 4 个部分组成，分别为：标题区、菜单选项区、操作提示区和注解区。

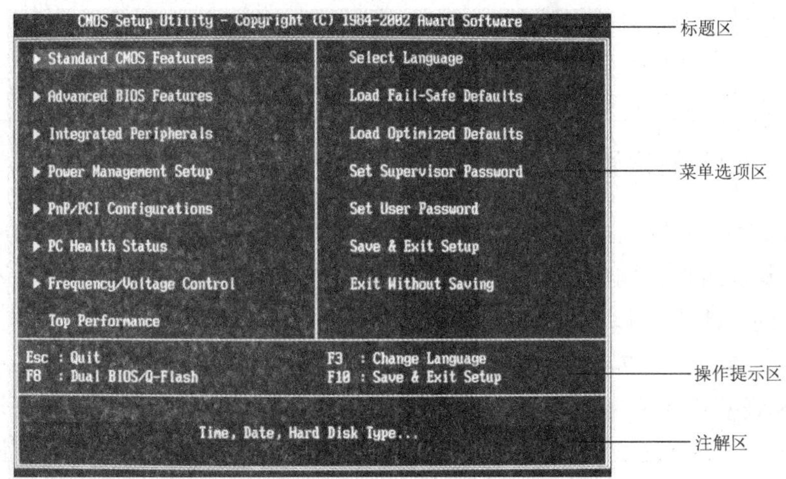

图 7-1 BIOS 主界面

- 标题区：该区主要列出了用户使用的 BIOS 的基本信息，例如 BIOS 的芯片类型等。
- 菜单选项区：该区主要列出了 BIOS 中的主菜单选项，这些主菜单选项中又包含了许多许多子菜单项，用户可以通过这些选项对 BIOS 进行适当的设置
- 操作提示区：该区列出了用户在使用 BIOS 时可以使用键盘进行的快捷操作。
- 注释区：该区列出了用户当前选定菜单项的注释，告诉用户在该项中能够设置的参数。

3. BIOS 设置中的常用按键

在 BIOS 设置程序中所进行的操作都必须通过键盘来实现，BIOS 设置中的常用按键及其功能如表 7-1 所示。

表 7-1　BIOS 设置中的常用按键及其功能

热　键	功 能 说 明
↑(向上键)	移动到上一个选项
↓(向下键)	移动到下一个选项
←(向左键)	移动到左边的选项
→(向右键)	移动到右边的选项
Page Up 键/＋	改变设置状态，增加数值或改变选项
Page Down 键/－	改变设置状态，减少数值或改变选项
Esc 键	回到主界面或从主界面中结束 SETUP 程序
Enter 键	选择此项
F1 功能键	显示目前设定项目的相关信息
F5 功能键	装载上一次设定的值
F6 功能键	装载该画面 Fail-Safe 预设设定(最安全的值)
F7 功能键	装载该画面 Optimized 预设设定(最优化的值)
F8 功能键	进入 Q-Flash 功能
F9 功能键	系统信息
F10 功能键	保存设定值并退出 CMOS SETUP 程序

7.1.7　Award BIOS 的设置

目前常用的 BIOS 类型包括 AWARD BIOS 与 AMI BIOS，其实 AWARD BIOS 和 AMI BIOS 里面有很多东西是相同的，可以说基本上是一样的，虽然有些名字叫法不同，但是实际作用是一样的。本节将以 AWARD BIOS 为例介绍一些常用 BIOS 设置。进入 Award BIOS 设置程序后，将看到图 7-1 所示的主界面。

Award BIOS 设置主界面各选项的功能如下所示：

- Standard CMOS Features(标准 CMOS 设定)：用来设定日期、时间、软硬盘规格、工作类型以及显示器类型。
- Advanced BIOS Features (BIOS 功能设定)：用来设定 BIOS 的特殊功能，例如开机磁盘优先程序等。
- Integrated Peripherals(内置整合设备)：这是主板整合设备设定。
- Power Management Setup(电源管理设定)：用来设定 CPU、硬盘、显示器等等设备的省电功能。
- PnP/PCI Configurations(即插即用设备与 PCI 组态设定)：用来设置 PCI 及其他即插即用设备的中断及其他参数。
- Load Fail-Safe Defaults(载入 BIOS 预设值)：此选项用来载入 BIOS 初始设置值。
- Load Optimized Defaults (载入主板 BIOS 出厂设置)：这是 BIOS 的最基本设置，用来确定故障范围。
- Set Supervisor Password(管理者密码)：用于设置电脑管理员进入 BIOS 修改设置的密码。
- Set User Password (用户密码)：用于设置开机密码。

- Save&Exit Setup(储存并退出设置)：用于保存已经更改的设置并退出 BIOS 设置。
- Exit Without Saving(沿用原有设置并退出 BIOS 设置)：不保存已经修改的设置，并退出设置。

1. 设置系统日期和时间

进入 BIOS 设置界面后，首先设置 BIOS 的日期和时间，这样在安装操作系统后，系统的日期与时间会自动根据 BIOS 中设置的日期和时间来设置。

例 7-1　在 BIOS 中设置日期与时间。

❶ 首先进入 BIOS 设置界面，使用键盘的方向键，选择【Standard CMOS Features】选项，如图 7-2 所示。

❷ 按 Enter 键，使用方向键移动至日期参数处，按 Page Down 或 Page Up 键设置日期参数，如图 7-3 所示。

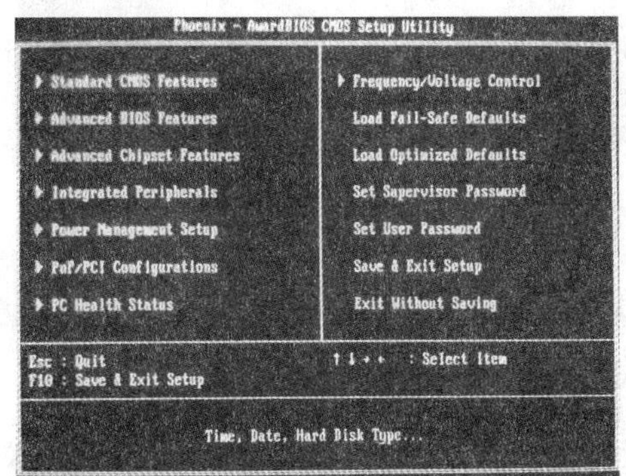

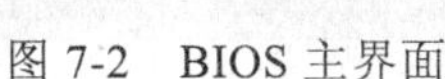
图 7-2　BIOS 主界面

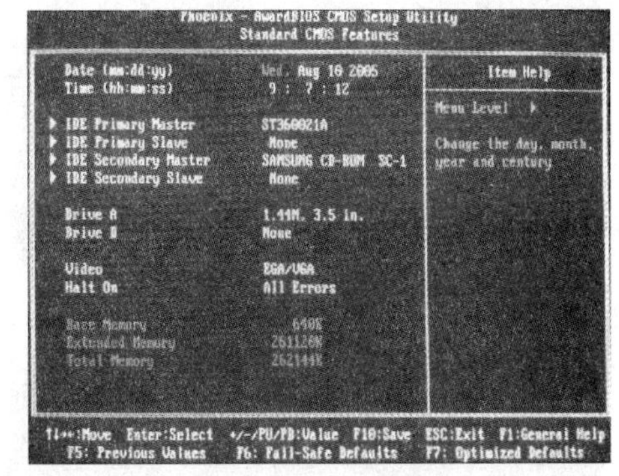

图 7-3　设置日期

❸ 然后以同样方法设置时间，最后按 ESC 键返回。

提示：在设置 BIOS 时，按 F1 键可以显示每一个设置项的详细信息；按 F5 键可以载入上一次的设置值；按 F6 键则载入 BIOS 默认设置。

2. 设置启动设备的顺序

电脑要正常启动，需要通过硬盘、光驱设备的引导。掌握设置电脑启动设备顺序的方法十分重要，比如要使用光盘安装 Windows XP 操作系统，就需要将光驱设置为第一启动设备。

例 7-2　设置光驱为第一启动设备。

❶ 进入 BIOS 设置的主界面后，使用下方向键，选择【Advanced BIOS Features】选项，然后按 Enter 键，如图 7-4 所示。

❷ 进入【Advanced BIOS Features 】选项的设置界面，选择【First Boot Device】选项，如图 7-5 所示。

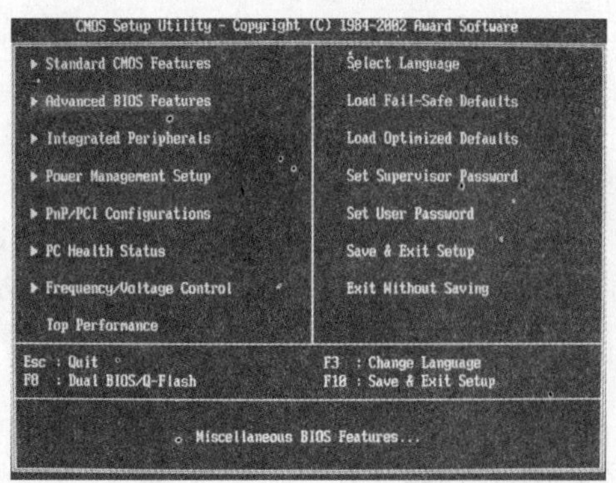

图 7-4　选择【Advanced BIOS Features】选项

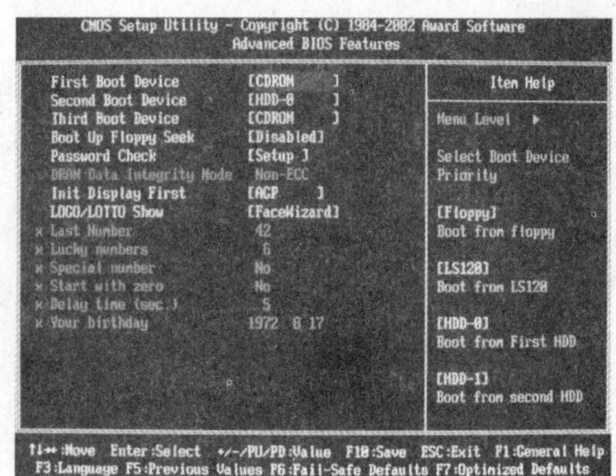

图 7-5　选择【First Boot Device】选项

❸ 按 Enter 键，打开【First Boot Device】选项的设置界面，如图 7-6 所示，然后选择【CDROM】选项，如图 7-7 所示。

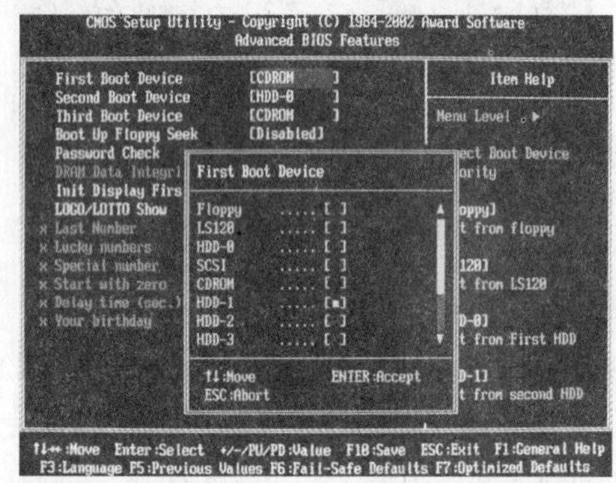

图 7-6　【First Boot Device】选项的设置界面

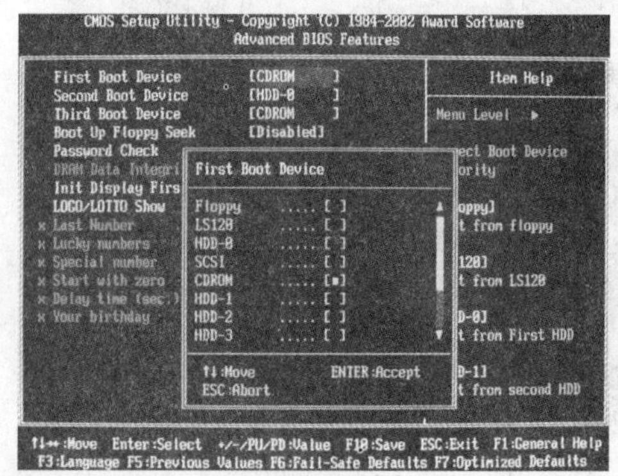

图 7-7　选择【CDROM】选项

❹ 按 Enter 键确认即可设置光驱为第一启动设备。

❺ 按 ESC 键返回 BIOS 设置主界面。

提示：用户在平常使用电脑时，建议将硬盘设置为第一启动设备(HDD)，可以加快启动速度。

3. 设置 BIOS 密码

为了防止他人未经许可使用电脑或修改 BIOS 设置，可以设置 BIOS 密码。在 BIOS 中设置密码有两个选项，其中 Set Supervisor Password 选项用于设置超级用户密码；Set User Password 选项用于设置用户密码。

超级用户密码是为了防止他人修改 BIOS 内容而设置的，当设置了超级用户密码后，每一次进入 BIOS 设置都必须输入密码，否则不能设置 BIOS 参数；用户密码可以让用户获得使用电脑的权限，但是不能设置 BIOS 参数。

例 7-3　在 BIOS 中设置设置超级用户密码。

❶ 在 BIOS 设置的主界面中，选择【Set Supervisor Password】选项，如图 7-8 所示。

❷ 按 Enter 键打开【Enter Password】对话框，输入设置的密码，如图 7-9 所示。

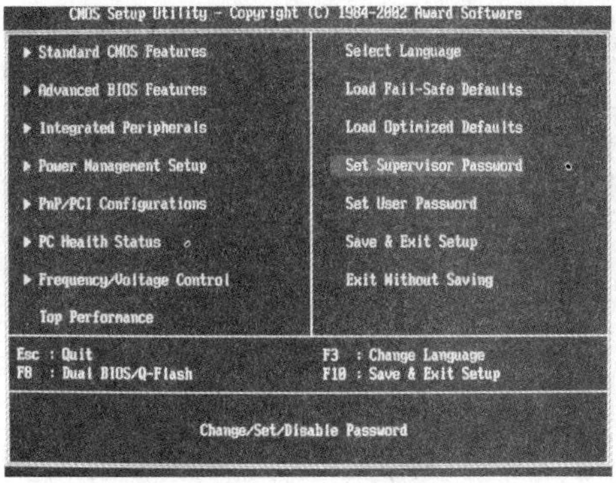

图 7-8　选择【Set Supervisor Password】选项

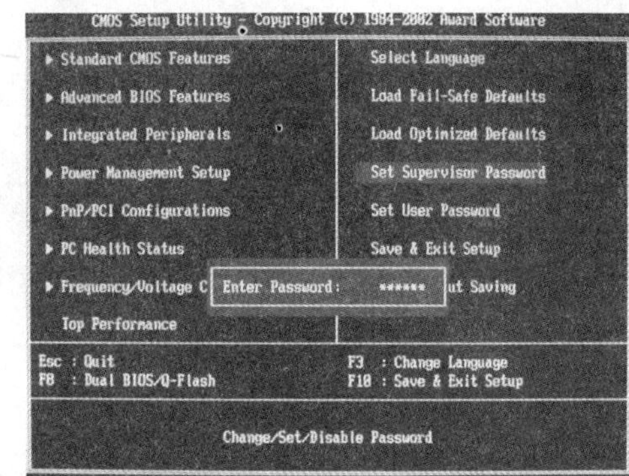

图 7-9　【Enter Password】对话框

❸ 按 Enter 键，打开【Confirm Password】对话框，再次输入设置的密码，如图 7-10 所示。

❹ 输入完成后按 Enter 键确认并返回。

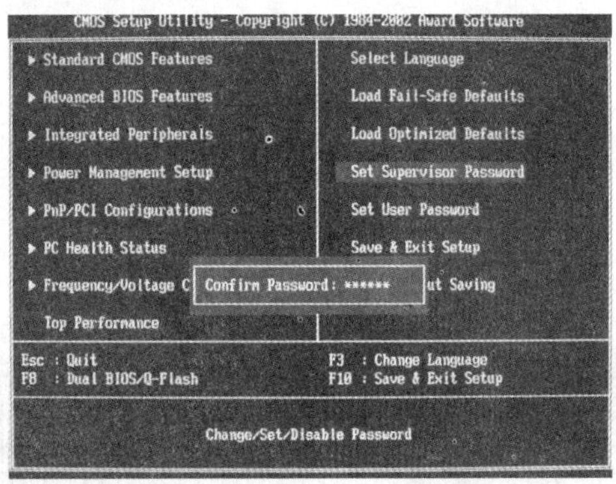

图 7-10　【Confirm Password】对话框

提示：BIOS 密码的最大长度为 8 位，可以是符号、数字和字母，若是字母则区分大小写。

4. 载入 BIOS 默认设置

当 BIOS 设置比较混乱或对 BIOS 的设置发生错误时，可以通过使用 BIOS 设置程序的默认选项进行恢复。其中【Load Fail-Safe Defaults】选项可以恢复最基本最安全的 BIOS 设置；【Load Optimized Defaults】选项可以恢复高性能默认值。

例 7-4　恢复 BIOS 默认设置。

❶ 在 BIOS 设置的主界面中，选择【Load Fail-Safe Defaults】选项，如图 7-11 所示。

❷ 按 Enter 键，打开恢复默认设置提示框，询问是否要恢复默认值。

❸ 输入【Y】，按 Enter 键确认并返回 BIOS 设置主界面，如图 7-12 所示。

❹ 此时已经恢复 BIOS 的默认设置。

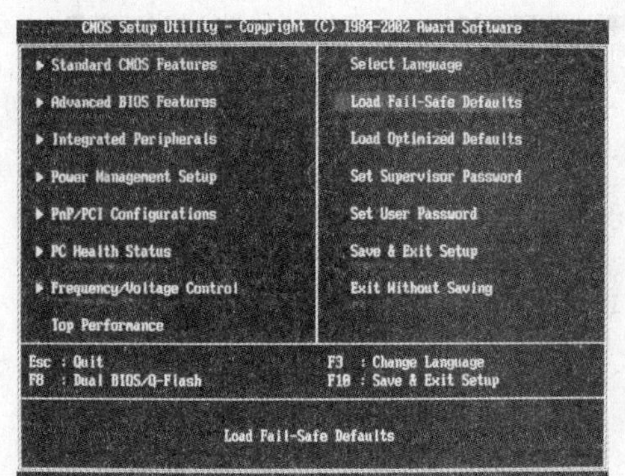

图 7-11　选择【Load Fail-Safe Defaults】选项

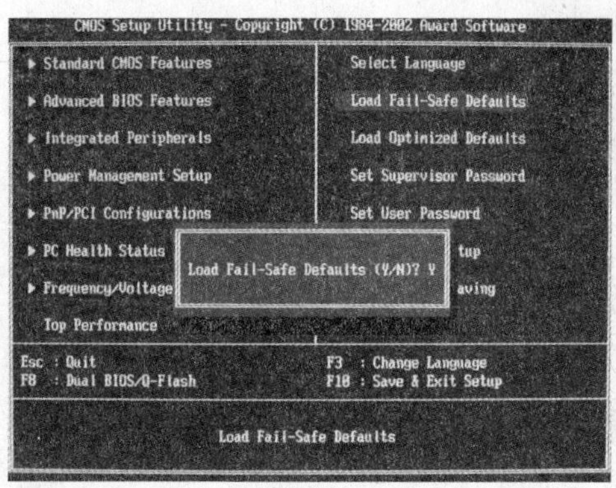

图 7-12　确认对话框

5. 保存与退出 BIOS 设置

在进行了一系列的 BIOS 设置操作后，需要将设置保存并重新启动电脑，才能使所做的修改生效。

例 7-5　保存 BIOS 设置，并退出设置界面。

❶ 在 BIOS 设置的主界面中，选择 Save & Exit Setup 选项，如图 7-13 所示。

❷ 按 Enter 键，打开保存提示框，询问是否需要保存。用户也可以按 F10 快捷键，快速打开提示框。

❸ 输入【Y】，按 Enter 键确认保存并退出 BIOS 设置界面，如图 7-14 所示。

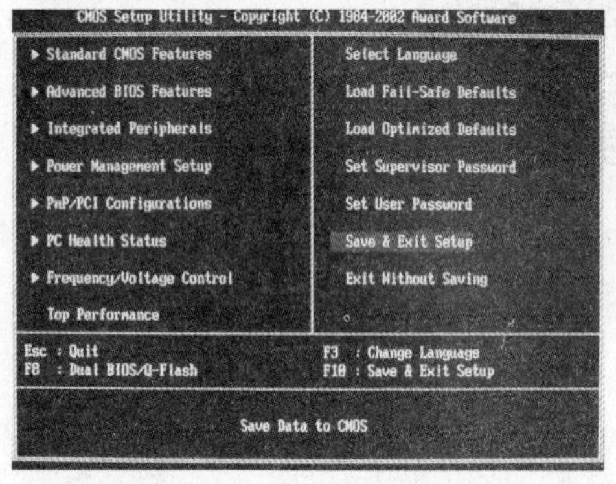

图 7-13　选择 Save & Exit Setup 选项

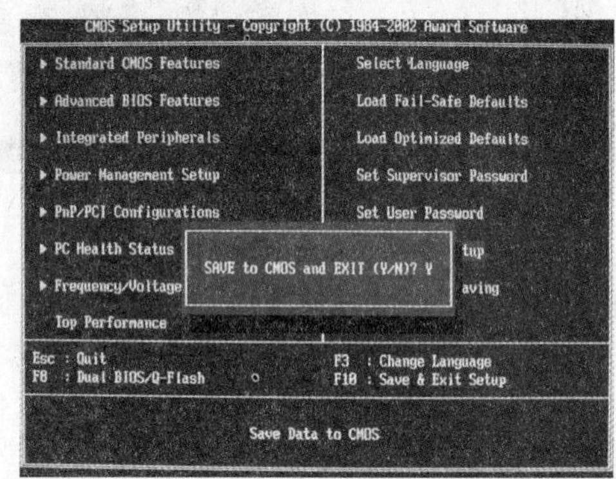

图 7-14　确认对话框

❹ 退出 BIOS 设置界面后，系统会自动重新启动电脑。

7.2　硬盘的初始化

硬盘的初始化即对硬盘的分区和格式化，对于一台新组装的电脑来说，新的硬盘不能直接用来存储数据，必须对其进行分区和格式化才能够使用。

7.2.1　硬盘常见的文件系统

文件系统是基于一个存储设备而言的，是有组织地存储文件或数据的方法，目的是便于数据的查询和存取，通过格式化操作可以将硬盘分区格式化为不同的文件系统。常用的 Windows 文件系统有 FAT16、FAT32 和 NTFS 3 种。

- FAT16：是早期 DOS 操作系统下的格式，由于设计原因，对磁盘空间的利用率不够高，但是很多操作系统都支持这种文件系统，包括 Windows 系列和 Linux。它的缺点是只支持不超过 2GB 的硬盘分区，硬盘的实际空间利用率比较低，因此这种分区格式目前已经很少使用。
- FAT32：是继 FAT16 后推出的新型格式，与 FAT16 相比 FAT32 管理磁盘的能力大大增强，在减少磁盘浪费的同时也提高了磁盘的利用率，但是运行速度要稍慢。高版本的 Windows 操作系统都支持此分区格式，此分区格式在 DOS 下也能够被识别，方便磁盘的维护和管理。
- NTFS：是 Windows NT 的专用格式，具有出色的安全性和稳定性，并且在使用中不易产生文件碎片。但是这种文件系统对 DOS 以及 Windows 98/Me 系统并不兼容，要使用这种文件系统应安装 Windows 2000/XP/2003 或 Windows 7。

7.2.2　硬盘的分区

硬盘分区是指将硬盘分割为多个区域，以方便数据的存储与管理。对硬盘进行分区主要包括创建主分区、扩展分区和逻辑分区 3 部分。主分区一般用来安装操作系统，然后将剩余的空间作为扩展空间，在扩展空间中再划分一个或多个逻辑分区。

对硬盘进行分区的工具很多，主要有 Fdisk、Partition Magic、DM 和 Disk Genius 等。其中 Fdisk 是 Windows 操作系统自带的分区工具，分区稳定性高，但是不支持大容量的分区，并且重新分区容易丢失硬盘上的数据。

Windows 9x 之前的操作系统的硬盘分区一般都用 Fdisk 来进行，而 Windows 2000 以上的操作系统的硬盘分区则在系统安装过程中进行。本节主要来介绍如何使用 Fdisk 对硬盘进行分区。

例 7-6　使用 Fdisk 对硬盘进行分区。

使用 Fdisk 对硬盘进行分区首先要有一张装有 Fdisk 命令的软盘。

❶ 启动电脑，并进入 DOS 状态，然后将软盘插入软驱。

❷ 进入 A 盘，并在 A 盘下输入“Fdisk”命令，然后按下 Enter 键，将出现如图 7-15 所示的界面。界面中的提示信息是询问用户是否启用 FAT32 分区格式。

❸ 输入“Y”后按下 Enter 键表示建立 FAT32 格式分区，此时用户将看到如图 7-16 所示的界面。

图 7-16 中各个选项的含义如下：

1. Create DOS partition or Logical DOS Drive(创建 DOS 分区或逻辑 DOS 分区)
2. Set active partition(设置活动分区，一般把 C 盘设为活动分区)
3. Delete partition or logical DOS Drive(删除 DOS 主分区或逻辑 DOS 分区)
4. Display partition information(查看当前分区信息)

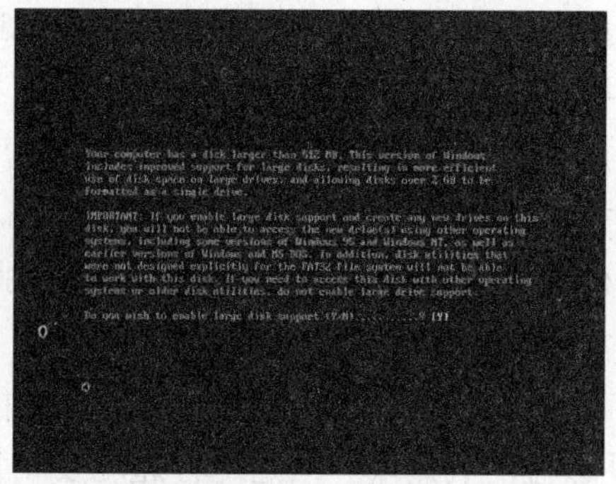

图 7-15　选择分区模式

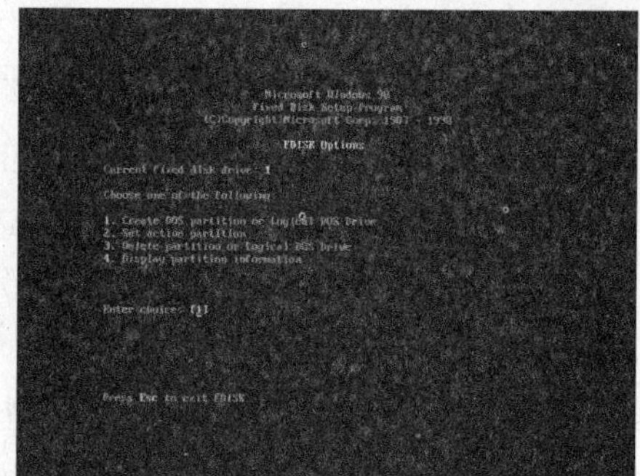

图 7-16　创建主 DOS 分区

❹ 按下数字键【1】，然后按下 Enter 键，表示选择命令“1”，此时打开如图 7-17 所示的界面。此界面中三个选项的含义如下：

1. Create Primary DOS Partition(创建主 DOS 分区)

2. Create Extended DOS Partition(创建扩展 DOS 分区)

3. Create Logical DOS Drive(s) in the Extended DOS Partition(在扩展分区中创建逻辑分区)

❺ 首先用户需要创建一个主 DOS 分区，按下数字键【1】，然后按下 Enter 键，程序即开始对硬盘进行扫描，扫描结束后将出现如图 7-18 所示的提示界面。该界面中提示英文的含义为：“你是否希望将整个硬盘空间作为主分区并激活？”。

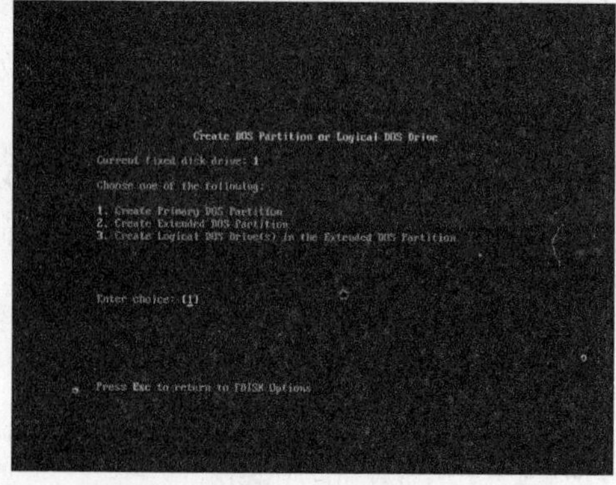

图 7-17　选择主 DOS 分区选项

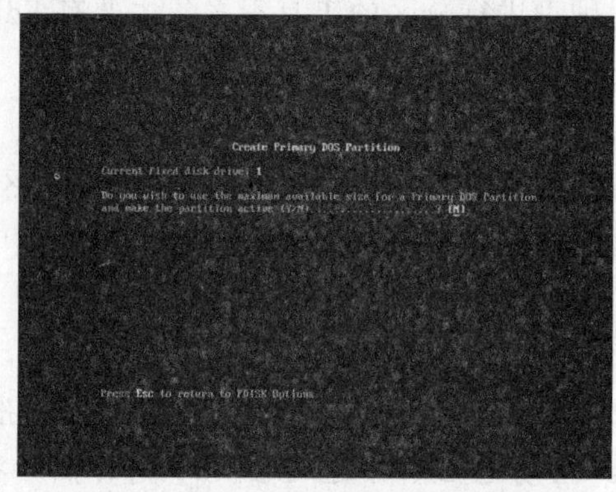

图 7-18　询问界面

❻ 随着硬盘空间的日益增大，一般来说用户都不会将整个硬盘只划分为一个分区，因此在此选择“否”，按下【N】键，然后按下 Enter 键进入下一个界面，如图 7-19 所示。此时程序再次对硬盘进行扫描。

❼ 扫描结束后，系统跳转至图 7-20 所示的界面，要求用户输入主分区的大小(以 MB 为单位)或主分区所占硬盘总容量的百分比，输入完成后，按下 Enter 键，系统即进行主分区设置。

❽ 主分区划分完成后，系统将自动显示出主分区的大小和主分区所占硬盘总量的百分比，如图 7-21 所示。

❾ 此时主分区划分完成，按下 Esc 键，返回主界面，如图 7-22 所示。

图 7-19 扫描硬盘

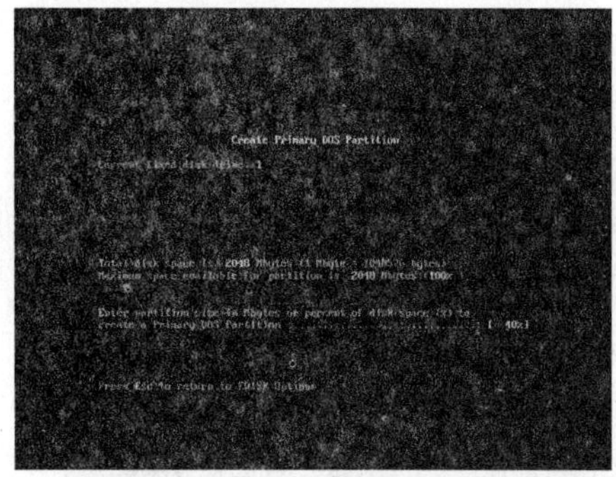

图 7-20 输入主分区大小

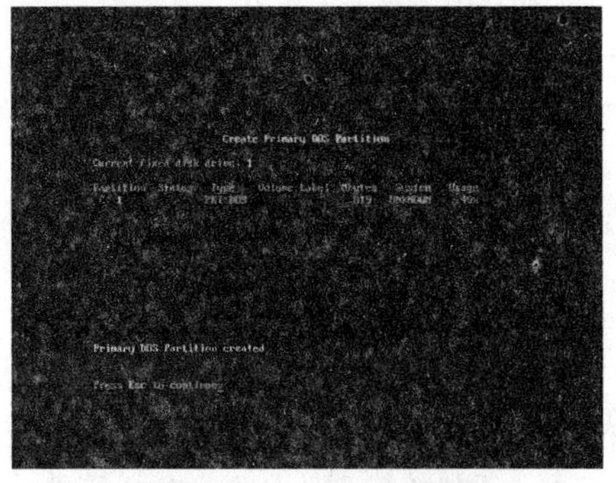

图 7-21 显示主分区信息

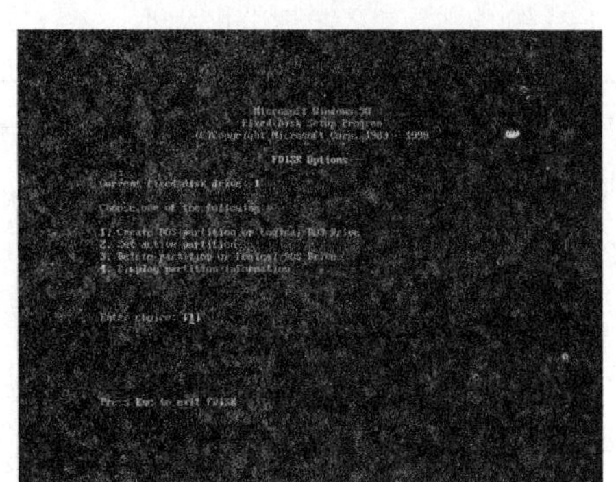

图 7-22 回到主界面

⑩ 在主界面中按下数字键【1】，然后按下 Enter 键，进入图 7-23 所示的界面。

⑪ 此时选择“创建扩展 DOS 分区”选项，按下数字键【2】，然后按下 Enter 键，系统再次对硬盘进行扫描，如图 7-24 所示。

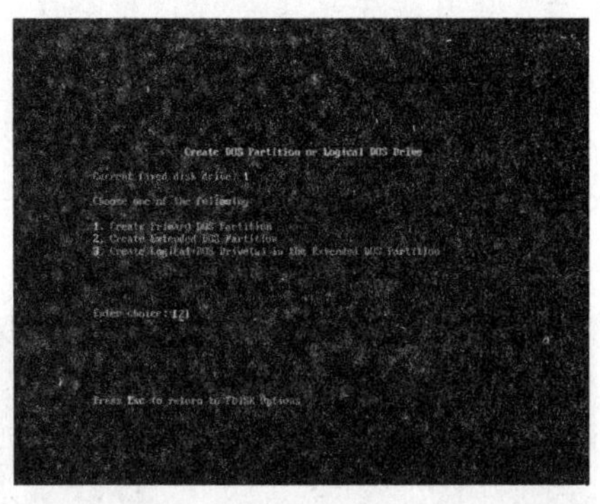

图 7-23 选择【建立扩展 DOS 分区】选项

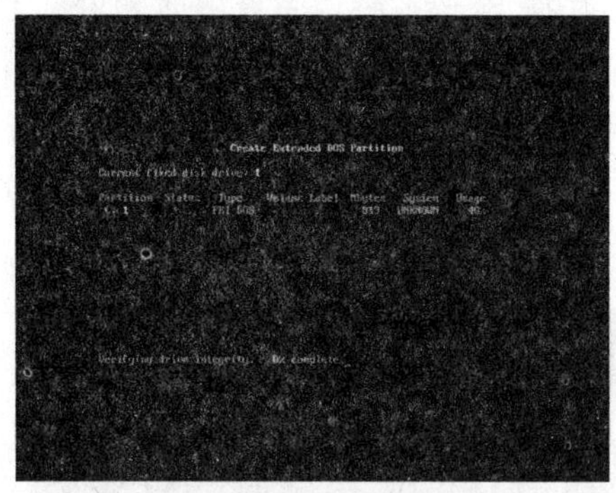

图 7-24 扫描硬盘

⑫ 扫描结束后，系统自动跳转到如图 7-25 所示的界面，此时要求用户输入扩展分区的大小(以 MB 为单位)或扩展分区所占硬盘总容量的百分比，输入完成后，按下 Enter 键，系统即进行扩展分区设置。另外还可以什么都不输，直接按下 Enter 键，这样做的含义是将剩余的空间创建为一个扩展分区。

⑬ 扩展分区创建完成后，系统将自动显示扩展分区的有关信息，如图 7-26 所示。

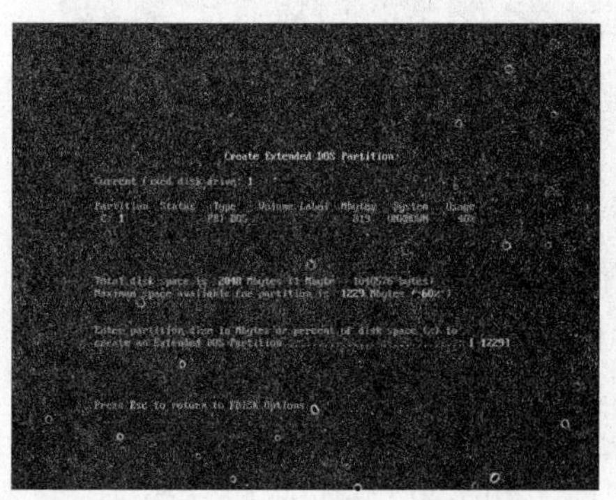

图 7-25　输入扩展分区大小

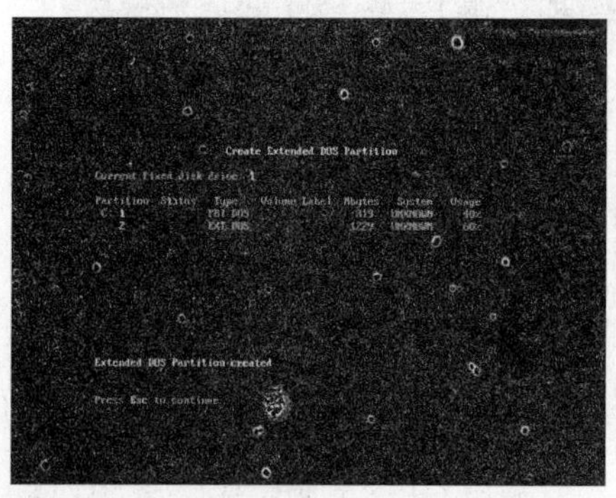

图 7-26　显示扩展分区信息

主分区、扩展分区和逻辑分区它们各代表什么意思？

主分区是在物理磁盘（真实的硬盘）上可以建立的逻辑磁盘（分区后的磁盘）的一种。如果用户的物理磁盘被规划成仅有一个【C:】磁盘，那么就是说整块硬盘的空间就全部分配给主分区使用；如果用户将硬盘分为【C:】、【D:】两个分区，可以使用硬盘上的一部分空间建立一个主分区，剩下的空间则建立为一个扩展分区。但是此时扩展分区并不起作用，还必须在扩展分区建立逻辑磁盘，操作系统才可以对其进行存取操作。另外扩展分区可以分为一个逻辑磁盘也可以分为多个逻辑磁盘，若把扩展分区分为一个逻辑磁盘，这个逻辑磁盘会变成【D:】，若把逻辑分区分为好几块，则它们会变成【D:】、【E:】、【F:】……都包含在扩展分区里。

⑭ 此时按下 Esc 键，系统再次对硬盘进行扫描，并且提示尚未创建逻辑分区，如图 7-27 所示。

⑮ 扫描结束后，进入创建逻辑分区界面如图 7-28 所示，要求用户输入逻辑分区的大小或逻辑分区所占硬盘总容量的百分比，输入完成后，按下 Enter 键，系统即进行逻辑分区设置。

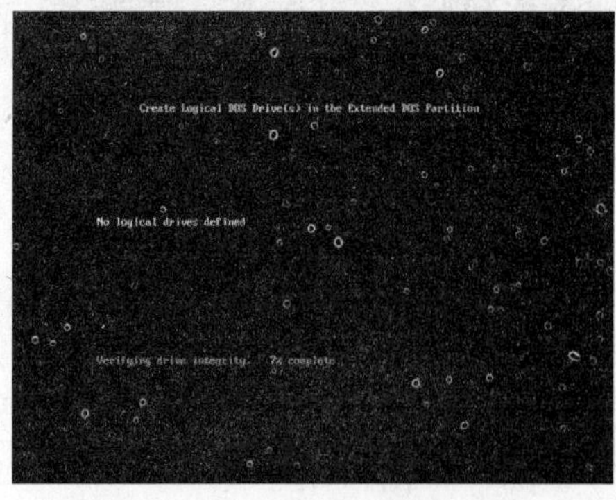

图 7-27　扫描硬盘

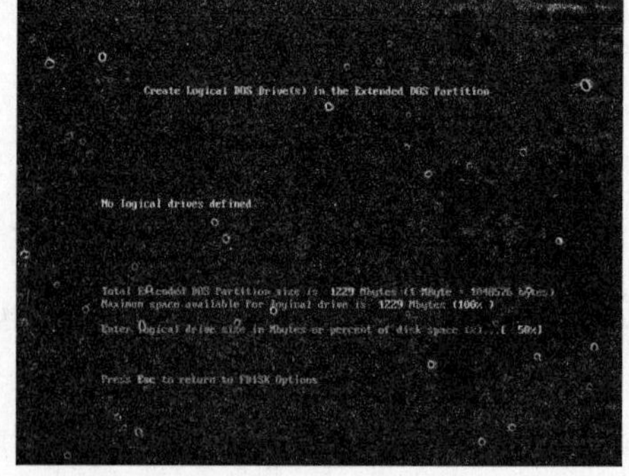

图 7-28　创建逻辑分区

⑯ 设置完成后，进入图 7-29 所示的界面，该界面中显示逻辑分区的大小，以及所占扩展分区的百分比，同时程序对硬盘进行扫描，检测硬盘所剩空间的大小。

⑰ 检测完成后，将显示扫描结果，如图 7-30 所示。

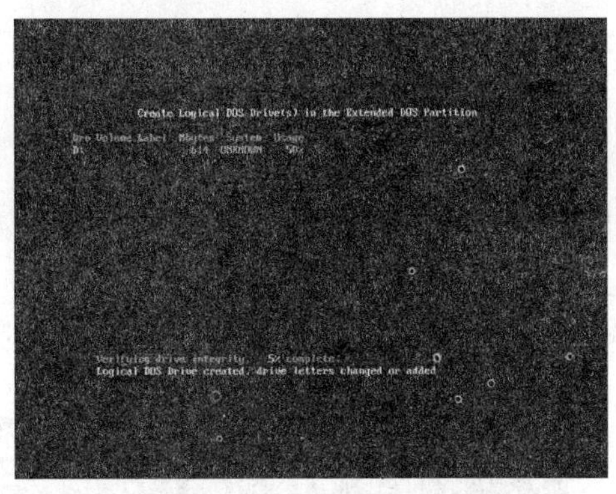

图 7-29　扫描剩余空间

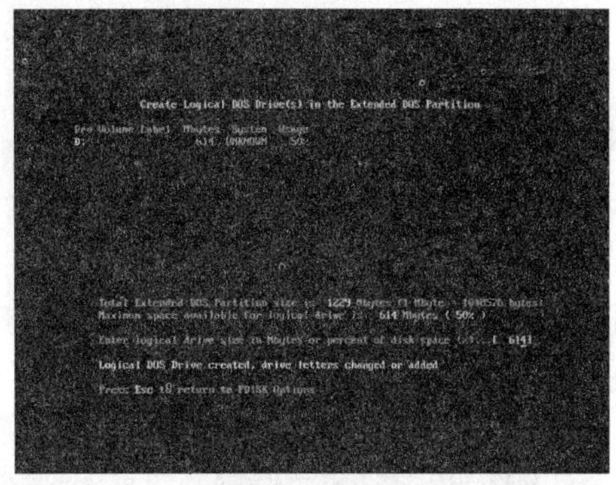

图 7-30　显示扫描结果

⑱ 此时按下 Enter 键，将剩余的空间划分为逻辑分区，此时屏幕上显示扩展分区中逻辑分区的个数、大小以及所占扩展分区的百分比，如图 7-31 所示。图中最下部分英文的含义是：“所有可用的扩展分区都分给了逻辑分区”。用户如果想要建立两个以上的逻辑分区，只需在输入逻辑分区大小处输入一个小于剩余空间的数值(或百分比)即可。

⑲ 此时所有分区已经划分完毕，接下来要激活划分好的分区，即设置活动分区。连续按下 Esc 键返回主目录，按数字【2】键，然后按 Enter 键进入设置活动分区界面，如图 7-32 所示。

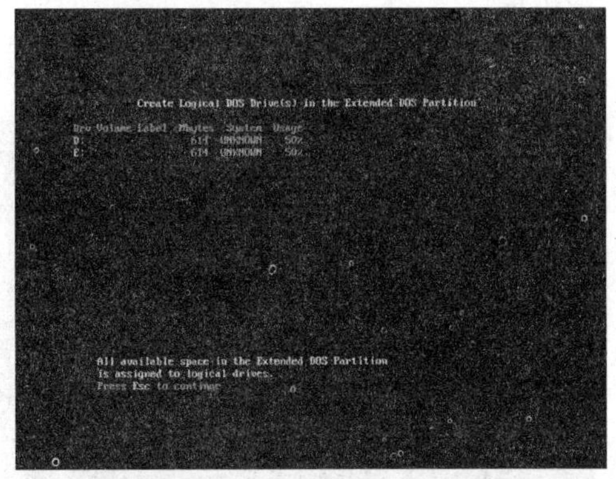

图 7-31　显示所有逻辑分区

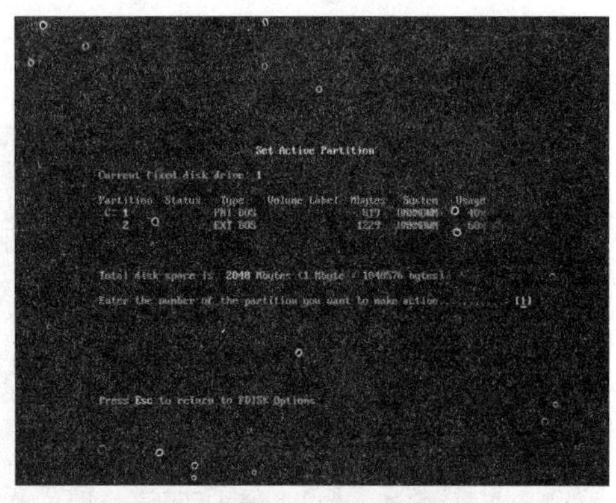

图 7-32　设置活动分区

> **为什么要设置活动分区？**
>
> 创建完成所有的硬盘分区后，必须创建活动分区。如果不设定活动分区，即便是向硬盘传送了系统文件也不能用硬盘正常启动。

⑳ 一般来说将【C: 】盘作为主分区，在图 7-32 所示的界面中按下数字键【1】、然后按下 Enter 键，设置成功后屏幕下方提示：“Partition 1 made active”。

7.2.3　硬盘的格式化

对硬盘进行完分区后，硬盘还不能使用，还必须对硬盘进行格式化，格式化是指为各分区选择文件系统，并将划分的磁盘分区整理成可以用来存储数据的单元。

例 7-7 使用 Format 命令对硬盘进行格式化。

格式化操作就是重置硬盘的分区表，清除硬盘上的数据。格式化硬盘的工具有很多，最简单的方法就是在 DOS 中使用 Format 命令。

❶ 启动电脑并进入到 DOS 状态，输入“format C:”意为格式化【C:】盘。如图 7-33 所示。

❷ 按下 Enter 键，屏幕提示用户是否格式化，如图 7-34 所示，按【Y】键即可开始格式化。

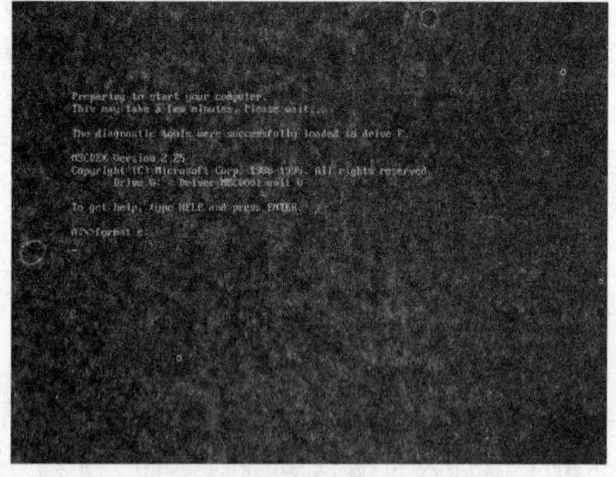

图 7-33 格式化【C:】盘

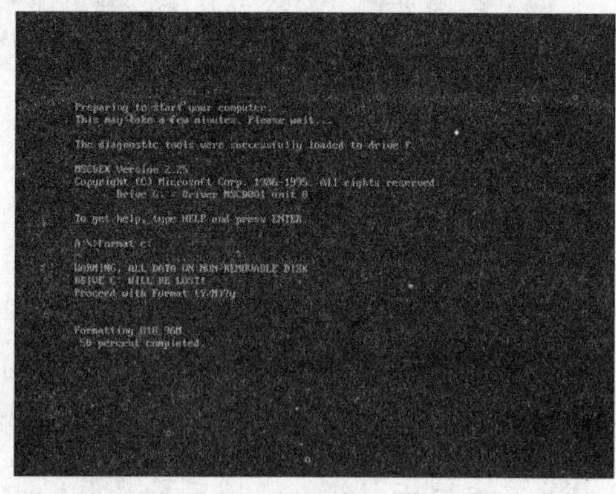

图 7-34 提示界面

❸ 格式化完成后将会提示用户输入卷标，如图 7-35 所示。如果不需要输入卷标，则直接按下 Enter 键即可，此时即会显示【C: 】盘的相关信息，如图 7-36 所示。

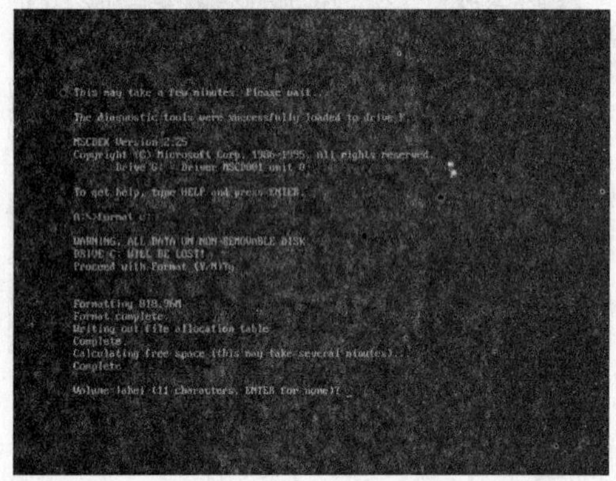

图 7-35 输入卷标

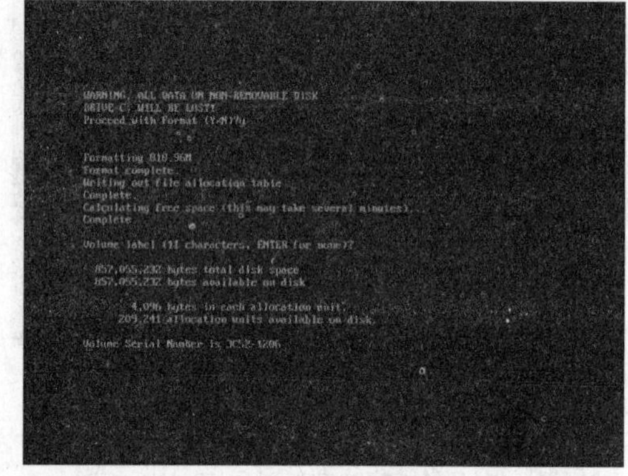

图 7-36 【C:】盘的相关信息

> 除了主分区外其他分区是否需要进行格式化？
>
> 一般来说，除主分区外，其他的各个逻辑盘可以在安装好操作系统后，再进行格式化。

7.2.4 使用 PartitionMagic 对硬盘进行分区和格式化

PartitionMagic 俗称分区魔法师，是一款出色的分区软件，它分区速度快，支持大硬盘，并且还拥有无损调整分区、分区格式转换以及合并分区等多项实用功能。

例 7-8　使用 PartitionMagic 创建一个新的硬盘分区。

❶ 启动 PartitionMagic，如图 7-37 所示，单击左侧列表中的【创建一个新分区】链接，打开【创建新的分区】对话框，如图 7-38 所示。

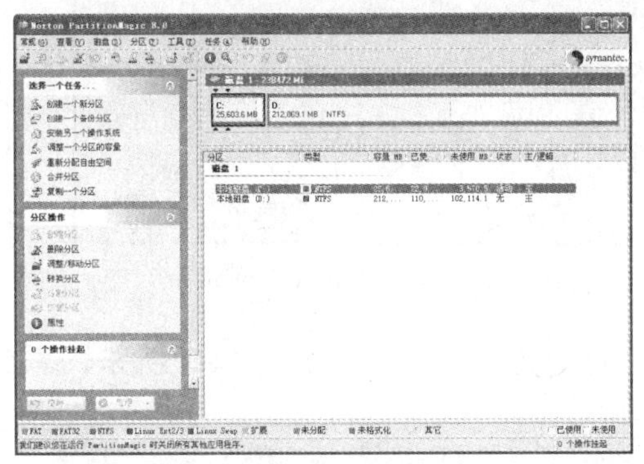

图 7-37　PartitionMagic 主界面

图 7-38　【创建新的分区】对话框

❷ 单击【下一步】按钮，打开【创建位置】对话框，在该对话框中用户可设置新创建的磁盘分区相对于原有分区的位置，如图 7-39 所示。

❸ 单击【下一步】按钮，打开【减少哪一个分区的空间？】对话框，在该对话框中用户应选择一个可以给新的硬盘分区提供空间的原有的磁盘分区，如图 7-40 所示，本例选择 D 盘。

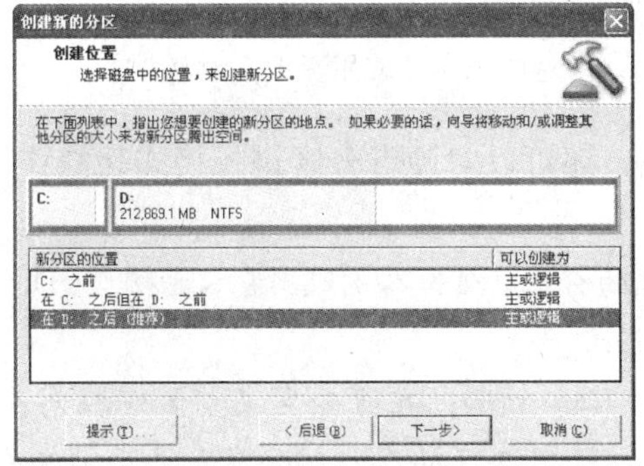

图 7-39　设置新分区的位置

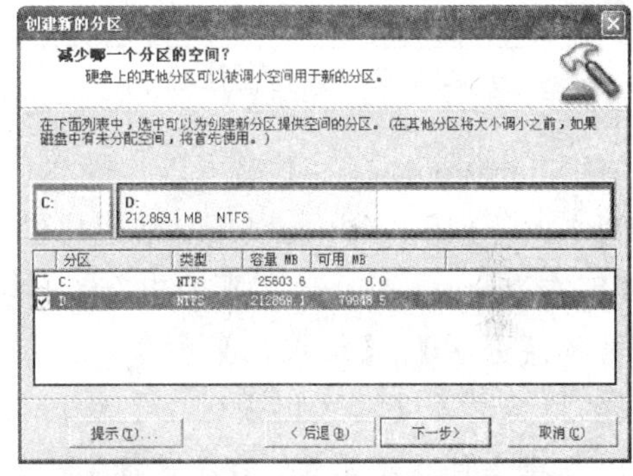

图 7-40　选择可以提供空间的磁盘

❹ 单击【下一步】按钮，打开【分区属性】对话框，在该对话框中显示了 D 盘可用的磁盘空间，用户可以根据该空间的大小，来为新的分区设置一个合理的空间值。例如本例设置为 70GB，如图 7-41 所示。

❺ 在【卷标】文本框中可设置磁盘的名称，在【创建为】下拉列表框中可设置磁盘的分区属性，在【文件系统类型】下拉列表框中可设置磁盘的文件系统类型，在【驱动器盘符】下拉列表框中可以设置驱动器的盘符。

❻ 设置完成后，单击【下一步】按钮，打开【确认选择】对话框，该对话框中显示了创建新分区前后的对比数据，如图 7-42 所示。确认无误后，单击【完成】按钮，可将该操作挂起，如图 7-43 所示。

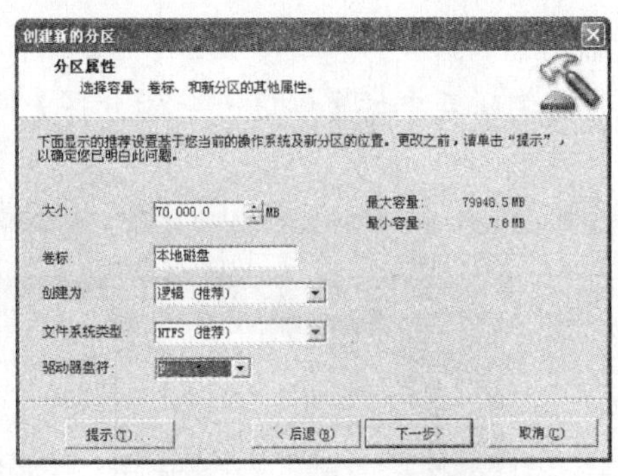
图 7-41　设置新分区的属性

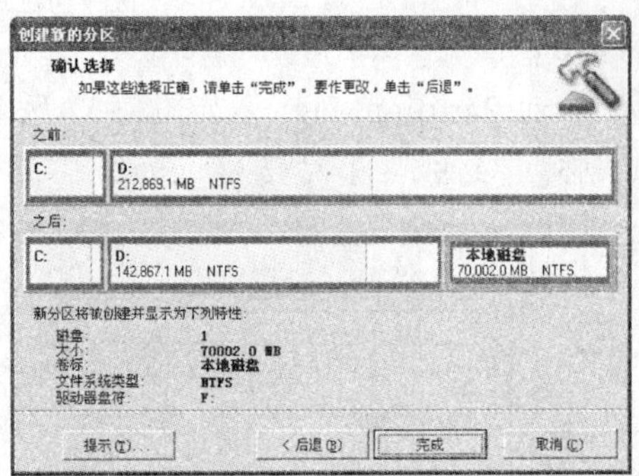
图 7-42　【确认选择】对话框

❼ 单击图 7-43 中的【应用】按钮，打开【应用更改】对话框，如图 7-44 所示，单击【是】按钮，软件即可开始执行刚刚挂起的操作。

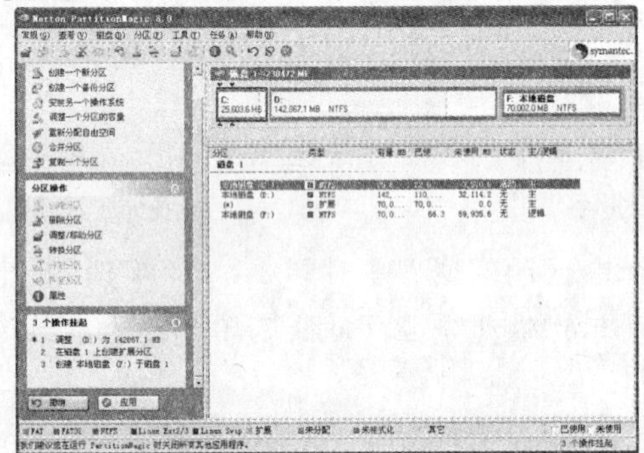
图 7-43　操作已挂起

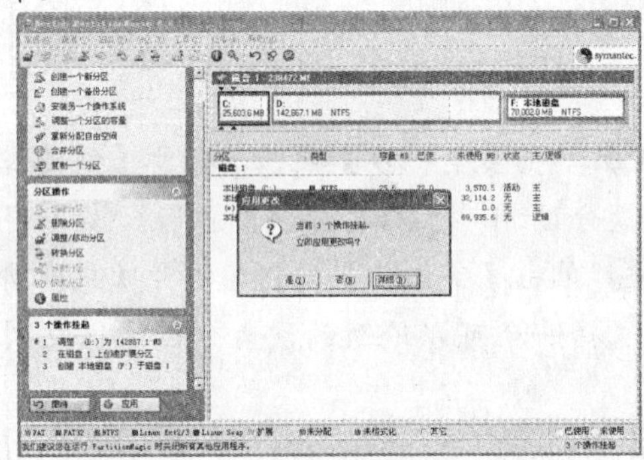
图 7-44　【应用更改】对话框

使用 PartitionMagic 不仅可以为硬盘创建分区，还可以对硬盘分区进行格式化操作。

例 7-9　使用 PartitionMagic 格式化硬盘。

❶ 在 PartitionMagic 主界面中，选择要格式化的分区，例如本例选择【本地磁盘(D:)】，然后选择【分区】|【格式化】命令，如图 7-45 所示。

❷ 随后打开【格式化分区-D】对话框，如图 7-46 所示。在【分区类型】下拉列表框中可以选择文件系统类型，在【卷标】文本框中可以设置分区的卷标，设置完成后单击【确定】按钮，即可将该操作挂起。

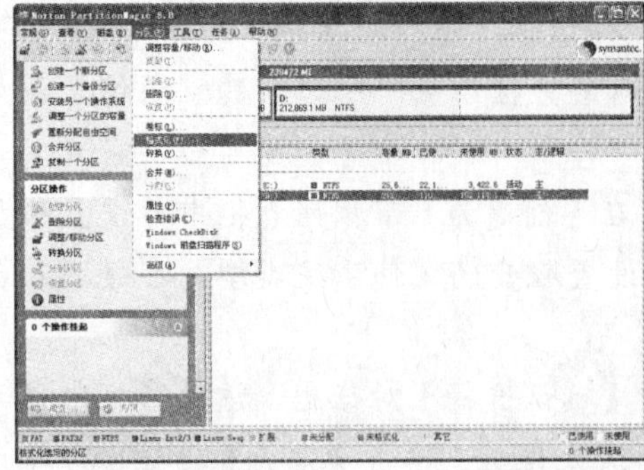
图 7-45　选择【分区】|【格式化】命令

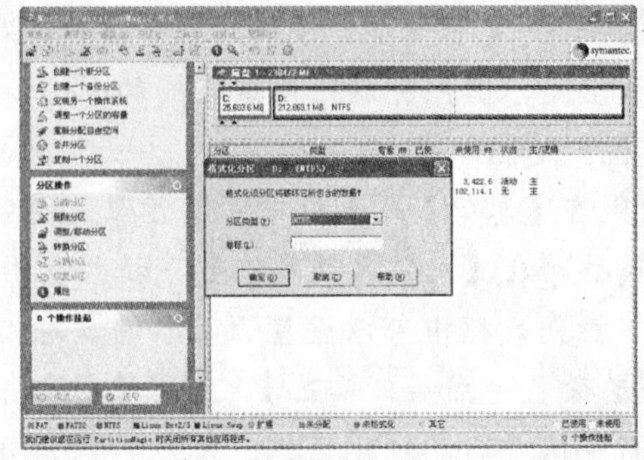
图 7-46　【格式化分区-D】对话框

本 章 小 结

本章主要介绍了电脑在安装操作系统之前所要做的一些准备工作，包括 BIOS 的设置和硬盘的初始化。

BIOS 是用来设置硬件的一组电脑程序，对 BIOS 进行正确的设置可以提高主板甚至整台电脑的性能，在安装操作系统之前设置 BIOS 是一项重要的工作，它不仅关系到系统的整体性能，而且还关系到是否能顺利地安装操作系统。

对于新组装的电脑来说，新的硬盘不能直接用来存储数据，必须对其进行分区和格式化操作。分区是指将硬盘分割为多个区域，以方便数据的存储与管理；格式化是指为各分区选择文件系统，并将划分的磁盘分区整理成可以用来存储数据的单元。下一章介绍操作系统的安装方法。

习　　题

填空题

1. BIOS 的中文名称是________。
2. BIOS 存放的载体是________。
3. 在 BIOS 的日期设置中，【Date(mm:dd:yy)】选项中的 mm 表示__________、dd 表示__________、yy 表示________。
4. 对硬盘的初始化指的是对硬盘进行________和________。
5. 常见的硬盘的文件系统有________、________和________ 3 种。

选择题

6. 进入 BIOS 设置的方法有(　　)。

   A. 开机时使用热键　　B. 使用系统提供的软件

   C. 使用可以读写 CMOS 的应用软件　　D. 以上都可以

7. 如果用户想要在 CMOS 中设定系统的日期和时间，应该进入(　　)菜单项。

   A. 【Standard CMOS Features】　　B. 【Advanced BIOS Features】

   C. 【Integrated Peripherals】　　D. 【Set Supervisor Password】

8. 如果用户需要使用光盘重新安装操作系统，那么首先要选择 BIOS 中的(　　)菜单项。

   A. 【Standard CMOS Features】　　B. 【Advanced BIOS Features】

   C. 【Integrated Peripherals】　　D. 【Set Supervisor Password】

9. 【Load Optimized Defaults】选项的含义是(　　)。

   A. 恢复出厂默认设置　　B. 装载最佳设置　　C. 装载历史设置　　D. 保存现有设置

10. 以下选项中的基本设置不能在【Standard CMOS Features】选项中设置的是(　　)

    A. 日期　　B. 时间　　C. 软硬盘规格　　D. 病毒警告

11. 以下哪项不是硬盘的初始化工具(　　)?

    A. Fdisk　　B. Partition Magic　　C. DM　　D. AM

简答题

12. BIOS 和 CMOS 的区别和联系有哪些？

13. 何种情况下需要进行 BIOS 设置？

14. 什么叫硬盘的初始化？

15. 常见的硬盘初始化工具有哪些？

上机操作题

16. 启动电脑并进入 BIOS 设置，根据第 7.1.7 节中的内容，熟悉 BIOS 主界面中菜单项的含义以及各个菜单项所包含的内容。

第 8 章

安装操作系统和驱动程序

本章介绍如何安装操作系统和电脑硬件的驱动程序。通过本章的学习，应该完成以下学习目标：

- ☑ 掌握 Windows XP 的全新安装方法
- ☑ 掌握 Windows XP 的自动安装方法
- ☑ 掌握 Windows 7 的全新安装方法
- ☑ 掌握 Windows 7 的升级安装方法
- ☑ 了解获取驱动程序的方法
- ☑ 熟悉驱动程序的安装流程
- ☑ 掌握主板、显卡和网卡驱动的安装方法
- ☑ 掌握驱动精灵的使用方法

8.1 安装操作系统

在组装完电脑的硬件以后，电脑还不能使用，还必须为其安装操作系统。操作系统(Operation System，OS)是最重要的系统软件，主要用来指挥和协调电脑中的各个硬件完成相应的指令。

8.1.1 全新安装 Windows XP

Windows XP 是最受电脑用户青睐的操作系统之一，它拥有友好漂亮的界面、强大的功能，并能稳定高效地运行，其最新版本为 Windows XP SP3。

Windows XP 的安装程序使用高度自动化的安装向导，用户不需要太多的工作就可以完成整个安装，其安装过程可分为收集信息、动态更新、准备安装、安装 Windows、完成安装 5 个步骤。

安装 Windows XP 操作系统的系统配置要求如下：

- CPU 时钟频率为 233MHz 以上。
- 内存容量最低为 128MB。
- 硬盘上需要预留出 1.5GB 的可用空间。
- 拥有 CD-ROM 或 DVD 驱动器。

- 具有 SVGA 或更高分辨率的监视器。
- 键盘和鼠标或兼容的输入设备。

下面具体介绍 Windows XP 操作系统的安装过程：

例 8-1 使用光盘安装 Windows XP 操作系统。

❶ 首先用户应在电脑的 BIOS 设置中将电脑的启动方式设置为“光盘启动”，具体设置方法参看第 7 章中第 7.1.7 节【Advanced BIOS Features】菜单项的相关设置。

❷ 设置完成后，将 Windows XP 操作系统的安装光盘插入到光驱中，重新启动电脑，然后程序将进入 Windows XP Professional 的安装界面，此时系统开始检测电脑中的硬件设备，如图 8-1 所示。

❸ 稍后电脑会自动进入 Windows XP 操作系统的安装界面，如图 8-2 所示。根据界面中的提示，按下 Enter 键，进入“Windows XP 的许可协议”界面，如图 8-3 所示。

图 8-1 开始检测电脑中的硬件

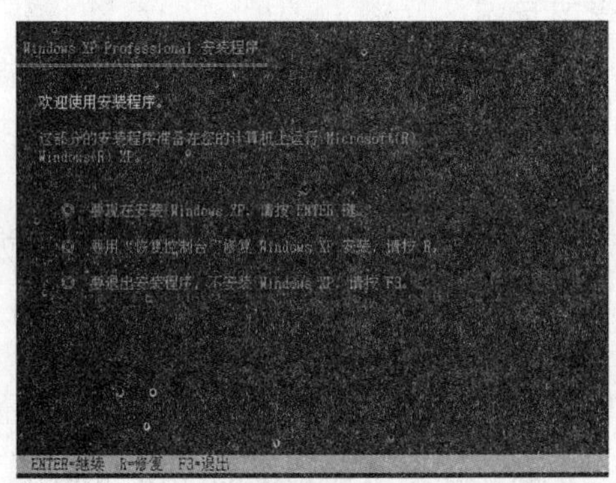

图 8-2 Windows XP 操作系统的安装界面

❹ 按下 F8 键，表示接受“Windows XP 的许可协议”的内容(注意：必须接受此协议否则安装无法进行)，然后进入系统安装分区的选择界面，如图 8-3 所示。

❺ 这时安装程序提示用户选择安装分区。如果用户的磁盘没有进行分区，在该界面的下方将显示为【未划分的空间】，如图 8-4 所示。此时按下 C 键，然后根据界面提示进行划分即可。

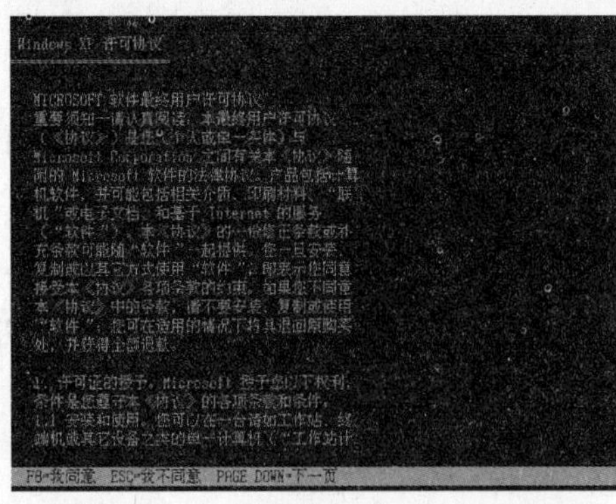

图 8-3 Windows XP 许可协议

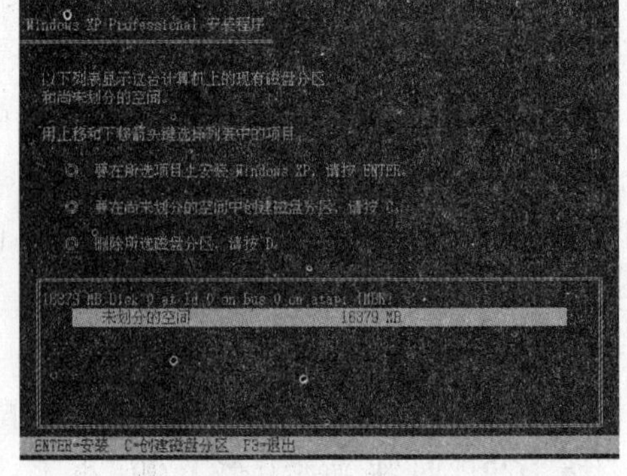

图 8-4 选择分区

❻ 划分完成后，进入选择文件格式界面，如图 8-5 所示。

❼ 在这里选择【用 NTFS 文件系统格式化磁盘分区】选项，然后按下 Enter 键，进

提示界面，提示用户是否继续进行格式化，如图 8-6 所示。

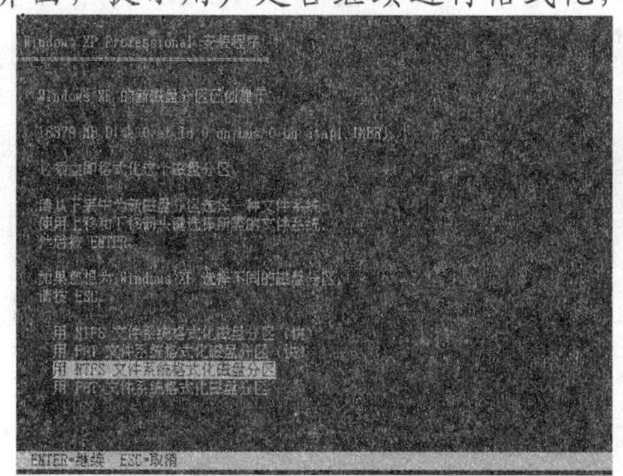
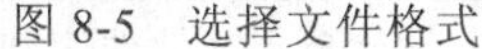

图 8-5　选择文件格式

图 8-6　提示格式化

❽ 此时继续按下 Enter 键，系统即开始按照选定的格式对硬盘进行格式化，如图 8-7 所示。格式化完成后，系统即开始复制 Windows XP 的安装文件，如图 8-8 所示。

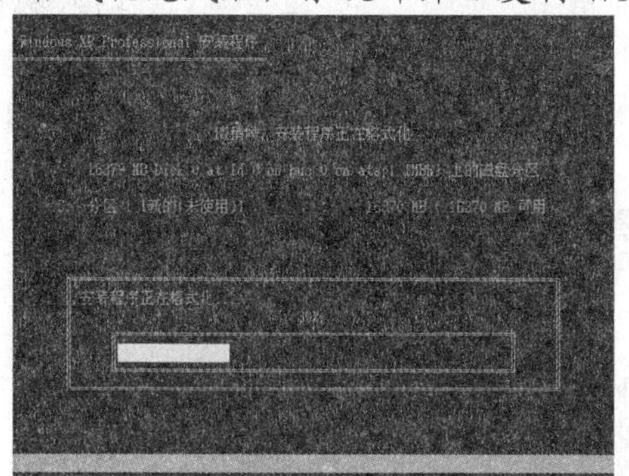

图 8-7　格式化硬盘

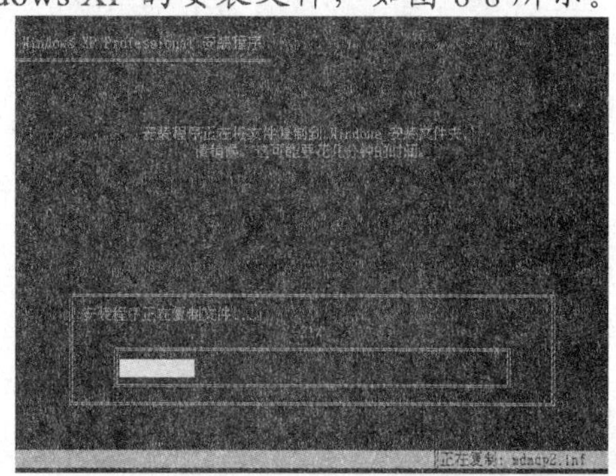

图 8-8　复制 Windows XP 的安装文件

❾ 文件复制完成后，电脑将自动重新启动，并进入 Windows 系统载入界面，如图 8-9 所示。

❿ 接下来，系统进入 Windows XP 的安装界面，如图 8-10 所示，在这个界面中用户不需要进行过多的操作，系统即会自动安装。

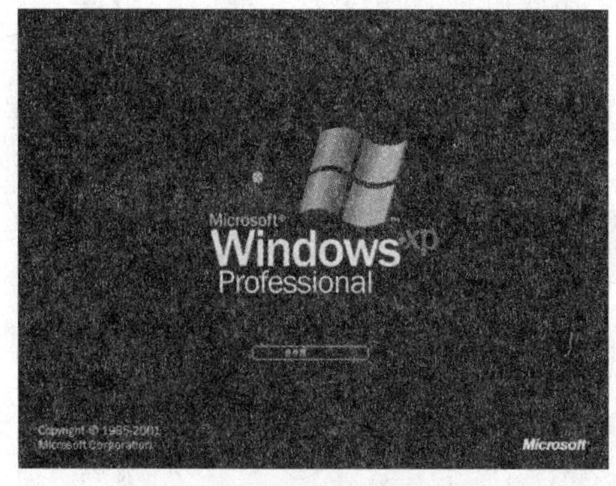

图 8-9　重启并载入系统

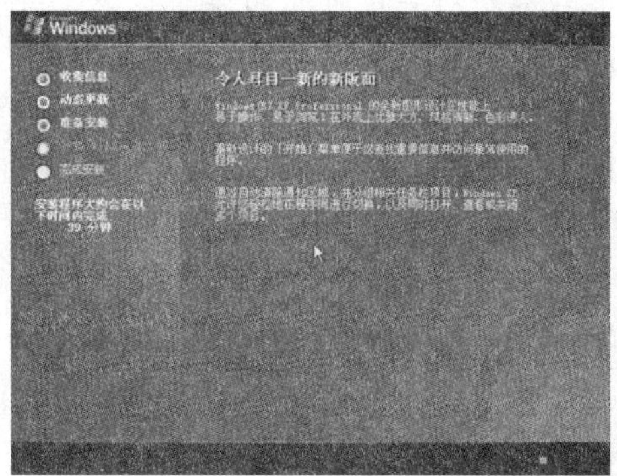

图 8-10　开始操作系统的安装

⓫ 稍后，系统会弹出【区域和语言选项】对话框，如图 8-11 所示，保持默认设置，单击【下一步】按钮即可。

⓬ 安装进行一段时间后，系统会弹出【自定义软件】对话框，如图 8-12 所示，用户

按照界面上的提示输入姓名和单位即可。然后单击【下一步】按钮，系统继续进行安装。

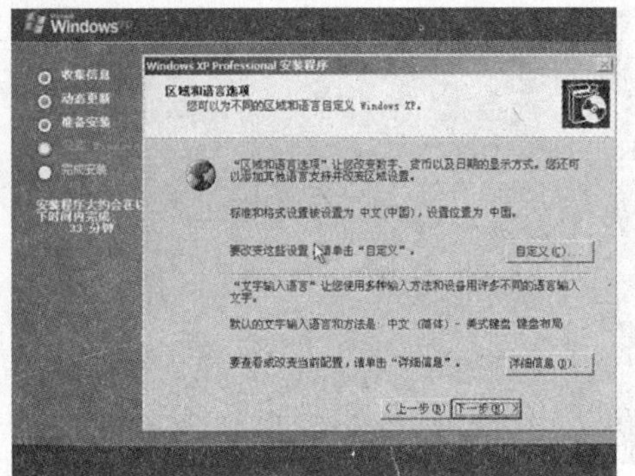

图 8-11　选择区域和语言

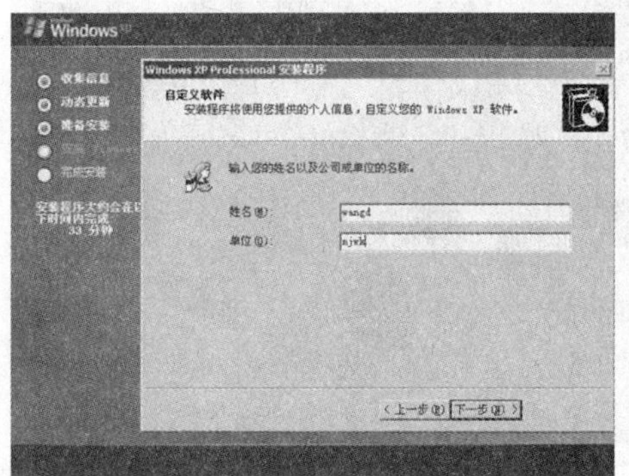

图 8-12　设定自定义软件信息

⓭ 稍后，系统弹出【您的产品密钥】对话框，要求用户输入产品密钥，如图 8-13 所示。密钥共 25 个字符，分成 5 段，每段 5 个字符并且中间用“-”连接。正确输入密钥后，单击【下一步】按钮，系统继续进行安装。

⓮ 安装的过程中会弹出【计算机名和系统管理员密码】对话框，要求用户设置计算机名和系统管理员密码，如图 8-14 所示。设置完成后，单击【下一步】按钮。

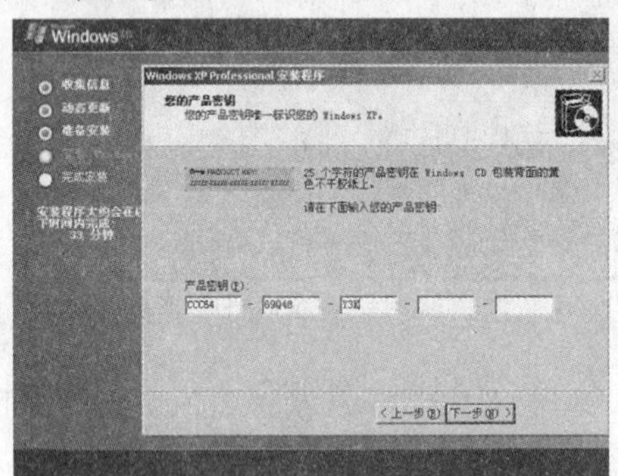

图 8-13　输入产品密钥

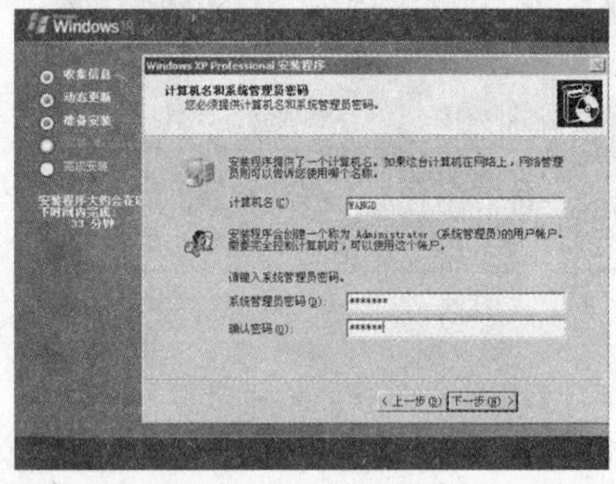

图 8-14　设置计算机名和系统管理员密码

⓯ 系统在进行一段时间的安装后会弹出【日期和时间设置】对话框，如图 8-15 所示，保持默认设置，单击【下一步】按钮。

⓰ 间隔一段时间后，系统弹出【网络设置】对话框，如图 8-16 所示。选择【典型设置】单选按钮，然后单击【下一步】按钮。

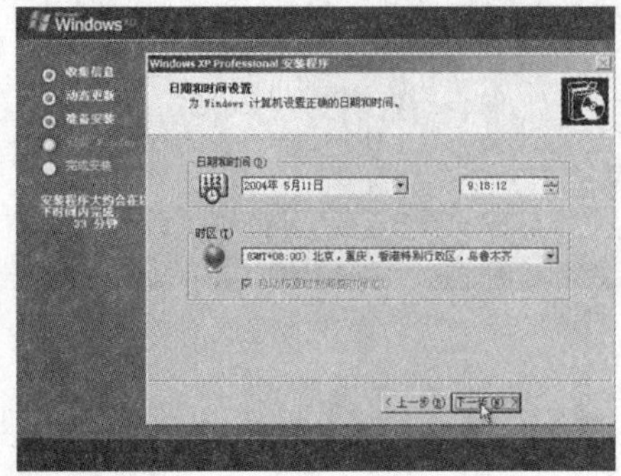

图 8-15　设置日期和时间

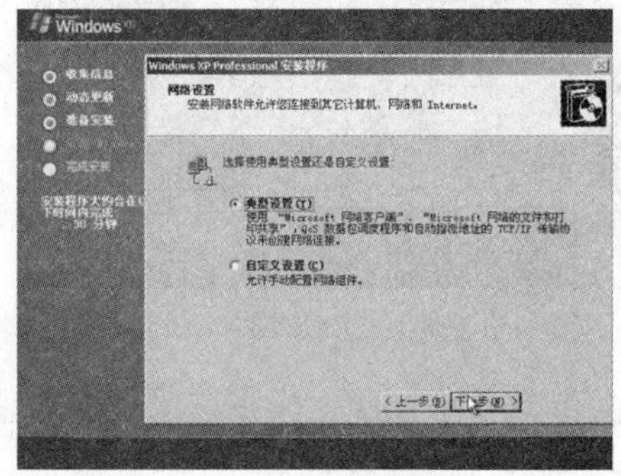

图 8-16　选择网络设置

⑰ 接下来系统会弹出【工作组或计算机域】对话框，如图 8-17 所示。选择【不，此计算机不在网络上，或者在没有域的网络上。把此计算机成为下列工作组的一个成员(W):】单选按钮，然后在它下面的文本框中输入工作组的名称。输入完成后单击【下一步】按钮，系统进入安装的最后阶段。如图 8-18 所示。

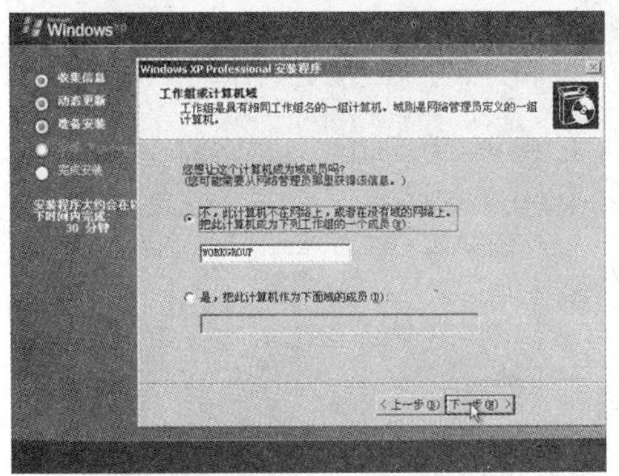

图 8-17　设置工作组或计算机域

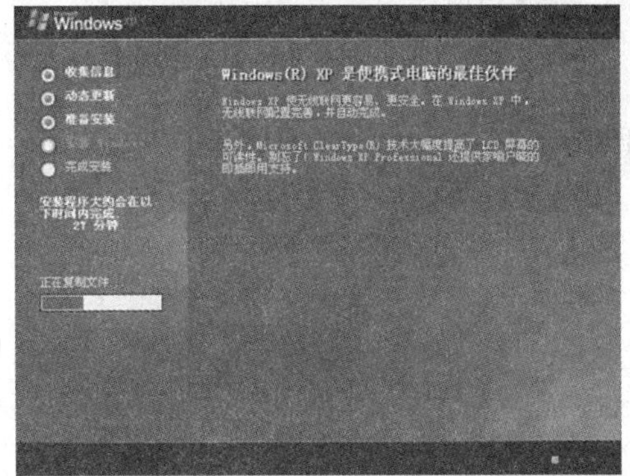

图 8-18　进入安装的最后阶段

⑱ 安装完成后，系统将进入欢迎界面，单击“问号”按钮可以了解 Windows XP 的相关信息，这里单击【下一步】按钮，如图 8-19 所示。

⑲ 在打开的界面中，选择【现在通过启用自动更新帮助保护我的电脑】单选按钮，然后单击【下一步】按钮，如图 8-20 所示。

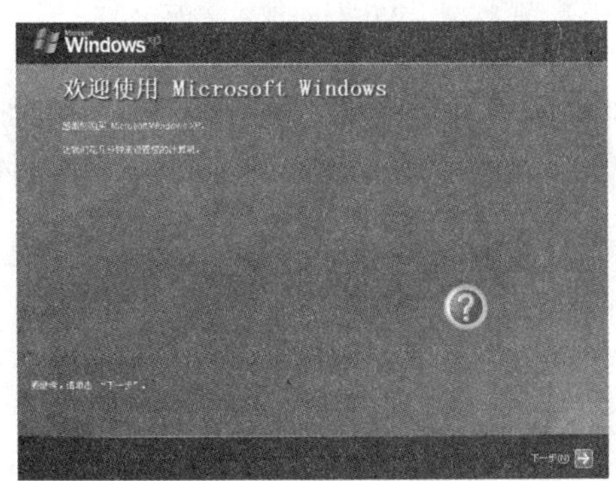

图 8-19　欢迎界面

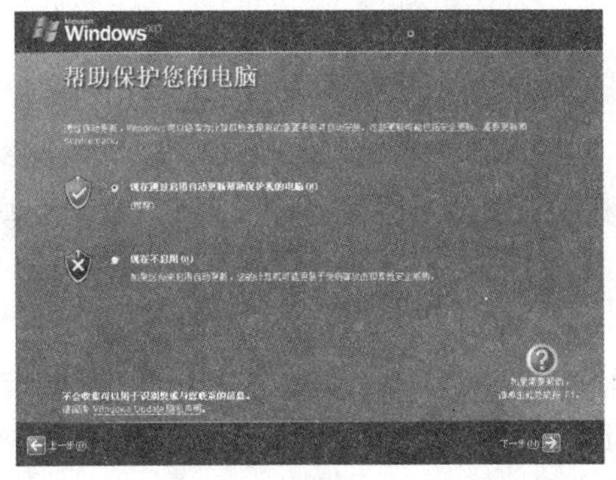

图 8-20　是否启用自动更新

⑳ 此时打开设置 Internet 连接的界面，如果用户希望登录 Windows XP 后就可以畅游 Internet，此时可以进行相关的网络设置。如果用户暂时不想设置网络，也可以在安装完系统后设置，这里单击【跳过】按钮，如图 8-21 所示。

㉑ 在打开的界面中，选择【否，现在不注册】单选按钮，然后单击【下一步】按钮略过注册，如图 8-22 所示。

㉒ 在打开的界面中，可以设置管理用户的名称，Windows XP 一共提供了 5 个用户设置，用户设置的越多，占用的资源也就越多，这里建议设置一个用户名称，然后单击【下一步】按钮，如图 8-23 所示。

㉓ 完成以上设置后在打开的界面中单击【完成】按钮，即可进入 Windows XP 的桌面系统，完成安装 Windows XP 系统的操作，如图 8-24 所示。

图 8-21　Internet 连接界面

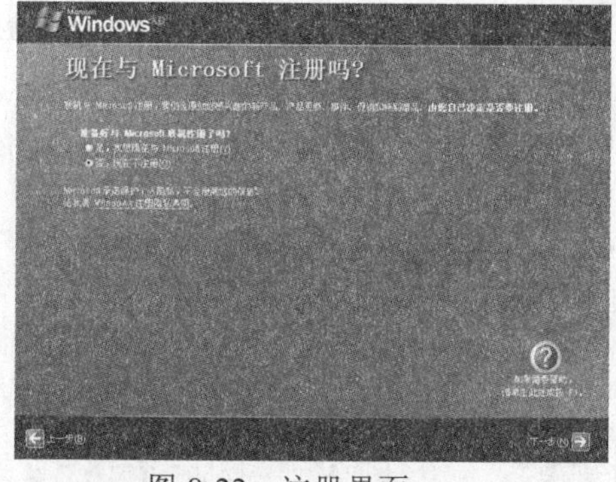

图 8-22　注册界面

图 8-23　设置用户

图 8-24　Windows XP 桌面

当用户看到图 8-24 所示的画面时，说明 Windows XP 操作系统已经成功安装。此时在任务栏上会出现“漫游 Windows XP”的图标，双击这个小图标就可以打开一个多媒体教程，在其中详细介绍了 Windows XP 的新增功能。

8.1.2　自动安装 Windows XP

自动安装 Windows XP 也称无人值守安装，它主要是指使用 Setup Manager(安装管理器)这个工具生成自动应答文件，然后实现无人管理的自动安装方式。

1. 创建自动安装的脚本文件

要实现无人值守的自动安装，首先要创建一个自动安装的脚本文件，这个脚本文件可以通过 Windows XP 的安装光盘来创建。

例 8-2 创建自动安装 Windows XP 操作系统的脚本文件。

❶ 将 Windows XP 的安装光盘放入光驱，然后使用 WinRAR 解压缩软件，打开光盘中的 SUPPORT\TOOLS\DEPLOY.CAB 文件，如图 8-25 所示。

❷ 在 WinRAR 中的压缩文件列表中，双击压缩包中的 setupmgr.exe 文件，打开【欢迎使用安装管理器】对话框，如图 8-26 所示。

❸ 在【欢迎使用安装管理器】对话框中单击【下一步】按钮。

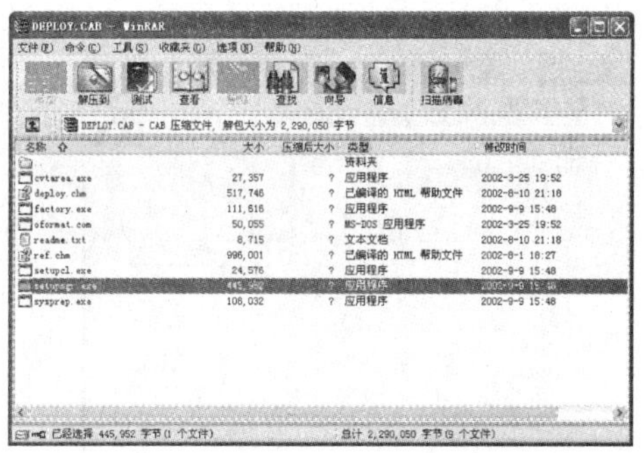

图 8-25　解压文件

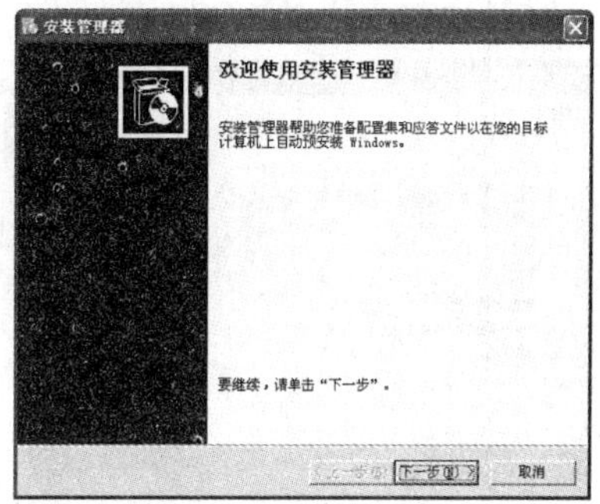

图 8-26　欢迎界面

❹ 打开【新的或现有的应答文件】对话框，选择【创建新文件】单选按钮，然后单击【下一步】按钮，如图 8-27 所示。

❺ 打开【安装的类型】对话框，在其中选择【无人参予安装】单选按钮，然后单击【下一步】按钮，如图 8-28 所示。

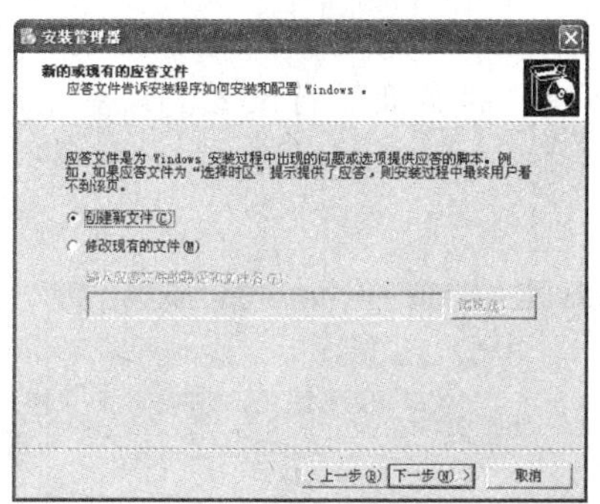

图 8-27　【新的或现有的应答文件】对话框

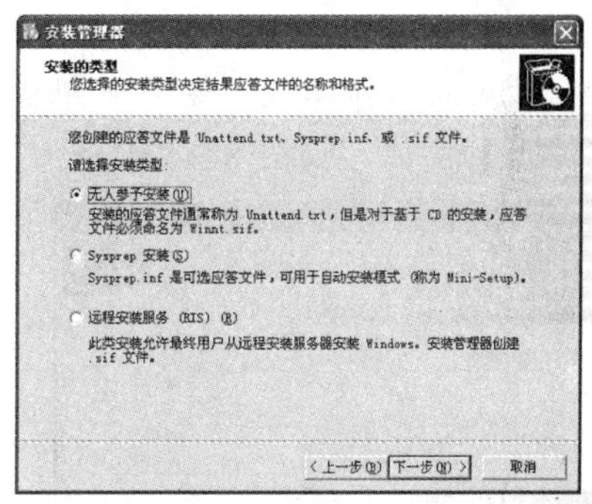

图 8-28　【安装的类型】对话框

❻ 打开【产品】对话框，选择【Windows XP Professional】单选按钮，然后单击【下一步】按钮，如图 8-29 所示。

❼ 打开【用户交互】对话框，在其中选择【全部自动】单选按钮，然后单击【下一步】按钮，如图 8-30 所示。

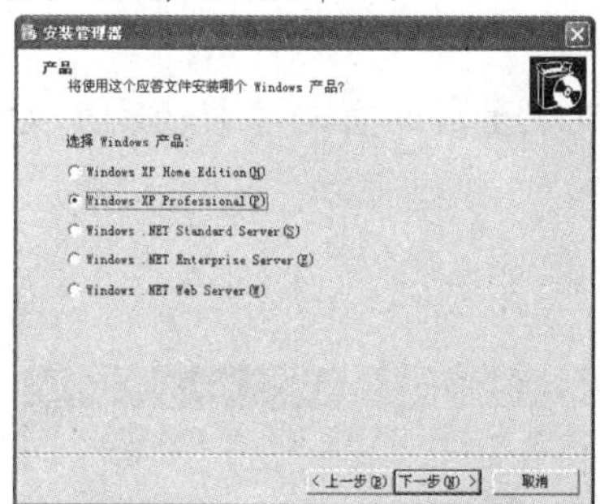

图 8-29　【产品】对话框

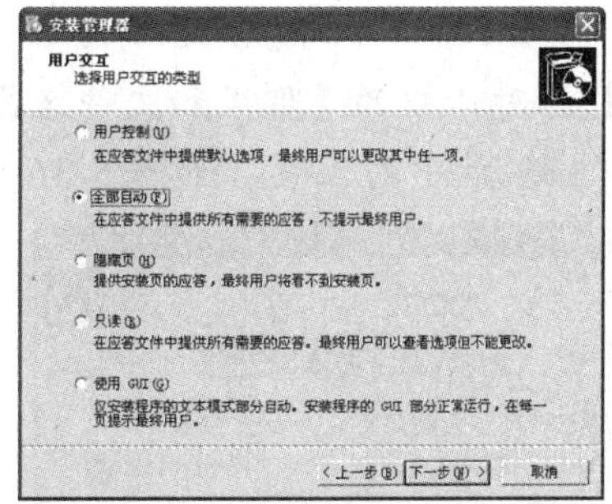

图 8-30　【用户交互】对话框

❽ 打开【分布共享】对话框，选择【创建新的分布共享】单选按钮，然后单击【下一步】按钮，如图 8-31 所示。

❾ 打开【设置文件的位置】对话框，在对话框中选择【从下列文件夹】单选按钮，然后在下方的文本框中输入 Windows XP 系统安装光盘中的 I386 文件夹的路径，最后单

击【下一步】按钮，如图 8-32 所示。

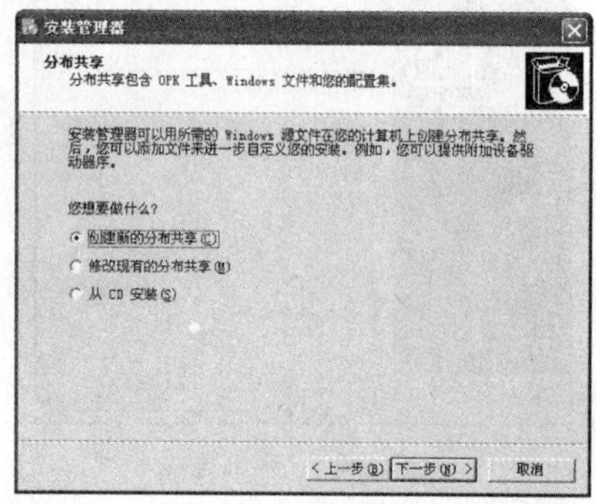

图 8-31 【分布共享】对话框

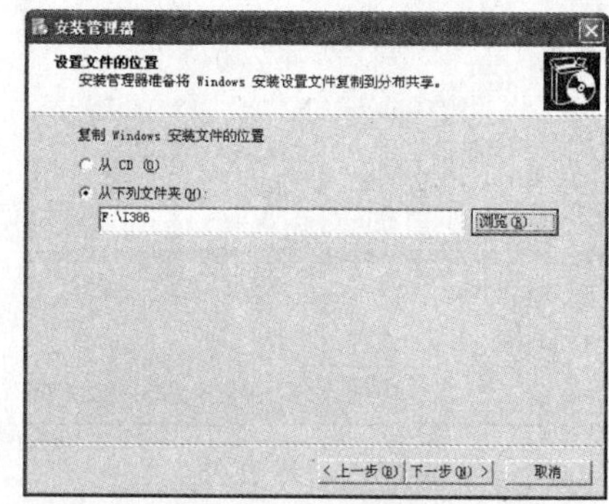

图 8-32 【设置文件的位置】对话框

⑩ 打开【分布共享的位置】对话框，在【分布共享位置】文本框中输入分布共享的位置，在【共享为】文本框中输入“Windows XP”，然后单击【下一步】按钮，如图 8-33 所示。

⑪ 在打开对话框左侧的列表中有多个配置选项可供选择，在对话框的右侧可以配置各个选项所对应的具体参数。用户可根据需要对各个选项的参数进行设置。设置完成后单击【下一步】按钮，如图 8-34 所示。

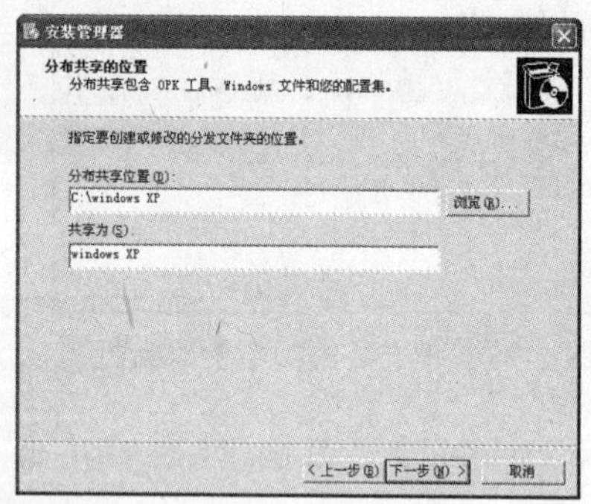

图 8-33 【分布共享的位置】对话框

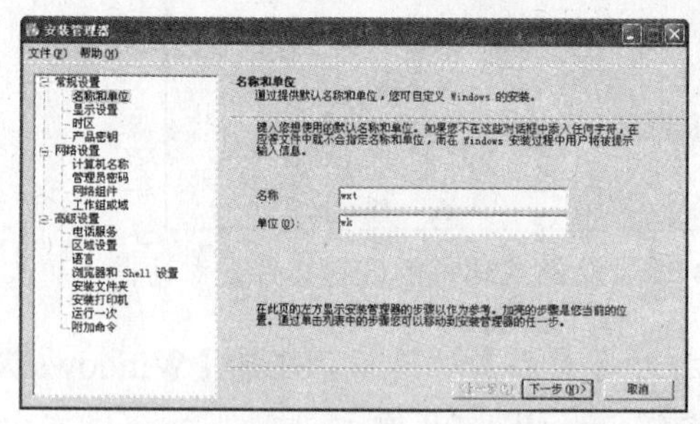

图 8-34 【安装管理器】对话框

⑫ 打开【许可协议】对话框，在该对话框中选中【我接受许可协议】复选框，然后单击【下一步】按钮，如图 8-35 所示。

⑬ 在打开对话框的【路径和文件名】文本框中，设置生成的自动安装的脚本文件所要保存在电脑磁盘中的位置，如图 8-36 所示。

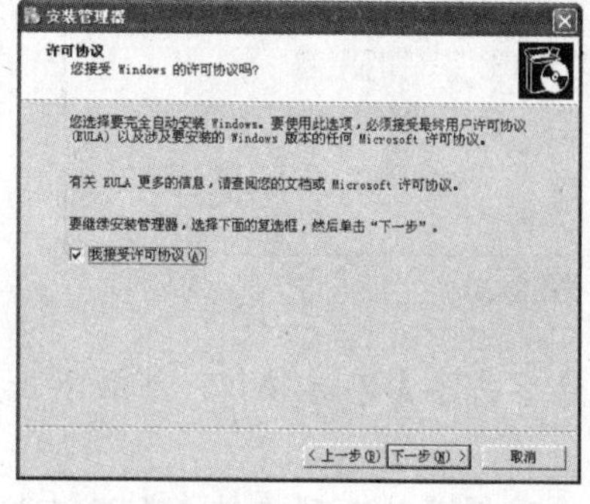

图 8-35 【许可协议】对话框

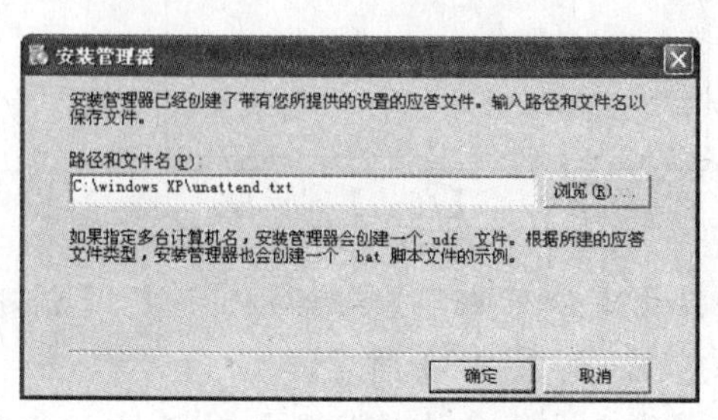

图 8-36 设置路径

⓮ 上图所示的对话框中的默认路径是在开始设置的分布文件夹下面，如果用户需要修改默认路径，可以单击对话框中的【浏览】按钮重新设置。

注意：复制文件需要一段时间，实际上系统在此步就是为了把上面设置的信息复制到自动应答文件中，从而实现无人管理的自动安装。因此，在进行系统设置时，建议用户一次性正确输入信息，否则在安装的时候可能会出现问题。

⓯ 完成以上设置后，在开始设置的分布共享文件夹目录中系统将生成自动应答文件和一个批处理文件 unattend.bat，如图 8-37 所示。

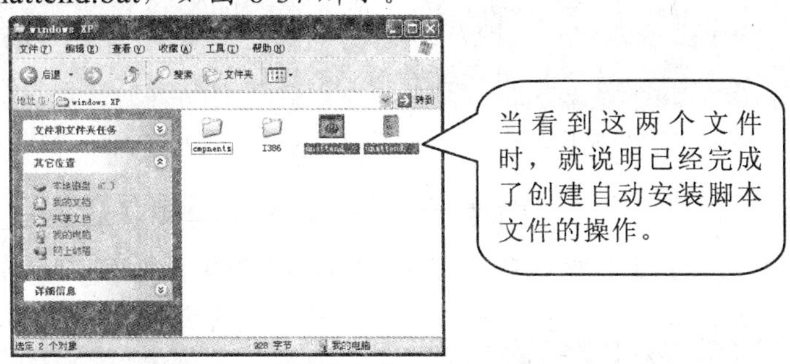

图 8-37 已生成的文件

2. 开始自动安装 Windows XP

自动安装的脚本文件创建完成后，就可以通过这个脚本文件来自动安装操作系统了。方法是：首先将 Windows XP 的安装光盘放入到光驱中，然后找到之前设置的自动应答文件保存路径，双击批处理文件 unattend.bat，便可以开始进行全自动安装 Windows XP 了。在自动安装的过程中，用户不需要进行任何操作即可自动完成 Windows XP 系统的安装。

8.1.3 全新安装 Windows 7

Windows 7 是微软公司推出的 Windows 操作系统的最新版本，与其之前的版本相比，Windows 7 不仅具有靓丽的外观和桌面，而且操作更方便、功能更强大。

安装 Windows 7 操作系统的系统配置要求如下：

- 处理器：1GHz 或更快的 32 位(x86)或 64 位(x64)处理器。
- 内存：1GB(基于 32 位)或 2GB 物理内存(基于 64 位)。
- 硬盘：16 GB(基于 32 位)或 20 GB 可用硬盘空间(基于 64 位)。
- 显卡：带有 WDDM 1.0 或更高版本驱动程序的 DirectX 9 图形设备。
- 显示设备：屏幕纵向分辨率不低于 768 像素。

如果要使用 Windows 7 的一些高级功能，则还需要满足额外的硬件标准。

例如要使用 Windows 7 的触控功能和 Tablet PC，需要使用支持触摸功能的屏幕；要完整地体验 Windows 媒体中心，则需要电视卡和 Windows 媒体中心遥控器。

下面具体介绍 Windows 7 操作系统的安装。

例 8-3 使用光盘安装 Windows 7 操作系统。

❶ 将电脑的启动方式设置为光盘启动，然后将光盘放入到光驱中。重新启动电脑后，系统开始加载文件，如图 8-38 所示。

❷ 文件加载完成后，将打开图 8-39 所示的界面，在该界面中，用户可选择要安装的

语言、时间和货币格式以及键盘和输入方法等。

图 8-38　开始加载文件

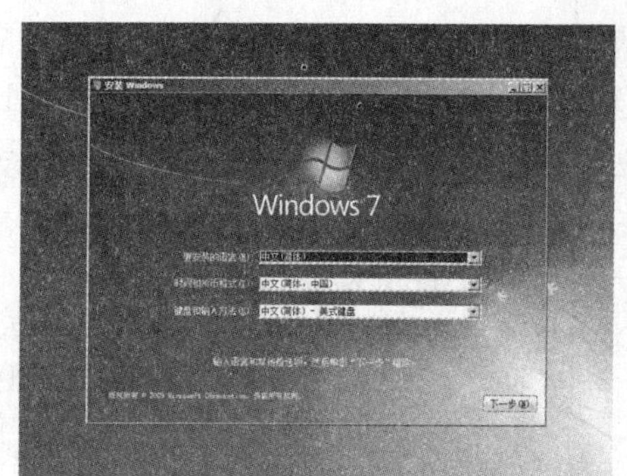

图 8-39　选择安装选项

❸ 选择完成后，单击【下一步】按钮，打开图 8-40 所示的界面。

❹ 单击【现在安装】按钮，打开【请阅读许可条款】界面，如图 8-41 所示。在该界面中必须要选中【我接受许可条款】复选框，才能继续安装。

图 8-40　开始安装界面

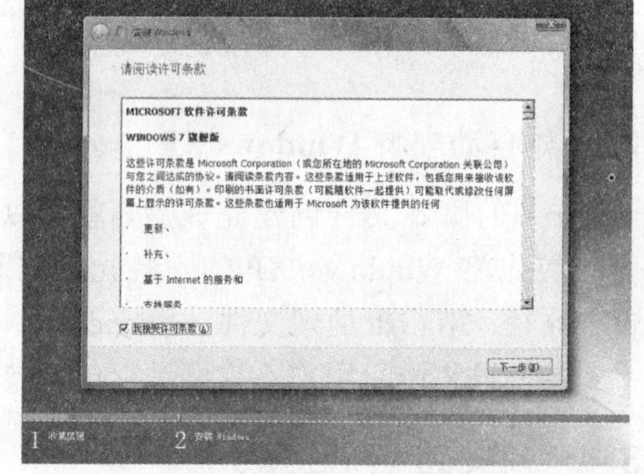

图 8-41　许可条款

❺ 单击【下一步】按钮，打开【您想进行何种类型的安装】界面，有【升级】和【自定义(高级)】两种选择，如图 8-42 所示。

❻ 选择【自定义(高级)】选项，随后开始选择要安装的目标分区，在此选择系统分区选项，如图 8-43 所示。

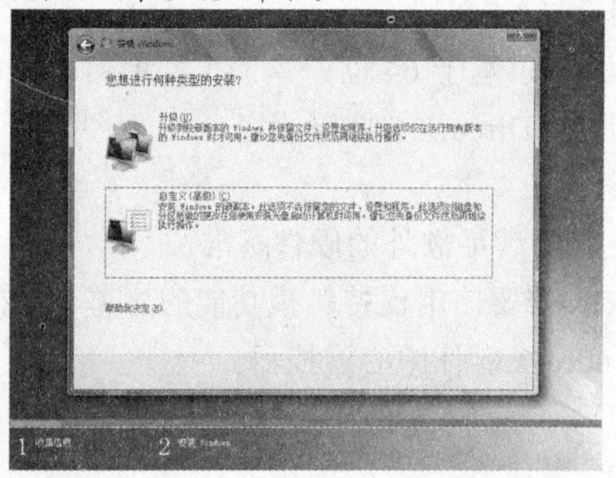

图 8-42　选择安装方式

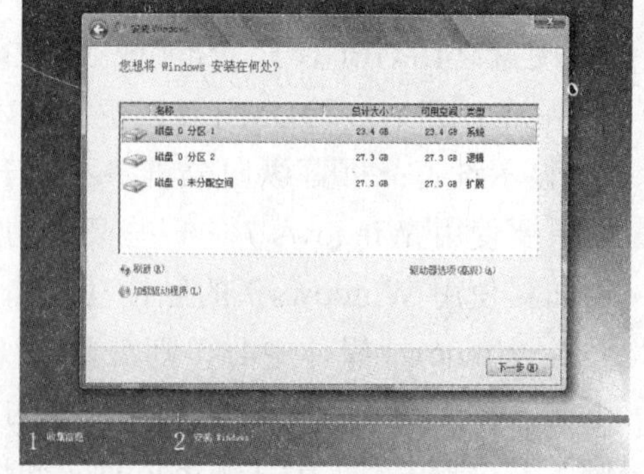

图 8-43　选择安装位置

❼ 单击【下一步】按钮，开始复制文件并安装 Windows 7，如图 8-44 所示，这个过程大概需要 15~25 分钟的时间(与计算机性能相关)。在安装的过程中，系统会多次重新启

动，用户无需参与。

❽ 安装结束后将进入系统的后期设置阶段，在打开的图 8-45 所示的界面中，可设置用户名和计算机名。

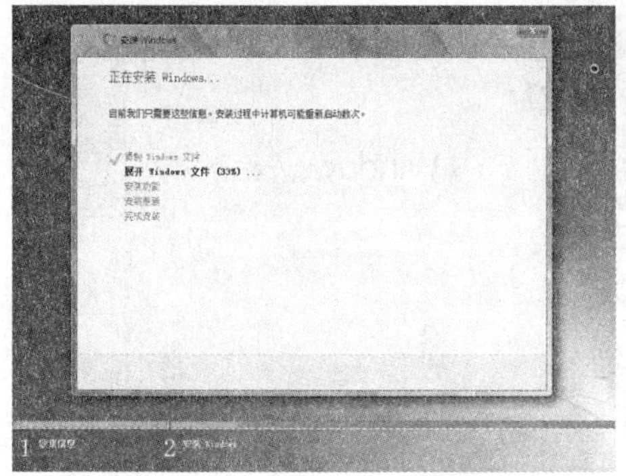

图 8-44　开始复制文件并安装

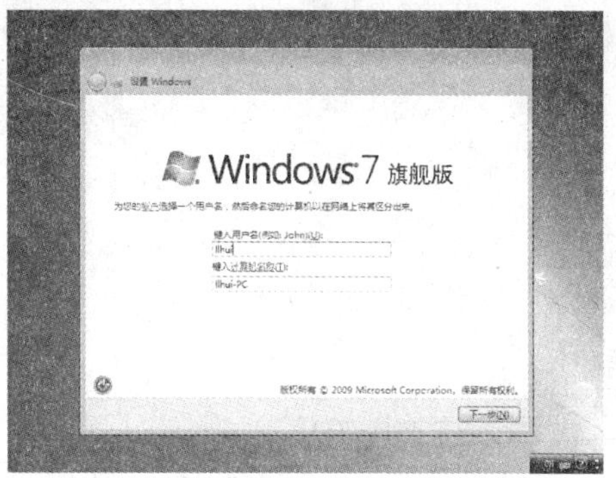

图 8-45　设置计算机名

❾ 单击【下一步】按钮，打开设置账户密码界面，如图 8-46 所示，用户可根据需要设置用户密码，也可不设置，直接单击【下一步】按钮。

❿ 单击【下一步】按钮，要求用户输入产品密钥，如图 8-47 所示(产品密钥用户可在光盘的包装盒上找到)，也可单击【下一步】按钮跳过，待登录桌面后再进行操作。

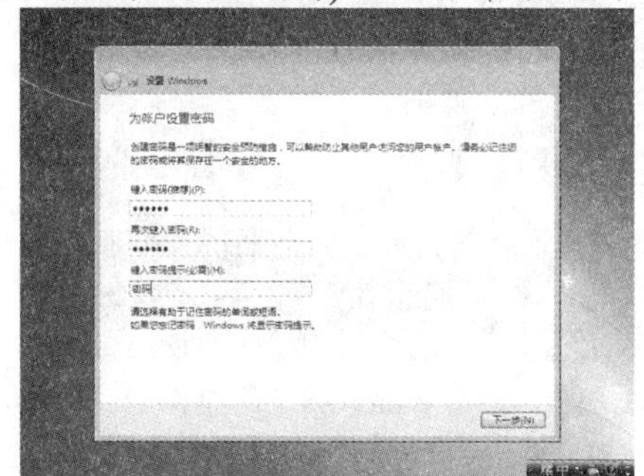

图 8-46　设置密码

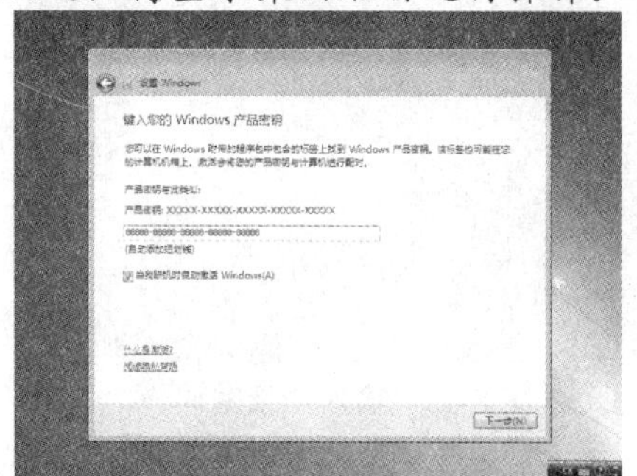

图 8-47　输入产品密钥

⓫ 随后设置 Windows 更新，这里选择【使用推荐设置】选项，如图 8-48 所示。如果现在还不确定选择哪种更新方式，可选择【以后询问我】选项，但建议用户在登录系统后及时进行相应的设置。

⓬ 然后设置系统的日期和时间，通常保持默认设置即可，如图 8-49 所示。

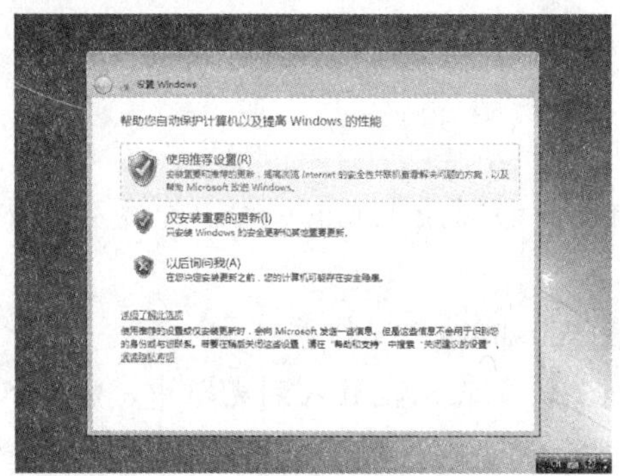

图 8-48　选择更新方式

图 8-49　设置时间和日期

⑬ 单击【下一步】按钮，设置电脑的网络位置，其中共有【家庭网络】、【工作网络】和【公用网络】3 种选择，本例选择【家庭网络】，如图 8-50 所示。

⑭ 接下来 Windows 7 会启用刚才的设置，并显示图 8-51 所示的界面。

图 8-50　设置网络位置

图 8-51　启用设置

⑮ 稍后打开 Windows 7 的登录界面，如图 8-52 所示，输入正确的登录密码后，按下 Enter 键，即可进入 Windows 7 的桌面系统。图 8-53 所示即为 Windows 7 的默认桌面。

图 8-52　输入登录密码

图 8-53　Windows 7 的桌面

8.1.4　升级安装 Windows 7

如果用户电脑上已经安装了 Windows Vista 等旧版本 Windows 操作系统，则可以通过升级安装的方式为电脑安装 Windows 7 操作系统。

需要注意的是，并不是所有旧版本的 Windows 操作系统都支持升级安装，首先应了解升级对应的系统版本。具体对应情况如下。

- Windows Vista 家庭高级版→Windows 7 家庭高级版。
- Windows Vista 商用版→Windows 7 专业版。
- Windows Vista 旗舰版→Windows 7 旗舰版。

Windows Vista 家庭普通版、Windows Vista Starter 版以及 Windows XP 全系列版本均不支持升级安装到 Windows 7。

例 8-4　在 Windows Vista 操作系统中升级安装 Windows 7 操作系统。

❶ 启动 Windows Vista 操作系统。将 Windows 7 的安装光盘放入到光驱中，然后双击其中的 setup.exe 文件。启动安装程序，如图 8-54 所示。

❷ 启动安装程序，并单击【现在安装】按钮，如图 8-55 所示。

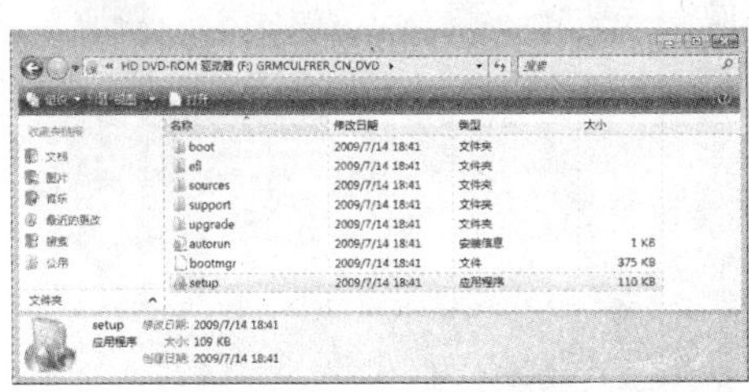
图 8-54　启动安装程序

图 8-55　安装界面

❸ 开始复制安装文件并启动安装程序，如图 8-56 所示。

❹ 稍后打开图 8-57 所示的界面，建议用户选择【联机以获取最新安装更新(推荐)】选项。

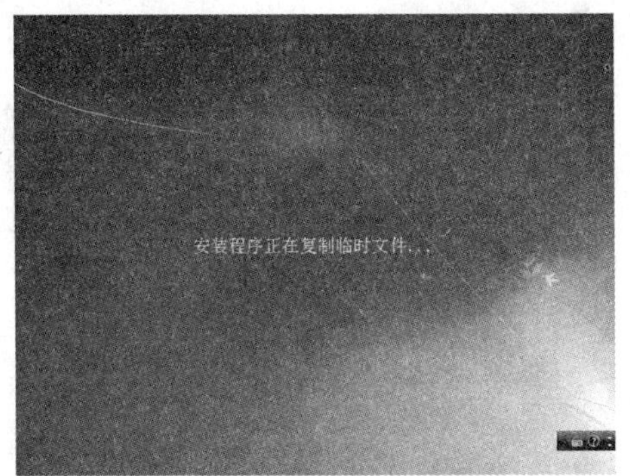

图 8-56　正在复制文件

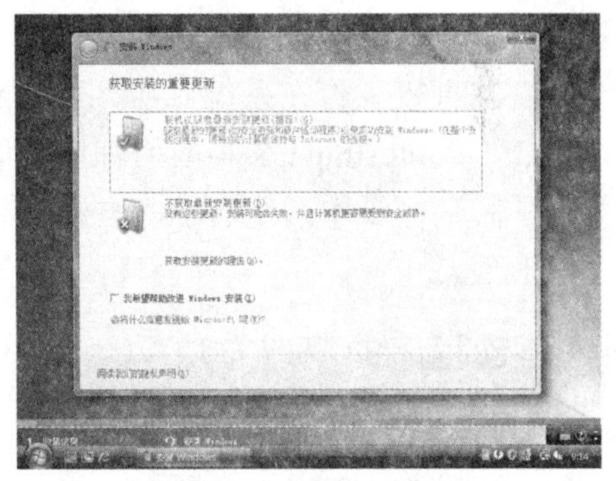

图 8-57　是否获取更新界面

❺ 接下来开始从互联网上搜索并下载更新文件，如图 8-58 所示。下载完成后将打开【请阅读许可条款】界面。

❻ 在该界面中选中【我接受许可条款】复选框，然后单击【下一步】按钮，如图 8-59 所示。

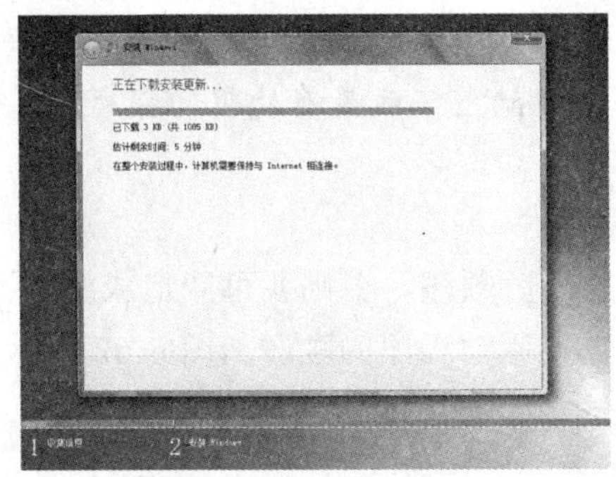

图 8-58　正在复制文件

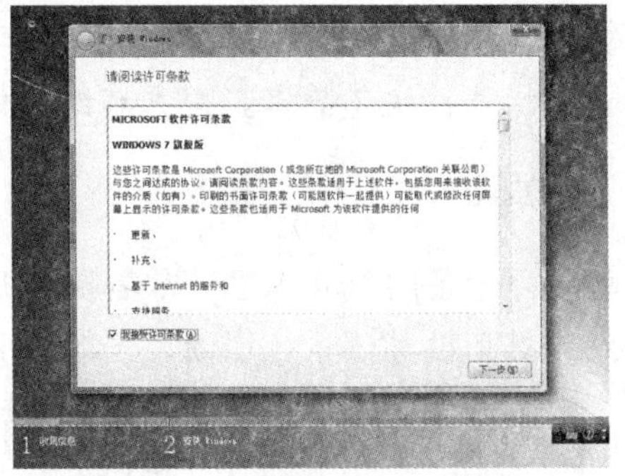

图 8-59　选择接受许可条款

❼ 接下来选择安装的方式，在此选择【升级】选项，如图 8-60 所示。

❽ 选择完成后，接下来的安装步骤和全新安装 Windows 7 的步骤类似，如图 8-61

所示，用户可参考“例 8-3”中的操作安装即可。

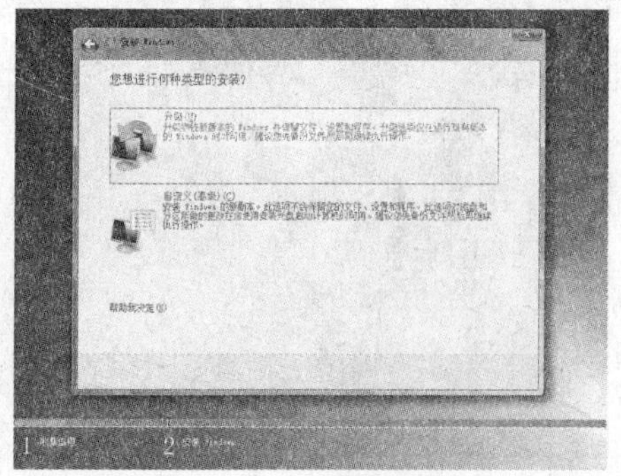

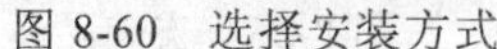

图 8-60　选择安装方式

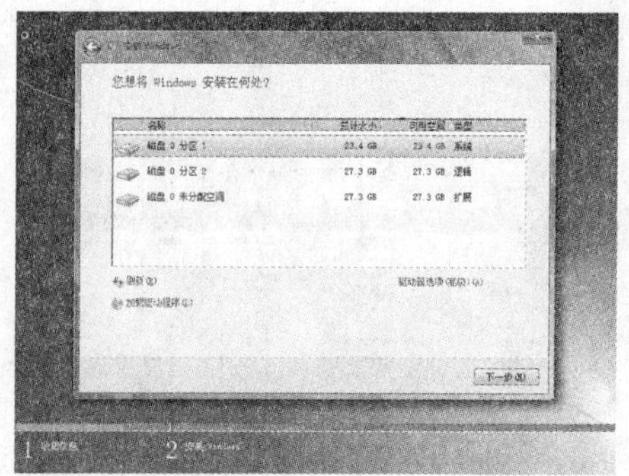

图 8-61　选择安装位置

8.2　安装驱动程序

驱动程序是硬件设备和软件(包括操作系统和应用程序)之间沟通的桥梁，它们与系统紧密结合，并直接工作在系统底层。驱动程序与用户平常所使用的 Office 2007、Internet Explorer 8.0、Photoshop CS 等应用程序不同，它们既没有自己的图形界面，也不能随时启动、关闭，而是在操作系统启动时自动加载，并作为操作系统的一部分运行，这个过程不需要用户干预。

8.2.1　驱动程序的获取方法

获取驱动程序，一般来说有以下几种途径：

- 硬件厂商提供的驱动程序：一般来说，购买各类硬件时，硬件厂商会以光盘或软盘的形式附送给用户针对该硬件的驱动程序。
- Windows 自带的驱动程序：Windows 还为常用设备提供了一些大众化的驱动程序，例如键盘、鼠标和一些知名厂商生产的声卡、显卡等的驱动程序。
- 通过 Internet 下载的驱动程序：硬件厂商将最新的驱动程序上传到互联网上，供用户下载，方便用户的使用。

注意：如果用户电脑的硬件比较陈旧，则购机时附赠的光盘中的驱动程序可能与 Windows 7 操作系统不兼容，用户可到硬件厂商的网站上下载最新的驱动程序。

8.2.2　安装驱动程序的顺序

安装硬件设备的驱动程序通常需要遵循一定的先后顺序，否则就可能造成资源冲突，从而导致频繁死机甚至系统崩溃。一般情况下，安装驱动程序的顺序如图 8-62 所示。

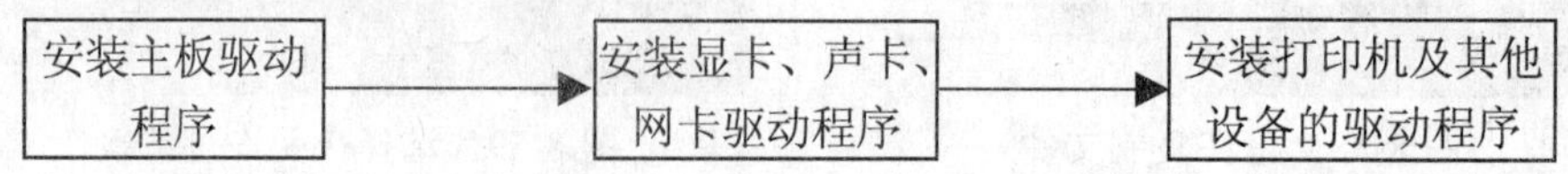

图 8-62　安装驱动程序的顺序

- 第一步，安装主板驱动程序，此外若主板集成了声卡与网卡芯片，还要安装相关驱动程序。
- 第二步，安装显卡驱动程序，若用户购买了独立声卡，还要安装声卡驱动程序等。
- 第三步，安装摄像头、打印机以及其他电脑外围设备的驱动程序。

8.2.3　安装主板驱动程序

新买来的主板都带有主板驱动程序的光盘，下面来介绍安装主板驱动程序的方法。

例 8-5　以富士康主板为例安装主板驱动程序。

❶ 将带有主板驱动程序的光盘插入到光驱中，稍后打开图 8-63 所示的界面。

❷ 单击【驱动程序安装按钮】，打开图 8-64 所示的界面。

图 8-63　初始界面

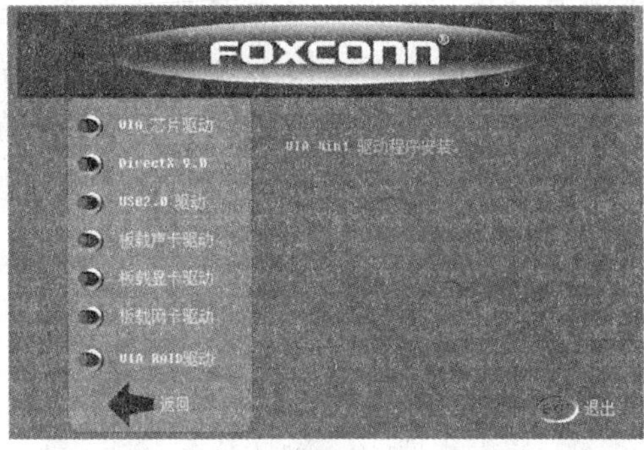

图 8-64　选择驱动程序

❸ 单击【VIA 芯片驱动】按钮，进入主板驱动程序的安装界面，如图 8-65 所示。

❹ 单击【Next】按钮，打开【安装协议】对话框，如图 8-66 所示。

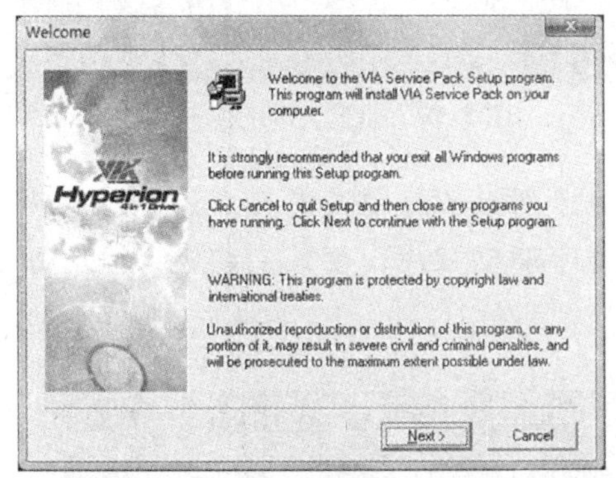

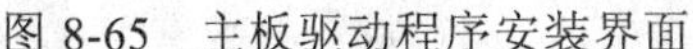

图 8-65　主板驱动程序安装界面

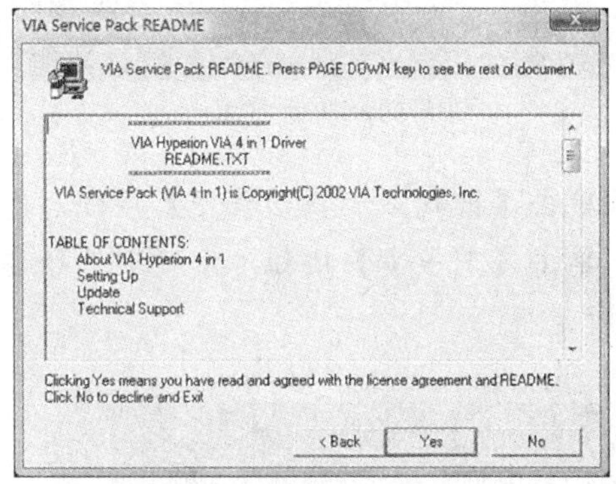

图 8-66　安装协议

❺ 阅读完安装协议后，单击【YES】按钮，打开图 8-67 所示的对话框。

❻ 在该对话框中选择【Normal Installation】单选按钮，然后单击【Next】按钮，打开图 8-68 所示的对话框。

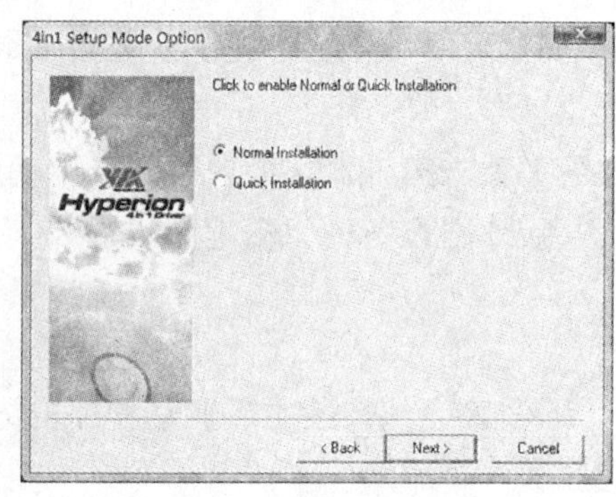

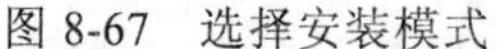
图 8-67　选择安装模式

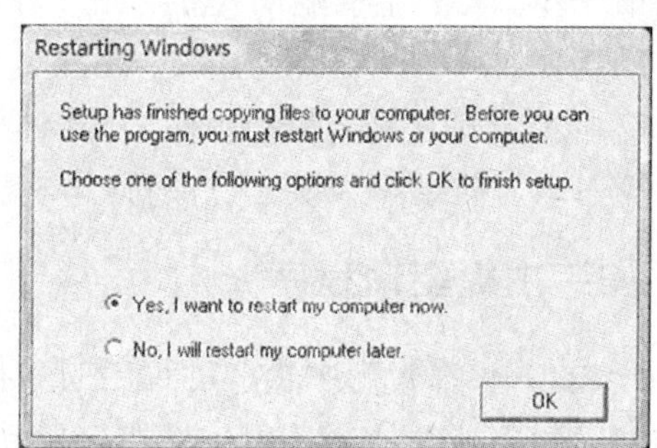

图 8-68　安装完成

❼ 选择【Yes，I want to restart my computer now】单选按钮，然后单击【OK】按钮，电脑重新启动后，主板驱动程序即安装完成。

如果主板集成声卡、网卡、显卡芯片，则在主板驱动程序光盘中还会附带这些集成芯片的驱动程序。用户若要使用这些主板集成的芯片，就需要为它们安装驱动程序。

例 8-6 以富士康主板为例安装板载声卡驱动程序。

❶ 将带有主板驱动程序的光盘插入到光驱中，稍后弹出图 8-69 所示的界面。

❷ 单击【驱动程序安装按钮】，打开图 8-70 所示的界面。

图 8-69　初始界面

图 8-70　选择驱动程序

❸ 单击【板载声卡驱动程序】按钮，打开声卡驱动程序安装界面，如图 8-71 所示。

❹ 单击【下一步】按钮，系统即开始安装声卡驱动程序，安装完成后，打开图 8-72 所示的对话框。

图 8-71　声卡驱动程序的安装界面

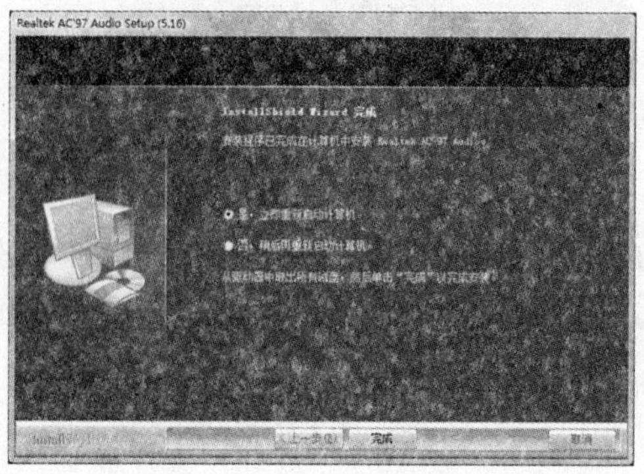

图 8-72　安装完成

❺ 选择【是，立即重新启动计算机】单选按钮，然后单击【完成】按钮，电脑重新启动后，声卡驱动程序即安装完成。

板载显卡和网卡的驱动程序和板载声卡驱动程序的安装过程相似，可参照例 8-6 的步骤进行安装，在此不再累述。

8.2.4　安装显卡驱动程序

在安装显卡驱动程序之前，首先应该了解该显卡芯片的品牌和型号，然后针对其型号安装相应的驱动程序。目前市场上显卡芯片的主流品牌是 nVIDIA 和 ATI，这两个品牌的显卡芯片驱动程序的安装方法基本相同。

例 8-7　以 ATI 显卡为例安装显卡驱动程序。

❶ 将带有 ATI 显卡驱动程序的光盘插入到光驱，稍后系统会打开图 8-73 所示的对话框。

❷ 单击【工具】按钮，打开显卡驱动程序安装界面，然后单击【ATI Chipset Drivers Install】按钮，打开选择安装路径对话框，如图 8-74 所示。

图 8-73　显卡驱动程序的安装界面

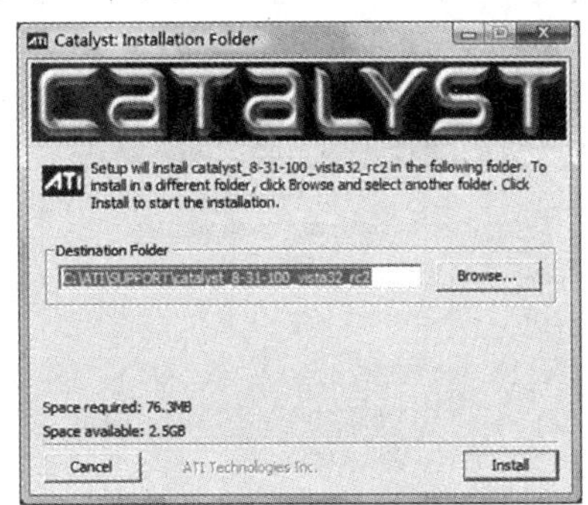

图 8-74　选择安装路径

❸ 保持默认路径，单击【Install】按钮，系统开始安装显卡驱动程序，如图 8-75 所示。

❹ 驱动程序安装完成后，系统会安装驱动程序自带的优化程序(比较早的版本没有此项功能)，如图 8-76 所示。

图 8-75　安装显卡的驱动程序

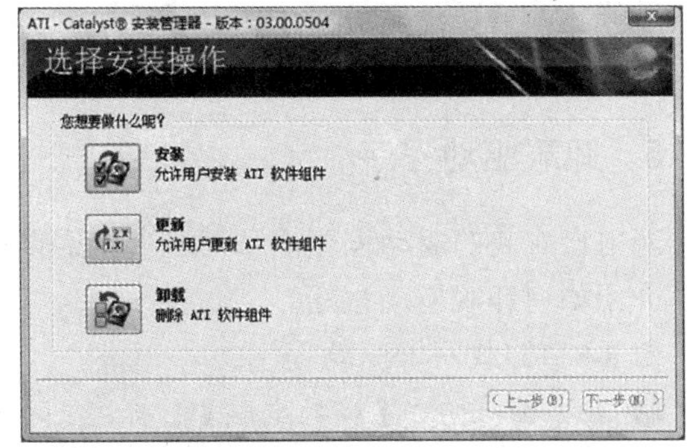

图 8-76　优化程序安装界面

❺ 单击【安装】按钮，打开图 8-77 所示的对话框，在该对话框中，用户可以选择优化程序安装的模式和安装的路径。

❻ 保持默认路径，选择【自定义】单选按钮，然后单击【下一步】按钮，系统开始检测电脑中的硬件，如图 8-78 所示。

图 8-77　选择安装模式和路径

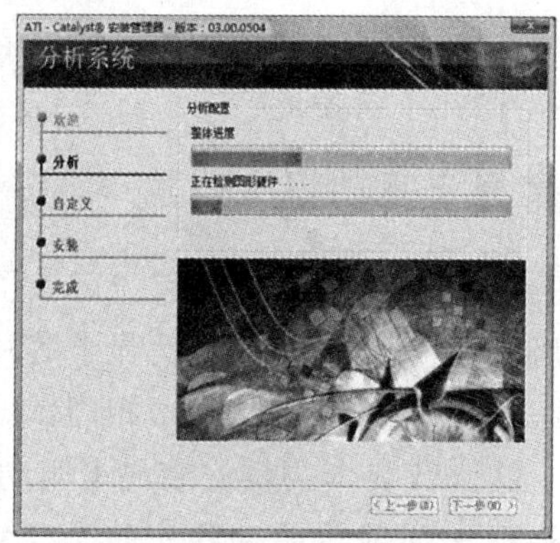

图 8-78　检测电脑中的硬件

❼ 检测完成后，弹出【自定义安装】对话框，如图 8-79 所示。在该对话框中用户可以选择要安装的组件，然后单击【下一步】按钮，系统开始安装显卡优化程序，安装完成后打开图 8-80 所示的对话框。

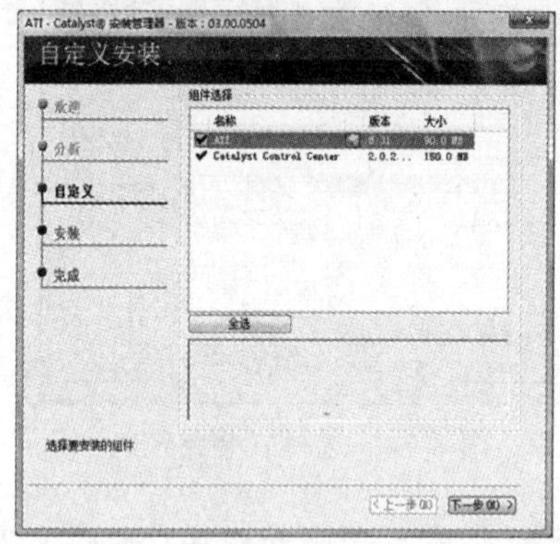

图 8-79　自定义安装

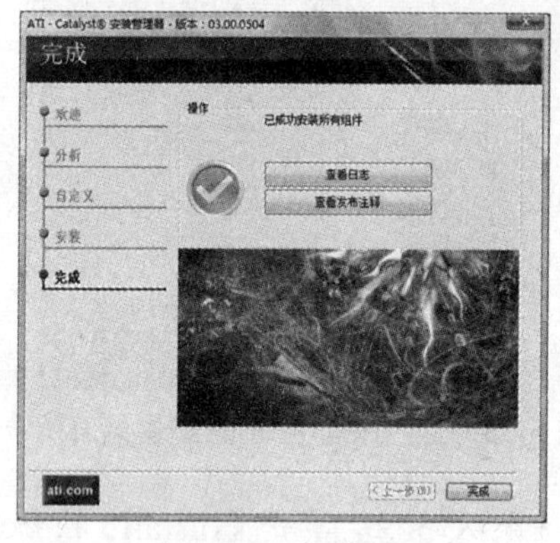

图 8-80　安装完成

❽ 单击【完成】按钮，完成显卡驱动及其优化程序的安装。

注意：其他硬件驱动程序例如声卡驱动、网卡驱动、摄像头驱动等的安装方法和以上介绍的方法类似，本书不再重复介绍。

8.2.5　卸载驱动程序

若用户安装的驱动程序出了问题，则需要先卸载正在使用的驱动程序。下面以网卡为例，介绍如何卸载驱动程序。

例 8-8　卸载网卡驱动程序。

❶ 在桌面上右击【我的电脑】图标，在弹出的快捷菜单中单击【属性】命令，打开【系统属性】对话框，如图 8-81 所示。

❷ 切换到【硬件】选项卡，然后单击【设备管理器】按钮，打开【设备管理器】对话框，如图 8-82 所示。

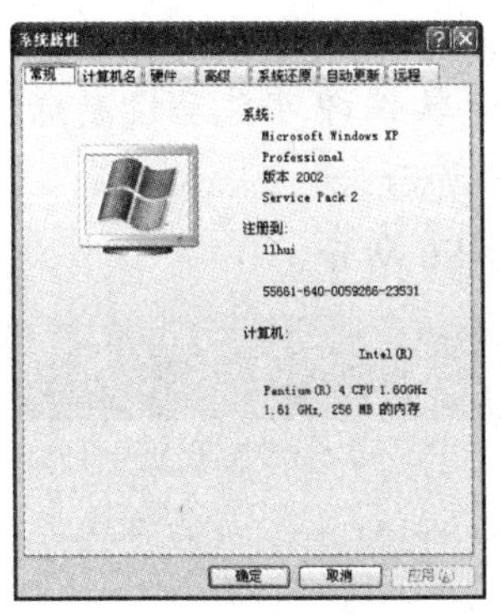

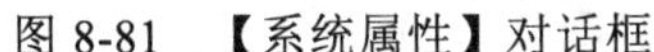

图 8-81 【系统属性】对话框

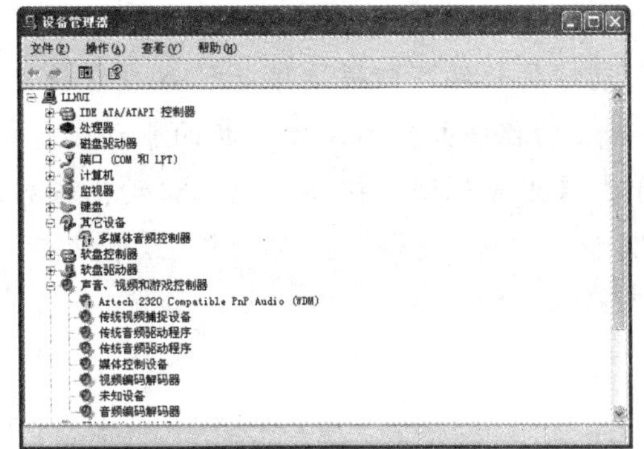

图 8-82 设备管理器

❸ 展开【网络适配器】选项，选择一个正常使用的网卡设备，并右击该设备，在弹出的快捷菜单中选择【卸载】命令，如图 8-83 所示。

❹ 此时系统弹出【确认设备删除】对话框，如图 8-84 所示。单击【确定】按钮，系统即可开始卸载网卡驱动程序。

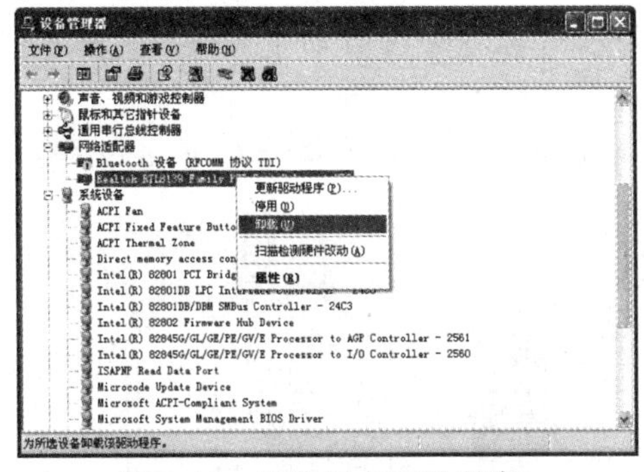

图 8-83 卸载网卡驱动程序

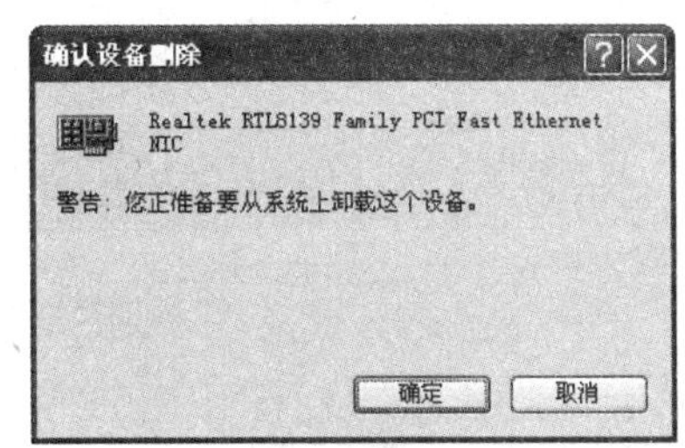

图 8-84 确认删除

❺ 当卸载完成后，会在设备管理器中显示没有安装网卡驱动程序。

8.3 使用驱动精灵管理驱动程序

驱动精灵是一款非常实用的驱动程序备份工具。它能够自动检测用户计算机系统中的硬件设备，并可以将全部或指定部分的硬件驱动程序提取并备份出来，非常方便。有了驱动精灵软件，用户就可以不必为电脑重装系统时找不到驱动程序而烦恼了。

另外驱动精灵 2008 版还能够检测大多数流行硬件，并自动下载安装最合适的驱动程序。除了替未知设备安装驱动程序外，驱动精灵还能够自动检测并升级最新的驱动程序，随时保持电脑的最佳工作状态。

8.3.1 使用驱动精灵更新驱动程序

如果用户的电脑连接了互联网，驱动精灵可以自动检测网上的最新驱动程序，并下载安装，使电脑中的驱动程序随时处于最新状态。

例 8-9 使用驱动精灵更新驱动程序。

❶ 驱动精灵软件下载并安装后，双击它的启动图标，软件即可自动检测电脑中的硬件设备和驱动程序并显示需要更新的驱动数量，如图 8-85 所示。

❷ 单击【更新驱动】按钮，进入驱动下载界面，如图 8-86 所示。

图 8-85 驱动精灵主界面

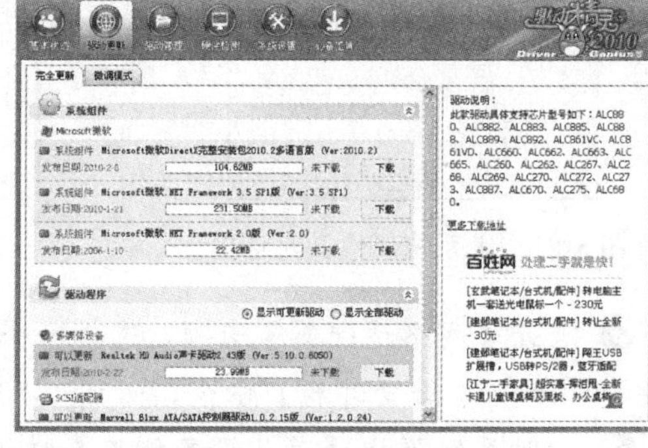

图 8-86 驱动下载界面

❸ 单击需要下载的驱动程序后方的【下载】按钮，软件即可自动下载最新的驱动程序，如图 8-87 所示。

❹ 下载完成后，单击【安装】按钮，即可开始安装该驱动程序，如图 8-88 所示。

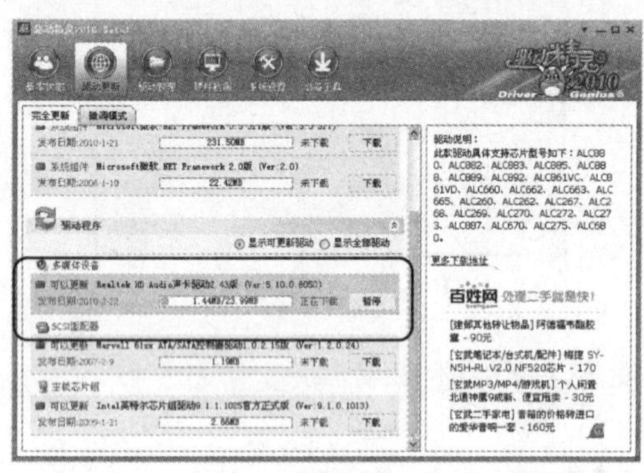

图 8-87 选择【显示卡】子选项

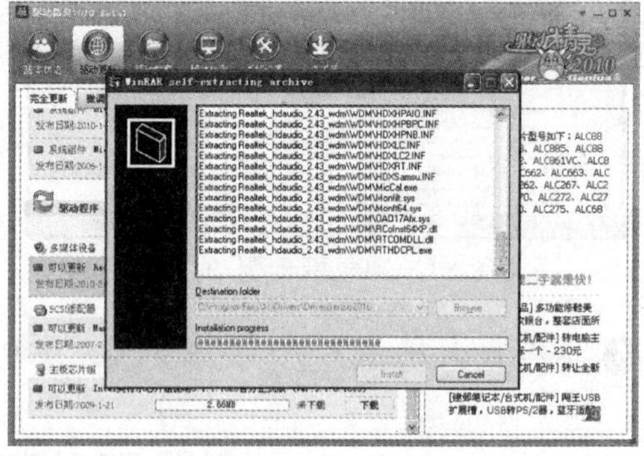

图 8-88 开始下载更新

8.3.2 使用驱动精灵备份驱动程序

为了防止驱动程序的意外丢失，或者是重装操作系统时，找不到原有的驱动程序光盘，造成不能安装驱动程序，从而导致硬件的无法正常运行，用户可使用驱动精灵的驱动程序备份功能备份驱动程序。

例 8-10 使用驱动精灵备份驱动程序。

❶ 在驱动精灵的主界面单击【驱动管理】按钮，切换至【驱动管理】界面。在【驱动备份】选项卡中选中要备份的驱动程序前方的复选框，如图 8-89 所示。

❷ 单击图 8-89 窗口右侧的【我要改变备份设置】链接，打开【系统设置】界面，用户可在【备份目录】文本框中设置驱动程序备份的存放位置(注意：最好不要放在系统盘)，在【驱动备份压缩设置】选项区域设置驱动程序备份的类型，如图 8-90 所示。

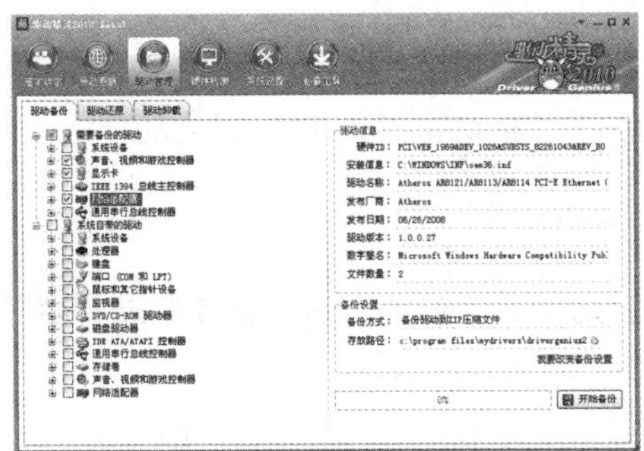

图 8-89　选择要备份的驱动程序

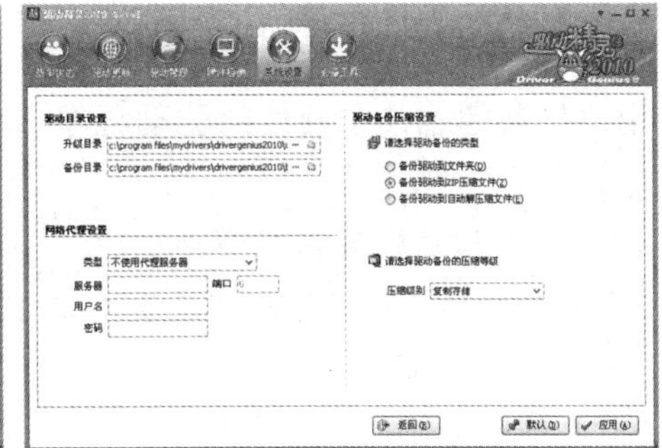

图 8-90　驱动程序备份设置

❸ 设置完成后，单击【应用】按钮，应用设置。然后单击【返回】按钮，返回到【驱动管理】界面，如图 8-91 所示。

❹ 单击【开始备份】按钮，开始按照用户的设置备份驱动程序，如图 8-92 所示。

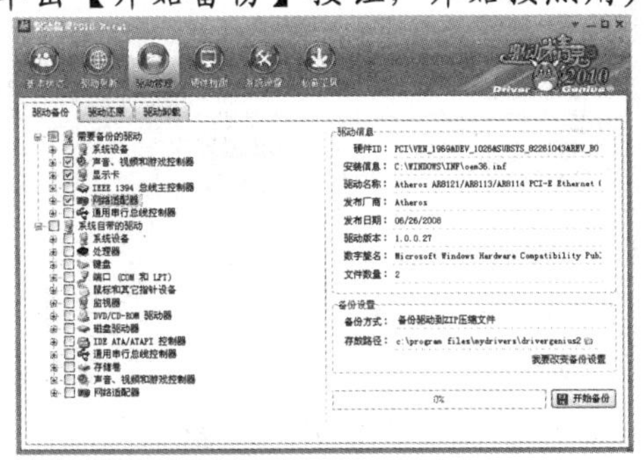

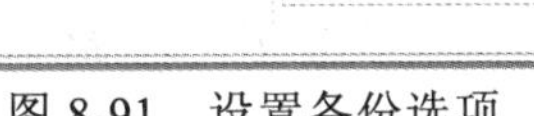

图 8-91　设置备份选项

图 8-92　开始备份

8.3.3　使用驱动精灵还原驱动程序

如果用户在升级或者安装新的驱动程序时出现了错误，导致硬件无法正常运行(例如：网卡不能正常工作，导致无法上网等)，此时，用户可使用驱动精灵的驱动还原功能，还原备份过的驱动程序。

例 8-11 使用驱动精灵还原驱动程序。

❶ 在驱动精灵的【驱动管理】界面单击【驱动还原】标签，切换至【驱动还原】界面，如图 8-93 所示。

❷ 选择要还原的驱动程序，然后单击【开始还原】按钮，即可开始还原指定的驱动程序，如图 8-94 所示。

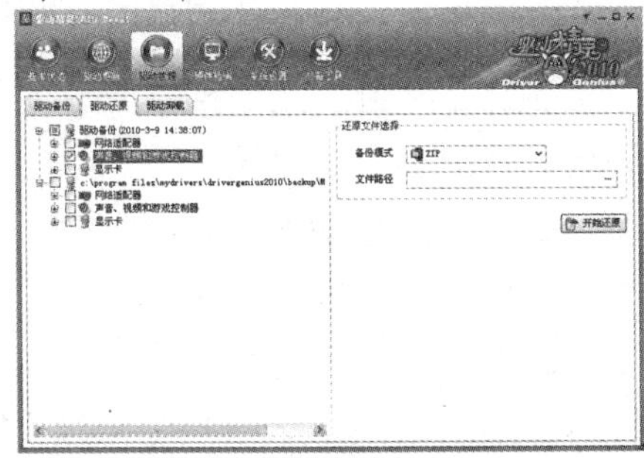

图 8-93　选择要还原的驱动程序

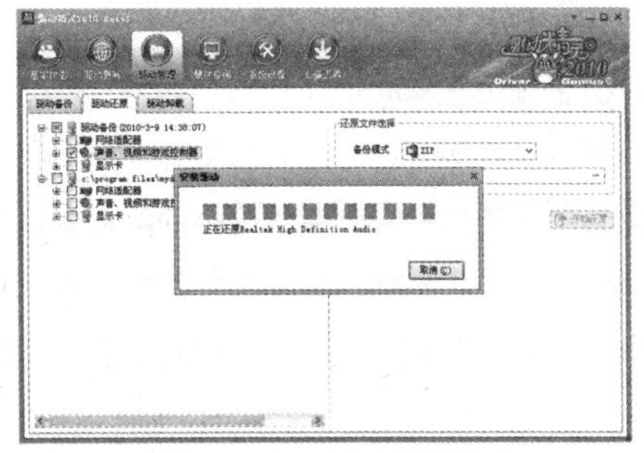

图 8-94　正在还原驱动

8.3.4 使用驱动精灵卸载驱动程序

如果用户想要卸载某个硬件的驱动程序，可使用驱动精灵的驱动卸载功能，方便地卸载驱动程序。

例 8-12 使用驱动精灵卸载驱动程序。

❶ 在驱动精灵的【驱动管理】界面单击【驱动卸载】标签，切换至【驱动卸载】界面，如图 8-95 所示。

❷ 选择要卸载的驱动程序，然后单击【开始卸载】按钮，即可开始卸载指定的驱动程序，卸载完成后，将提示用户是否重启电脑，如图 8-96 所示。单击【是】按钮，重新启动电脑后，完成驱动程序的卸载。

图 8-95 检测驱动信息

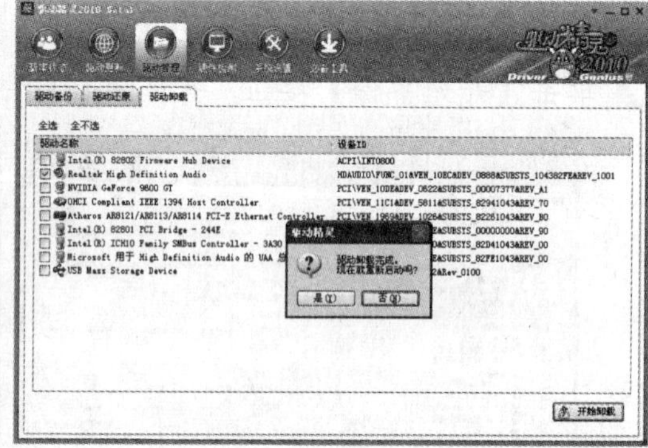

图 8-96 卸载完成

本 章 小 结

本章介绍了 Windows XP 和 Windows 7 的安装方法以及硬件驱动程序的安装方法。只有安装了操作系统的电脑，才能够正常使用。对于一些非即插即用的硬件，还要为其安装驱动程序，才能使这些硬件正常运行。另外用户还可以使用驱动精灵对系统中的驱动程序进行管理。下一章介绍如何对系统的性能进行测试。

习 题

填空题

1. Windows XP 的安装过程可分为__________、__________、__________、__________和________5 个步骤。
2. 安装 Windows XP 操作系统，要求系统的内存容量最低为__________。
3. 安装 Windows 7 操作系统，要求屏幕的纵向分辨率不低于__________像素。
4. 安装 Windows 7 操作系统，要求系统的内存容量最低为__________。
5. 驱动程序的获取方法有__________、__________和________3 种。

选择题

6. Windows XP 安装程序中的产品密钥是(　　)位数。

　　A. 10　　B. 15　　C. 20　　D. 25

7. Windows 7 和 Windows XP 相比有哪些优点(　　)?

　　A. 可靠性更高　　B. 安全性更好

　　C. 视觉效果更加震撼　　D. 以上都是

8. 安装驱动程序可分为以下几个步骤：(1)安装显卡、声卡、网卡驱动程序；(2)安装主板驱动程序；(3)安装打印机及其他设备的驱动程序。它们的正确顺序是(　　)。

　　A. (1)(2)(3)　　B. (2)(1)(3)

　　C. (3)(2)(1)　　D. (1)(3)(2)

简答题

9. 简述 Windows XP 和 Windows 7 两种版本的操作系统各有哪些特点？

10. 驱动程序有哪几种获取方法？

11. 哪些硬件设备需要安装驱动程序？

上机操作题

12. 使用驱动精灵检测自己电脑上的驱动程序并更新。

第 9 章

系统性能测试与常用外设

本章主要介绍电脑在安装完操作系统以后，如何测试系统的性能和使用外围设备。通过本章的学习，应该完成以下学习目标：

- ☑ 学会使用 CPU-Z 和 EVEREST 检测电脑各方面的信息
- ☑ 学会使用 SiSoftware Sandra 对系统进行分析
- ☑ 学会使用 HD Tune 检测硬盘
- ☑ 学会使用 Nero CD-DVD Speed 检测光驱
- ☑ 学会使用 3DMARK 检测显卡
- ☑ 学会使用 NOKIA Monitor Test 和 Monitors Matter CheckScreen 检测 LCD
- ☑ 掌握使用测试网站测试网络性能的方法
- ☑ 掌握电脑常见外围设备的使用方法

9.1 检测电脑信息

组装完电脑并安装好操作系统与驱动程序后，用户可以通过使用一些软件来检测电脑中的各硬件设备，还可以对电脑的性能做一些测试，以便更清楚地了解电脑各个硬件部分的运行情况。

9.1.1 CPU-Z 软件

CPU-Z 软件是一款能够检测 CPU、主板、内存等硬件详细信息的软件，用户可以从网上下载来使用。

例 9-1 使用 CPU-Z 软件检测系统信息。

❶ CPU-Z 软件安装完成后，双击 CPU-Z 软件的图标进入 CPU-Z 的主界面，如图 9-1 所示。该界面的【处理器】组合框中主要显示 CPU 的名称、代号、商标 ID、封装机制等基本信息；【时钟】组合框中主要显示 CPU 的核心速度、倍频、外频和前端总线速度；【缓存】组合框中主要显示 CPU 的一级缓存和二级缓存等相关信息。

❷ 切换到【缓存】选项卡，如图 9-2 所示，其中更加详细地显示了一级数据缓存、一级指令缓存、二级缓存等信息。在 CPU 核心不变的情况下，增加二级缓存的容量能够大幅度地提高系统的性能。

❸ 切换到【主板】选项卡，如图 9-3 所示，【主板】组合框中显示了主板的制造商、型号、芯片组、南桥和传感器的相关信息；【BIOS】组合框中显示了 BIOS 的商标、版本和生产日期等信息；【图形接口】组合框中主要显示了图形接口的版本、传输速度、最大支持的传输速度和边带寻址状态。

图 9-1　CPU-Z 主界面

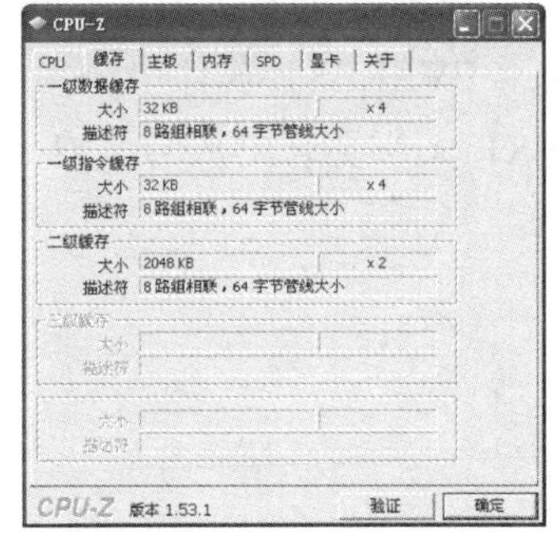
图 9-2　【缓存】选项卡

❹ 切换到【内存】选项卡，如图 9-4 所示。【常规】组合框中显示了内存的基本信息以及通道数，【时序】组合框中显示了内存的详细信息。从图中还可以看出本机的内存是 4GB。

图 9-3　【主板】选项卡

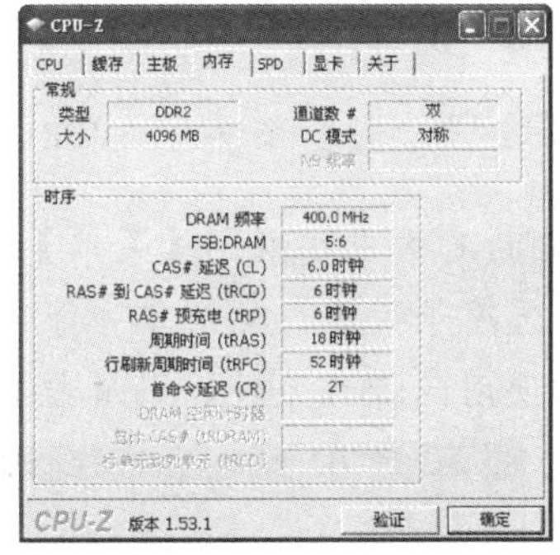
图 9-4　【内存】选项卡

❺ 切换到【SPD】选项卡，如图 9-5 所示，SPD(Serial Presence Detect，串行存在检测)是一颗 8 针的 EEPROM(Electrically Erasable Programmable ROM)芯片，其中记录了内存的芯片及模组厂商、工作频率、工作电压、速度和容量等信息。

❻【关于】选项卡中主要显示了 CPU-Z 的版本和作者的信息等，如图 9-6 所示。

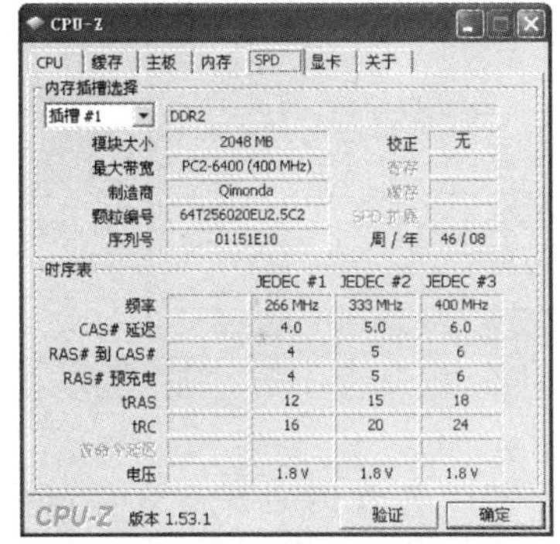
图 9-5　【SPD】选项卡

图 9-6　【关于】选项卡

9.1.2 EVEREST 软件

EVEREST(原名 AIDA32)是一款检测电脑硬件信息的软件，使用此软件可以测试出电脑各个方面的详细信息。它能够支持上千种主板和上百种显卡、支持对并口/串口/USB 等即插即用设备的检测，还能够对各式各样的处理器进行检测。

例 9-2 使用 EVEREST 软件检测系统信息。

❶ EVEREST 软件安装完成后，双击 EVEREST 软件的启动图标进入 EVEREST 的主界面，如图 9-7 所示。

启动界面

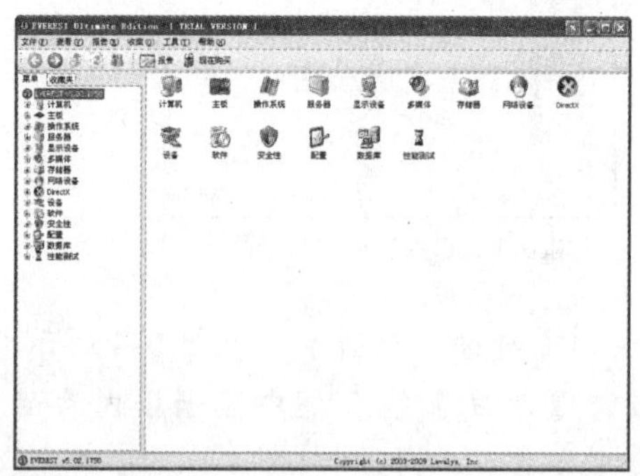

主界面

图 9-7 EVEREST 的启动界面和主界面

❷ 在左侧的窗格中切换到【菜单】选项卡，单击【计算机】选项前面的“+”号，展开【计算机】选项子菜单，然后单击子菜单中的【概述】选项，即可在右侧的窗格中看到关于本台电脑使用的操作系统、计算机名等基本信息，如图 9-8 所示。

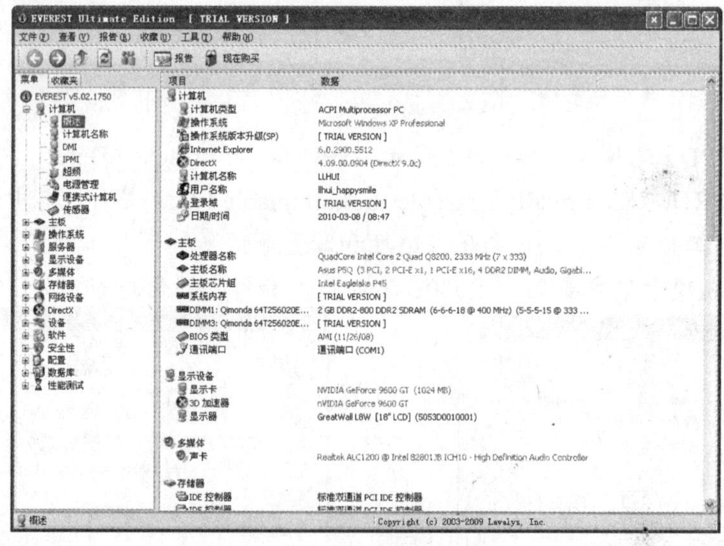

图 9-8 电脑的基本信息

❸ 单击【计算机】子菜单中的【传感器】选项，可以在右侧的窗格中看到电脑主要设备的工作温度和工作电压等详细信息，如图 9-9 所示。

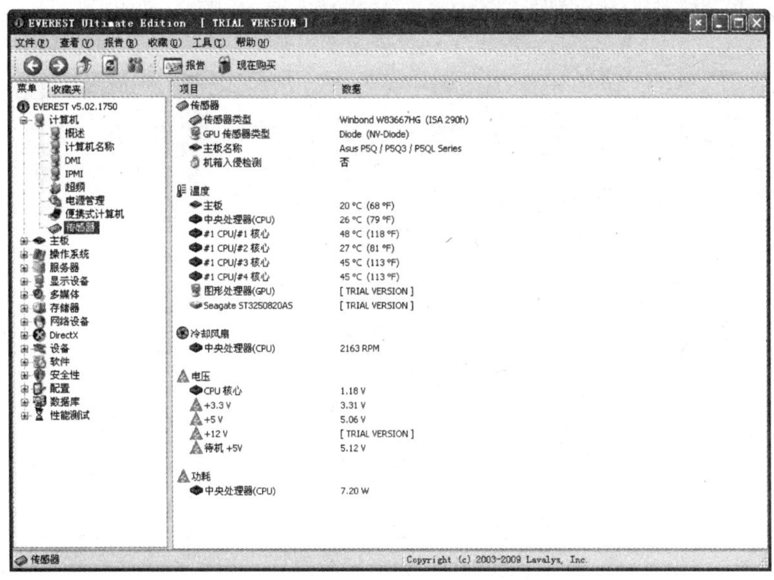

图 9-9　测试主要设备的温度和工作电压

❹ 单击【主板】选项前面的“+”号，展开【主板】选项子菜单，然后单击子菜单中的【主板】选项(或者单击右侧窗格中的主板图标)，即可在界面右侧的窗格中看到关于主板的品牌、型号等详细信息，如图 9-10 所示。

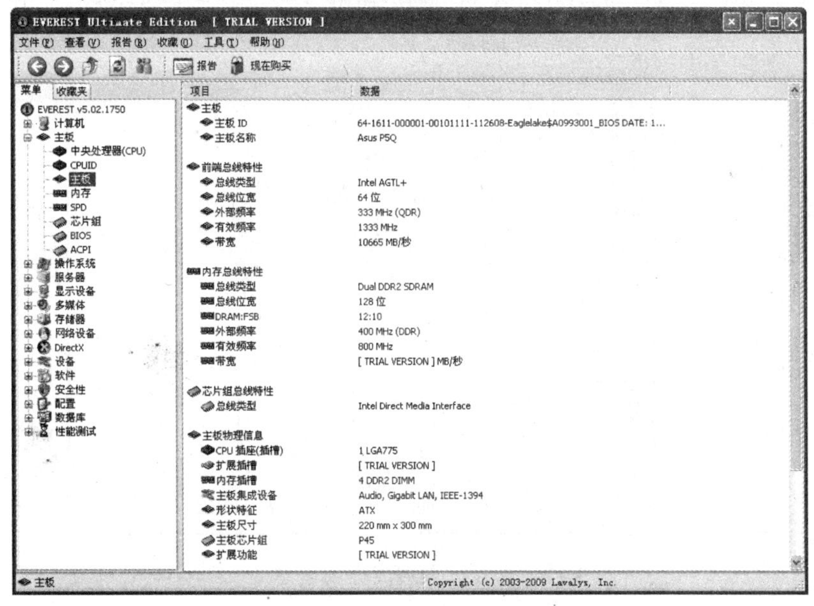

图 9-10　主板详细信息

❺ 单击【显示设备】选项前面的“+”号，展开【显示设备】选项子菜单，然后单击子菜单中的【图形处理器】选项，即可在界面右侧的窗格中看到关于显卡的品牌、型号等详细信息，如图 9-11 所示。

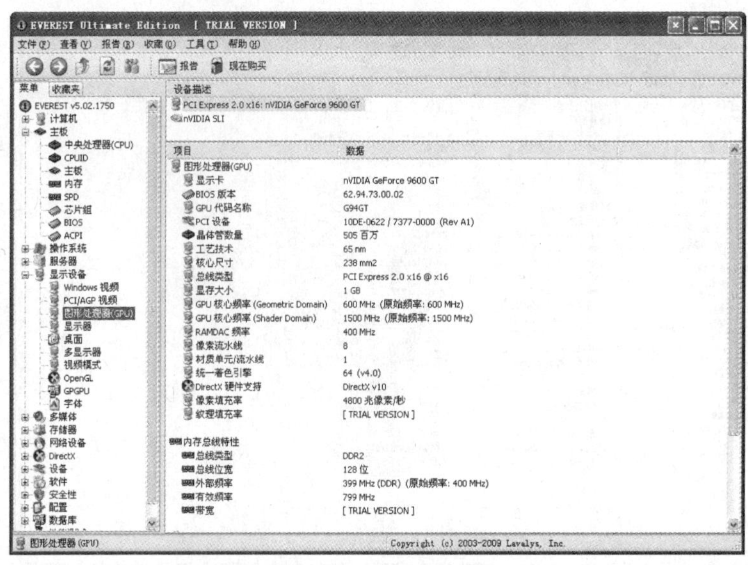

图 9-11　显卡详细信息

❻ 单击【性能测试】选项前面的“+”号，展开【性能测试】选项子菜单，然后单击子菜单中的【内存读取】选项，即可在界面右侧的窗格中看到关于内存读取速度的详细信息，并按照由高到低的顺序向下排列，如图 9-12 所示。

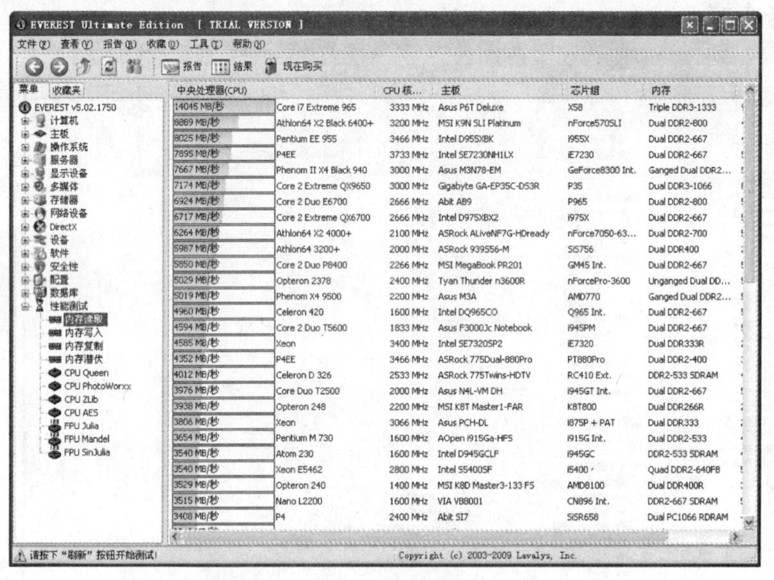

图 9-12　内存读取速度详细信息

❼ EVEREST 软件还可以测试更多的信息，在此不再详细叙述。另外 EVEREST 软件还提供了保存信息的功能，用户可以将某个硬件的详细信息保存起来方便以后查询(例如内存)。单击【报告】菜单项，选择【报告】|【快速报告(I) - 内存】|【纯文本】(用户可以选择多种保存格式)命令(图 9-13 所示)，即可将报告保存为纯文本格式，如图 9-14 所示。

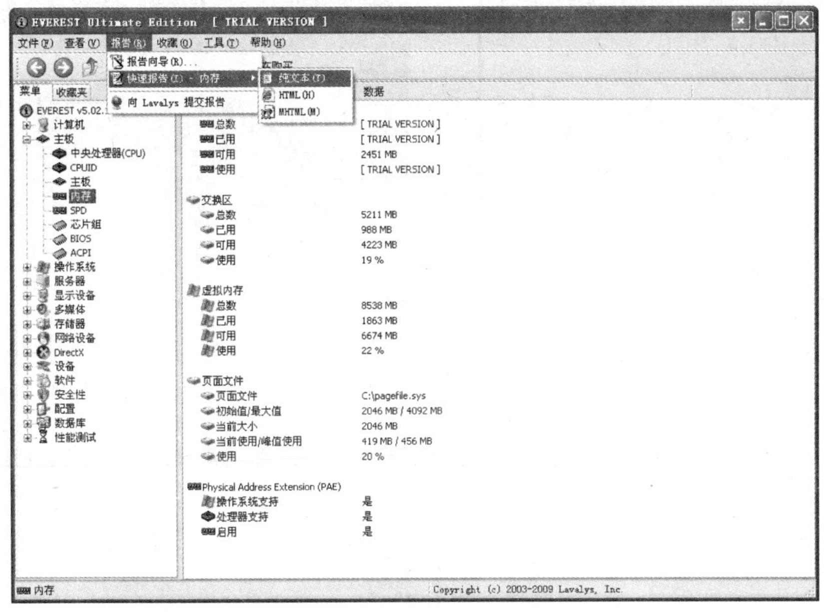

图 9-13　选择【纯文本】命令

❽ 除了自动生成报告外，用户还可以手动生成报告。单击【报告】菜单项，选择【报告】|【报告向导】命令，打开【本地报告】对话框，如图 9-15 所示，然后单击【下一步】按钮。

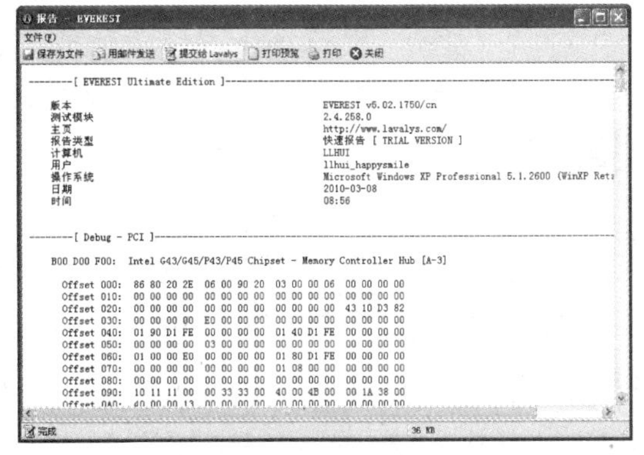

图 9-14　查看生成的报告

图 9-15　【本地报告】对话框

❾ 系统会弹出【报告配置文件】对话框，如图 9-16 所示，如果用户需要保存内存的资料，则应选择【自定义选择】单选按钮，然后单击【下一步】按钮。

❿ 系统会弹出【自定义报告配置文件】对话框，如图 9-17 所示，在该对话框中选中【内存】选项前面的复选框，然后单击【下一步】按钮。

⓫ 系统会弹出【报告格式】对话框，如图 9-18 所示，用户可以选择生成报告的格式，选择【纯文本】格式，单击【完成】按钮，系统即可生成内存详细信息的报告，如图 9-19 所示。

图 9-16 【报告配置文件】对话框

图 9-17 【自定义报告配置文件】对话框

图 9-18 选择格式

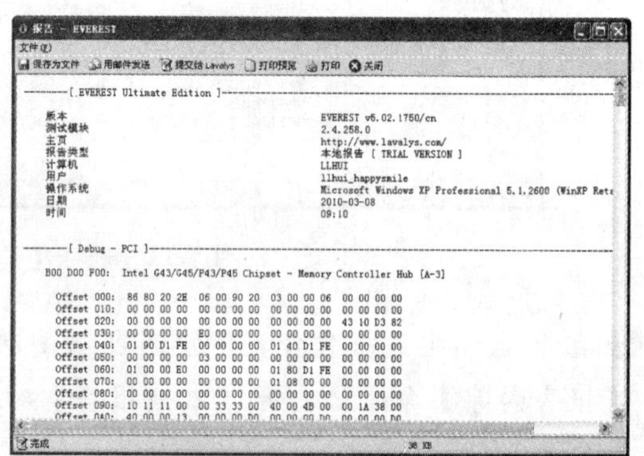

图 9-19 生成报告

9.2 系统性能测试

电脑组装完成后，要想知道电脑的实际性能是否达到其理论的性能，可以使用硬件测试软件来检测电脑各个组件的实际性能。这些硬件测试软件会将测试结果以数字的形式展现给用户，方便用户更直观地了解设备的实际性能。

9.2.1 SiSoftware Sandra 软件

SiSoftware Sandra 是一款功能非常强大的系统分析测评软件，能够检测主板、CPU、内存、鼠标、键盘、打印机等 30 多种硬件设备，全面支持当前各种 Intel、AMD-ATI，NVIDIA 和 VIA 芯片组和主流平台。除了具有强大的功能外，使用也很方便，易于上手。

例 9-3 使用 SiSoftware Sandra 软件测试系统的性能。

❶ SiSoftware Sandra 软件安装完成后，双击 SiSoftware Sandra 程序的启动图标进入到程序的主界面，如图 9-20 所示，在主界面中包括【向导模块】、【信息模块】、【对比模块】、【测试模块】和【列表模块】5 大模块。

❷ 双击各个模块中的某个图标可以查看这个图标所表示的详细信息，例如双击【信息模块】中的【系统概况】图标，即开始检测系统的基本信息，并将检测结果显示出来，如图 9-21 所示。

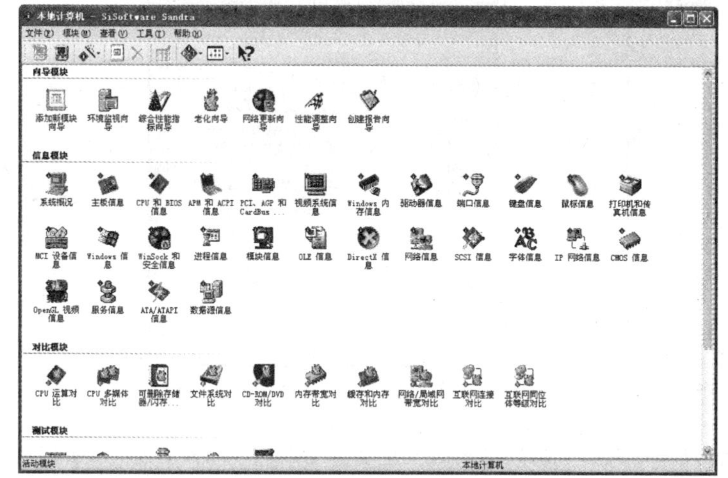

图 9-20　SiSoftware Sandra 软件的主界面

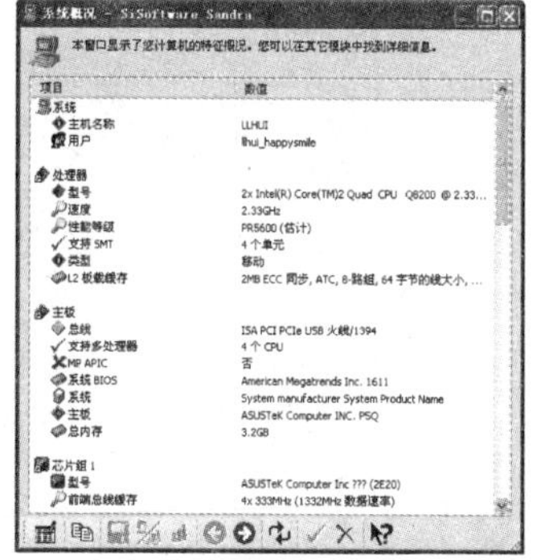

图 9-21　系统概况

❸ 在【对比模块】中可以查看硬件之间的对比情况，例如双击【对比模块】中的【CPU 运算对比】图标，打开【CPU 运算对比】窗口，如图 9-22 所示。在这个窗口中，用户可以在【参照 CPU1】等 4 个下拉列表框中选择想要参照的 CPU 型号，然后单击刷新按钮，系统即开始进行对比分析，并将分析结果显示在窗口下面的文本框中。对比结果如图 9-23 所示。

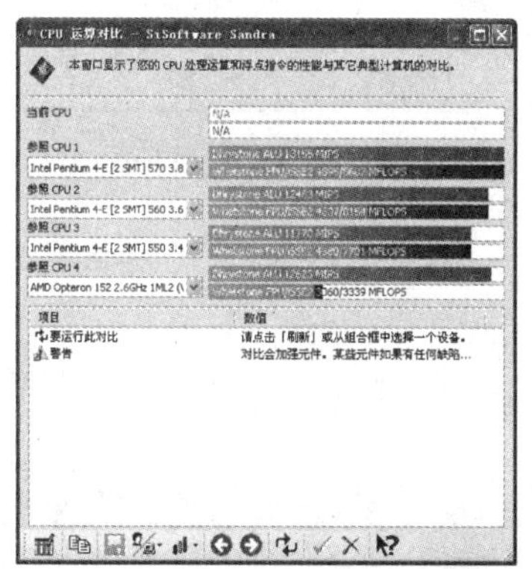

图 9-22　【CPU 运算对比】窗口

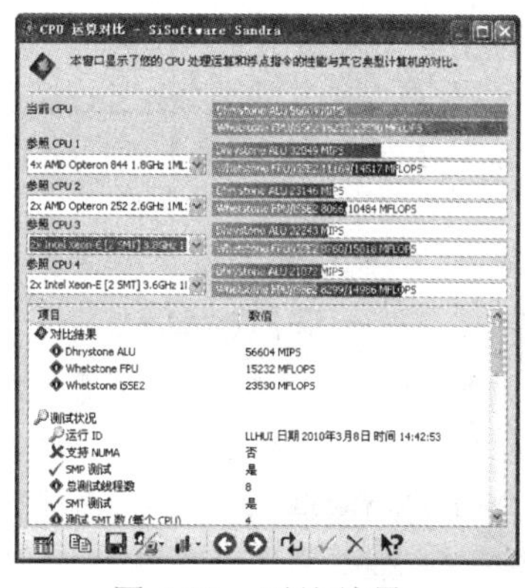

图 9-23　对比结果

❹ 在【测试模块】中可以查看某些硬件的使用情况，例如双击【内存资源】图标打开【内存资源】窗口，如图 9-24 所示。该窗口中显示了系统内存中的已用内存范围及使用每个内存范围的硬件列表。

❺ 在【列表模块】中将以列表的形式显示系统的信息，例如双击【开始菜单应用程序】图标，打开【开始菜单应用程序】窗口，如图 9-25 所示。该窗口中显示了开始菜单中的应用程序和其基本属性，在【程序组】和【应用程序】下拉列表框中，用户可以选择某一个程序，选定后该程序的基本信息将在窗口下部的文本框中显示。

❻ 另外 SiSoftware Sandra 也提供了保存信息的功能，可以使用户方便地保存检测到的信息，以便随时查看。要保存信息可单击【向导模块】中的【创建报告向导】图标，打开【创建报告向导】对话框，如图 9-26 所示。直接单击【下一步】按钮。

图 9-24 【内存资源】窗口

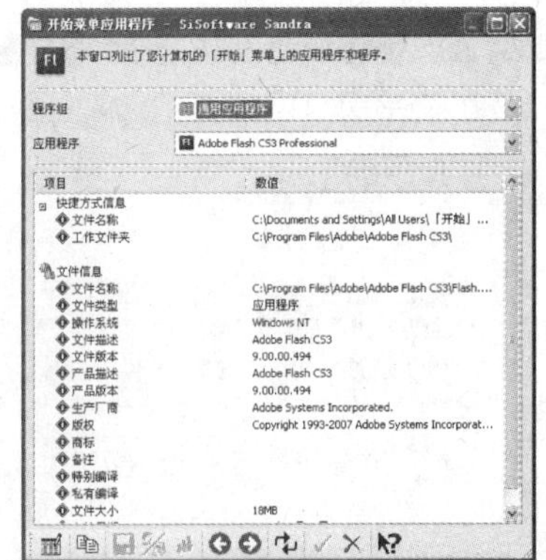
图 9-25 【开始菜单应用程序】窗口

❼ 随即系统弹出【配置】对话框，如图 9-27 所示。在该对话框中用户可以选择创建报告的方式，设置完成后单击【下一步】按钮继续。

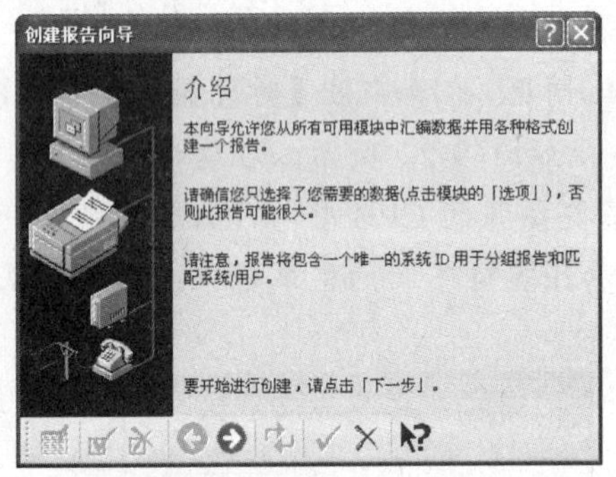

图 9-26 【创建报告向导】对话框

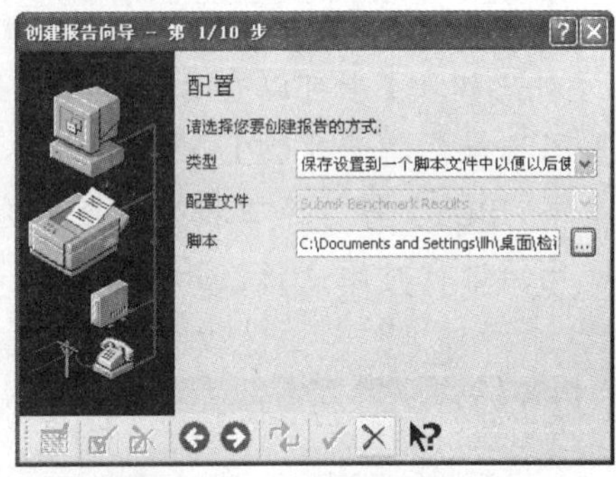

图 9-27 【配置】对话框

❽ 随即系统会弹出【信息模块】对话框，如图 9-28 所示。用户可以选择需要检测的模块，然后单击【下一步】按钮。

❾ 随即系统会弹出【对比模块】对话框，如图 9-29 所示。用户可以选择需要对比的选项，然后单击【下一步】按钮。

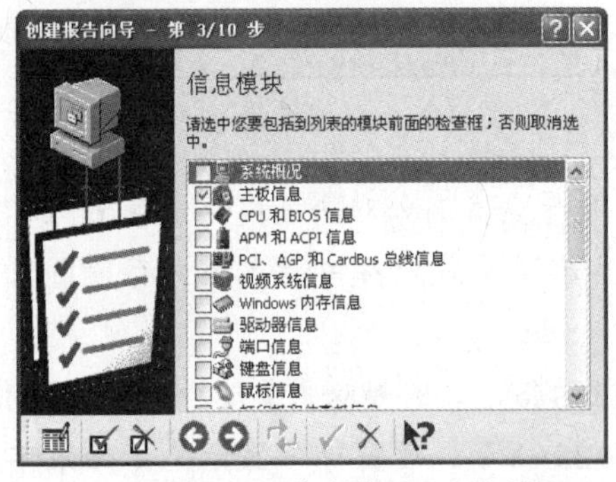

图 9-28 【信息模块】对话框

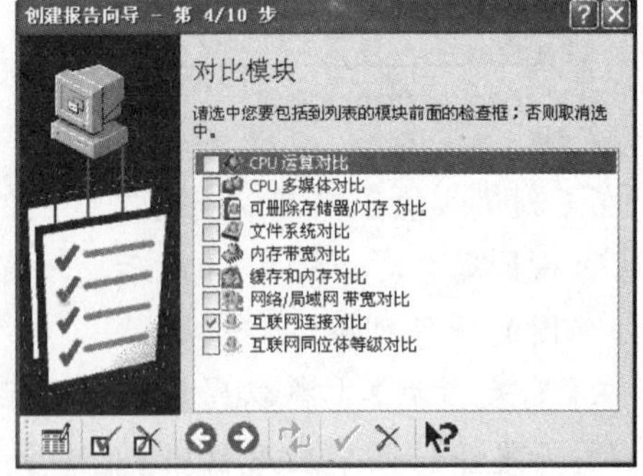

图 9-29 【对比模块】对话框

❿ 随即系统会弹出【列表模块】对话框，如图 9-30 所示。用户可以选择需要显示的列表选项，然后单击【下一步】按钮。

⓫ 随即系统会弹出【测试模块】对话框，如图 9-31 所示。用户可以选择需要测试的模块，然后单击【下一步】按钮。

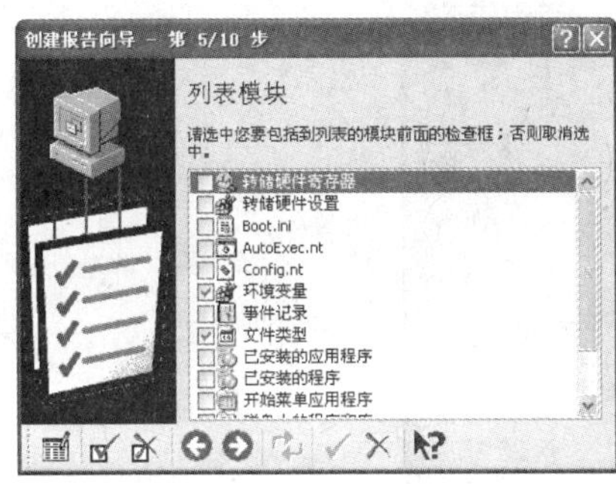

图 9-30　【列表模块】对话框

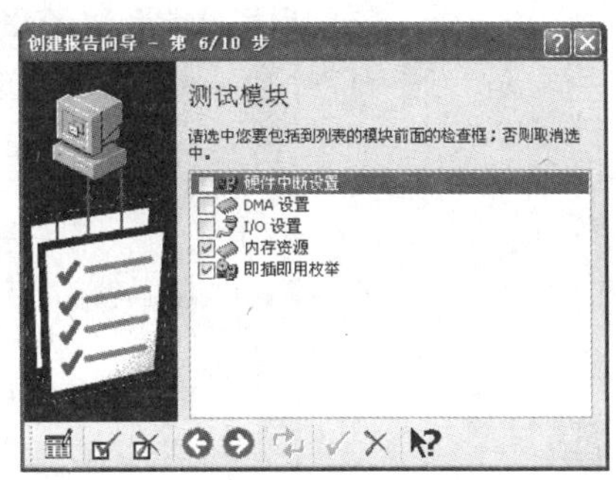

图 9-31　【测试模块】对话框

⓬ 随即系统弹出【备注】对话框，如图 9-32 所示。在对话框中用户可以输入报告的相关注释，然后单击【下一步】按钮。

⓭ 随即系统弹出【发送】对话框，如图 9-33 所示。用户可在【发送】下拉列表框中选择报告的保存方式，例如选择【保存到磁盘】选项，然后单击【下一步】按钮。

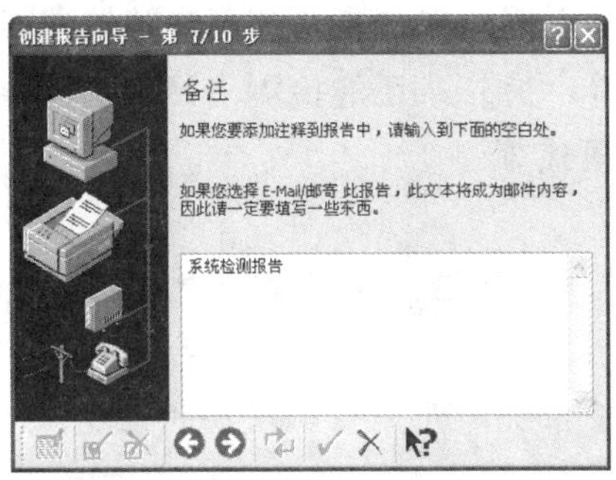

图 9-32　【备注】对话框

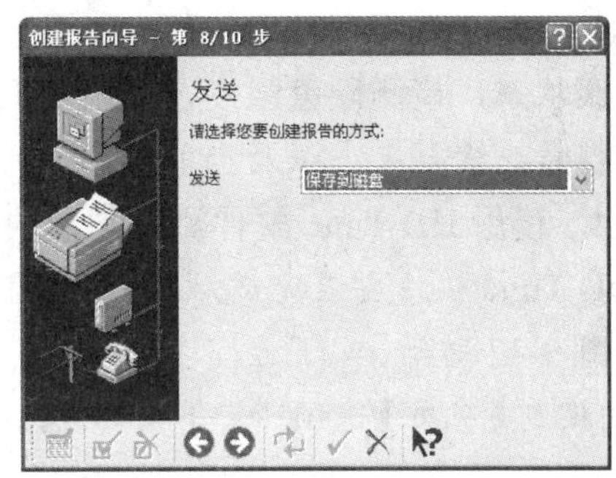

图 9-33　【发送】对话框

⓮ 随即系统会弹出【文件类型】对话框，如图 9-34 所示。该对话框中，用户可以在【格式】下拉列表框中选择报告的格式，在【编码】下拉列表框中选择报告的编码方式，选择完成后，单击单击【下一步】按钮。

图 9-34　【文件类型】对话框

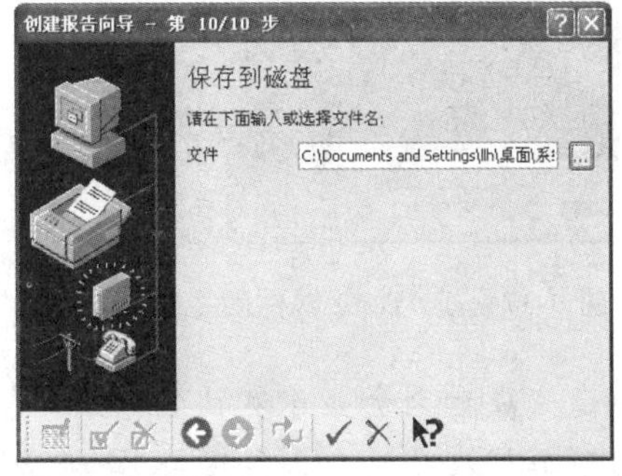

图 9-35　【保存到磁盘】对话框

⓯ 随即系统会弹出【保存到磁盘】对话框，如图 9-35 所示。在此用户可以设置报告保存的位置，设置完成后单击【确定】按钮✓，系统即开始按照用户的设定生成报告，如图 9-36 所示。

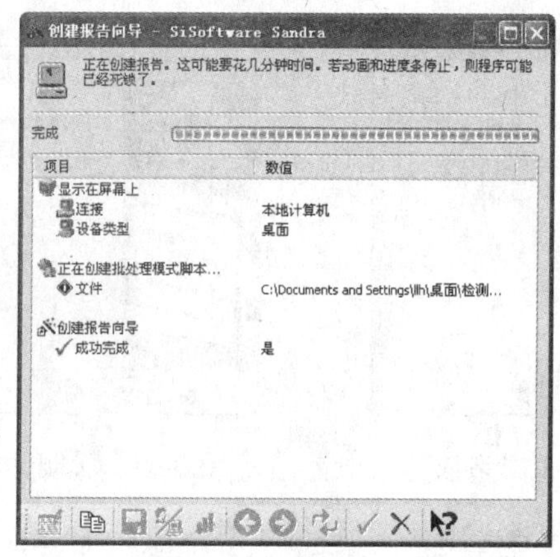

图 9-36　生成的报告

9.2.2　HD Tune 软件

HD Tune 是一款小巧易用的硬盘工具软件，其主要功能包括检测硬盘传输速率，检测硬盘的健康状态，检测硬盘温度及磁盘表面扫描等。另外，还能检测出硬盘的固件版本、序列号、容量、缓存大小以及当前的 Ultra DMA 模式等。

例 9-4　使用 HD Tune 软件测试硬盘的性能。

❶ HD Tune 软件安装完成后，双击 HD Tune 软件的启动图标，进入 HD Tune 的主界面，如图 9-37 所示。

❷ 切换到【基准】选项卡，单击 开始 按钮，系统即开始检测硬盘的性能，如图 9-38 所示。

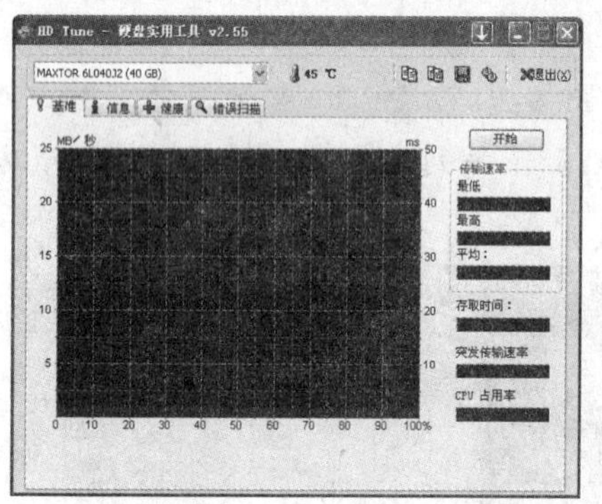

图 9-37　HD Tune 软件的主界面

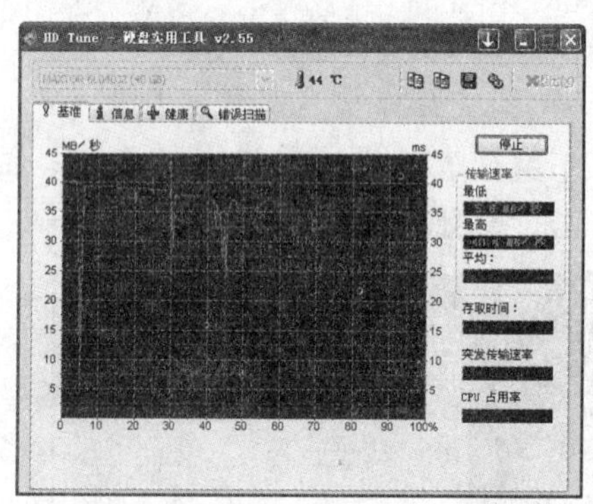

图 9-38　开始检测硬盘性能

❸ 测试完成后则会显示测试的结果，包括硬盘的传输速率、存取时间、突发传输速率和 CPU 占用率等相关信息，如图 9-39 所示。其中“CPU 占用率”与“存取时间”的数值越小，硬盘性能越好；“平均传输速率”的数值越大则硬盘性能越好。

❹ 切换到【信息】选项卡，该选项卡中显示了硬盘详细的分区信息和硬盘的一些物理特性，包括固件版本、序列号、容量、缓存，以及当前的 Ultra DMA 模式等，如图 9-40 所示。

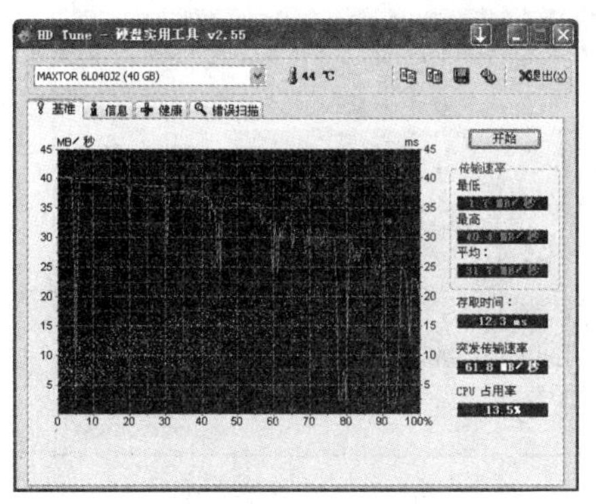

图 9-39　硬盘性能检测结果

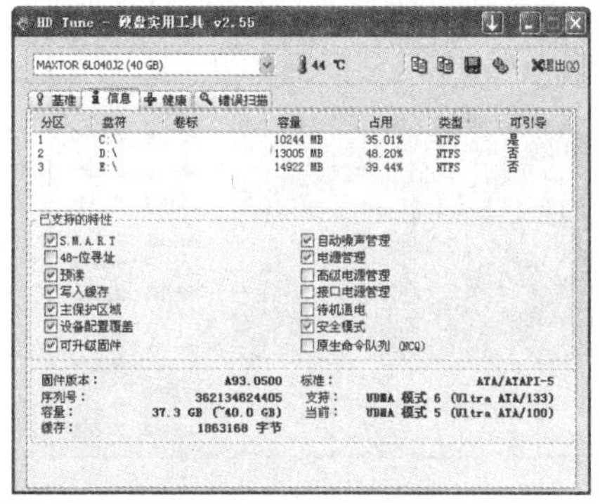

图 9-40　【信息】选项卡

❺ 切换到【健康】选项卡，如图 9-41 所示。该选项卡中详细的显示了硬盘目前的健康状况。

❻ 切换到【错误扫描】选项卡，该选项卡用来检测硬盘是否存在坏道，单击 开始 按钮，系统即开始对硬盘进行检测，检测完成后将显示检测结果，如图 9-42 所示。如果硬盘有坏道则以红色小方格显示，否则显示为绿色小方格。

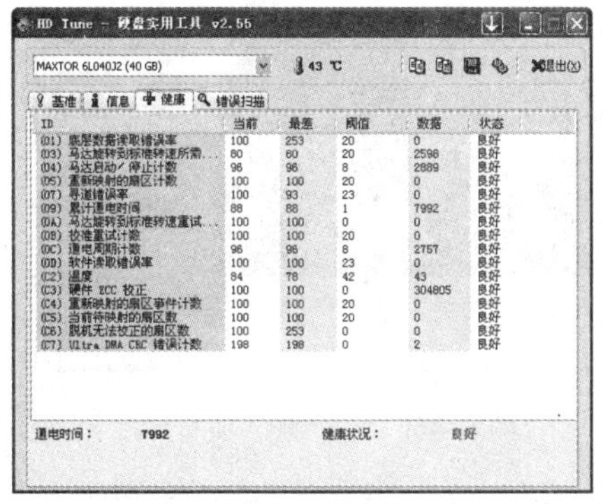

图 9-41　【健康】选项卡

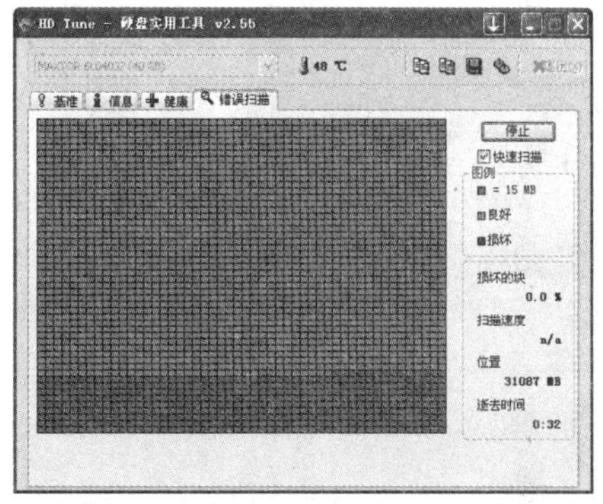

图 9-42　检测硬盘坏道

9.2.3　Nero CD-DVD Speed 软件

Nero CD-DVD Speed 是一款测试项目非常全面的光驱测试软件，能测试出光驱的真实速度、随机寻道时间以及 CPU 占用率等。

例 9-5　使用 Nero CD-DVD Speed 软件测试光驱的性能。

❶ Nero CD-DVD Speed 软件安装完成后，双击 Nero CD-DVD Speed 软件的启动图标进入 Nero CD-DVD Speed 软件的主界面，如图 9-43 所示。

❷ 切换到【基准】选项卡，在光驱中放入一张光盘，然后单击 开始(S) 按钮，系统即开始检测光驱的性能，检测完成后，将自动显示检测的结果，包括光驱的速度、访问时间、CPU 占用率以及接口的突发速率等，如图 9-44 所示。

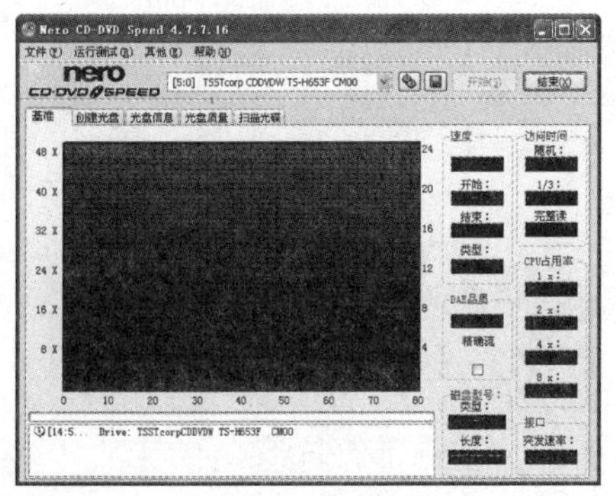

图 9-43　Nero CD-DVD Speed 软件的主界面

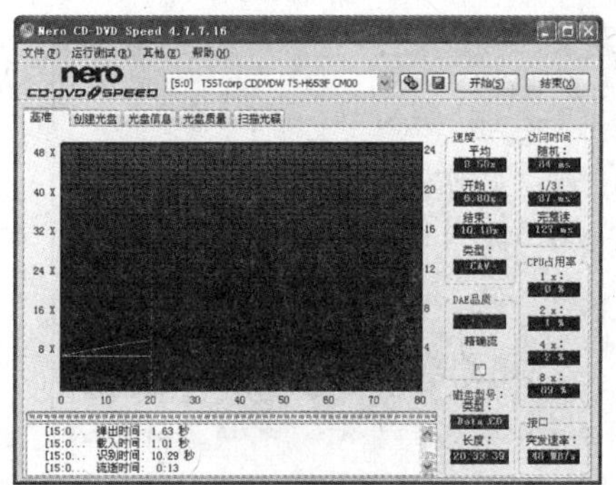

图 9-44　光驱检测结果

❸ 如果用户想要保存测试的结果，可以单击【文件】菜单项，选择【文件】|【保存结果】|【文本】命令将测试结果保存为文本格式，如图 9-45 所示。

❹ 单击【运行测试】菜单项，在弹出的下拉菜单中，用户可以指定测试的项目，如图 9-46 所示。

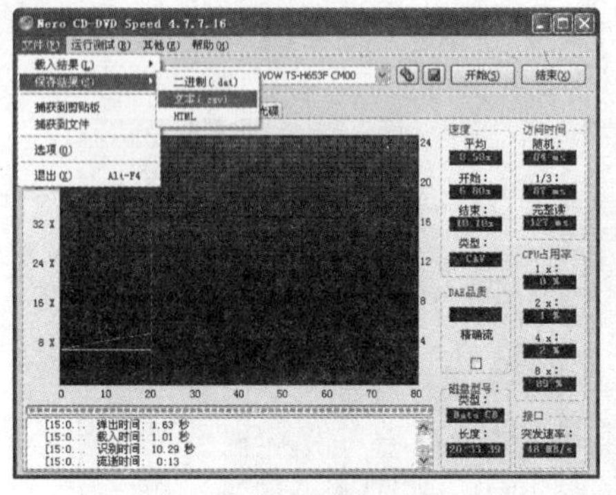

图 9-45　保存测试结果

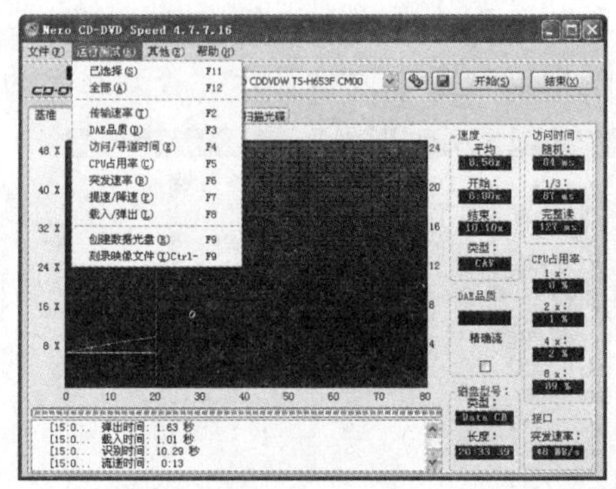

图 9-46　选择测试项目

❺ Nero CD-DVD Speed 不仅能够检测光驱的性能，还可以查看光盘信息并对光盘进行测试。首先将光盘放入光驱，然后启动 Nero CD-DVD Speed 并切换到【光盘信息】选项卡，如图 9-47 所示。在该选项卡中可以查看光盘的信息。切换到【光盘质量】选项卡，单击 开始(S) 按钮，系统开始检测光盘的质量，并显示检测结果，如图 9-48 所示。

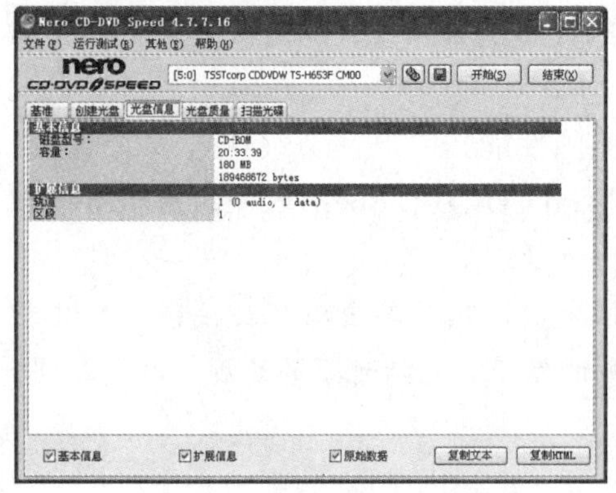

图 9-47　【光盘信息】选项卡

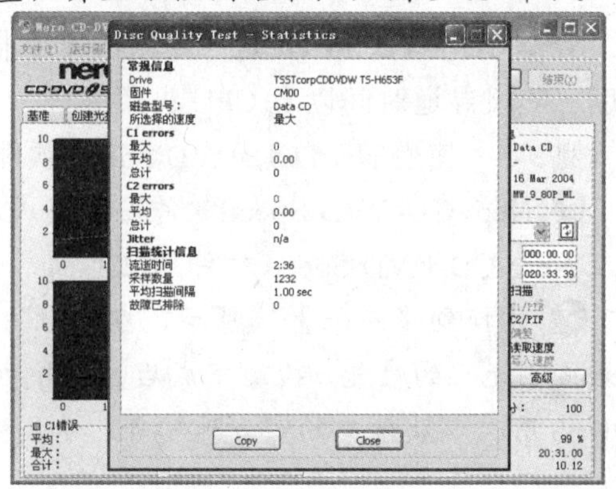

图 9-48　光盘质量检测结果

9.2.4　3DMARK 软件

3DMARK 是一款常用的 3D 图形卡性能基准测试软件。它以简单清晰的操作界面和公正准确的 3D 图形测试流程赢得了大多数用户的好评，但是运行此软件对电脑硬件的要求比较高。

要运行 3DMARK 软件，对系统的推荐配置如下：

- DirectX 9 兼容显卡，支持 Pixel Shader 2.0 或更高，显存 256MB 或更高。
- 主频 2.5GHz 或更高的 Intel、AMD 处理器。
- 1GB 内存。
- 1.5GB 空闲硬盘空间。
- Windows XP SP2 操作系统并安装最新升级补丁。
- DirectX 9.0c 驱动并安装最新升级补丁。

例 9-6　使用 3DMARK 软件测试显卡的性能。

❶ 首先进入 3DMARX 软件的主界面，如图 9-49 所示。

❷ 单击【Select】按钮，打开【Select Tests】对话框，如图 9-50 所示。在该对话框中用户可以选择测试的选项，选择完成后，单击【OK】按钮。

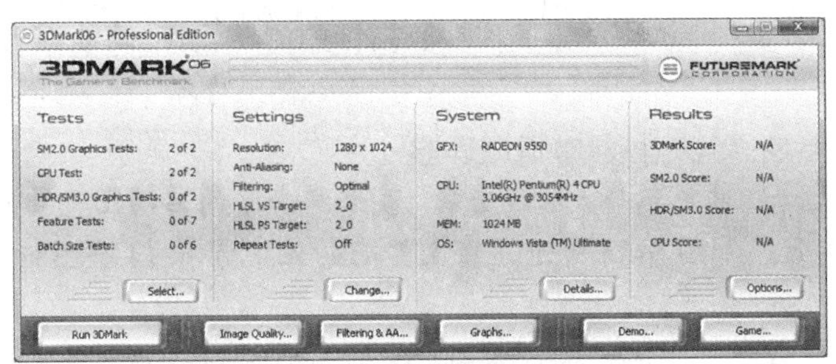

图 9-49　3DMARK 软件的主界面

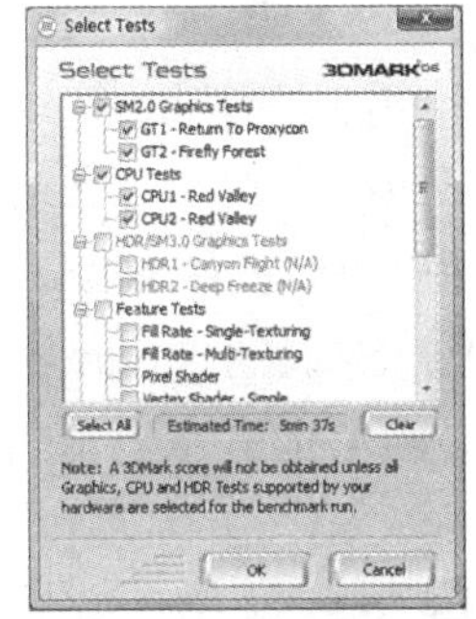

图 9-50　选择测试选项

❸ 在 3DMARX 软件主界面中单击【Change】按钮，随即弹出【Benchmark Settings】对话框，如图 9-51 所示。在该对话框中，用户可以选择测试时的分辨率，然后单击【OK】按钮。

❹ 单击 3DMARX 软件主界面中的【Run 3DMark】按钮，系统即开始进行测试，如图 9-52 所示。

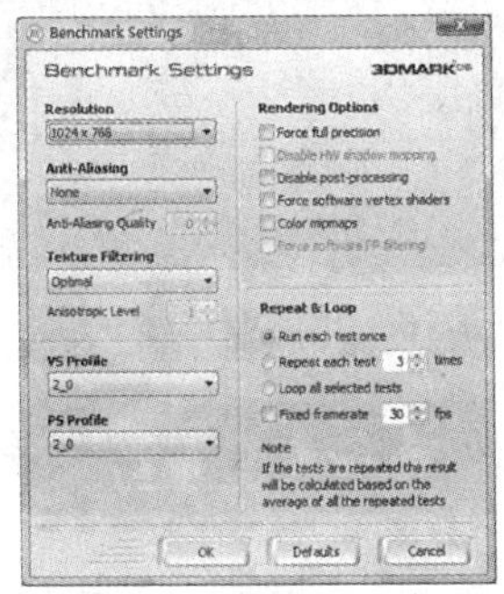

图 9-51　选择测试分辨率

图 9-52　开始测试

❺ 测试完成后则会自动显示显卡的性能得分，如图 9-53 所示。单击【Details】按钮，可以查看测试选项的详细测试信息，如图 9-54 所示。另外在图 9-53 中用户还可以单击【Save as】按钮，保存测试结果。

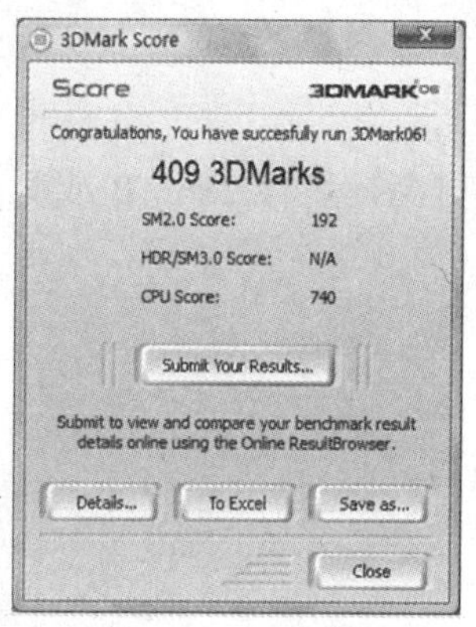

图 9-53　显卡测试得分

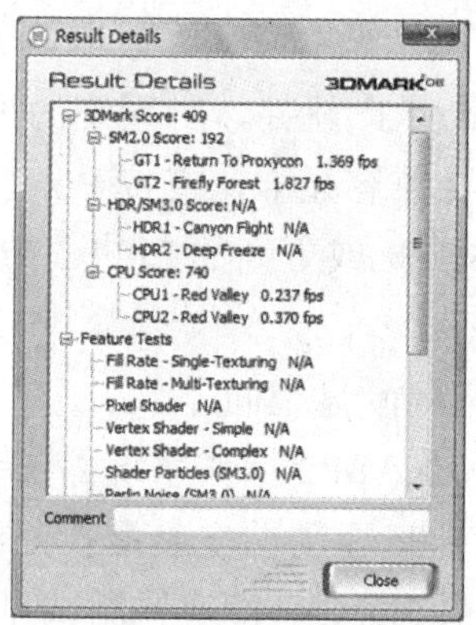

图 9-54　详细测试信息

9.2.5　NOKIA Monitor Test 软件

NOKIA Monitor Test 软件是一款用来测试显示器各项性能指标的测试软件，功能强大，操作简单。

例 9-7　使用 NOKIA Monitor Test 软件测试显示器的性能。

❶ NOKIA Monitor Test 软件是一款绿色软件，无需安装，直接双击它的启动图标进入 NOKIA Monitor Test 软件的主界面，如图 9-55 所示。在主界面的正下方有 14 个图标，他们分别代表不同的测试功能。

❷ 单击【几何图形】按钮，打开几何图形测试界面，单击鼠标可以切换画面，如图 9-56 所示。在该界面中主要查看 4 个角和中间的圆形是否为正圆，屏幕上的方块是否为正方形。

图 9-55　NOKIA Monitor Test 的主界面

图 9-56　几何图形测试

❸ 单击【收敛】按钮，打开如图 9-57 所示的界面，单击鼠标可以切换画面，如果显示没有收敛错误，则三色线会重合组成白色

❹ 单击【亮度与对比度】按钮，打开亮度与对比度测试界面，如图 9-58 所示。在这个界面中用户可以查看显示器的亮度和对比度的对比效果。另外较低的对比度可以起到

保护视力的作用，用户可以适当的调低显示器的对比度。

图 9-57　测试收敛

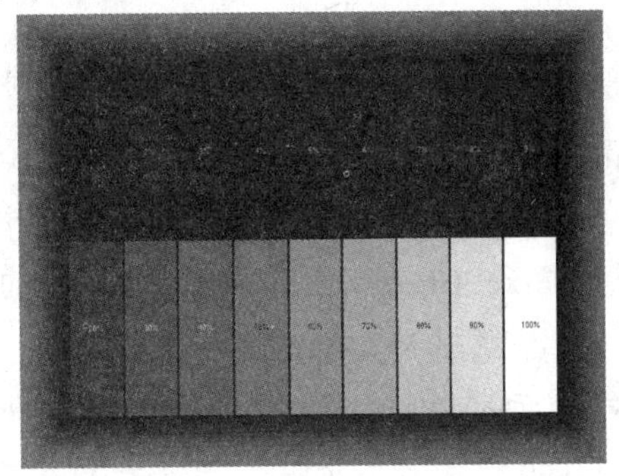

图 9-58　测试亮度和对比度

❺ 单击【聚焦】按钮，打开聚焦效果测试界面，如图 9-59 所示。单击鼠标可以切换画面，如果显示器的聚焦效果比较好，则能清晰的显示界面中的图形。

❻ 单击【分辨率】按钮，打开分辨率测试界面，如图 9-60 所示，单击鼠标可以切换画面，如果屏幕上的线条清晰且没有交织在一起，则表示显示器可以在该分辨率下正常工作。

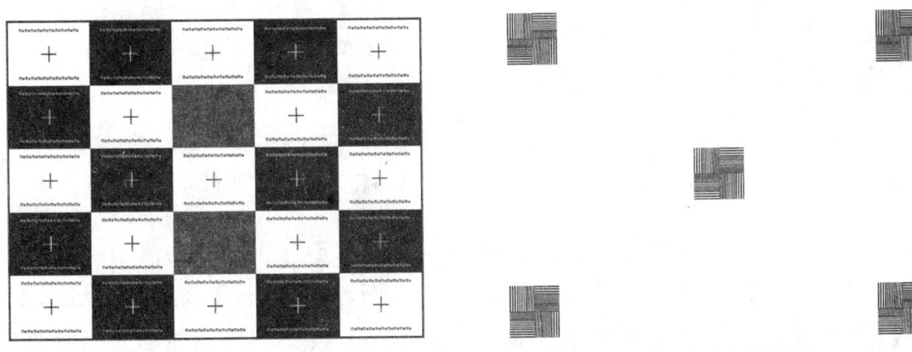

图 9-59　测试聚焦效果

图 9-60　测试分辨率

❼ 单击【可读性】按钮，打开可读性测试界面，如图 9-61 所示，单击鼠标可以切换画面，该界面中显示了一些文字，用户可以检查各处文字显示的清晰度，是否出现模糊现象。

❽ 单击【色彩】按钮，可打开一个纯白色的界面，单击鼠标可以依次切换为红、绿、蓝和黑白 4 种颜色的界面，如图 9-62 所示，用户可以查看显示器颜色的纯度。

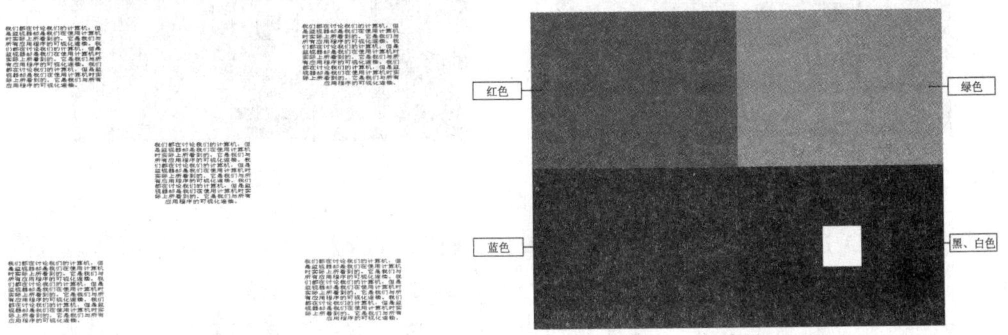

图 9-61　测试文字的可读性

图 9-62　测试色彩的纯度

❾ 所有项目都测试完成后，用户可单击【退出】按钮，退出程序。

9.2.6 Monitors Matter CheckScreen 软件

Monitors Matter CheckScreen 是一款专业的液晶显示器测试软件，除了可以检测“颜色”等液晶显示器常规性能外，还可以检测“串扰”(Crosstalk)、“响应时间”(Smearing)、“坏点测试”(Pixel Check)这 3 项液晶显示器的主要性能。

例 9-8 使用 Monitors Matter CheckScreen 软件测试液晶显示器的性能。

❶ 双击 Monitors Matter CheckScreen 软件的启动图标，进入 Monitors Matter CheckScreen 软件的主界面，如图 9-63 所示。

❷ 切换到【LCD Display】选项卡，如图 9-64 所示，然后单击【Crosstalk】按钮，检查显示器的串扰性能。

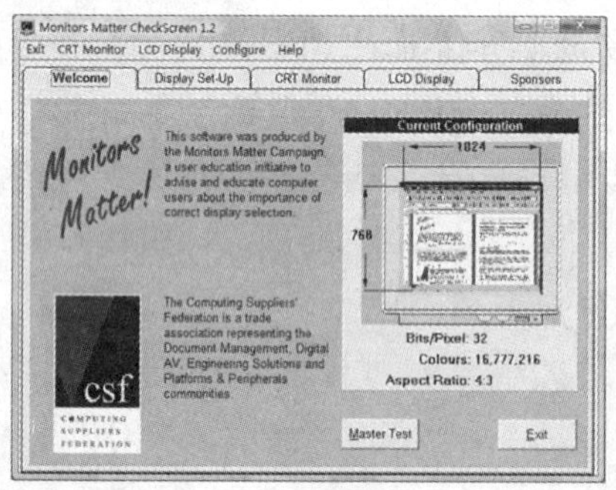

图 9-63 Monitors Matter CheckScreen 的主界面

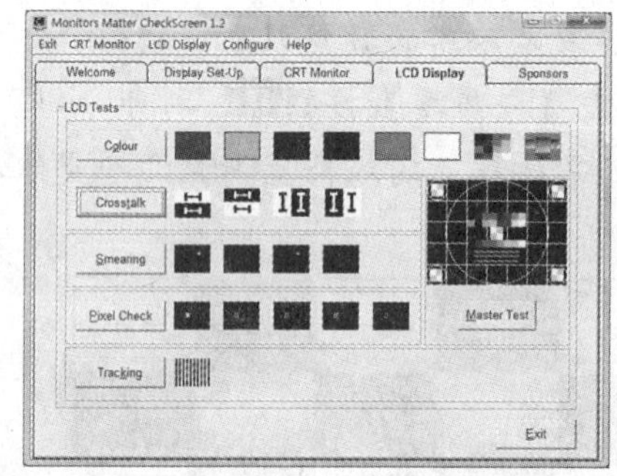

图 9-64 【LCD Display】选项卡

❸ 随即系统弹出图 9-65 所示的界面，该界面通过显示对比强烈的黑白交错画面，来查看显示器色彩边缘的锐利度。单击鼠标可以切换画面，按【Esc】键可以退出。

❹ 在【LCD Display】选项卡中，单击【Smearing】按钮，检测显示器的响应时间，如图 9-66 所示。在图中有一个快速移动的小方块，观察小方块的拖影个数，拖影个数越少则说明显示器的响应时间越短。

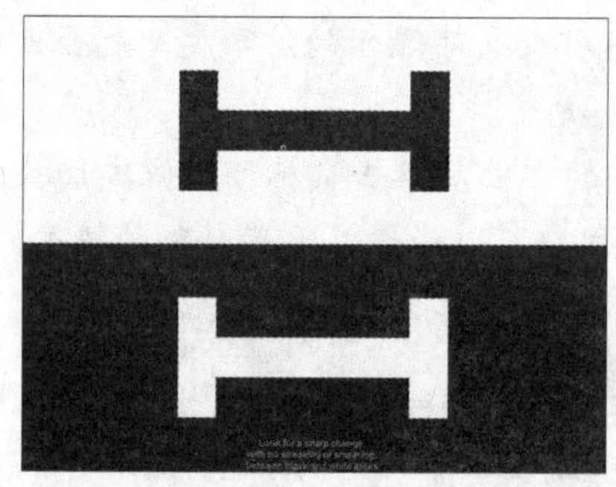

图 9-65 测试色彩边缘的锐利度

图 9-66 测试响应时间

❺ 在【LCD Display】选项卡中，单击【Pixel Check】按钮，检测显示器是否有亮点和坏点，如图 9-67 所示。在屏幕上显示一个纯色的小方块，单击鼠标可以改变小方块的颜色，按方向键可以移动小方块，通过移动小方块来检查显示器是否有坏点和亮点。

❻ 在【LCD Display】选项卡中，单击【Tracking】按钮，检测显示器的视频信号是否

存在干扰，如图 9-68 所示。如果液晶显示器的质量比较好，则屏幕上会显示出十分均匀的线条。按【Esc】键或者单击鼠标可退出界面。

图 9-67　检测坏点和亮点

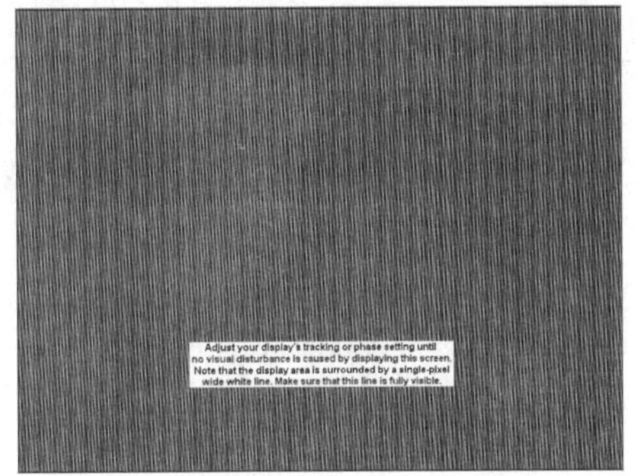

图 9-68　检测是否存在视频信号干扰

❼ 检测全部完成后，单击【Exit】按钮可退出程序。

9.2.7　使用测试网站检测网络性能

随着互联网技术的发展，网络已经走进千家万户，用户若想了解自己网络的性能，可以登录专门的测试网站进行检测。测试网站的地址是：http://www.linkwan.com/gb/。

例 9-9　使用测试网站测试网络的性能。

❶ 首先打开浏览器，在地址栏中输入 http://www.linkwan.com/gb/后回车进入世界网络站点的首页，如图 9-69 所示。在【选择要测试地区】列表框中选择要测试的地区，在【选择目标测试点】列表框中选择要测试的网络所在的具体地点，然后单击【立即测试】按钮，网站即开始自动进行测试。如图 9-70 所示。

图 9-69　世界网络站点的首页

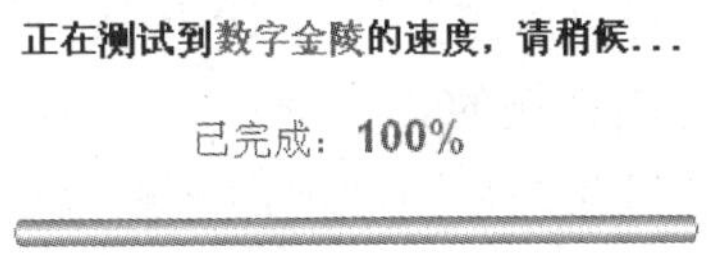

正在测试到数字金陵的速度，请稍候...

已完成：**100%**

图 9-70　正在测试网络速度

❷ 测试完成后则会自动显示测试结果，如图 9-71 所示。

❸ 单击图 9-71 中的【点这里查看测试统计信息】超链接，可以查看测试的统计信息，如图 9-72 所示。用户可在统计方式下拉列表框中选择需要测试的内容，图 9-72 中显示的为【测试次数统计】。

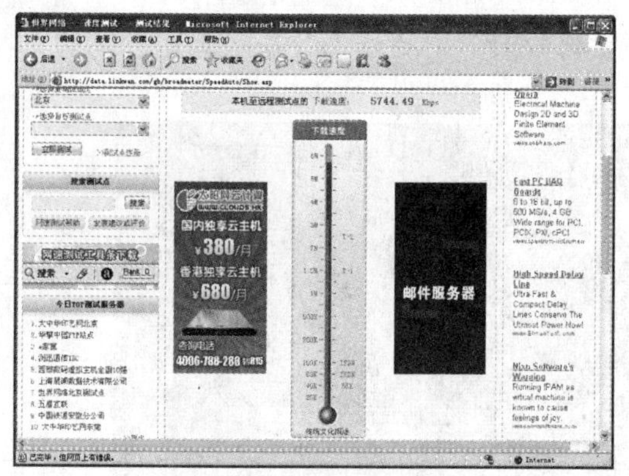

图 9-71　测试结果

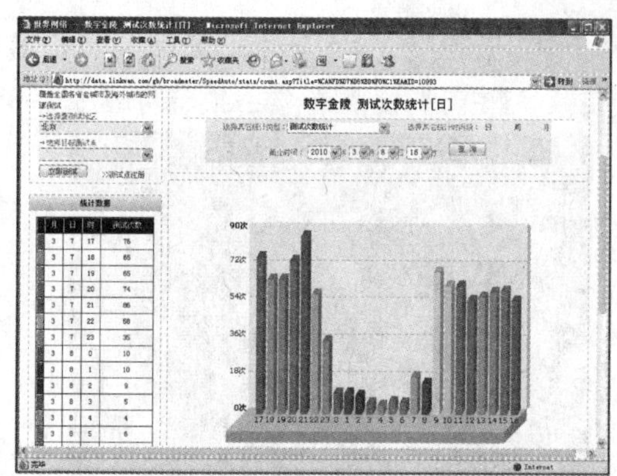

图 9-72　查看测试统计信息

9.3　电脑常见外部设备的使用

电脑在使用的过程中不免要用到一些外部设备，这些设备主要包括 U 盘、MP3、数码相机和打印机等，本节来介绍这些外部设备的使用方法。

9.3.1　使用 U 盘拷贝文件

U 盘是目前比较常用的移动存储设备，它最大的优点就是体积比较小、便于携带，可以在没有任何网络连接的情况下，将一台电脑中的文件拷贝到另一台电脑中，如图 9-73 所示。有了 U 盘，用户就可以将上班没有完成的工作带回家去做，然后再把做完的工作带回到公司。

图 9-73　U 盘

U 盘与电脑主要通过 USB 接口进行连接，事实上大部分的即插即用设备都是通过 USB 接口与电脑连接的。

电脑机箱的后面和前面一般来说共有 2 到 6 个甚至更多的 USB 插槽，其外观很好辨认，也只有使用 USB 接口的设备才能够插入到该插槽中。下面通过具体实例来介绍如何使用 U 盘拷贝文件。

例 9-10　将电脑 D 盘中的【工作】文件夹复制到 U 盘中。

❶ 将 U 盘插入到电脑机箱上的 USB 插槽中，当连接成功后，U 盘上的指示灯会亮，同时在桌面任务栏的右下角会出现发现新硬件的提示信息，并且在任务栏中显示图标。

❷ 双击【我的电脑】图标，打开【我的电脑】窗口，在【有可移动存储的设备】区域，会出现一个【可移动磁盘】图标，如图 9-74 所示。

❸ 双击【本地磁盘(D:)】图标，打开【本地磁盘(D:)】窗口，然后右击【工作】文件夹，在弹出的快捷菜单中选择【复制】命令，如图 9-75 所示。

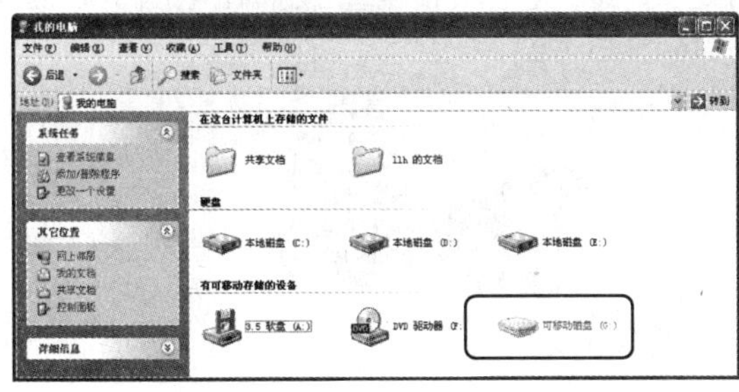

图 9-74　【我的电脑】窗口

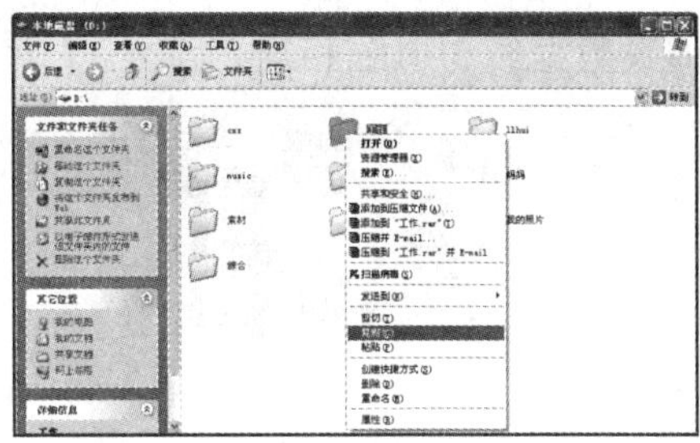

图 9-75　复制文件

❹ 返回至【我的电脑】窗口，双击【可移动磁盘】图标，打开【可移动磁盘】窗口。

❺ 在【可移动磁盘】窗口的空白处右击鼠标，在弹出的快捷菜单中选择【粘贴】命令，如图 9-76 所示。系统即开始复制文件到 U 盘并显示文件拷贝的进度，如图 9-77 所示。

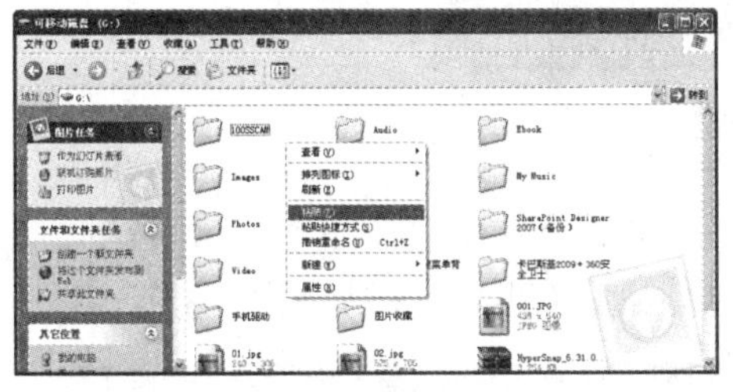

图 9-76　粘贴文件

图 9-77　显示进度

❻ 此时，观察 U 盘的指示灯，会发现指示灯在不停地闪烁，说明在 U 盘和电脑之间有转移文件的操作。

❼ 文件复制完成后，U 盘不能直接拔下，应先将目前打开的关于 U 盘的文件和文件夹全部关闭，然后单击任务栏右边的图标，选择【安全删除 USB Mass Storage Device-驱动器】命令，如图 9-78 所示。

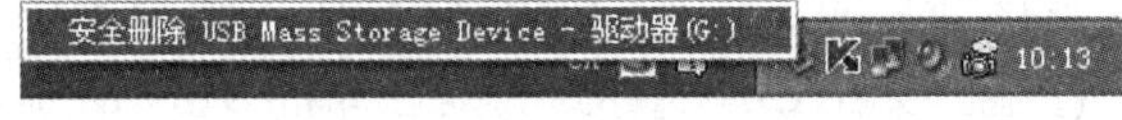

图 9-78　移除 U 盘

❽ 当桌面的右下角出现【安全地移除硬件】提示并且 U 盘的指示灯熄灭时，方可将 U 盘从电脑上拔下，如图 9-79 所示。

图 9-79　U 盘已成功移除

9.3.2 使用数码相机转移照片

数码相机的使用方法和U盘相似，不同的是数码相机一般不能直接插在电脑上，而是需要通过数据线与电脑相连。

图 9-80 数码相机及其数据线

不同品牌的数码相机，其数据线的结构也不尽相同，但其与电脑相连的一端一般都是USB接口。若要将数码相机中的照片转移到电脑中，应先将数据线的一端连接到数码相机上，然后将另一端与电脑相连。连接成功后，在桌面任务栏的右下角会出现发现新硬件的提示信息，并且在任务栏中显示图标，如图 9-81 所示。

图 9-81 显示可移动磁盘图标

与使用U盘一样，打开【我的电脑】窗口，如图 9-82 所示。然后在【有可移动存储的设备】区域，双击【可移动磁盘】图标，打开【可移动磁盘】窗口，如图 9-83 所示。

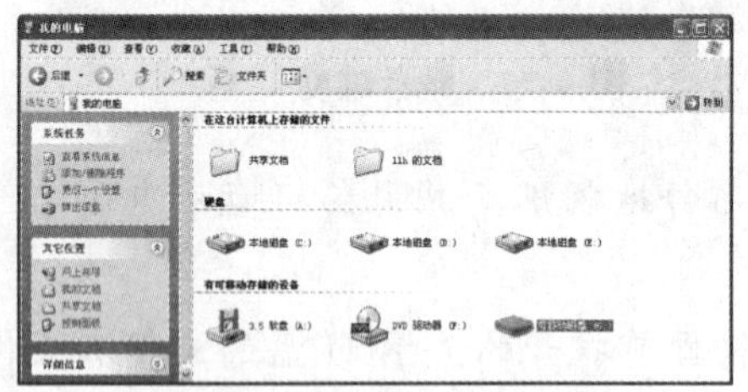

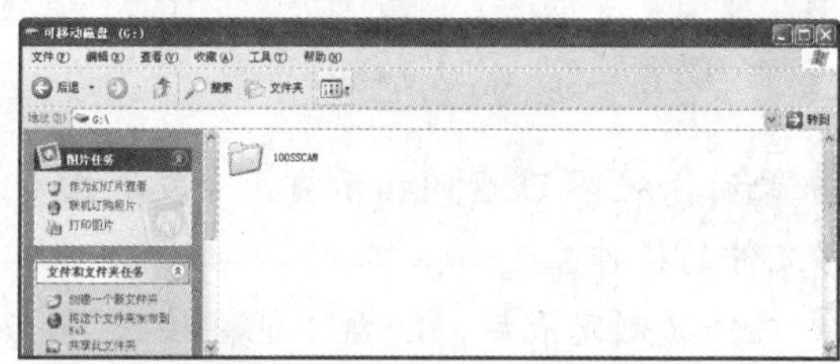

图 9-82 【我的电脑】窗口 图 9-83 【可移动磁盘】窗口

例如用户想要将照片转移到桌面上，可先找到照片在数码相机中存放的位置，选定要转移的照片后按下 Ctrl+C(复制)或者 Ctrl+X(剪切)键，如图 9-84 所示。然后切换至电脑的桌面，按下 Ctrl+V(粘贴)键即可，如图 9-85 所示。

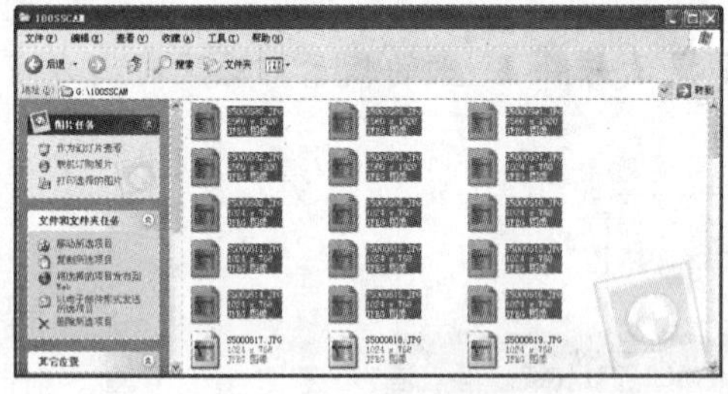

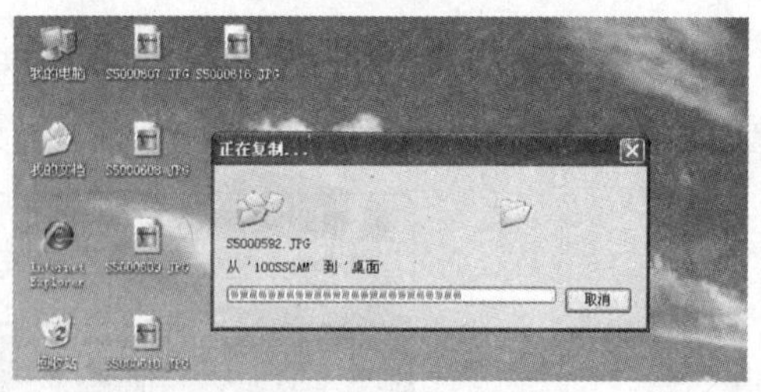

图 9-84 复制照片 图 9-85 粘贴照片

9.3.3 为 MP3 和手机下载音乐

MP3 和手机的原理也与U盘类似，若要将电脑中的音乐复制到 MP3 或手机中，应将它们通过数据线与电脑的 USB 接口相连，然后按照 U 盘的使用方法，将音乐文件复制并粘贴到 MP3 和手机指定的文件夹中即可。

需要注意的是，MP3 和手机是在内部嵌入了播放器程序，在默认情况下只能播放指定文件夹中的音乐。该指定文件夹是默认存在的，其名称一般为【Music】或【My Music】，如果手机具有 MP4 功能，则视频文件应存放在【Video】文件夹中，如图 9-86 所示。

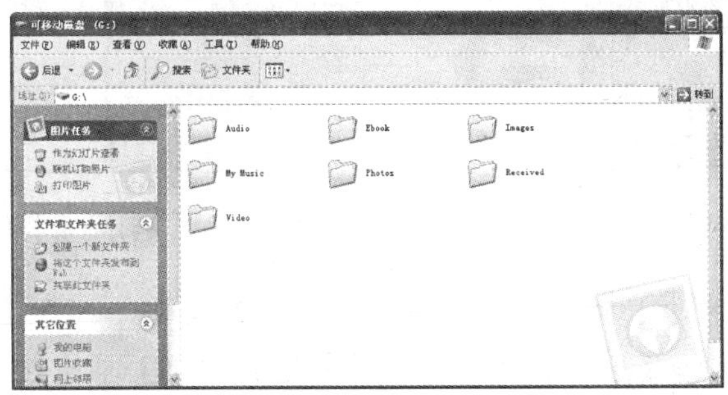

图 9-86　MP3 窗口

9.3.4　打印机的安装与使用

打印机大家并不陌生，它的作用是将电脑中的信息输出并打印在纸张上，以便用户查阅和保存。打印机的种类主要可以分为 3 种，分别是针式打印机、喷墨打印机和激光打印机。其中针式打印机由于其打印质量差、噪音大已经被淘汰，目前比较常见的是喷墨打印机和激光打印机。

喷墨打印机：在日常生活和工作中经常会用到喷墨打印机，它的最大优点是能够打印彩色的图片，并且价格适中，适合家庭使用，如图 9-87 所示。

激光打印机：激光打印机的优点是打印速度快、噪音低、体积小、打印质量高，除了可以对普通文本和图像进行打印外，还可以进行胶片、手册、海报、标签和信封的打印等，如图 9-88 所示。

图 9-87　喷墨打印机

图 9-88　激光打印机

例 9-11　安装打印机并打印【家常菜谱】文档。

❶ 首先应关闭电脑，然后通过数据线将打印机与电脑正确的连接。

❷ 连接完成后，启动电脑，然后选择【开始】|【打印机和传真】命令，如图 9-89 所示，打开【打印机和传真】窗口，如图 9-90 所示。

❸ 在【打印机和传真】窗口中显示了电脑中以前已经安装好的打印机。单击该窗口左边任务窗格中的【添加打印机】超链接，打开【添加打印机向导】对话框，如图 9-91 所示。

图 9-89　【开始】菜单

图 9-90　【打印机和传真】窗口

❹ 仔细阅读该对话框中的内容后，单击【下一步】按钮，打开【本地或网络打印机】对话框，在该对话框中选择【连接到此计算机的本地打印机】单选按钮，其他选项保持默认设置，如图 9-92 所示。

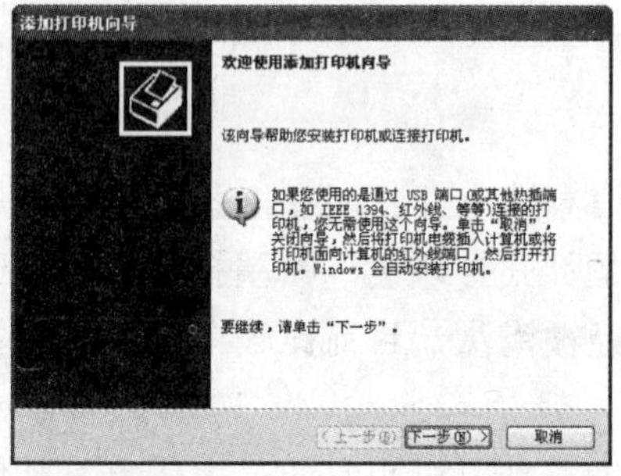

图 9-91　【添加打印机向导】对话框

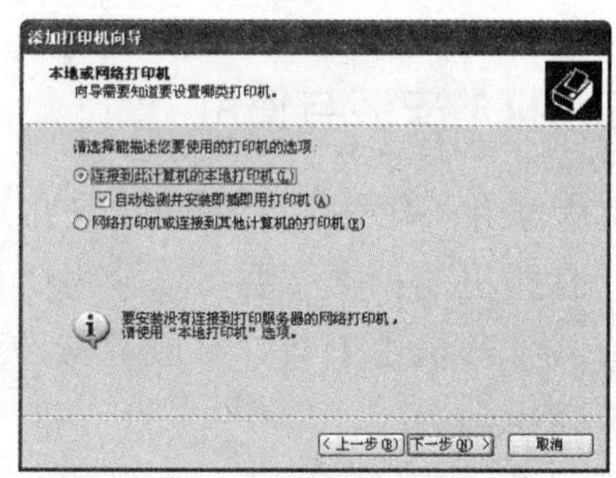

图 9-92　【本地或网络打印机】对话框

❺ 单击【下一步】按钮，系统开始自动搜索电脑中是否安装了即插即用打印机，如图 9-93 所示。如果没有安装，系统将打开【新打印机检测】对话框，如图 9-94 所示。

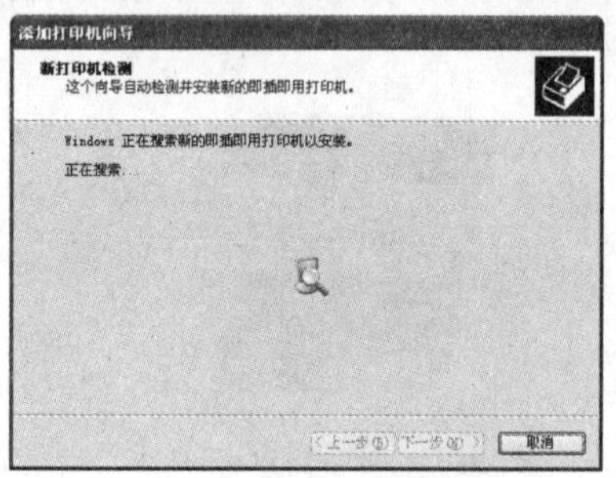

图 9-93　搜索打印机

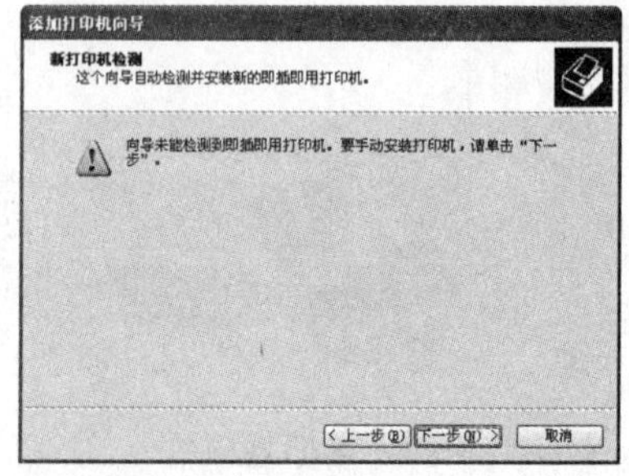

图 9-94　【新打印机检测】对话框

❻ 继续单击【下一步】按钮，打开【选择打印机端口】对话框。因为大多数电脑使用 USB 端口与本地打印机通讯，所以在此选择【USB1000】端口，如图 9-95 所示。

❼ 单击【下一步】按钮打开【安装打印机软件】对话框。在【厂商】列表框中选择本地打印机的生产厂商，在【打印机】列表框中选择打印机的型号，如图 9-96 所示。

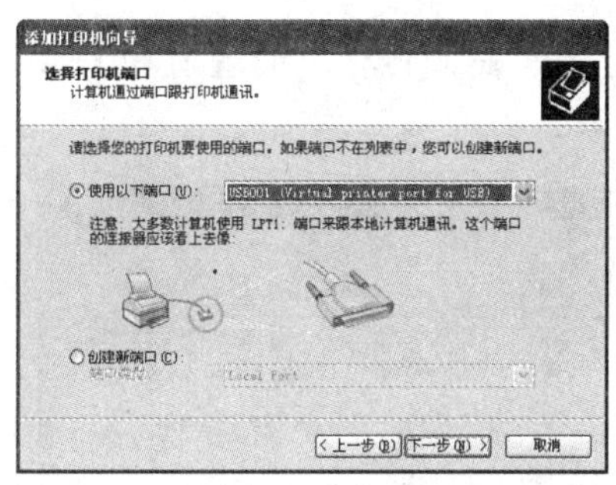

图 9-95　【选择打印机端口】对话框

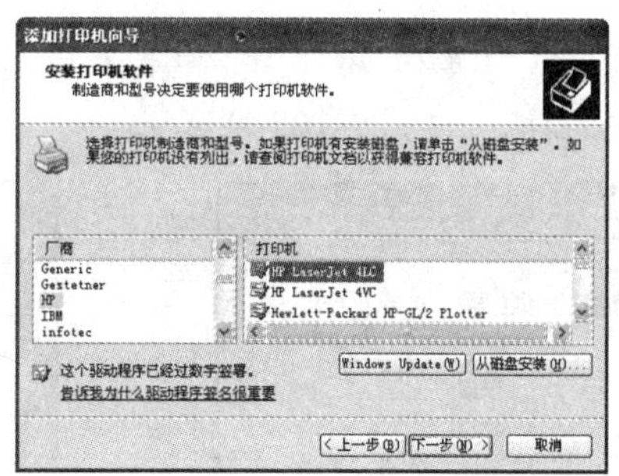

图 9-96　【安装打印机软件】对话框

❽ 单击【下一步】按钮，打开向导的【命名打印机】对话框，如图 9-97 所示。在【打印机名】文本框中显示的是通过磁盘安装的打印机的名称，如果需要还可以更改此名称。另外在此对话框中还可以选择【是否希望将这台打印机设置为默认打印机？】，如果不希望将其设置为系统默认的打印机，选中【否】单选按钮。

❾ 单击【下一步】按钮，打开【打印机共享】对话框，如图 9-98 所示。在该对话框中用户可设置是否通过网络共享这台打印机。

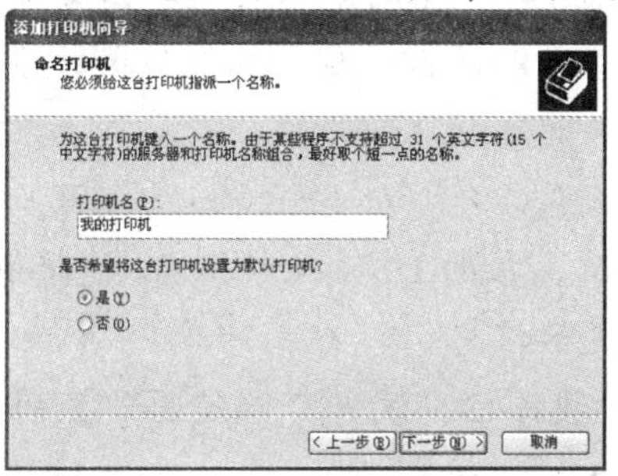

图 9-97　【命名打印机】对话框

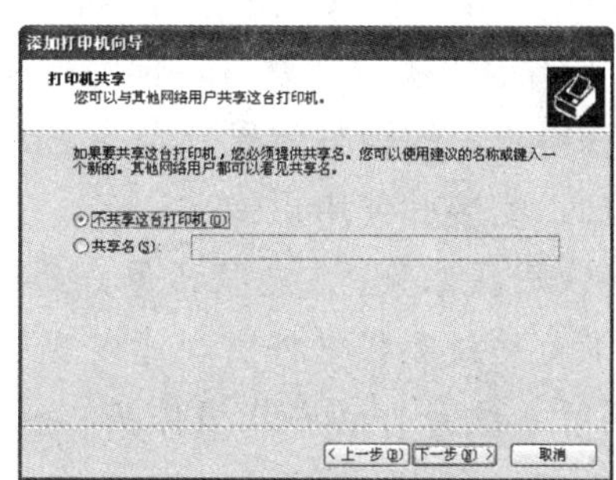

图 9-98　【打印机共享】对话框

❿ 单击【下一步】按钮，打开【打印测试页】对话框，若用户暂时不想测试，可选定【否】单选按钮，如图 9-99 所示。

⓫ 单击【下一步】按钮，打开【正在完成添加打印机向导】对话框，该对话框中显示了用户刚刚对打印机设置的相关信息，如图 9-100 所示。

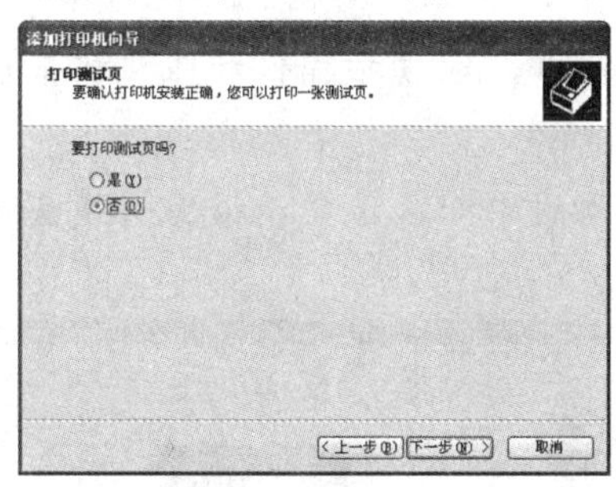

图 9-99　【打印测试页】对话框

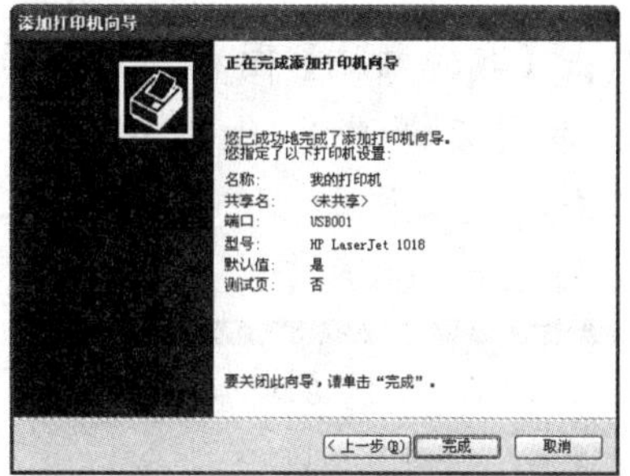

图 9-100【正在完成添加打印机向导】对话框

⓬ 单击【完成】按钮，完成【添加打印机向导】，系统开始从指定的驱动器中复制需要的文件。稍后，已安装的打印机图标即会出现在【打印机和传真】窗口中，如图 10-101 所示。

⓭ 打印机安装完成后，如果该打印机是默认打印机，就可以直接使用它来打印文档

了。双击打开【素材\第 8 章\家常菜谱.rtf】文档，直接单击工具栏中的【打印】按钮，即可打印该文档，如图 9-102 所示。

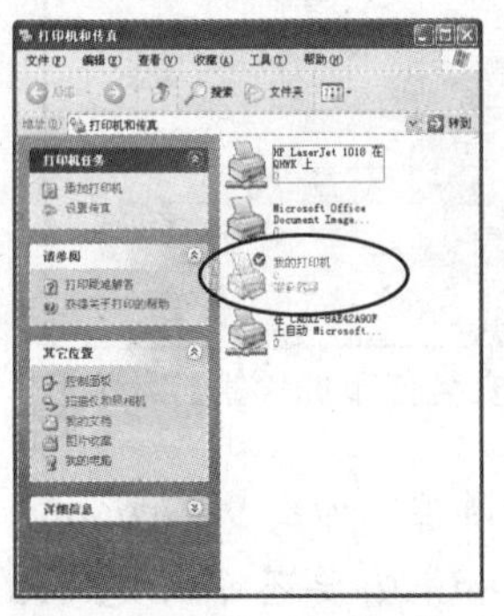

图 9-101　打印机已成功添加

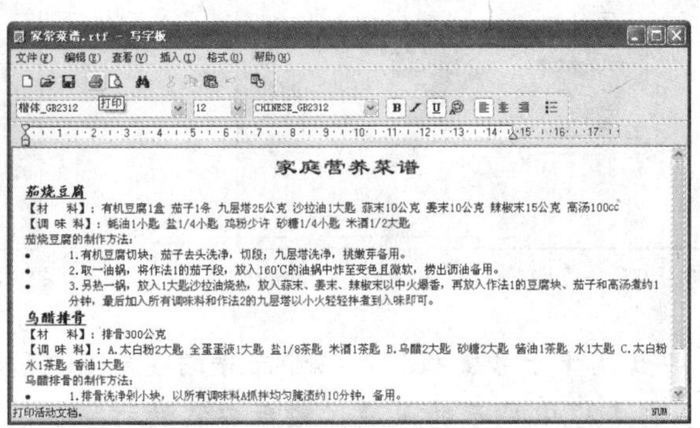

图 9-102　打印文档

9.3.5　摄像头的安装与使用

在家用电脑中，摄像头的应用也非常广泛，它最常应用在网络聊天中。摄像头多使用 USB 接口，属于即插即用设备，但摄像头属于一种特殊的硬件，最好为其安装驱动程序，这样才能获得更好的视频效果。

例 9-12　安装并使用摄像头。

❶ 要使用摄像头，应先将摄像头的数据线与电脑主机的 USB 接口相连，连接成功后，在桌面右下角的任务栏中将出现【发现新硬件】的提示信息。

❷ 此时系统会自动安装摄像头，稍后弹出【新硬件已安装并可以使用了】的提示信息，如图 9-104 所示。

图 9-103　发现新硬件

图 9-104　硬件安装成功

❸ 双击【我的电脑】图标，打开【我的电脑】窗口，在【扫描仪和照相机】区域将显示摄像头的图标，如图 9-105 所示。

❹ 双击该摄像头图标即可打开摄像头，并在屏幕的中间区域显示摄像头镜头中拍摄到的内容，如图 9-106 所示。

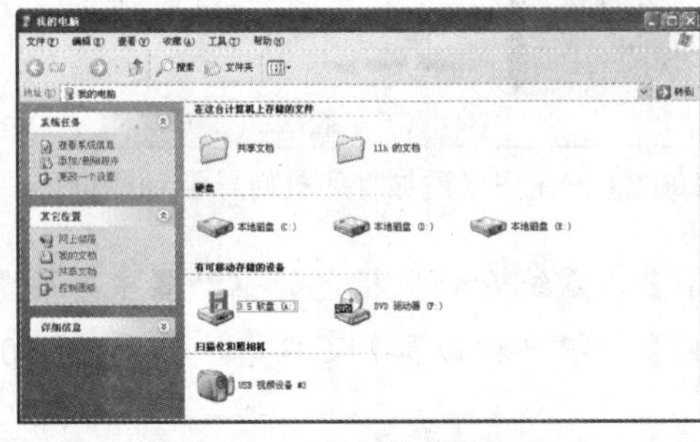

图 9-105　【我的电脑】窗口

图 9-106　拍摄到的内容

❺ 单击左边任务窗格中的【拍照】命令，即可将当前镜头中的内容以图片的形式保存在电脑中。

本章小结

本章主要介绍了电脑在安装完操作系统之后，如何对其性能进行测试，以及电脑常见外部设备的使用方法，包括 U 盘、数码相机、MP3、手机、打印机和摄像头的使用方法等。下一章向读者介绍操作系统的维护方法。

习　　题

上机练习题

1. 使用 CPU-Z 软件检测自己电脑的 CPU 型号、倍频和外频、一级和二级缓存的大小。
2. 使用 EVEREST 软件测试主板的相关信息，并将测试结果生成报表保存起来。
3. 使用 SiSoftware Sandra 软件测试电脑的内存宽度对比效果，并保存测试结果。
4. 使用 NOKIA Monitor Test 软件测试显示器质量。
5. 使用世界网络网站测试所用网络的性能。
6. 使用 U 盘复制电脑中的文件。
7. 使用打印机打印一篇文档。
8. 使用摄像头进行拍照。

第 10 章

数据的备份、还原与恢复

电脑中对用户最重要的就是硬盘中的数据了，如果电脑一旦感染上了病毒，就很有可能造成硬盘数据的丢失，因此做好对硬盘数据的备份非常重要。本章主要介绍如何对硬盘的数据进行备份、还原和恢复。通过本章的学习，应该完成以下学习目标：

- ☑ 掌握硬盘数据备份的方法
- ☑ 掌握硬盘数据还原的方法
- ☑ 掌握设置系统还原点的方法
- ☑ 掌握还原系统的方法
- ☑ 掌握如何使用工具软件恢复系统中被删除的数据
- ☑ 掌握如何恢复电脑中的媒体文件

10.1 硬盘数据的备份与还原

为了防止因突发状况而造成硬盘数据的丢失，用户在平时使用电脑的过程中应做好硬盘数据的备份工作。做好了硬盘的数据备份，一旦发生数据丢失现象，用户就可通过数据还原功能，找回丢失的数据。

10.1.1 硬盘数据的备份

要备份硬盘的数据，最好的方法就是使用移动硬盘或者是可读写的光盘，将电脑中的重要资料另外存储起来，这样就不怕因电脑硬盘的损坏而丢失数据了。

另外，Windows XP 系统给用户提供了一个很好的数据备份功能，使用该功能用户可将硬盘中的重要数据存储为一个备份文件，当需要找回这些数据时，只需将其还原即可。

例 10-1 在 Windows XP 操作系统中，使用系统自带的功能备份 D 盘中的数据。

❶ 单击【开始】按钮，选择【运行】命令，打开【运行】对话框，并在【打开】文本框中输入“ntbackup”，如图 10-1 所示。

❷ 按下 Enter 键，打开如图 10-2 所示的【备份或还原向导】对话框。

❸ 单击【下一步】按钮，弹出【备份或还原】对话框，选中【备份文件和设置】单选按钮，如图 10-3 所示，然后单击【下一步】按钮，弹出【要备份的内容】对话框，如图 10-4 所示。

图 10-1 【运行】对话框

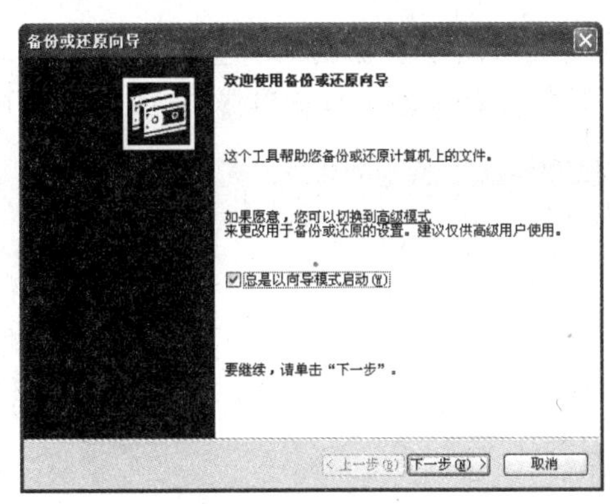

图 10-2 【备份或还原向导】对话框

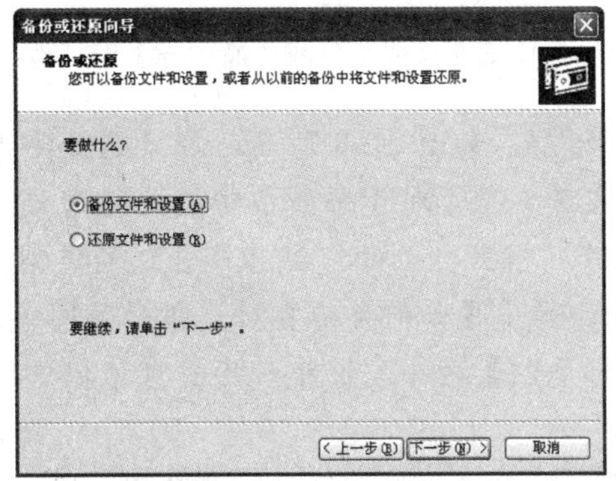

图 10-3　选中【备份文件和设置】

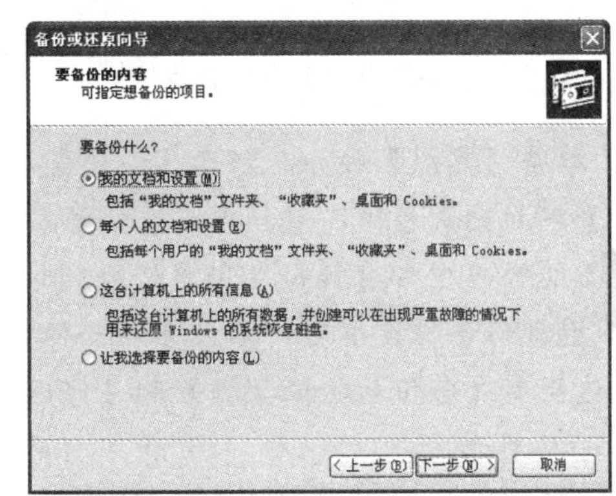

图 10-4　【要备份的内容】对话框

❹ 选择【让我选择要备份的内容】单选按钮，然后单击【下一步】按钮，弹出【要备份的内容】对话框，如图 10-5 所示。

❺ 在图 10-5 中的【要备份的项目】复选框中选中要备份文件的存储位置，然后在它后面的复选框中选中要备份的文件名或文件夹名，单击【下一步】按钮，打开如图 10-6 所示的【备份类型、目标和名称】对话框。

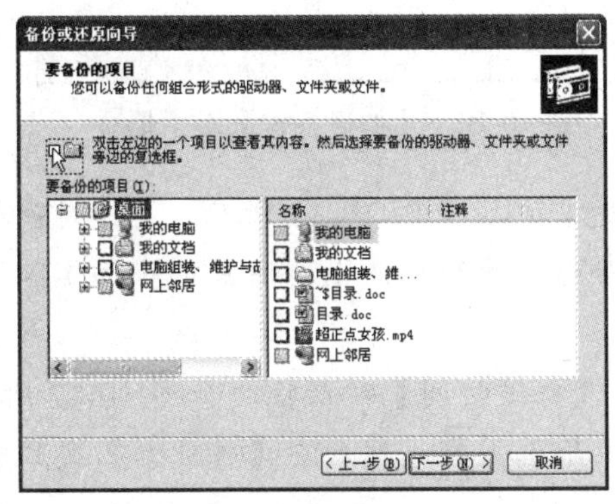

图 10-5　选择要备份的文件

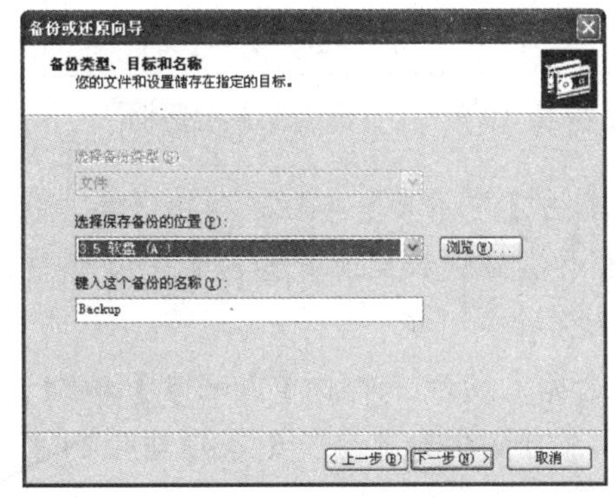

图 10-6　【备份类型、目标和名称】对话框

❻ 单击【浏览】按钮，打开【另存为】对话框，在这里用户可以选择备份文件所要存放的位置，如图 10-7 所示。选定后，【保存】按钮。返回【备份类型、目标和名称】对话框。

❼ 在【键入这个备份的名称】文本框中输入该备份的名称，然后单击【下一步】按钮，弹出【正在完成备份或还原向导】对话框，如图 10-8 所示。

图 10-7 选择备份文件的存放位置

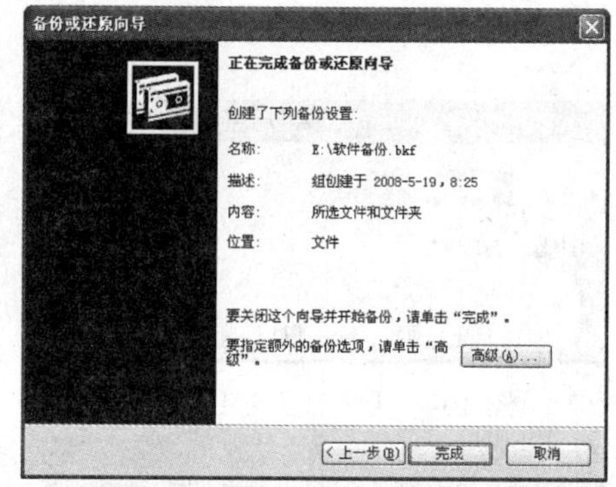

图 10-8 【正在完成备份或还原向导】对话框

❽ 单击【高级】按钮，打开【备份类型】对话框，如图 10-9 所示，在【选择要备份的类型】下拉列表框中，用户可以选择要备份的文件类型，对于每种备份类型的意义，在【描述】组合框中都有解释，用户仔细阅读后，可以根据自己的需要选择合适的类型。

❾ 选择好备份类型后，单击【下一步】按钮，弹出【如何备份】对话框，如图 10-10 所示，这里有【备份后验证数据】和【停用卷阴影复制】两个复选框，用户可根据需要选择，也可以不选。

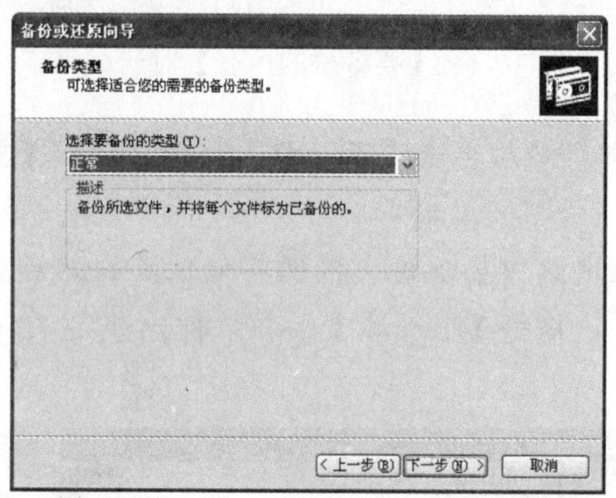

图 10-9 【备份类型】对话框

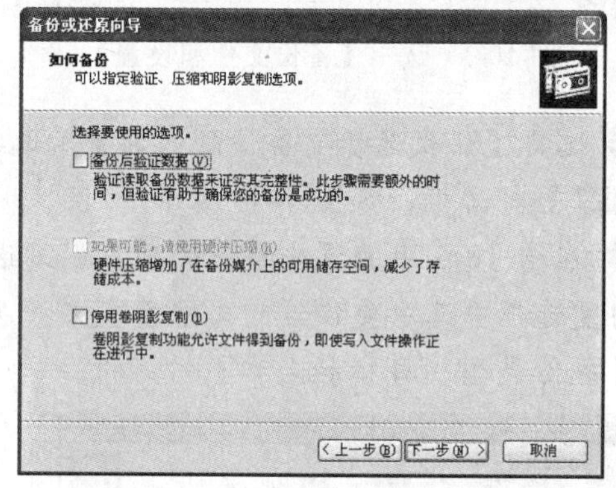

图 10-10 【如何备份】对话框

❿ 单击【下一步】按钮，弹出【备份选项】对话框，如图 10-11 所示，在该对话框中有【将这个备份附加到现有备份】和【替换现有备份】两个单选框，用户可根据实际情况进行选择。

⓫ 选择完成后，单击【下一步】按钮，弹出【备份时间】对话框，如图 10-12 所示，选择【什么时候执行备份？】选项组中的【以后】单选按钮，然后在【作业名】文本框中输入该备份的名称。

⓬ 输入完成后单击【设定备份计划】按钮，弹出【计划作业】对话框，如图 10-13 所示，在【计划】选项卡中可以设置该计划的启用时间段和开始时间，单击【高级】按钮，弹出【高级计划选项】对话框，如图 10-14 所示，在该对话框中选中【重复任务】复选框，可以对该任务的重复频率等项进行设置。

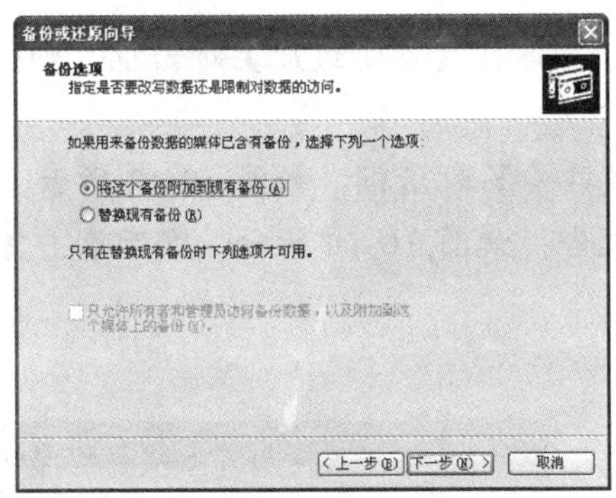

图 10-11 【备份选项】对话框

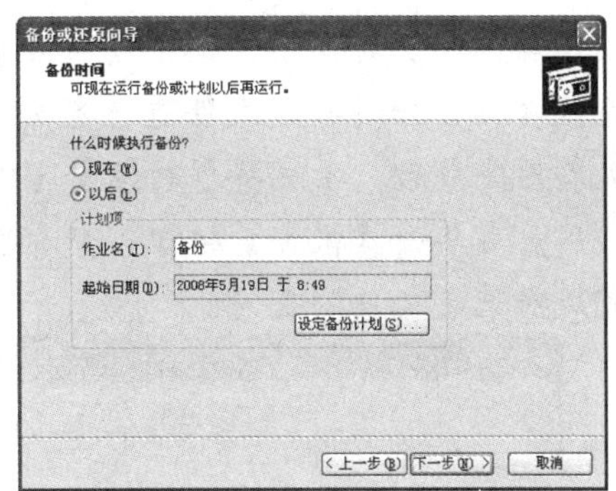

图 10-12 【备份时间】对话框

⑬ 设置完成后，单击【确定】按钮，返回【计划作业】对话框。

⑭ 在【计划作业】对话框中切换到【设置】选项卡，在该选项卡中，用户可以对该计划任务进行更加详细的设置，设置完成后，单击【确定】按钮，返回到【备份时间】对话框。

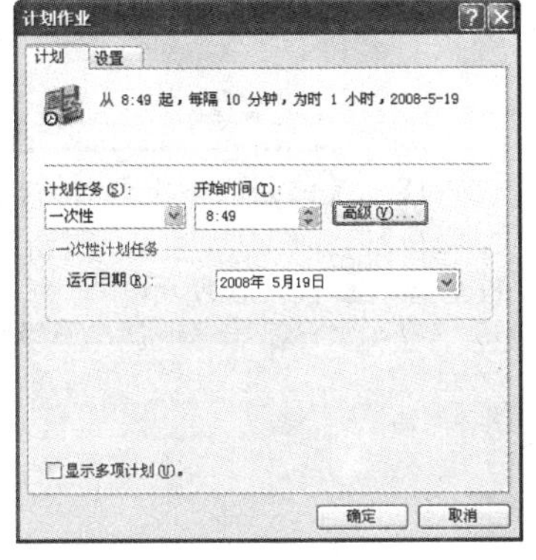

图 10-13 【计划作业】对话框

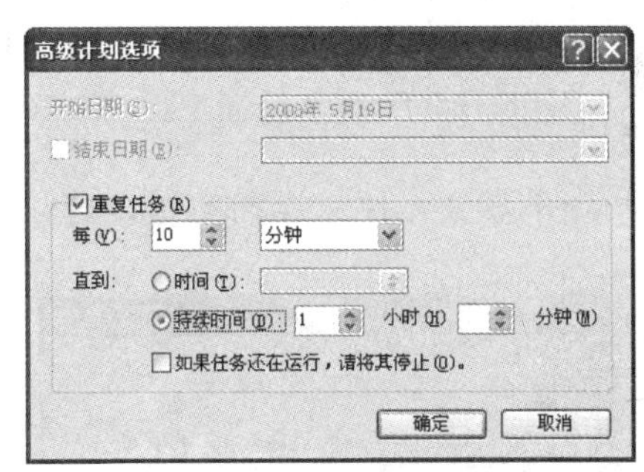

图 10-14 【高级计划选项】对话框

⑮ 单击【下一步】按钮，弹出【设置账户信息】对话框，如图 10-15 所示，输入用户名和密码后，单击【确定】按钮，返回【备份时间】对话框，单击【下一步】按钮，弹出【正在完成备份或还原向导】对话框，如图 10-16 所示，在该对话框中显示用户备份设置的相关信息。

⑯ 用户对信息查看无误后单击【完成】按钮，完成备份计划的设置。当系统时间和用户设定的时间吻合时，系统将自动启动该备份计划，对选定的文件进行备份。

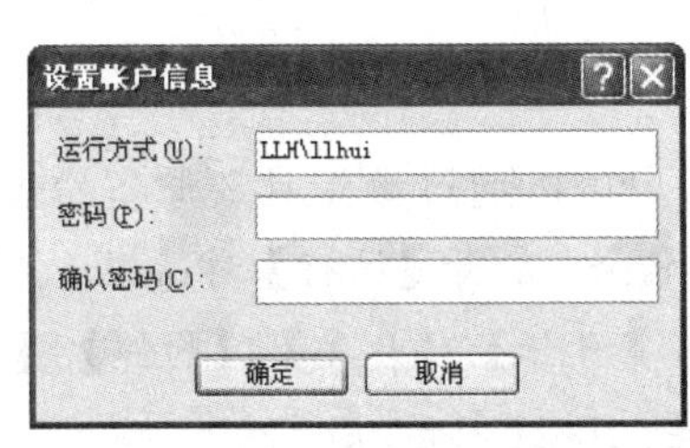

图 10-15 【设置账户信息】对话框

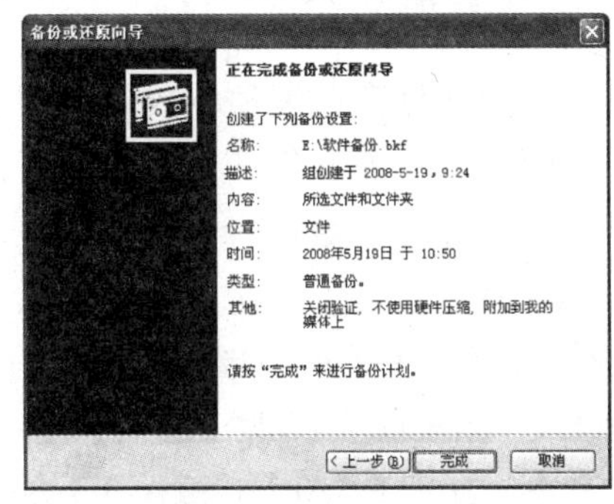

图 10-16 【正在完成备份或还原向导】对话框

⑰ 在步骤⑪中若选择【现在】单选按钮，然后单击【下一步】按钮，弹出【正在完

成备份或还原向导】对话框，单击【完成】按钮，弹出【备份进度】对话框，如图 10-17 所示，系统自动开始对选定文件进行备份。

⑱ 备份完成后，系统将自动弹出【已完成备份】对话框，如图 10-18 所示，在该对话框中，用户可单击【报告】按钮，查看备份报告，如图 10-19 所示，然后单击【关闭】按钮，完成对选定文件的备份。

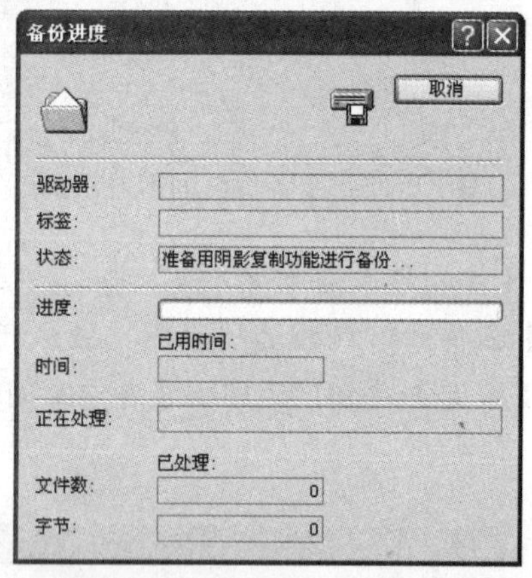

图 10-17 【备份进度】对话框

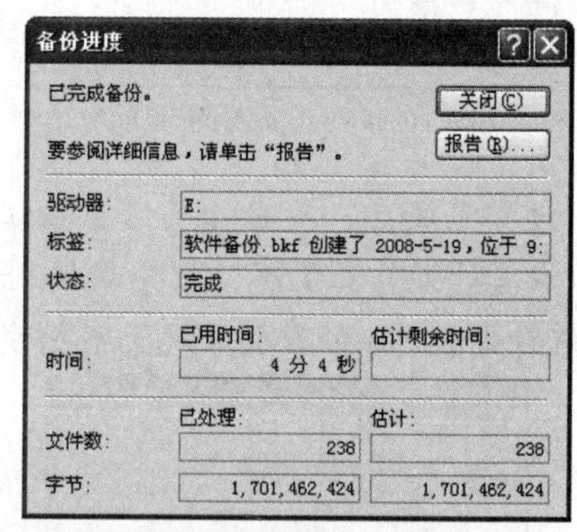

图 10-18 【已完成备份】对话框

⑲ 打开备份文件保存的磁盘，可以看到备份文件，如图 10-20 所示。

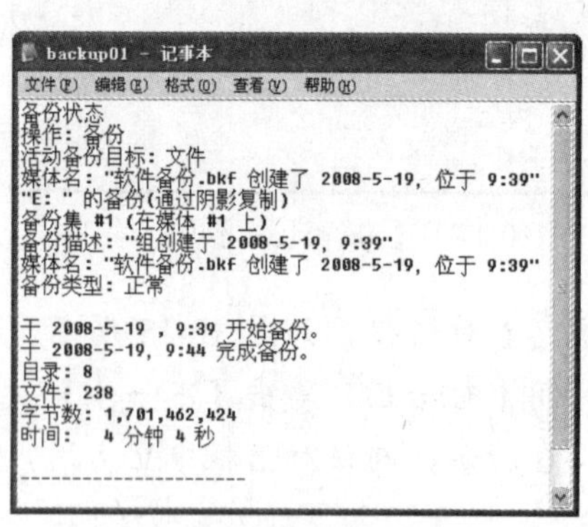

图 10-19 查看备份报告

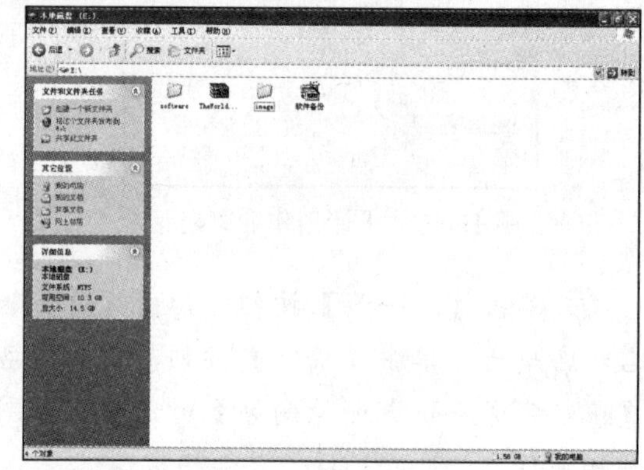

图 10-20 已备份文件

10.1.2 硬盘数据的还原

如果用户的硬盘数据被损坏或者被不小心删除，此时可以通过备份文件的还原功能或者是其他修复软件来找回损坏或丢失的文件。

例 10-2 还原硬盘数据。

Windows 系统自带了备份文件的还原工具，用户可以通过该工具还原备份过的文件。

❶ 单击【开始】按钮，选择【开始】|【运行】命令，打开【运行】对话框，并在【打开】文本框中输入"ntbackup"后按【Enter】键，或者单击【开始】|【程序】|【附件】|【系统工具】|【备份】命令，打开【备份或还原向导】对话框，如图 10-21 所示。

❷ 单击【下一步】按钮，打开【备份或还原】对话框，如图 10-22 所示。

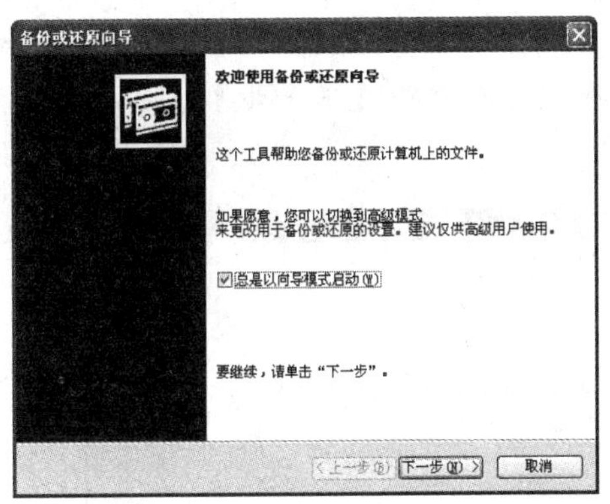

图 10-21　【备份或还原向导】对话框

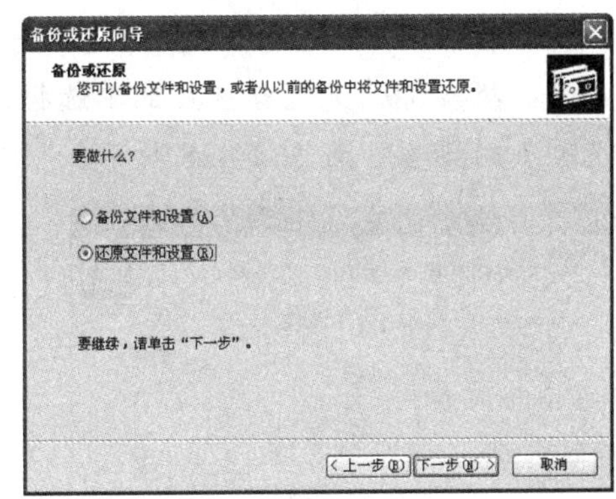

图 10-22　【备份或还原】对话框

❸ 选择【还原文件和设置】单选框，单击【下一步】按钮，弹出【还原项目】对话框，如图 10-23 所示。

❹ 在【要还原的项目】列表框中选中需要还原的备份文件，若列表中没有，可单击【浏览】按钮，打开【打开备份文件】对话框，如图 10-24 所示。

❺ 单击【浏览】按钮，打开【选择文件以编录】对话框，在这里用户可以选择需要还原的备份文件，选择完成后，单击【打开】按钮，返回【打开备份文件】对话框，然后单击【确定】按钮，返回【还原项目】对话框。

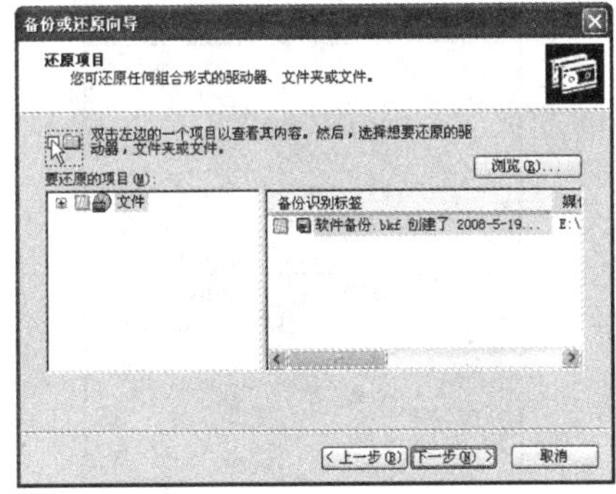

图 10-23　【还原项目】对话框

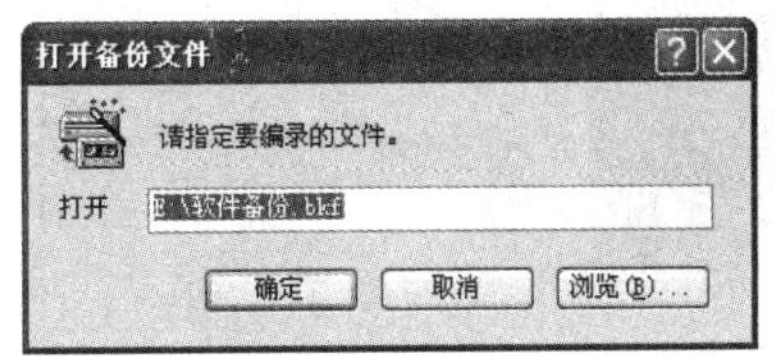

图 10-24　【打开备份文件】对话框

❻ 单击【下一步】按钮，打开【正在完成备份或还原向导】对话框，如图 10-25 所示，单击【高级】按钮，打开【还原位置】对话框，如图 10-26 所示，在这里用户可以选择备份文件的还原位置。

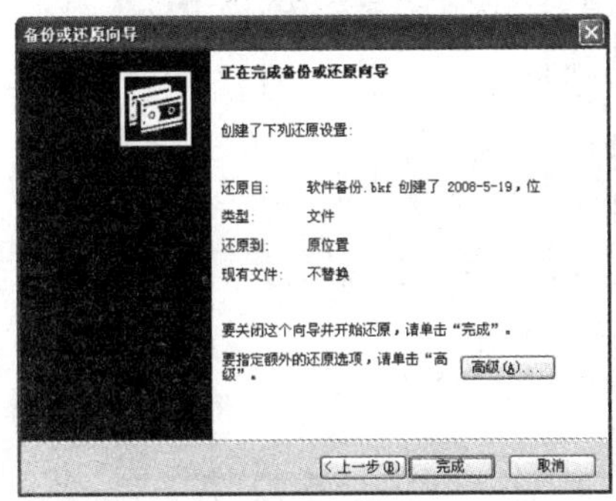

图 10-25　【正在完成备份或还原向导】对话框

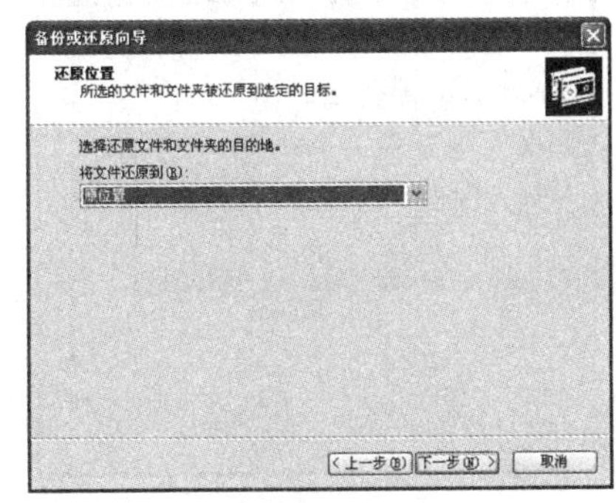

图 10-26　【还原位置】对话框

❼ 选择完成后，单击按钮，弹出【如何还原】对话框，如图 10-27 所示，在该对话框中，用户可根据实际情况选择相应的单选框。选择完成后单击【下一步】按钮，打开【高级还原选项】对话框，如图 10-28 所示。

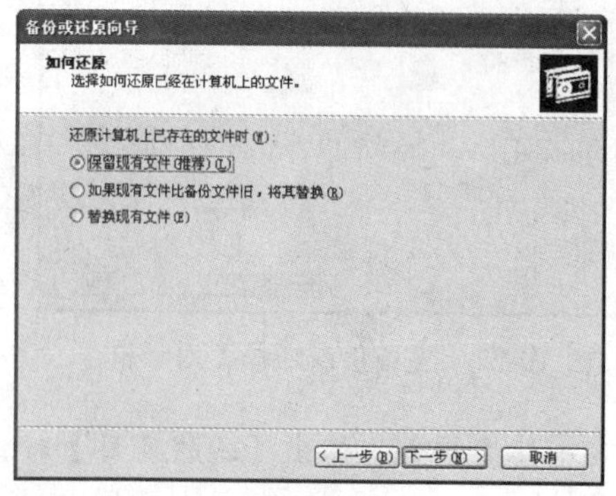

图 10-27 【如何还原】对话框

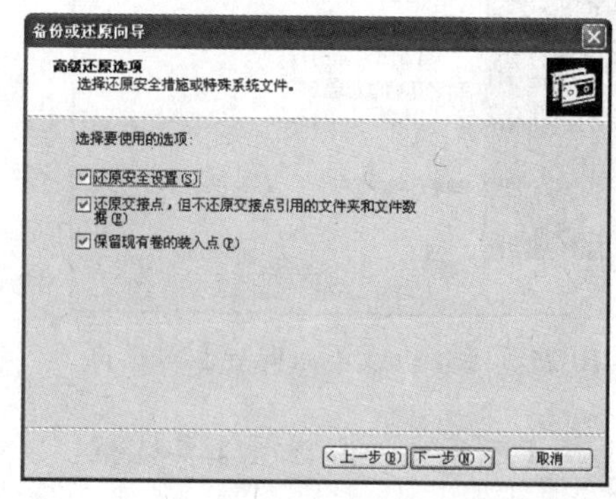

图 10-28 【高级还原选项】对话框

❽ 在【高级还原选项】对话框中，用户可以根据需要选择相应的复选框，选定后单击【下一步】按钮，打开【正在完成备份或还原向导】对话框，如图 10-29 所示。单击【完成】按钮，打开【还原进度】对话框，如图 10-30 所示，此时系统自动对选定备份文件进行还原。

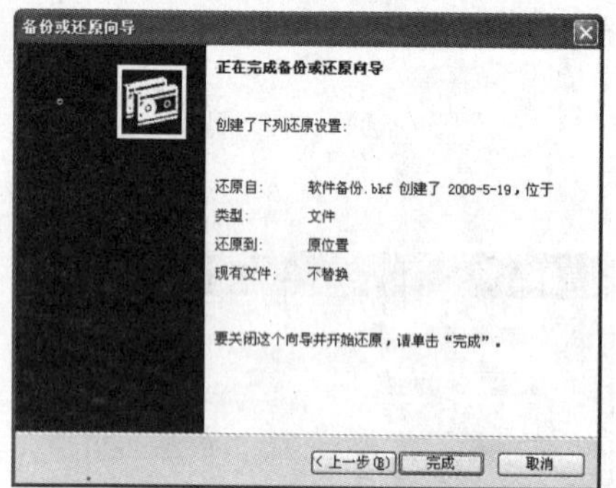

图 10-29 【正在完成备份或还原向导】对话框

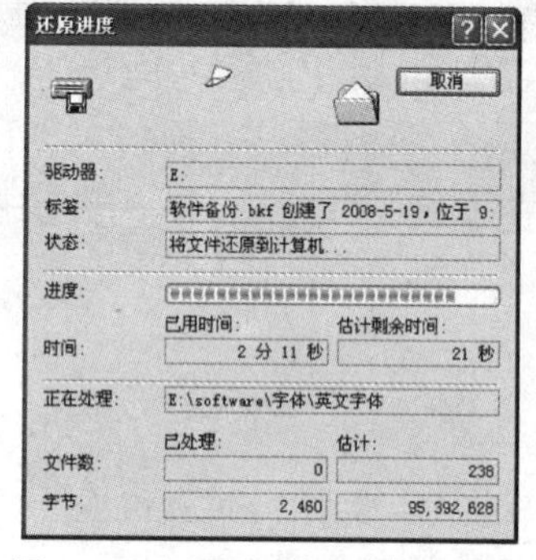

图 10-30 【还原进度】对话框

❾ 还原完成后将自动弹出【已完成还原】对话框，如图 10-31 所示，在该对话框中用户可单击【报告】按钮来查看还原的详细信息，如图 10-32 所示。

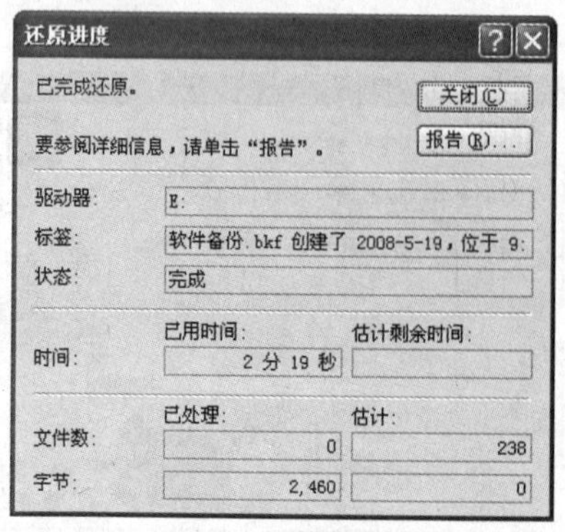

图 10-31 【已完成还原】对话框

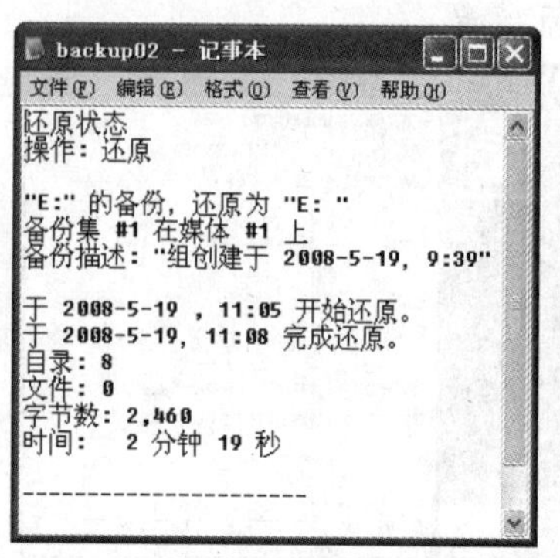

图 10-32 还原的详细信息

10.2　使用系统还原功能

电脑在使用的过程中经常会出现一些问题，尤其是操作系统，如果使用不当有可能会出现系统不稳定的现象，甚至需要重装操作系统。如果给电脑设置了系统还原功能，那么就可以轻松地将其还原，起到有备无患的作用。

10.2.1　设置系统还原

默认情况下系统还原处于非关闭状态，用户可以根据自己的实际情况开启或者关闭系统还原。

例 10-3　设置系统还原。

❶ 右击桌面上的【我的电脑】图标，在弹出的快捷菜单中选择【属性】命令，如图 10-33 所示，打开【系统属性】对话框，如图 10-34 所示。

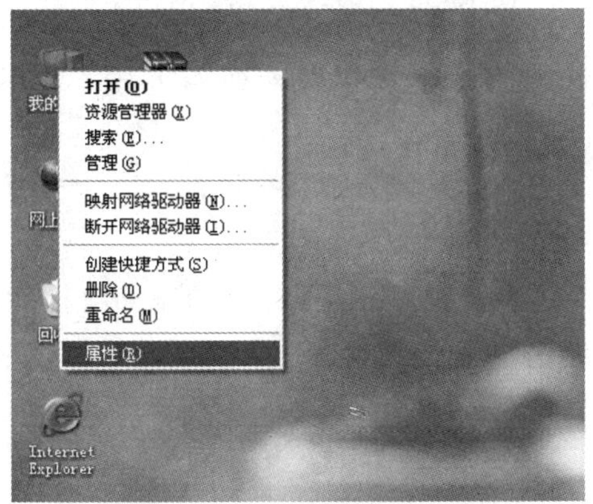

图 10-33　选择【属性】命令

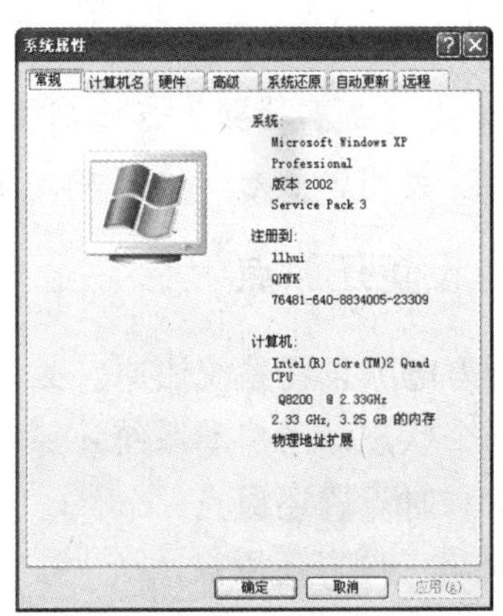

图 10-34　【系统属性】对话框

❷ 切换到【系统还原】选项卡，如图 10-35 所示。如果用户想要关闭所有驱动器上的系统还原，则可以选择【在所用驱动器上关闭系统还原】单选按钮，然后单击【确定】按钮，此时会弹出【系统还原】对话框，如图 10-36 所示。该对话框提示用户，如果用户关闭了系统还原，那么将删除所有的还原点，如果确实要关闭系统还原，则单击【是】按钮即可。

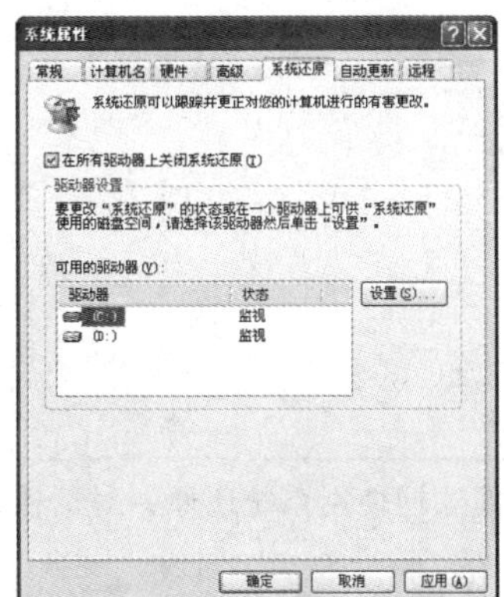

图 10-35　【系统还原】选项卡

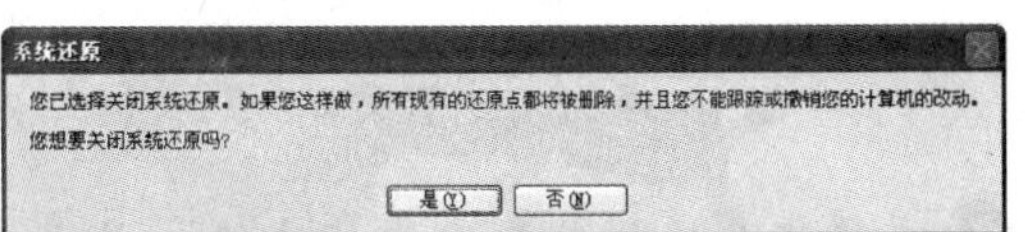

图 10-36　【系统还原】对话框

❸ 如果用户想要关闭某一个驱动器的系统还原，则可以先选定这个驱动器的图标，例如选择(D:)盘，然后单击【设置】按钮，此时系统会弹出【驱动器设置】对话框，如图 10-37 所示。

❹ 在该对话框中，选定【关闭这个驱动器上的“系统还原”】选框，然后单击【确定】按钮，将弹出【系统还原】对话框，如图 10-38 所示。

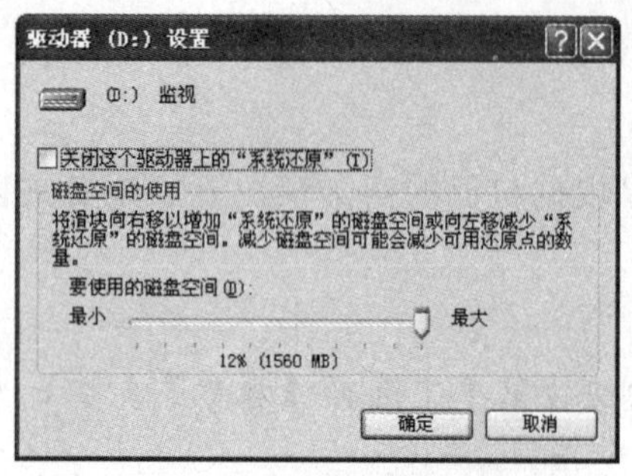

图 10-37 【驱动器设置】对话框

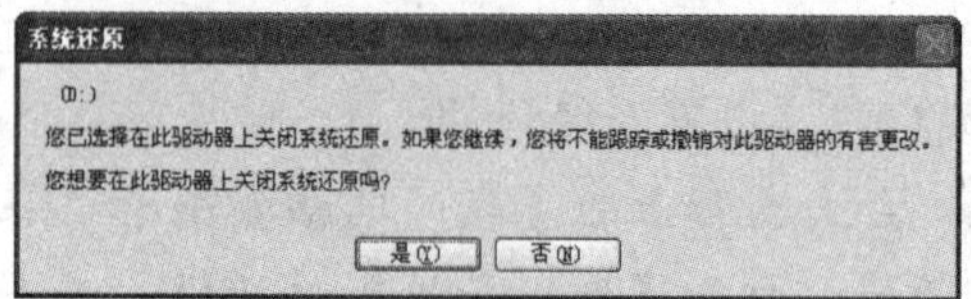

图 10-38 【系统还原】对话框

❺ 单击【是】按钮，返回到【系统属性对话框】，此时可以看到(D:)盘驱动器的还原设置已经关闭，然后单击【确定】按钮，完成设置。

10.2.2 设置还原点

若要为电脑设置系统还原，必须要设置一个还原点，所谓还原点指的是电脑在运行过程中的一个状态，当启动系统还原时，可将系统恢复到这个状态。一般来说选择在系统运行最佳状态时设置还原点。

例 10-4 设置还原点。

❶ 单击开始按钮，选择【开始】|【程序】|【附件】|【系统工具】|【系统还原】命令，如图 10-39 所示，随后系统弹出【欢迎使用系统还原】对话框，如图 10-40 所示。

❷ 在该对话框中选择【创建一个还原点】单选框，然后单击【下一步】按钮，系统弹出【创建一个还原点】对话框，如图 10-41 所示。

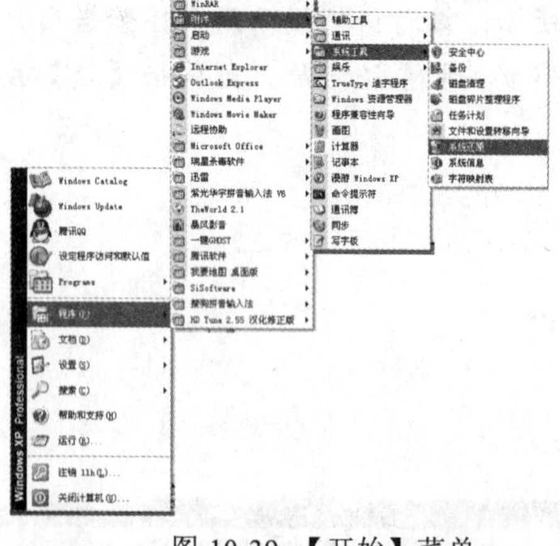

图 10-39 【开始】菜单

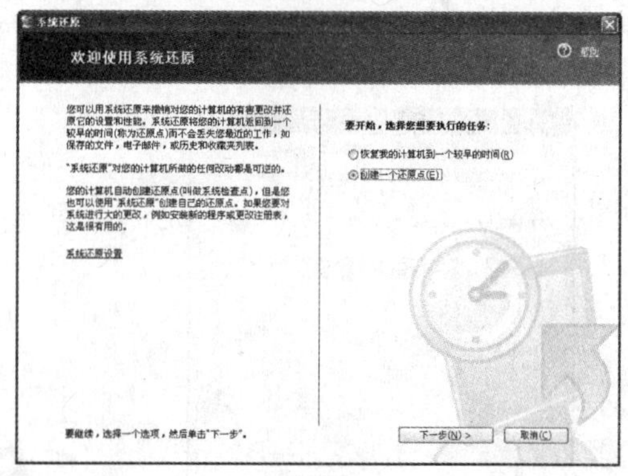

图 10-40 【欢迎使用系统还原】对话框

❸ 在【还原点描述】文本框中输入关于这个还原点的描述，例如输入“最佳状态”，

然后单击【创建】按钮，系统开始创建还原点，创建完成后，弹出如图 10-42 所示的界面，单击【主页】按钮，可以继续创建其他还原点，单击【关闭】按钮，完成创建。

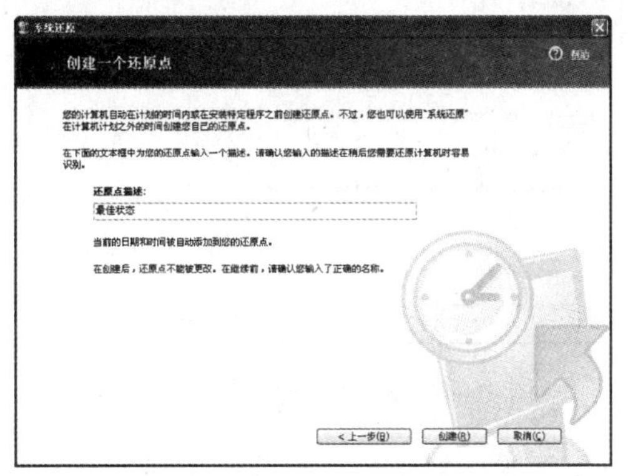

图 10-41　【创建一个还原点】对话框

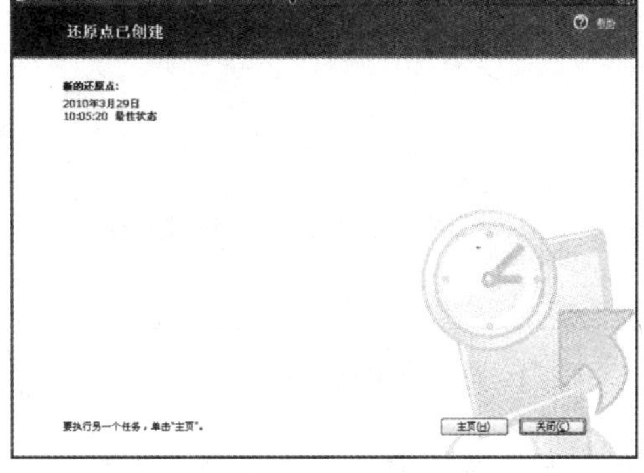

图 10-42　还原点创建成功

10.2.3　还原系统

如果已经为系统创建了还原点，那么当系统出现故障时，就可以将其还原到正常状态。下面通过一个具体事例来介绍如何还原系统。

例 10-5　还原系统。

❶ 单击 开始 按钮，选择【开始】|【程序】|【附件】|【系统工具】|【系统还原】命令,弹出【欢迎使用系统还原】对话框，如图 10-43 所示。

❷ 选择【恢复我的计算机到一个较早的时间】单选框，然后单击【下一步】按钮，弹出【选择一个还原点】对话框，如图 10-44 所示。

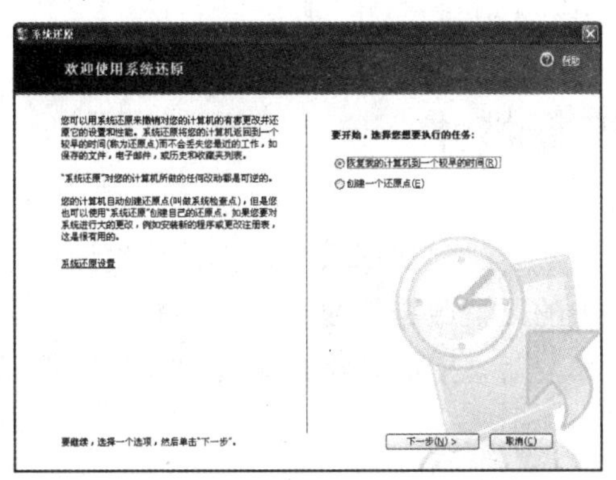

图 10-43　【欢迎使用系统还原】对话框

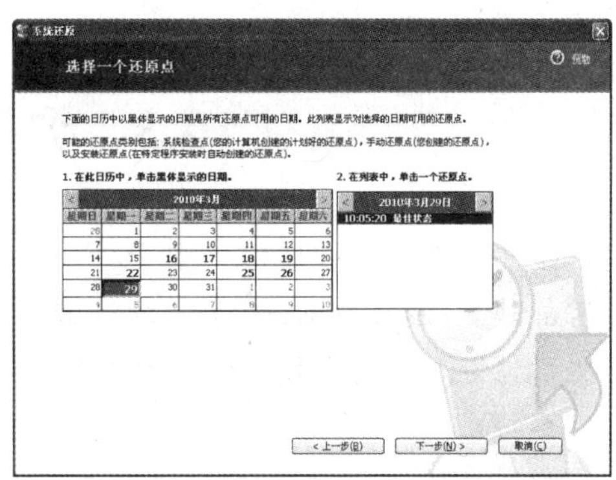

图 10-44　选择还原点

❸ 选定一个还原点，然后单击【下一步】按钮，如果用户关闭了某个驱动器的系统还原，则会弹出如图 10-45 所示的对话框。

❹ 单击【确定】按钮，打开【确认还原点选择】对话框，如图 10-46 所示。确认无误后，单击【下一步】按钮，电脑将自动重新启动并开始还原系统。

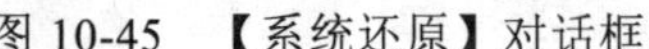

图 10-45 【系统还原】对话框

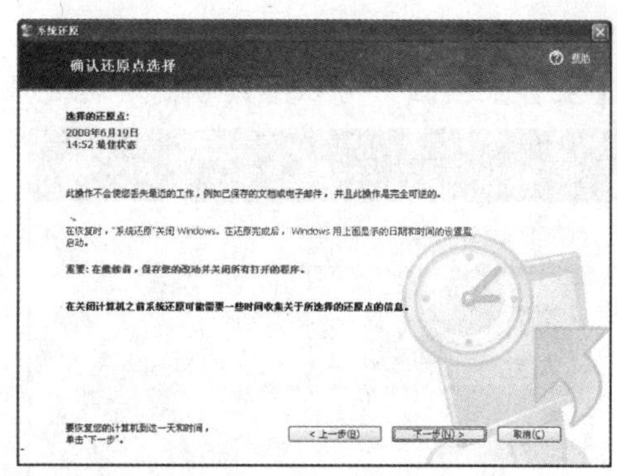

图 10-46 确认选择的还原点

❺ 还原完成后打开【恢复完成】对话框，单击【确定】按钮，完成系统的还原，如图 10-47 所示。

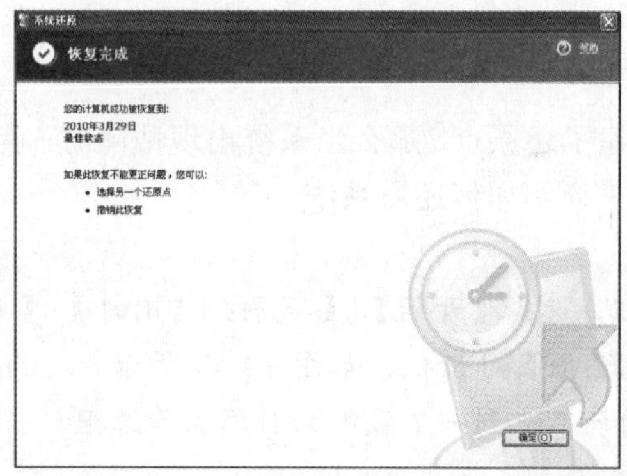

图 10-47 【恢复完成】对话框

10.3 数据恢复技术

用户在使用电脑的过程中，由于种种原因，经常会遇到数据丢失、文件出错和硬盘数据破坏等故障。EasyRecovery 是一款功能非常强大的硬盘数据恢复工具，该软件的主要功能包括磁盘诊断、数据恢复、文件修复和 E-mail 修复等，能够帮用户恢复丢失的数据以及重建文件系统。

10.3.1 恢复被删除的文件

在使用电脑的过程中，用户若是不小心将有用的文件删除了，可以使用 Easy Recovery 软件来恢复系统中被删除的文件，下面以具体实例来说明。

例 10-6 使用 EasyRecovery 恢复系统中被删除的文件。

❶ 启动 EasyRecovery，如图 10-48 所示。在 EasyRecovery 主界面中单击【数据恢复】选项，显示【数据恢复】选项区域，如图 10-49 所示。

❷ 在【数据恢复】选项区域单击【删除恢复】按钮，打开【目的警告】对话框，如图 10-50 所示。

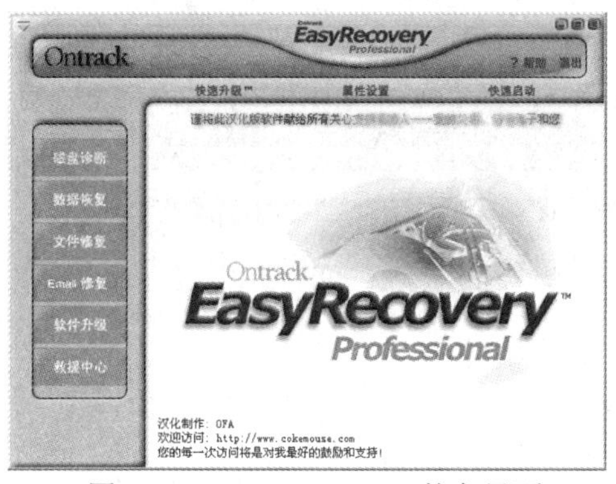
图 10-48　EasyRecovery 的主界面

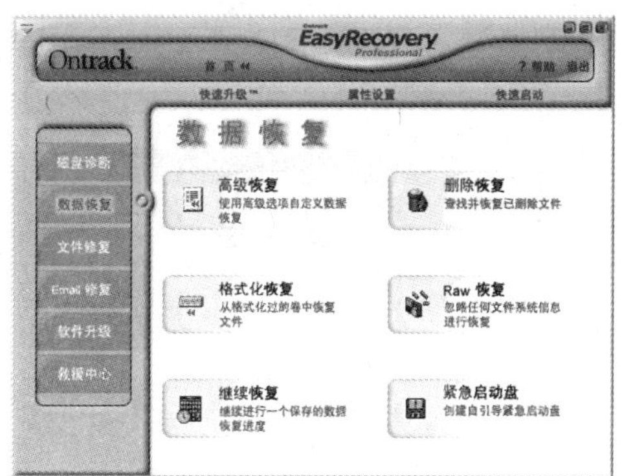
图 10-49　【数据恢复】选项区域

❸ 在【目的警告】对话框中，单击【确定】按钮，打开图 10-51 所示的对话框，在该对话框中选择一个要恢复删除文件的分区。

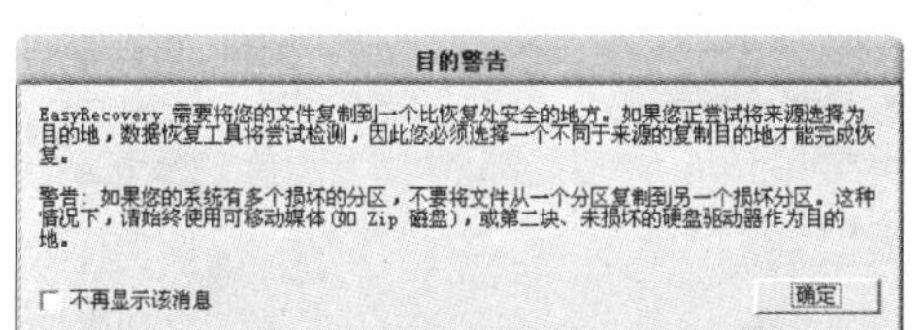
图 10-50　【目的警告】对话框

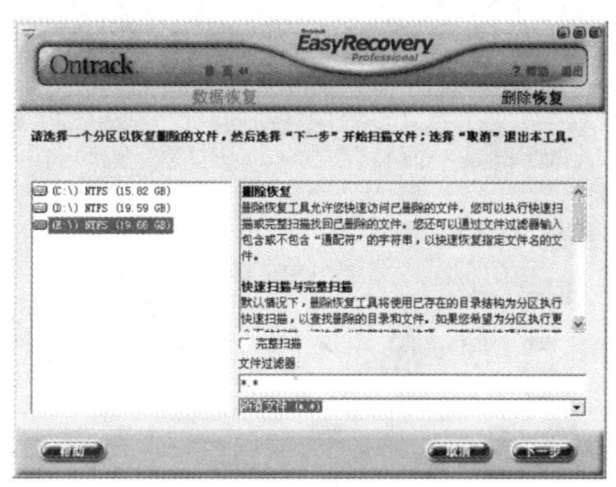
图 10-51　选择分区

❹ 选择需要执行删除文件恢复的分区后，单击【下一步】按钮，开始扫描文件，随后选择要恢复的文件，如图 10-52 所示。

❺ 在左侧列表框中选择要恢复的目录，然后在对话框右侧的列表框中选择需要恢复的文件。完成恢复文件的选择后，单击【下一步】按钮。

❻ 选择文件恢复后的保存位置，如图 10-53 所示，选择【恢复到本地驱动器】单选按钮，然后单击该单选按钮后的【浏览】按钮，打开【浏览文件夹】对话框。

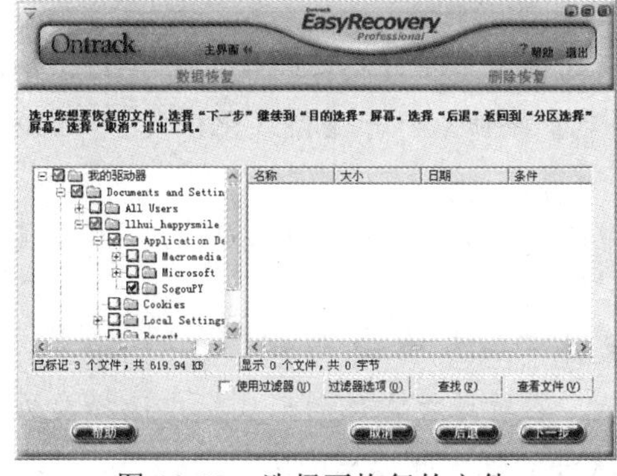
图 10-52　选择要恢复的文件

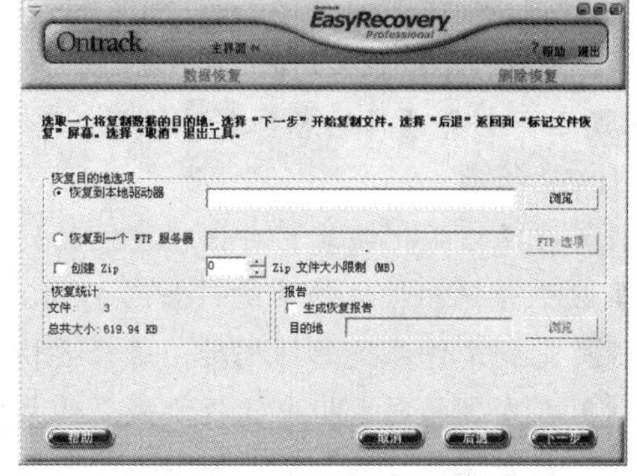
图 10-53　设置恢复目的地

❼ 在【浏览文件夹】对话框中，选择一个用于保存恢复后文件的文件夹，如图 10-54

所示。然后单击【确定】按钮，如图 10-55 所示。

图 10-54　选择要恢复到的文件夹

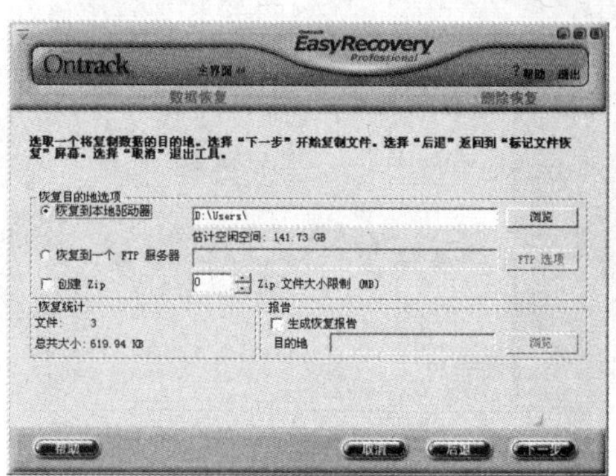

图 10-55　【数据恢复】选项区域

❽ 单击【下一步】按钮即可开始恢复磁盘中被删除的文件，如图 10-56 所示。

❾ 完成文件的恢复后，在打开的对话框中单击【完成】按钮即可，如图 10-57 所示。

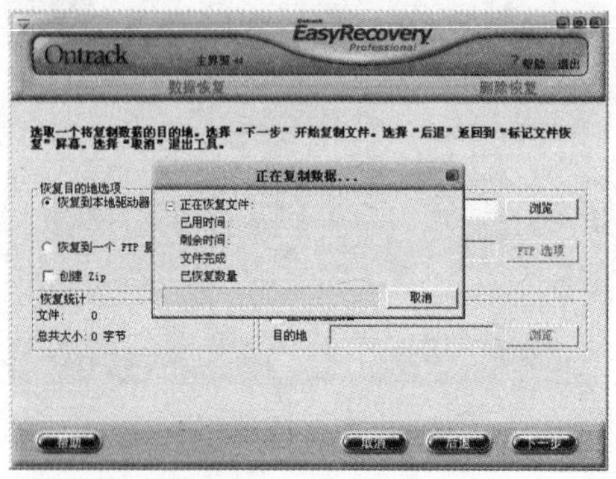

图 10-56　正在恢复文件

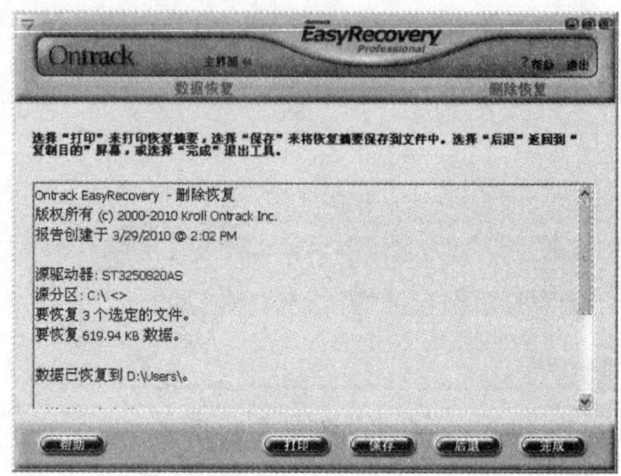

图 10-57　文件恢复完成

10.3.2　恢复被格式化的文件

使用 EasyRecovery 软件可以从被格式化的磁盘分区中恢复文件，本节介绍如何恢复被格式化的文件。

例 10-7　使用 EasyRecovery 恢复系统中被格式化的文件。

❶ 启动 EasyRecovery，在【数据恢复】选项区域中单击【格式化恢复】按钮，如图 10-58 所示。打开【目的警告】对话框，单击【确定】按钮，打开【格式化恢复】对话框，如图 10-59 所示。

❷ 在【格式化恢复】对话框左侧的列表框中选择需要恢复的磁盘分区后，单击【下一步】按钮开始扫描文件系统，如图 10-60 所示。

❸ 完成文件系统的扫描后，选择要恢复的文件，如图 10-61 所示。

❹ 在左侧的列表框中选择要恢复的文件夹后，在对话框右侧的列表框中选择要恢复的文件，然后单击【下一步】按钮，即可恢复在该对话框中所选中的文件。

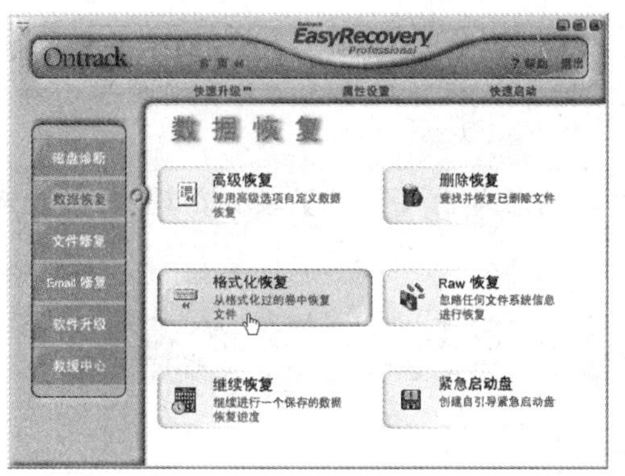

图 10-58　单击【格式化恢复】按钮

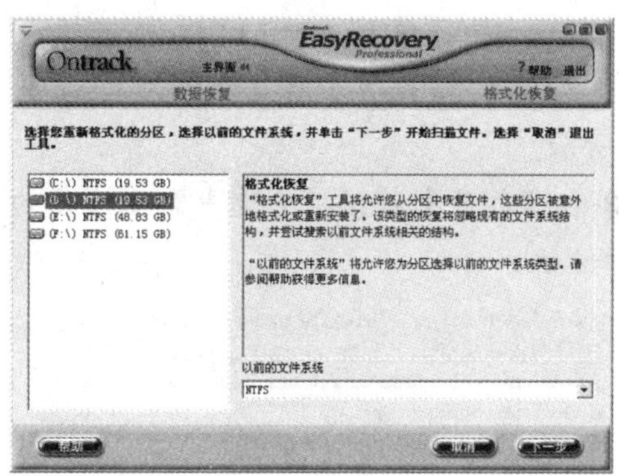

图 10-59　选择分区

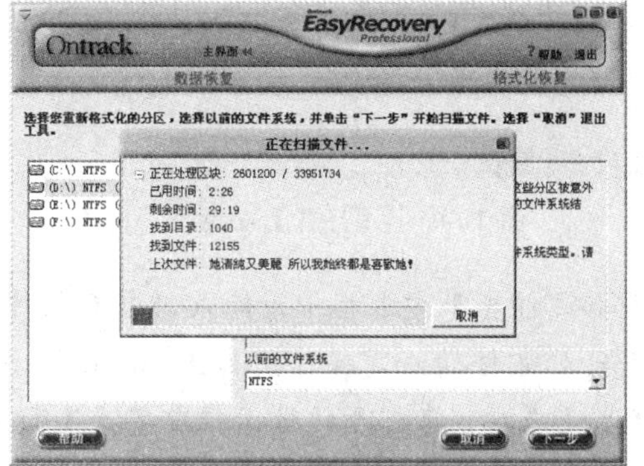

图 10-60　扫描系统

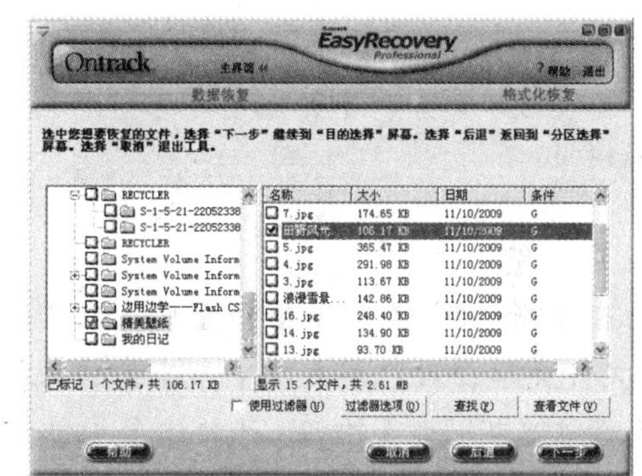

图 10-61　选择要恢复的文件

10.3.3　修复损坏的压缩文件

若压缩文件出现问题而无法正常解压缩时，用户同样可以使用 EasyRecovery 修复这些损坏的压缩文件。

例 10-8　使用 EasyRecovery 恢复系统中已经损坏的压缩文件。

❶ 启动 EasyRecovery，在 EasyRecovery 主界面中单击【文件修复】选项，显示【文件修复】选项区域，如图 10-62 和 10-63 所示。

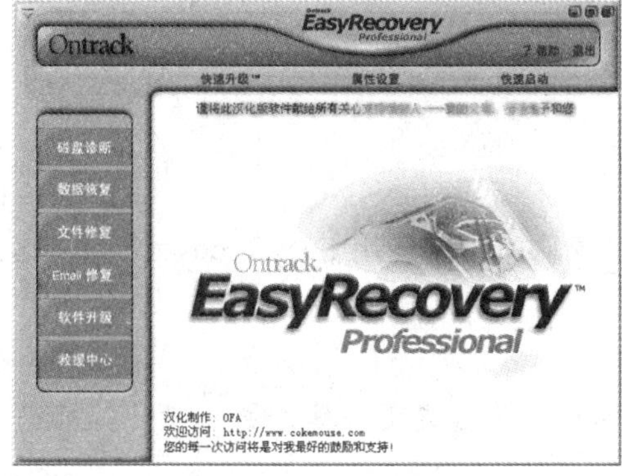

图 10-62　主界面

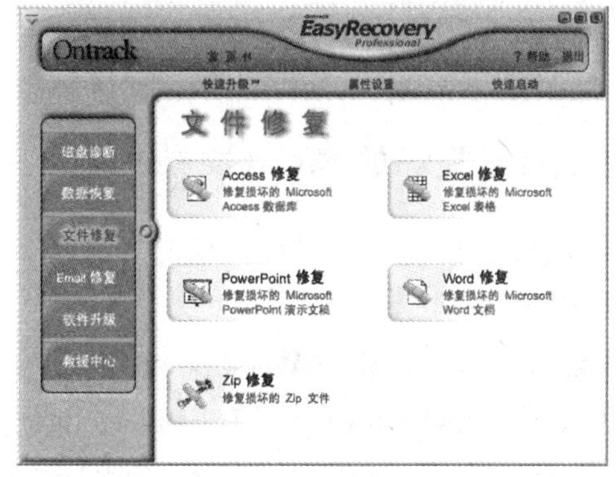

图 10-63　【文件修复】选项区域

❷ 在【文件修复】选项区域单击【Zip 修复】按钮，打开【Zip 修复】对话框，如图

10-64 所示。

❸ 单击【Zip 修复】对话框右上角的【浏览文件】按钮，打开【打开】对话框，如图 10-65 所示。

❹ 在【打开】对话框中选中需要修复的文件，然后单击【打开】按钮，返回【Zip 修复】对话框。

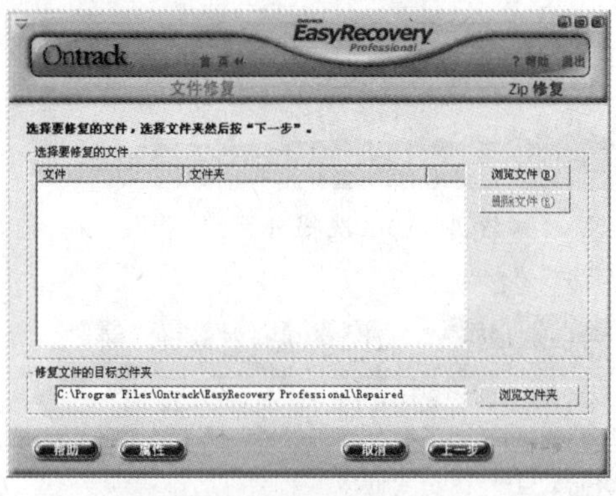

图 10-64 【Zip 修复】对话框

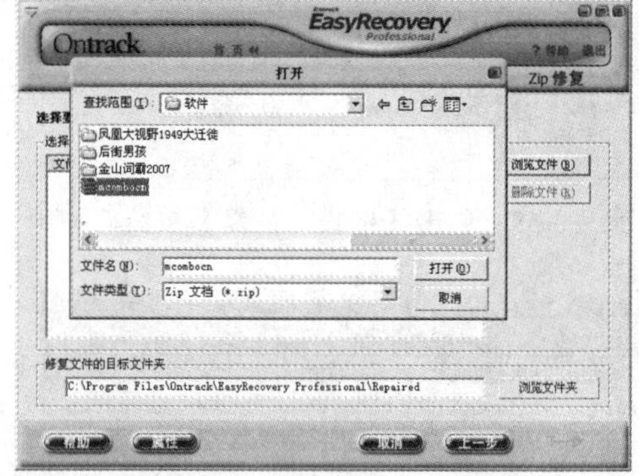

图 10-65 【打开】对话框

❺ 在【Zip 修复】对话框的【修复文件的目标文件夹】文本框中，输入修复后文件所存放的文件夹路径后，单击【下一步】按钮即可开始文件的修复操作，如图 10-66 所示。

❻ 单击【下一步】按钮，开始修复文件，修复完成后，在打开的对话框中单击【完成】按钮即可，如图 10-67 所示。

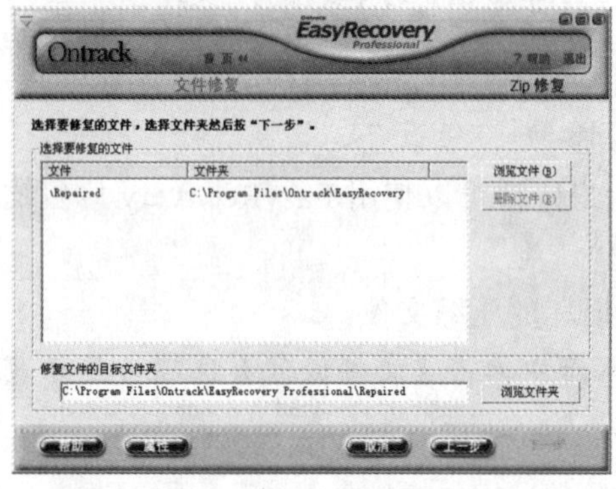

图 10-66 开始修复文件

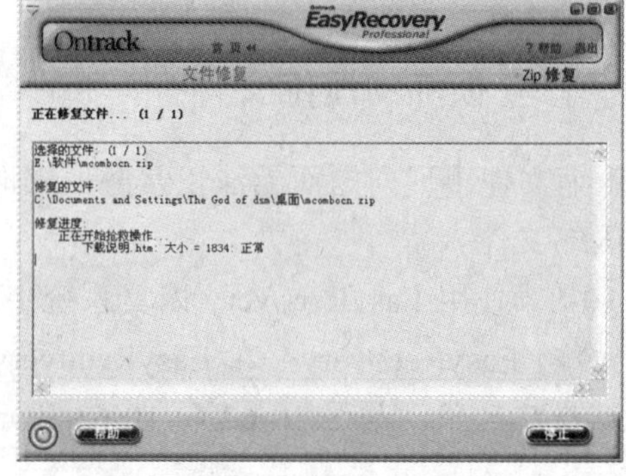

图 10-67 修复完成

10.3.4 修复损坏的 Word 文档

当 Word 文档出现错误而无法打开的时候不用着急，可以使用 EasyRecovery 修复这些损坏的 Word 文档。

例 10-9 修复损坏的 Word 文档文件

❶ 启动 EasyRecovery，在 EasyRecovery 主界面中单击【文件修复】选项，显示【文件修复】选项区域，如图 10-68 和 10-69 所示。

❷ 在【文件修复】选项区域中，单击【Word 修复】按钮，打开【Word 修复】对话框，如图 10-70 所示。

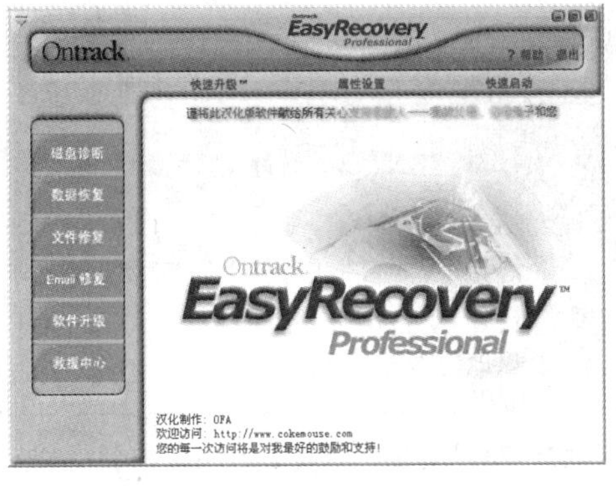

图 10-68 EasyRecovery 的主界面

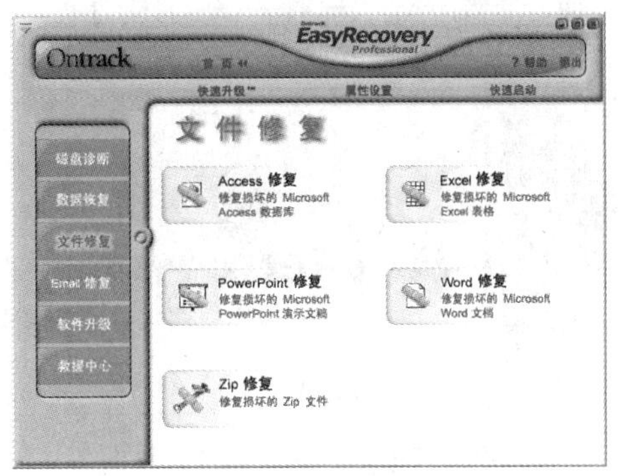

图 10-69 【文件修复】选项区域

❸ 单击【Word 修复】对话框右上角的【浏览文件】按钮，打开【打开】对话框，如图 10-71 所示。

❹ 在【打开】对话框中，选择要修复的 Word 文档文件，然后单击【打开】按钮返回【Word 修复】对话框。

❺ 在【Word 修复】对话框的【修复文件的目标文件夹】文本框中，输入用于保存 Word 文件修复后的文件夹路径后，单击【下一步】按钮即可执行 Word 文件的修复。

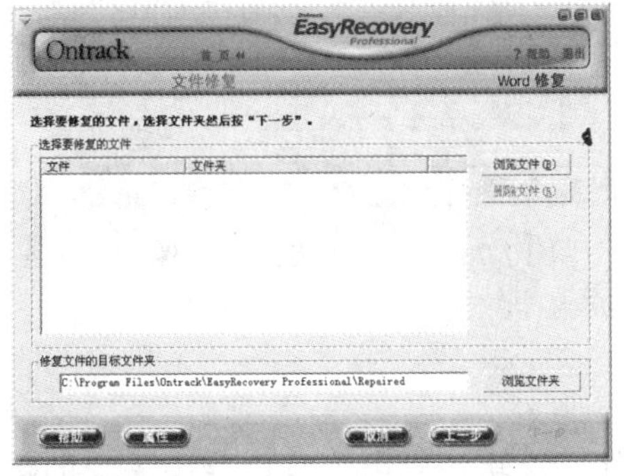

图 10-70 【Word 修复】对话框

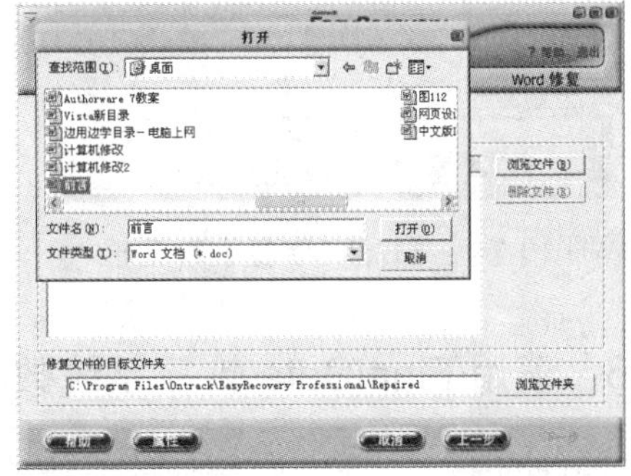

图 10-71 【打开】对话框

❻ 完成 Word 文件的修复操作后，在打开的对话框中单击【完成】按钮即可。

10.3.5 修复损坏的 Excel 工作簿

当用户的 Excel 工作簿出现错误，无法正常打开时，可以使用 EasyRecovery 修复这些损坏的 Excel 工作簿。

例 10-10 修复损坏的 Excel 工作簿。

❶ 启动 EasyRecovery，在 EasyRecovery 主界面中单击【文件修复】选项，显示【文件修复】选项区域，如图 10-72 和 10-73 所示。

❷ 在【文件修复】选项区域单击【Excel 修复】按钮，打开【Excel 修复】对话框，如图 10-74 所示。

❸ 单击【Excel 修复】对话框右上角的【浏览文件】按钮，打开【打开】对话框。

❹ 在【打开】对话框中，选择要修复的 Excel 工作簿文件，如图 10-75 所示。然后单击【打开】按钮返回【Excel 修复】对话框。

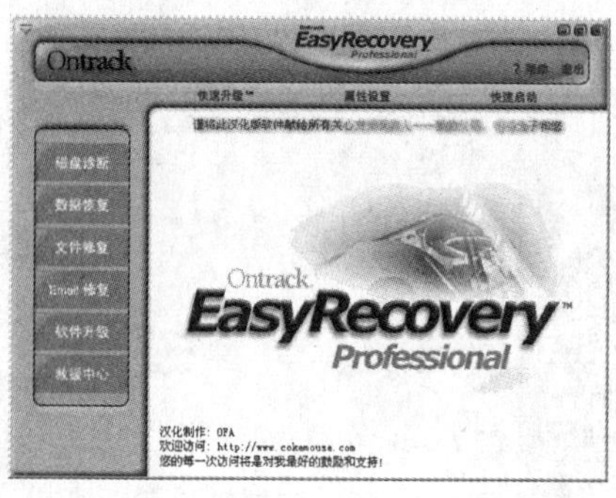

图 10-72　EasyRecovery 的主界面

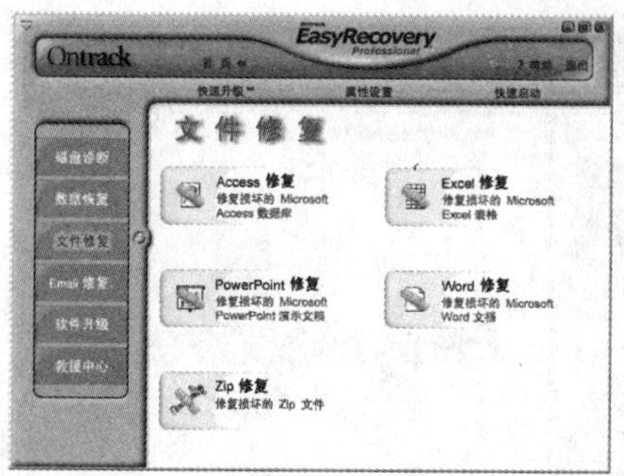

图 10-73　【文件修复】选项区域

❺ 在【Excel 修复】对话框的【修复文件的目标文件夹】文本框中，输入用于保存 Excel 文件修复后的文件夹路径后，单击【下一步】按钮即可执行 Excel 文件的修复。

❻ 完成 Excel 文件的修复操作后，在打开的对话框中单击【完成】按钮即可。

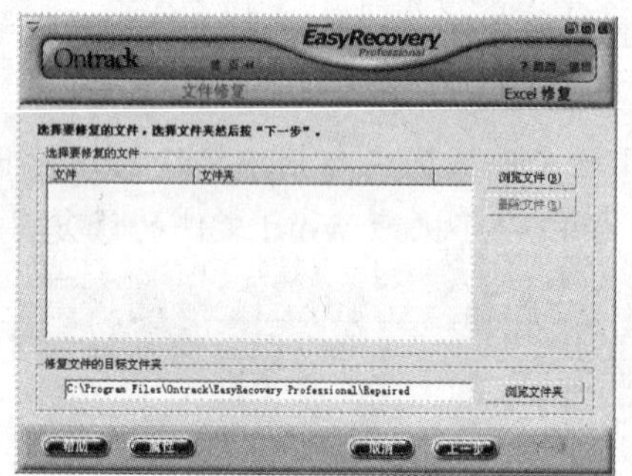

图 10-74　【Excel 修复】对话框

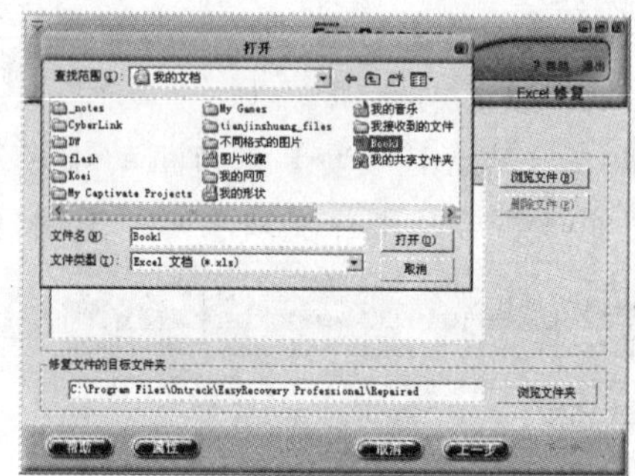

图 10-75　选择要修复的文件

10.3.6　使用 FinalData 恢复系统数据

FinalData 是一款简单、快速的系统数据恢复软件，该软件可以恢复电脑中丢失的数据文件、主引导区记录、DOS 引导扇区以及 FAT 表等信息。

FinalData 支持使用文件簇扫描来检查磁盘分区内是否有可恢复的文件，用户可以参考下面的操作步骤自定义扫描范围。

例 10-11　使用 FinalData 恢复系统数据。

❶ 启动 FinalData，选择【文件】|【打开】命令，打开【选择驱动器】对话框。选择需要使用 FinalData 扫描的磁盘分区后，单击【确定】按钮，如图 10-76 所示。

❷ 打开【扫描根目录】对话框，进行磁盘扫描，如图 10-77 所示。

❸ 完成磁盘扫描后 FinalData 软件将打开【选择查找的扇区范围】对话框，通过移动【开始】和【结束】两个滑块调整磁盘搜索范围后，单击【完整扫描】按钮，如图 10-78 所示。

❹ 打开【扫描磁盘】对话框，开始对磁盘分区进行扫描操作，如图 10-79 所示。

❺ 当【扫描磁盘】对话框完成对磁盘分区的扫描操作后，将打开【扫描结果】窗口显示磁盘扫描结果。

❻ 在【扫描结果】窗口左侧的列表框中选中【丢失的文件】选项，窗口的右侧列表框中将显示磁盘分区中删除和丢失的文件(或文件夹)，如图 10-80 所示。

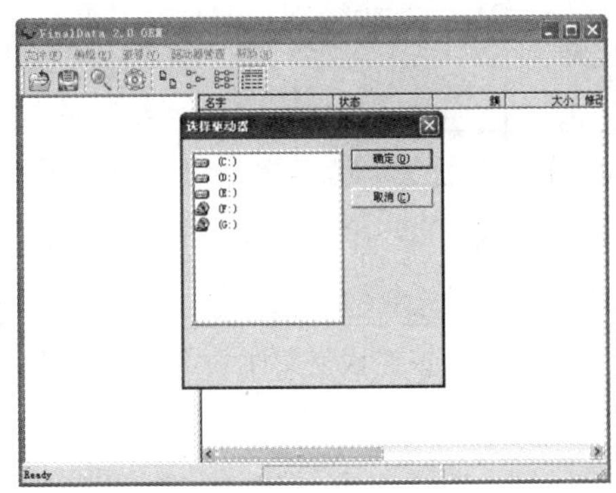

图 10-76　【选择驱动器】对话框

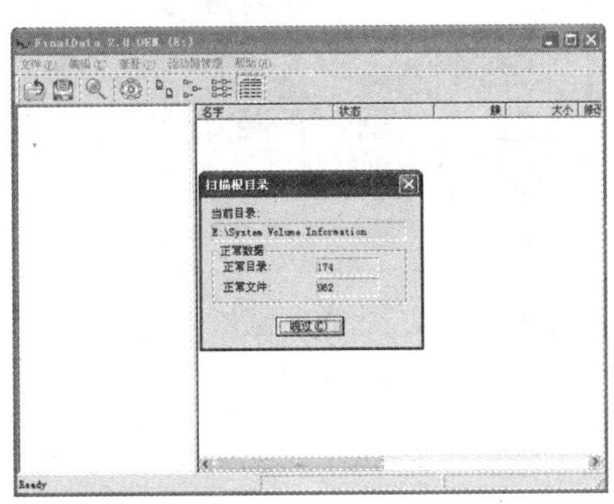

图 10-77　【扫描根目录】对话框

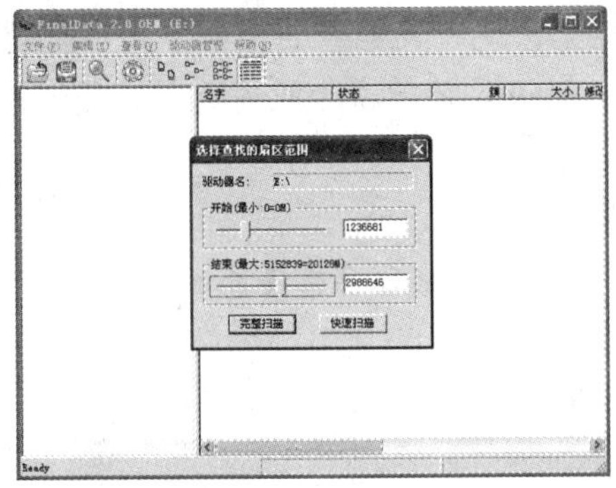

图 10-78　【选择查找的扇区范围】对话框

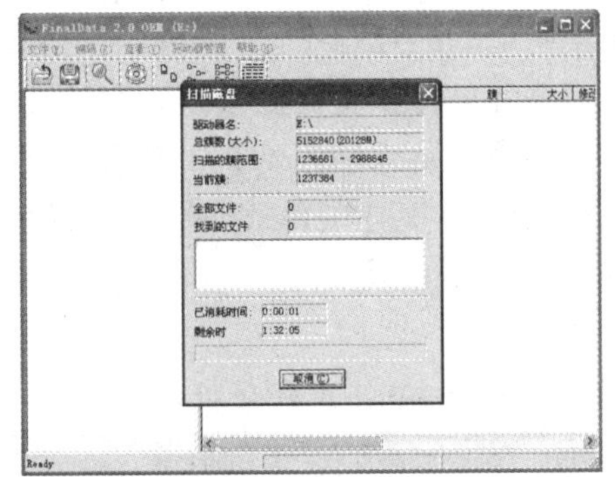

图 10-79　开始扫描

❼ 右击【扫描结果】窗口右侧列表框中需要恢复的文件，在弹出的菜单中选择【恢复】命令，如图 10-81 所示，打开【选择目录保存】对话框，如图 10-82 所示。

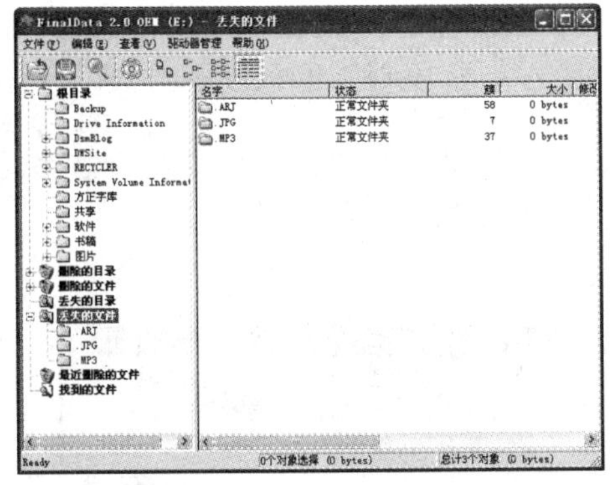

图 10-80　显示扫描结果

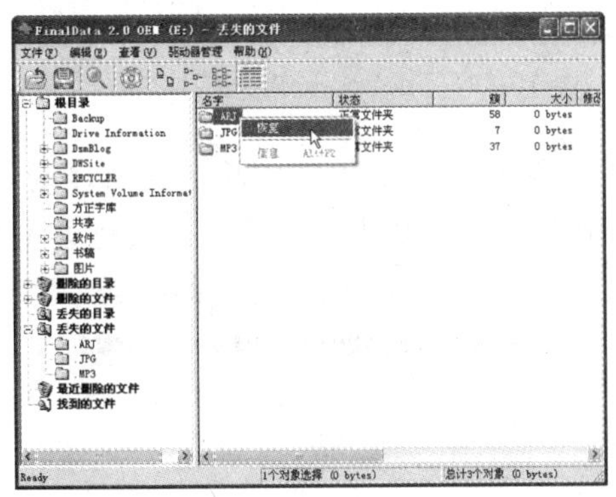

图 10-81　选择【恢复】命令

❽ 在【选择目录保存】对话框中，选择用于保存恢复被删除文件的文件夹后，单击【保存】按钮即可开始恢复被磁盘中被删除的文件，如图 10-83 所示。

❾ FinalData 开始恢复被磁盘中被删除的文件完成文件恢复操作后，打开步骤❽选中的目录即可找到恢复的文件。

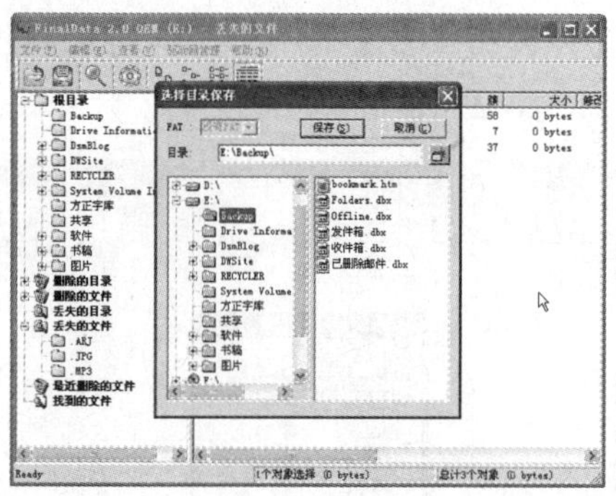

图 10-82 【选择目录保存】对话框

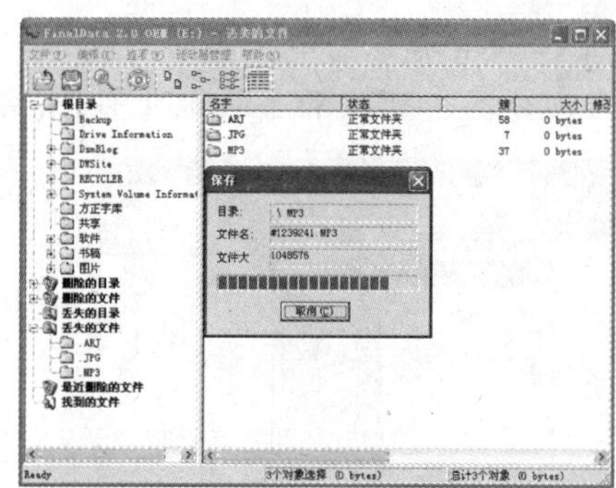

图 10-83 正在恢复文件

10.4 恢复系统文件

在使用电脑的过程中，用户若不小心删除了系统文件或者其他重要文件，则可以通过一些数据恢复软件恢复这些被误删除的文件。FileRescuePro 是一款专业的数据恢复软件，使用它可以恢复从【回收站】中彻底删除的文件与文件夹。

例 10-12 使用 FileRescuePro 恢复误删除的文件与文件夹。

❶ 启动 FileRescuePro，在主界面中选择要分析的分区，然后单击【开始分析】按钮，如图 10-84 所示。

❷ FileRescuePro 开始分析该分区中丢失的文件与文件夹，如图 10-85 所示。

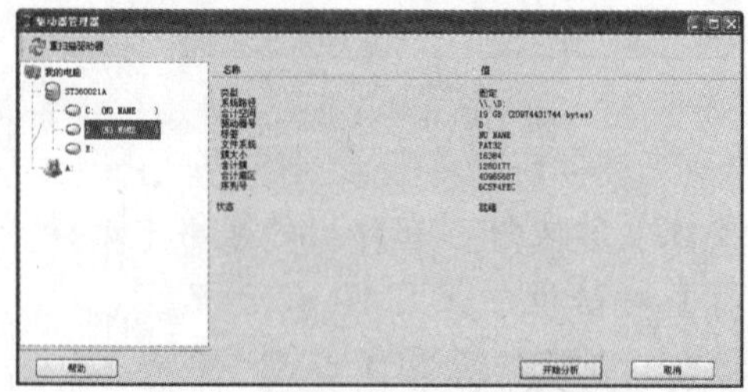

图 10-84 FileRescuePro 的主界面

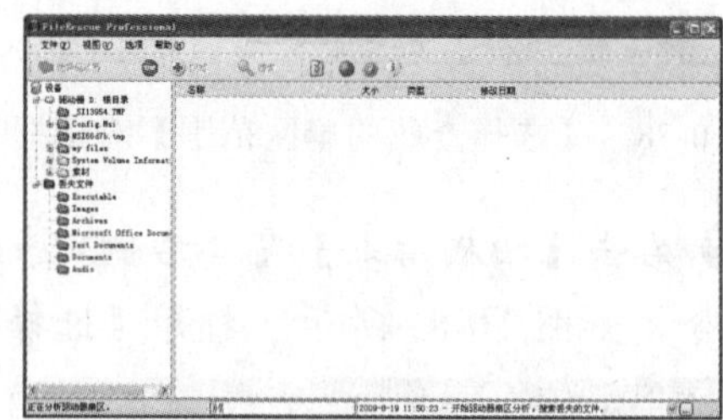

图 10-85 开始分析文件

❸ 稍等一会，分析完成后，在左边的【丢失文件】列表中选择文件类型，在右边窗口中选择要恢复的文件，然后单击【恢复】按钮，如图 10-86 所示。

❹ 打开【恢复】对话框，单击【浏览】按钮，如图 10-87 所示。

图 10-86 选择要恢复的文件

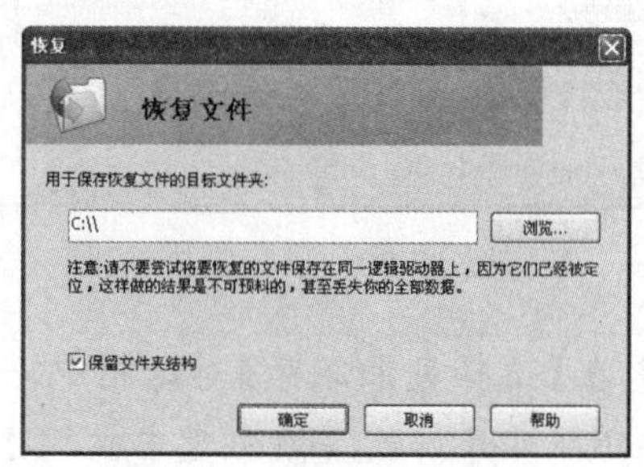

图 10-87 【恢复】对话框

❺ 打开【浏览文件夹】对话框，选择恢复文件的保存路径，然后单击【确定】按钮，如图 10-88 所示。

❻ 返回【恢复】对话框，直接单击【确定】按钮继续操作。

❼ 开始恢复丢失的文件，恢复完成后单击【确定】按钮即可完成操作，如图 10-89 所示。

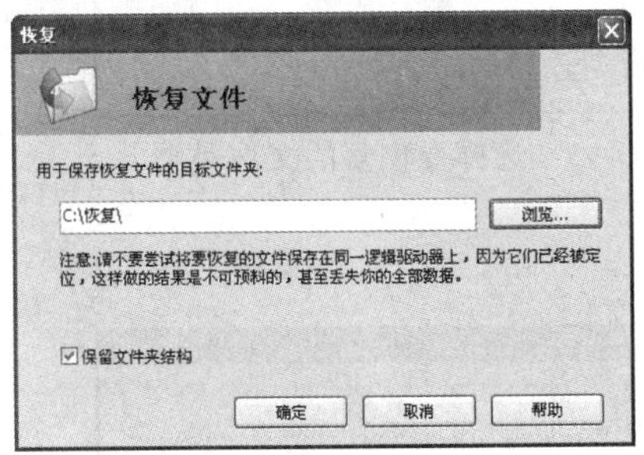

图 10-88　设定保存目录

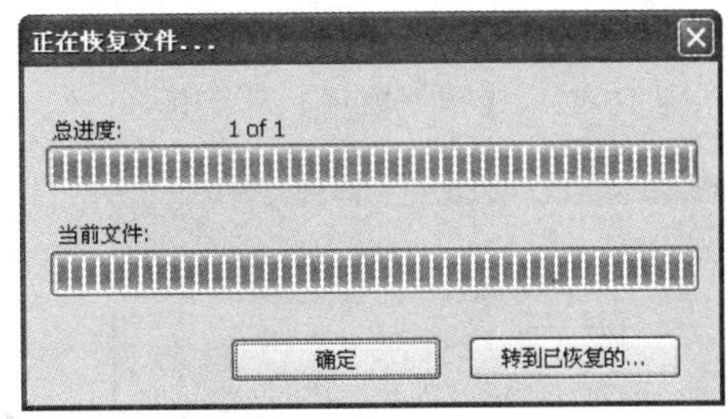

图 10-89　正在恢复文件

10.5　恢复媒体文件

媒体文件包括各种格式的图片、音乐、视频、电影等，它们是日常生活中常常能接触到的，掌握恢复媒体文件的方法也是十分有用的。MediaRecovery 是一款常用的媒体文件恢复软件，可以帮助用户轻松恢复丢失的多媒体文件。

例 10-13　使用 MediaRecovery 恢复丢失的媒体文件。

❶ 启动 MediaRecovery，在主界面中单击【下一步】按钮，如图 10-90 所示。

❷ 选择要扫描的分区，然后单击【下一步】按钮，如图 10-91 所示。

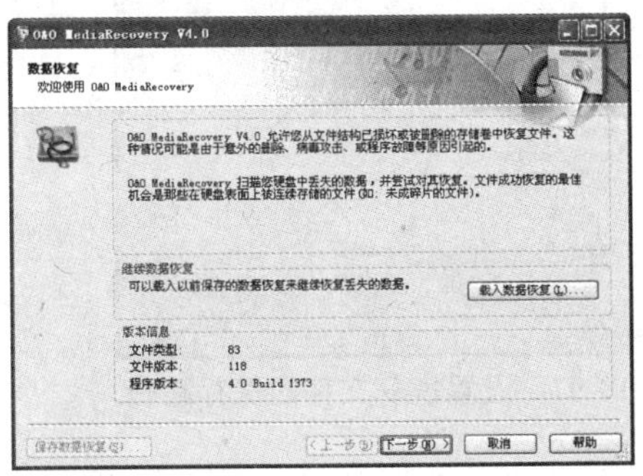

图 10-90　MediaRecovery 的主界面

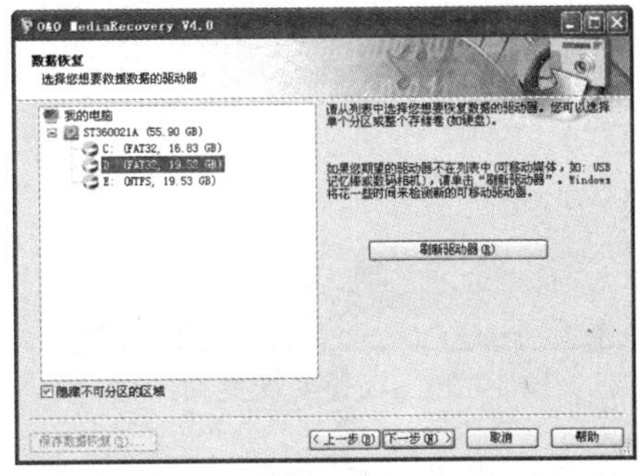

图 10-91　选择要扫描的分区

❸ 打开【数据恢复】对话框，在【文件类型】选项区域中单击【文件类型】按钮，如图 10-92 所示。

❹ 在【选择文件类型】对话框列表中选择要恢复文件的类型，单击【确定】按钮，如图 10-93 所示。

❺ 返回【数据恢复】对话框，单击【下一步】按钮，如图 10-94 所示。

❻ MediaRecovery 开始扫描分区，查找丢失的媒体文件，如图 10-95 所示。

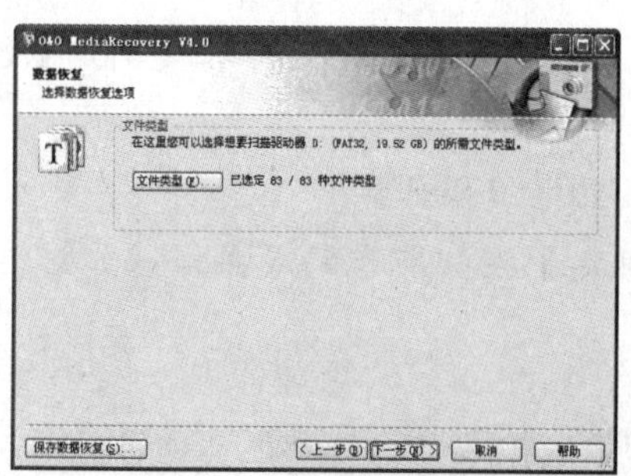

图 10-92 【数据恢复】对话框

图 10-93 选择要恢复的文件类型

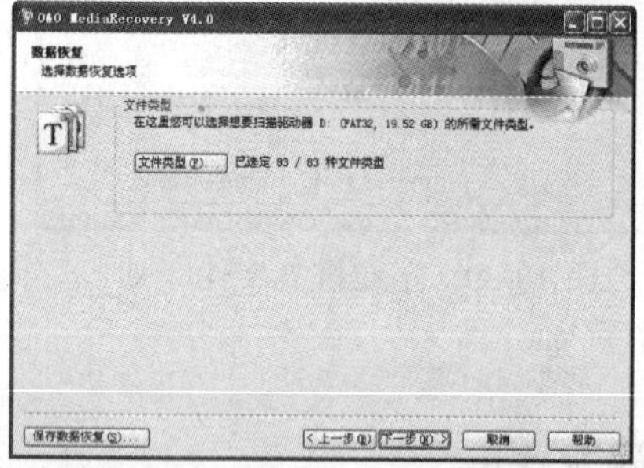

图 10-94 返回【数据恢复】对话框

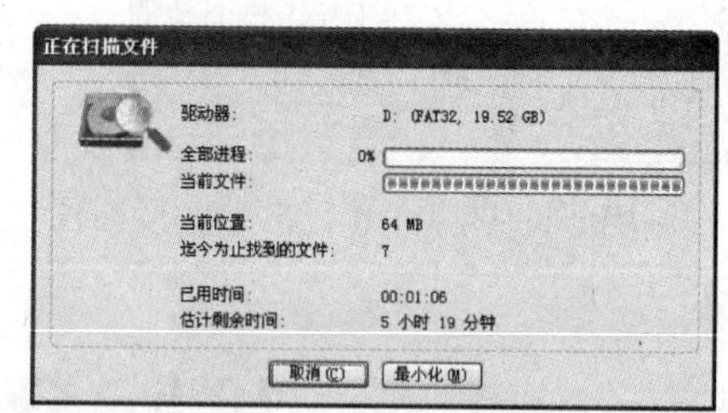

图 10-95 正在扫描分区

❼ 扫描完成后，在打开的对话框中选择要恢复的文件，然后单击【下一步】按钮，如图 10-96 所示。

❽ 在打开对话框的【请选择恢复数据的目的地】选项区域中，单击【浏览】按钮设置选择恢复文件的保存路径，然后单击【下一步】按钮即可开始恢复选定的媒体文件，如图 10-97 和图 10-98 所示。

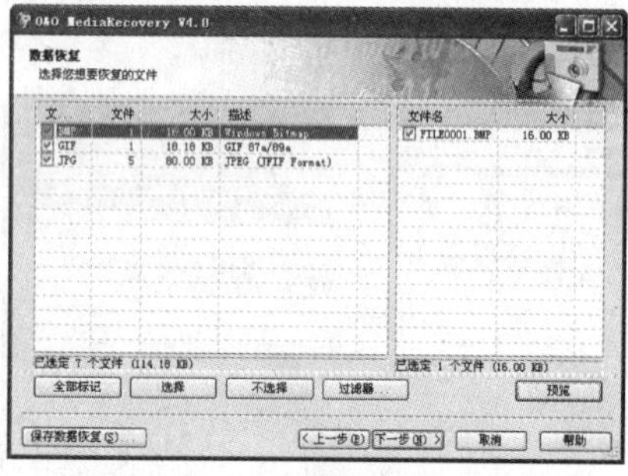

图 10-96 选择要恢复的文件

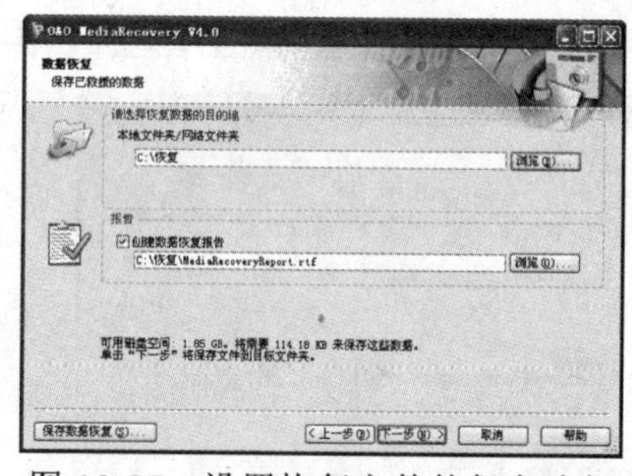

图 10-97 设置恢复文件的保存路径

❾ 恢复完成后打开下图所示对话框，在其中单击【完成】按钮即可完成操作。

图 10-98 正在恢复文件

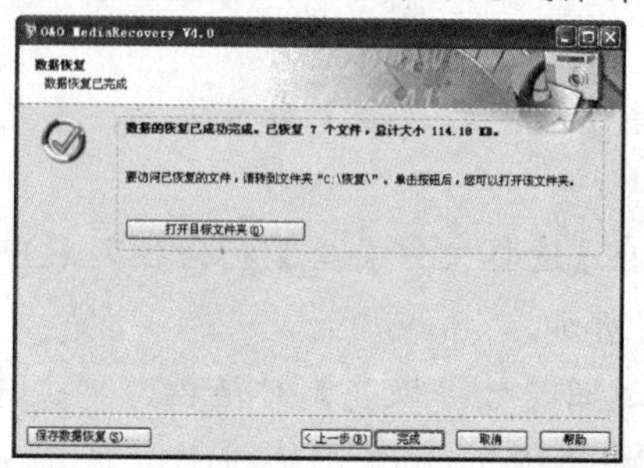

图 10-99 恢复完成

本 章 小 结

本章主要介绍了硬盘数据的备份、还原和恢复方法，包括硬盘数据的备份、硬盘数据的还原、设置系统还原、还原系统、使用 EasyRecovery 恢复被删除和格式化的文件、恢复系统数据文件、恢复媒体文件等。通过对本章的学习，用户应该掌握如何备份和还原操作系统，如何利用工具软件恢复系统中被删除的文件。下一章向读者介绍如何优化系统的性能。

习　　题

上机操作题

1. 使用系统自带的功能备份硬盘数据。
2. 使用系统自带的功能还原硬盘数据。
3. 为系统设置一个还原点。
4. 将系统恢复到还原点的状态。
5. 删除一个文件，然后使用 EasyRecovery 将其恢复。
6. 将一个硬盘格式化，然后使用 EasyRecovery 恢复该硬盘中的文件(请确保该硬盘中没有重要数据)。
7. 使用 EasyRecovery 尝试修复被损坏的 Word 文档。
8. 使用 FinalData 恢复硬盘中被删除的文件。

第 11 章

操作系统的优化

对电脑进行优化，不仅能够保证电脑的正常运行，还能够提高电脑的性能，使电脑时刻处于最佳工作状态。优化电脑主要包括两个方面：优化系统和优化硬件设备。本章主要介绍优化电脑的常用操作。通过本章的学习，应该完成以下学习目标：

- ☑ 掌握 Windows 优化大师的使用方法
- ☑ 掌握超级兔子的使用方法
- ☑ 掌握使用组策略优化操作系统的方法
- ☑ 掌握如何关闭一些系统不需要的功能
- ☑ 掌握如何更改某些临时文件夹的路径
- ☑ 掌握优化电脑硬件的方法

11.1 使用 Windows 优化大师优化操作系统

Windows 优化大师是一款集系统优化、维护、清理和检测于一体的工具软件。可以让用户只需几个简单步骤就快速完成一些复杂的系统维护与优化操作。

11.1.1 系统检测

Windows 优化大师提供了系统检测的功能。安装完 Windows 优化大师后，双击它的启动图标，进入到 Windows 优化大师的主界面，如图 11-1 所示。该界面中用户可以看到有【系统检测】、【系统优化】、【系统清理】和【系统维护】4 个菜单项，并且每个菜单项中都包含有不同的子菜单选项。

- 【系统信息总览】选项：单击【系统信息总览】按钮，在优化大师主窗口右侧的窗格中可查看有关电脑系统和电脑硬件设备方面的信息，如图 11-1 所示。
- 【处理器与主板】选项：单击【处理器与主板】按钮，在优化大师主窗口右侧的窗格中可查看用户电脑的 CPU、BIOS、主板及系统等方面的信息，如图 11-2 所示。
- 【视频系统信息】选项：单击【视频系统信息】按钮，在优化大师主窗口右侧的窗格中可查看用户电脑的显卡、显示器及视频驱动等方面的信息，如图 11-3 所示。
- 【音频系统信息】选项：单击【音频系统信息】按钮，在优化大师主窗口右侧的窗格中可查看用户电脑的 Wave 输入输出设备和 MIDI 输入输出设备等信息，如图 11-4

所示。

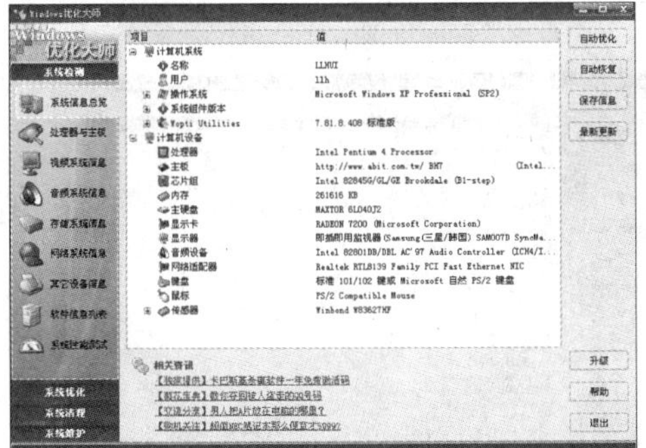

图 11-1　Windows 优化大师主界面

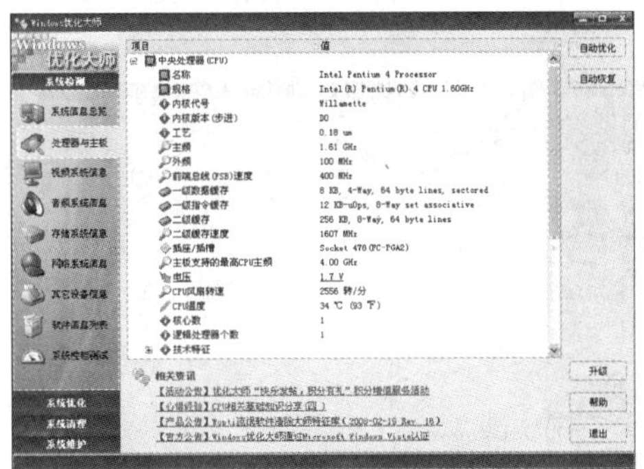

图 11-2　处理器与主板信息

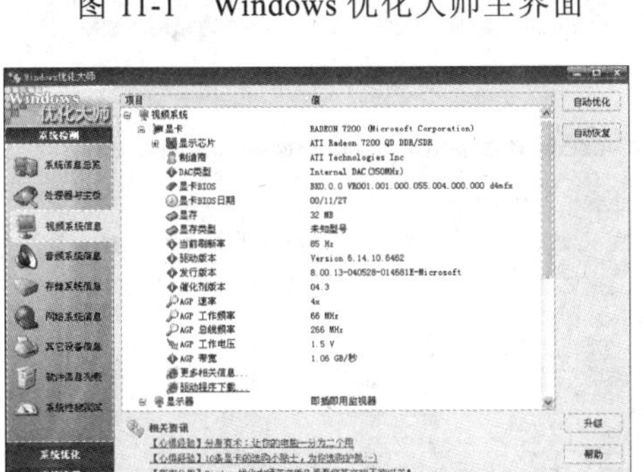

图 11-3　视频系统信息

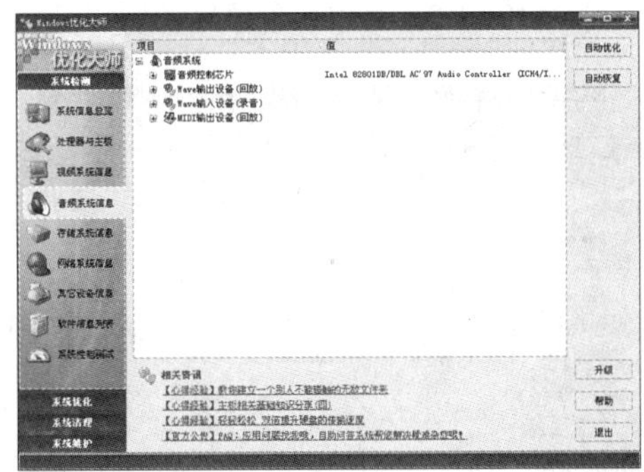

图 11-4　音频系统信息

- 【存储系统信息】选项：单击【存储系统信息】按钮，在优化大师主窗口右侧的窗格中可查看用户电脑的内存、硬盘及光驱等硬件的信息，如图 11-5 所示。
- 【网络系统信息】选项：单击【网络系统信息】按钮，在优化大师主窗口右侧的窗格中可查看用户电脑的网卡芯片、网络适配器及网络流量等信息，如图 11-6 所示。
- 【其他设备信息】选项：单击【其他系统信息】按钮，在优化大师主窗口右侧的窗格中可查看用户电脑的键盘、鼠标、打印机及 USB 接口等信息，如图 11-7 所示。

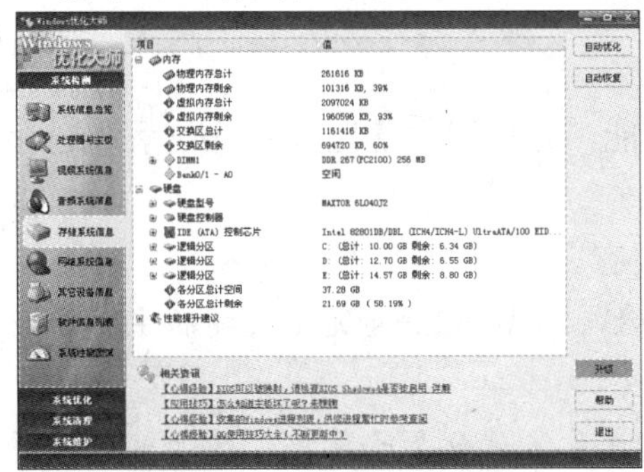

图 11-5　存储系统信息

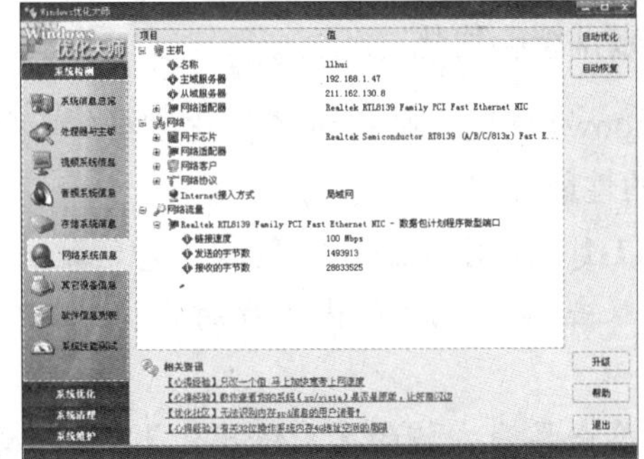

图 11-6　网络系统信息

- 【软件信息列表】选项：单击【软件信息列表】按钮，在优化大师主窗口右侧的窗格中可查看用户电脑上已经安装的所有软件信息，如图 11-8 所示。
- 【系统性能测试】选项：单击【系统性能测试】按钮，在优化大师主窗口右侧的窗格中显示当前系统性能的各项指标，如图 11-9 所示。例如选择【硬盘性能评估】

选项，系统便会自动测试硬盘的读写速度，测试完成后会显示测试结果，如图 11-10 所示。

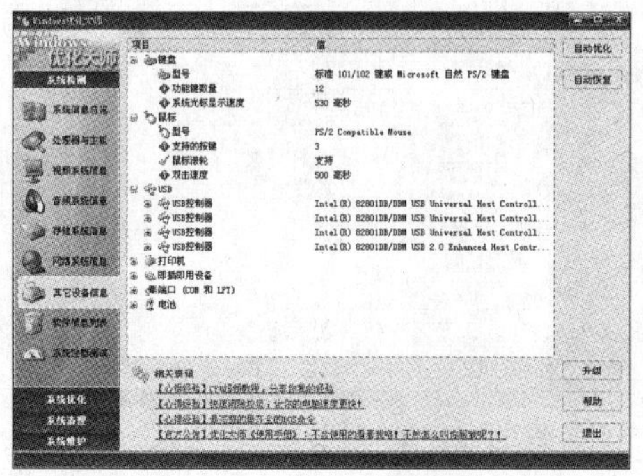

图 11-7　其他设备信息

图 11-8　软件信息列表

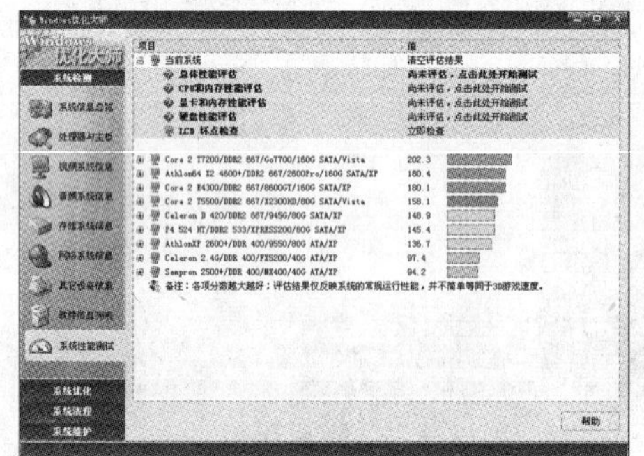

图 11-9　系统性能测试

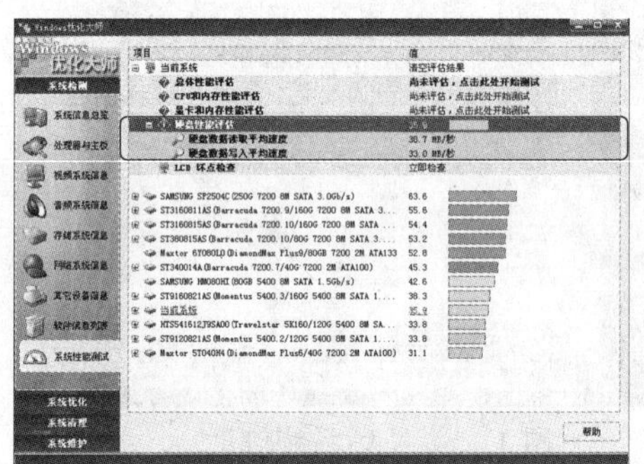

图 11-10　硬盘性能测试

11.1.2　系统优化

单击【系统优化】按钮，展开【系统优化】子菜单项，包括了【磁盘缓存优化】、【桌面菜单优化】、【文件系统优化】、【网络系统优化】、【开机速度优化】、【系统安全优化】、【系统个性设置】和【后台服务优化】共 8 个选项。

1. 磁盘缓存优化

Windows 优化大师提供了优化磁盘缓存的功能，允许用户通过设置管理系统运行时磁盘缓存的性能和状态。

例 11-1　使用 Windows 优化大师优化磁盘缓存。

❶ 双击 Windows 优化大师的启动图标，进入到 Windows 优化大师的主界面，如图 11-11 所示。

❷ 单击界面左侧的【系统优化】按钮，展开【系统优化】子菜单，然后单击【磁盘缓存优化】菜单项，打开图 11-12 所示的界面。

❸ 拖动【输入/输出缓存大小】和【内存性能配置】两项下面的滑块，可以调整磁盘缓存和内存性能配置，如图 11-13 所示。

❹ 选中【计算机设置为较多的 CPU 时间来运行】复选框，然后在其后面的下拉列表框中选择【程序】选项，如图 11-14 所示。

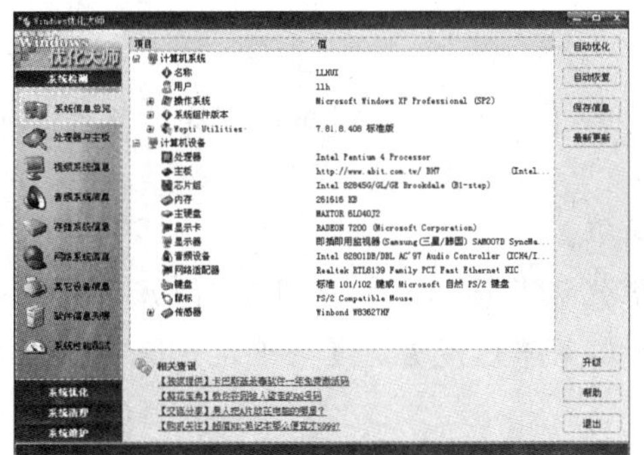
图 11-11　Windows 优化大师主界面

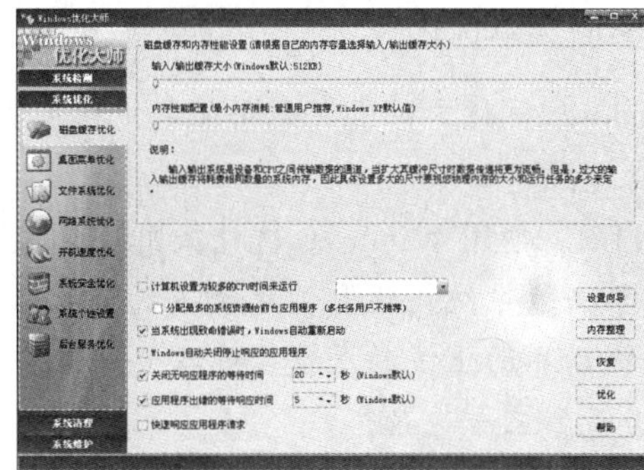
图 11-12　【磁盘缓存优化】界面

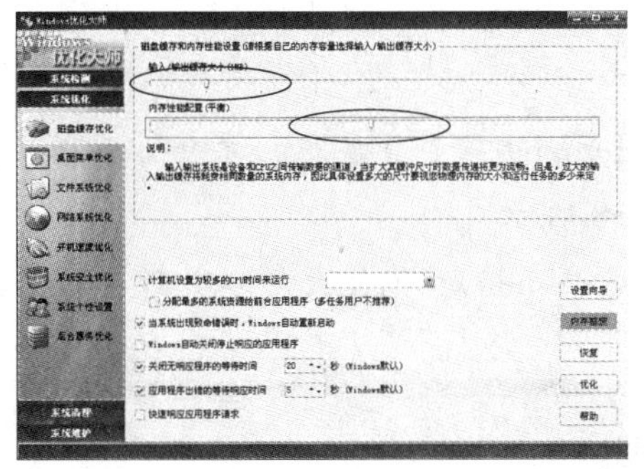
图 11-13　调整磁盘缓存和内存性能

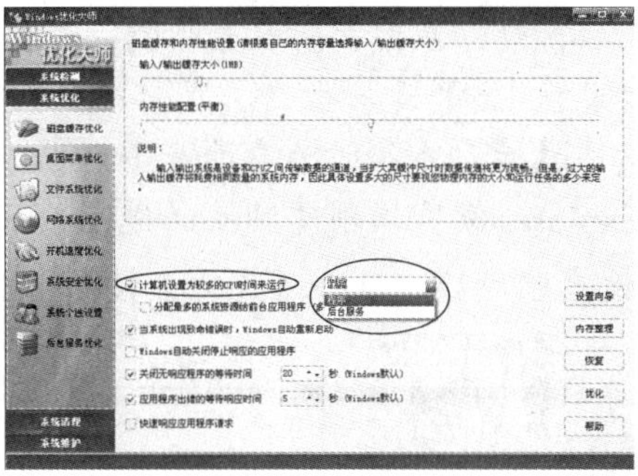

图 11-14　选择将计算机设置为较多的 CPU 时间来运行

❺ 若选中【Windows 自动关闭停止响应的应用程序】复选框，那么当 Windows 检测到某个应用程序停止响应时，就会自动关闭它。在【关闭无响应程序的等待时间】和【应用程序出错的等待响应时间】两个文本框中，用户可以设置应用程序出错时系统将其关闭的等待时间，如图 11-15 所示。

❻ 单击【内存整理】按钮，打开图 11-16 所示的对话框。在该对话框中单击【快速释放】按钮，可快速释放当前的内存碎片，优化内存资源。

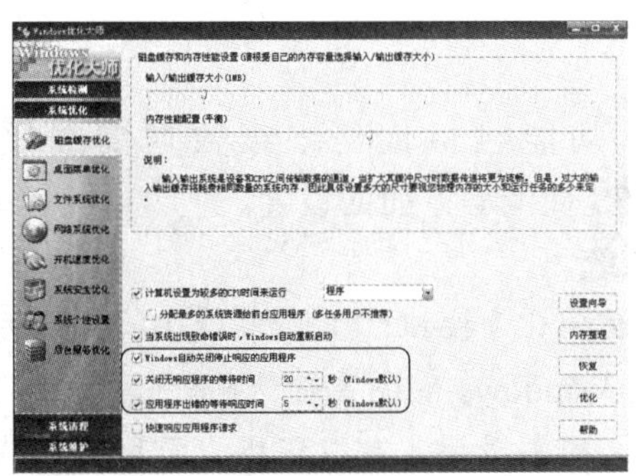
图 11-15　设置程序无响应时自动关闭

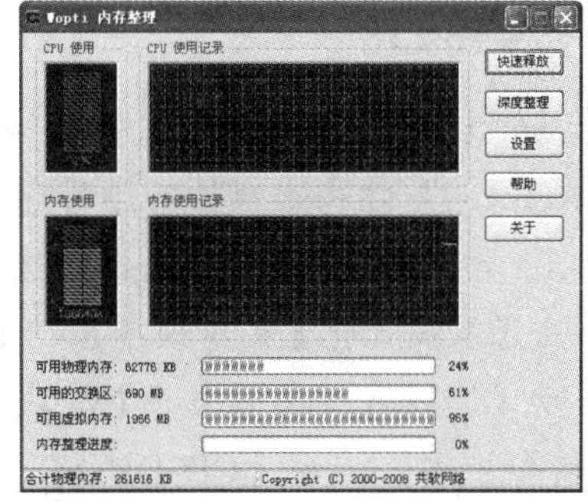
图 11-16　整理内存

❼ 设置完成后，单击【优化】按钮，然后关闭 Windows 优化大师，重新启动电脑，即可完成系统缓存的优化。另外用户如果不熟悉系统缓存优化的最佳设置，可以单击【设置向导】按钮，进行设置。

2. 桌面菜单优化

Windows 优化大师的"桌面菜单优化"功能可以有效地优化 Windows 操作系统桌面菜单的运行速度。

例 11-2 使用 Windows 优化大师优化桌面菜单。

❶ 单击【系统优化】菜单项下的【桌面菜单优化】按钮，打开图 11-17 所示的界面。

❷ 拖动界面上方的滑块，可以分别设置【开始菜单速度】、【菜单运行速度】和【桌面图标缓存】三个选项。

❸ 选择【加速 Windows 的刷新率】复选框，可以加快 Windows 系统的刷新率；选择【关闭菜单动画效果】、【关闭平滑卷动效果】、【关闭"开始"菜单动画提示】和【关闭动画显示窗口、菜单和列表等视觉效果】4 个复选框，可以关闭 Windows 系统的许多多余视觉效果。

❹ 选中【启动系统时为桌面和 Explorer 创建独立的进程】复选框，可以为桌面、任务栏和 Explorer 浏览器创建独立的进程，如图 11-18 所示。

❺ 设置完成后，单击【优化】按钮，然后关闭 Windows 优化大师，重新启动电脑，即可完成优化操作。

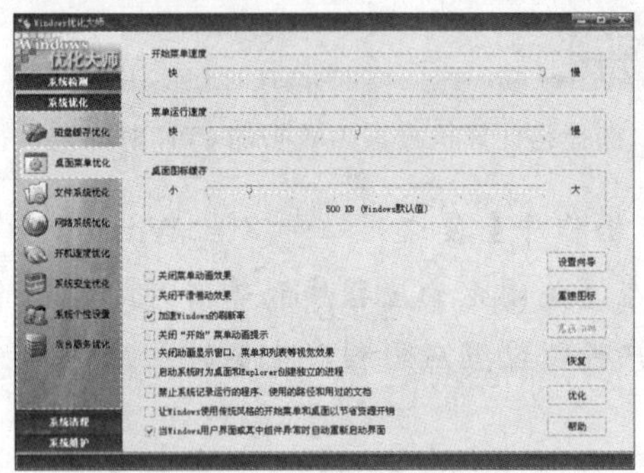

图 11-17 优化桌面菜单(1)

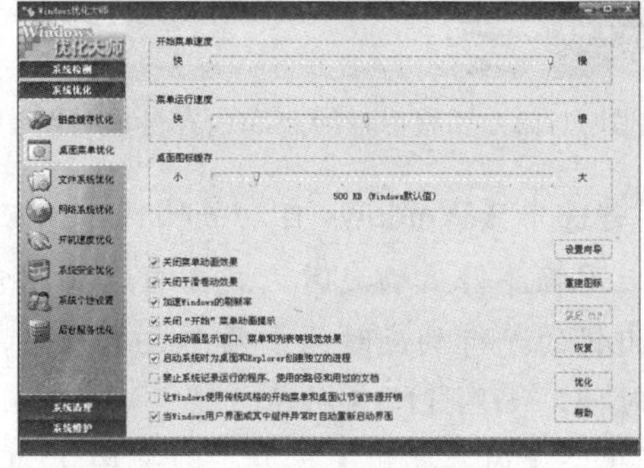

图 11-18 优化桌面菜单(2)

3. 文件系统优化

Windows 优化大师的"文件系统优化"功能包括优化二级数据高级缓存、CD/DVD-ROM、文件和多媒体应用程序以及 NTFS 性能等方面的设置。

例 11-3 使用 Windows 优化大师优化文件系统。

❶ 单击【系统优化】菜单项下属的【文件系统优化】按钮，打开图 11-19 所示的界面。

❷ 拖动【二级数据高级缓存】滑块，可以使 Windows 系统更好的配合 CPU 获得更高的数据预读命中率；拖动【CD-DVD/ROM 优化选择】滑块，可以根据当前电脑内存的大小和硬盘的可用空间提供 CD-DVD/ROM 最佳访问方式。

❸ 选中【需要时允许 Windows 自动优化启动分区】复选框，将允许 Windows 系统自动优化当前电脑的系统分区；选中【优化 Windows 声音和音频设置】复选框，可以优化操作系统的声音和音频；选中【优化毗邻文件和多媒体应用程序】复选框，可以提高多媒体文件的性能，如图 11-20 所示。

❹ 设置完成后，单击【优化】按钮，然后关闭 Windows 优化大师，重新启动电脑，即可完成优化操作。

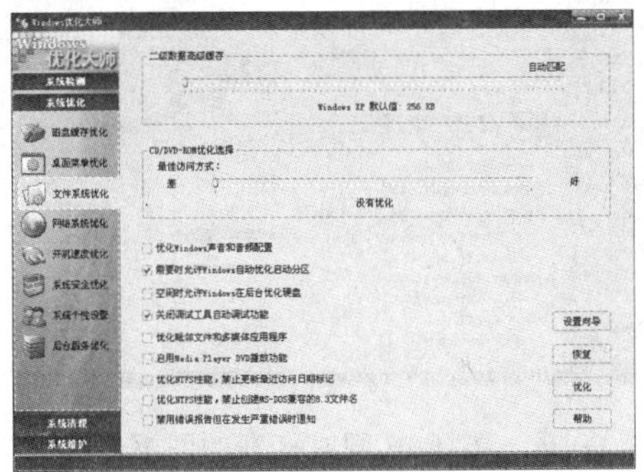

图 11-19　优化文件系统(1)

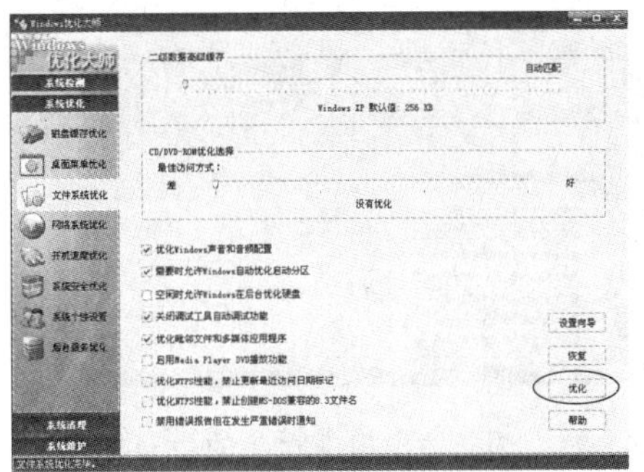

图 11-20　优化文件系统(2)

4. 网络系统优化

Windows 优化大师的“网络系统优化”功能包括优化传输单元、最大数据段长度、COM 端口缓冲、IE 同时连接最大线程数量以及域名解析等方面的设置。

例 11-4　使用 Windows 优化大师优化网络系统。

❶ 单击【系统优化】菜单项下的【网络系统优化】按钮，打开图 11-21 所示的界面。

❷ 在【上网方式选择】选项区域，用户可以选择自己的上网方式，选定后系统会自动给出【最大传输单元大小】、【最大数据段长度】和【传输单元缓冲区】3 项默认值，用户也可以根据自己的实际情况进行设置，如图 11-22 所示。

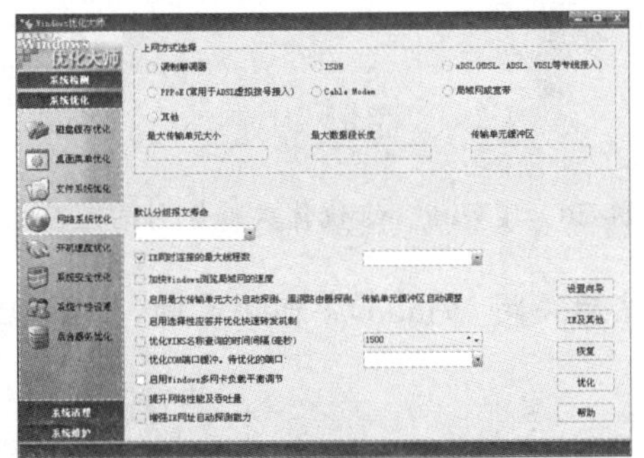

图 11-21　优化网络系统(1)

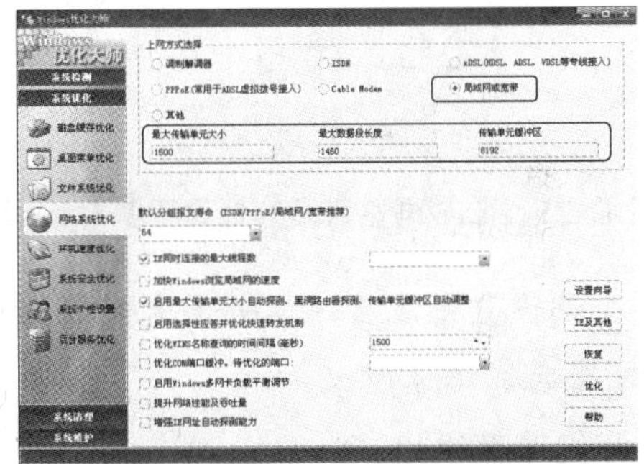

图 11-22　优化网络系统(2)

❸ 打开【默认分组报文寿命】下拉列表框，从中选择输出报文报头的默认生存期，如图 11-23 所示。

❹ 打开【IE 同时连接的最大线程数】下拉列表框，在下拉列表框中设置允许 IE 同时打开网页的个数，如图 11-24 所示。

❺ 选中【加快 Windows 浏览局域网的速度】复选框，当电脑位于局域网时，Windows 优化大师将会自动优化其访问局域网的速度。选择【启用最大传输单元大小自动探测、黑洞路由器探测、传输单元缓冲区自动调整】复选框，软件将自动启动最大传输单元大小自动探测、黑洞路由器探测、传输单元缓冲区自动调整等设置，以辅助电脑的网络功能。

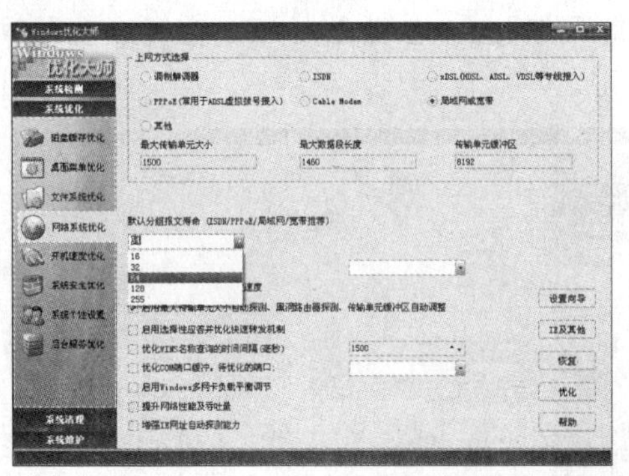

图 11-23　选择输出报文报头的生存期

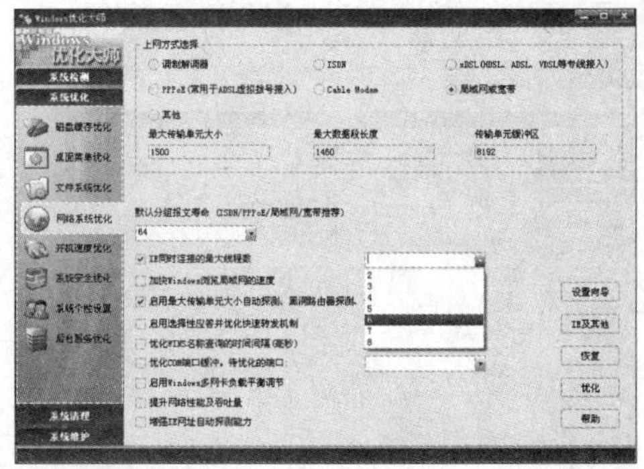

图 11-24　选择 IE 同时打开的网页个数

❻ 单击【IE 及其他】按钮，打开【IE 浏览器及其他设置】对话框，如图 11-25 所示。

❼ 切换到【网卡】选项卡，单击【请选择要设置的网卡】下拉列表，选择要设置的网卡，然后单击【确定】按钮，系统打开图 11-26 所示的对话框，单击【确定】按钮，然后单击【IE 浏览器及其他设置】对话框中的【确定】按钮，即可完成设置。

图 11-25　【IE 浏览器及其他设置】对话框

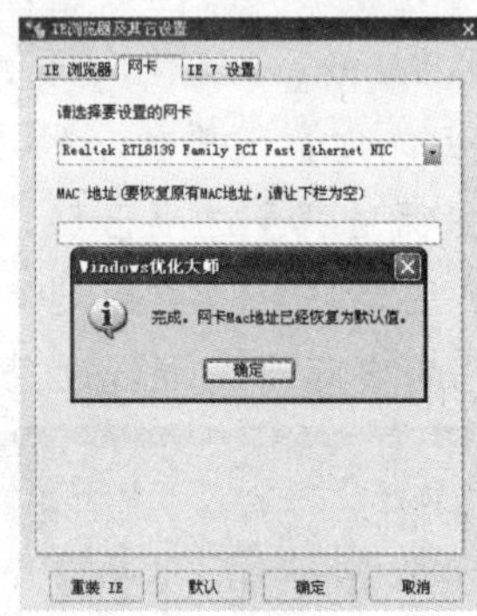

图 11-26　【Windows 优化大师】对话框

❽ 全部设置完成后，单击【优化】按钮，然后关闭 Windows 优化大师，重新启动电脑，即可完成优化操作。

5. 开机速度优化

Windows 优化大师的“开机速度优化”功能主要是优化电脑的启动速度和管理电脑启动时自动运行的程序。

例 11-5　使用 Windows 优化大师优化开机速度。

❶ 单击【系统优化】菜单项下的【开机速度优化】按钮，打开图 11-27 所示的界面。

❷ 拖动“启动信息停留时间”滑块可以设置在安装了多操作系统的电脑启动时，系统选择菜单的等待时间；选择【异常时启动磁盘错误检查等待时间】复选框，如果电脑被非正常关闭，将在下一次启动时 Windows 系统将设置 10 秒(默认值，用户可自行设置)的等待时间让用户决定是否要自动运行磁盘错误检查工具。另外用户还可以在【请勾选开机时不自动运行的项目】组合框中选择开机时没有必要启动的选项。如图 11-28 所示。

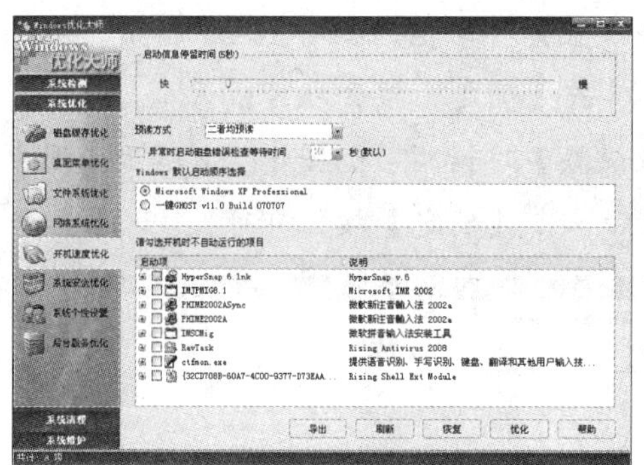

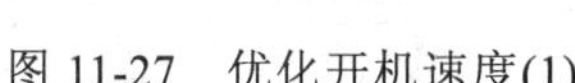

图 11-27　优化开机速度(1)

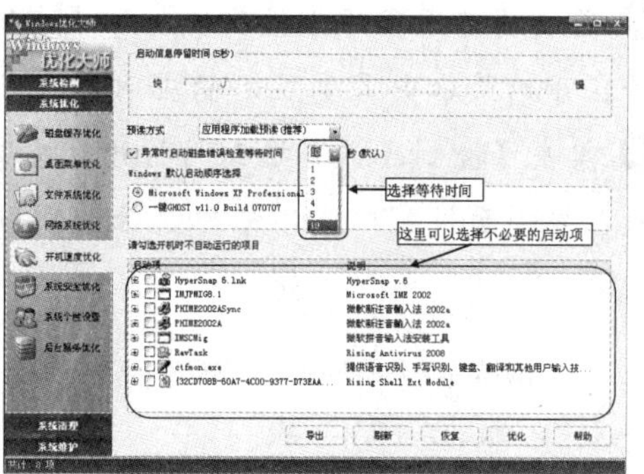

图 11-28　优化开机速度(2)

❸ 全部设置完成后，单击【优化】按钮，然后关闭 Windows 优化大师，重新启动电脑，即可完成优化操作。

6. 系统安全优化

Windows 优化大师的“系统安全优化”功能主要包括对 Windows 系统安全性配置和病毒保护等方面进行优化。

例 11-6　使用 Windows 优化大师优化系统安全。

❶ 单击【系统优化】菜单项下的【系统安全优化】按钮，打开图 11-29 所示的界面。

❷ 在【分析及处理选项】组合框中，用户可以设置检查一些常见的木马和病毒程序；

❸ 选中【禁止用户建立空连接】复选框后，Windows 优化大师将禁止用户建立空链接；选中【禁止自动登录】复选框后，用户在登录 Windows 系统时必须要手动输入用户名和密码才能进入；选择【每次退出系统(注销用户)时，自动清除文档历史记录】复选框后，Windows 系统将在退出后自动清除“运行”、“文档”和“历史记录”中的记录；选中【禁止光盘，U 盘等所有磁盘自动运行】复选框后，用户在电脑光驱中插入可自动运行的光盘或 U 盘时，Windows 系统将禁止其自动运行；选中【当关闭 Internet Explorer 时自动清空临时文件】复选框后，Windows 系统在关闭后，自动清除 IE 历史记录。

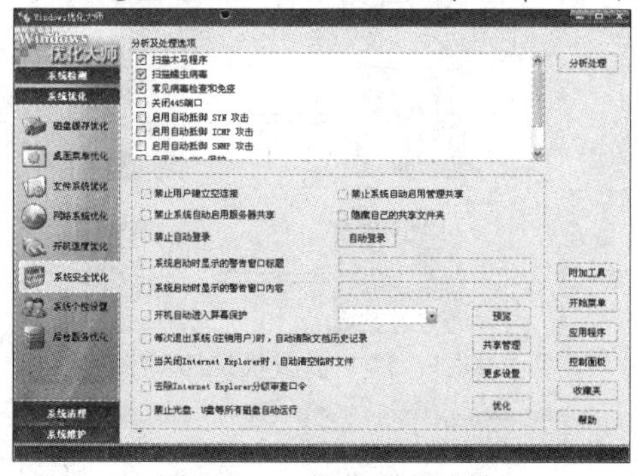

图 11-29　优化系统安全

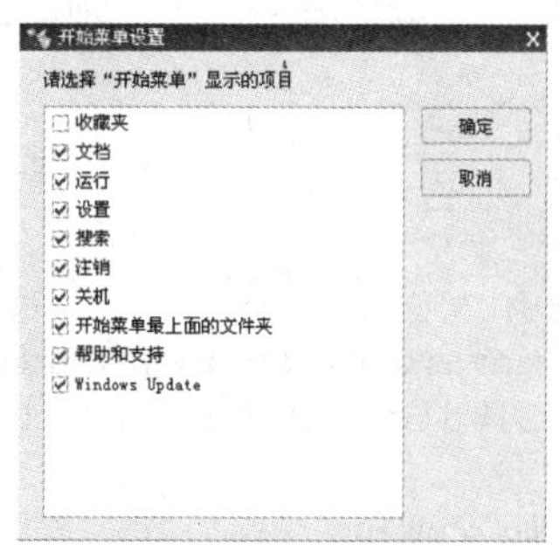

图 11-30　【开始菜单设置】对话框

❹ 单击【开始菜单】按钮，打开【开始菜单设置】对话框，如图 11-30 所示。用户可以根据需要选择在开始菜单中显示的项目，然后单击【确定】按钮即可。

❺ 单击【应用程序】按钮，打开【应用程序设置】对话框，如图 11-31 所示。用户可以选择在开始菜单中需要显示的应用程序，然后单击【确定】按钮即可。

❻ 单击【控制面板】按钮，打开【控制面板设置】对话框，如图 11-32 所示。用户可以隐藏在控制面板窗口中不需要显示的项目，然后单击【确定】按钮即可。

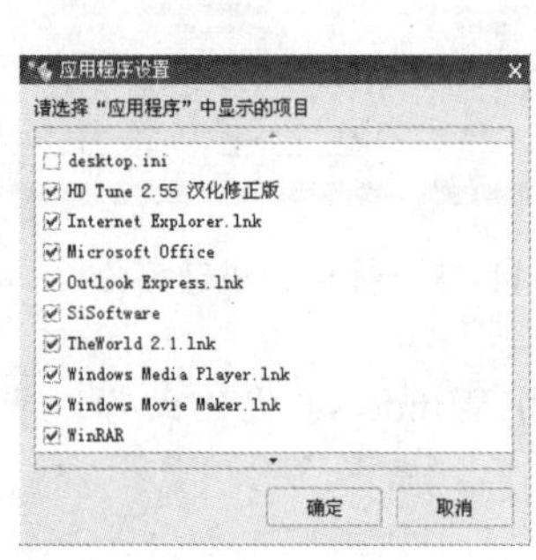

图 11-31 【应用程序设置】对话框

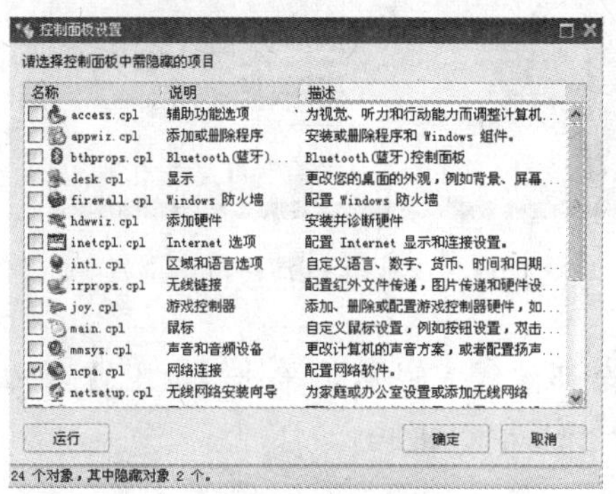

图 11-32 【控制面板设置】对话框

7. 系统个性设置

Windows 优化大师的“系统个性设置”功能主要是优化电脑中的一些个性设置，包括鼠标右键菜单设置和桌面设置等。

例 11-7 使用 Windows 优化大师优化系统的个性设置。

❶ 单击【系统优化】菜单项下的【系统个性设置】按钮，打开图 11-33 所示的界面。

❷ 在【右键设置】组合框中，用户可以设置右键快捷菜单；在【桌面设置】组合框中，用户可以设置桌面的相关信息，例如用户选择【清除快捷方式图标上的小箭头】复选框，然后单击【设置】按钮，当用户再次返回桌面时会发现所有快捷方式上的小箭头都不见了。如图 11-34 所示。

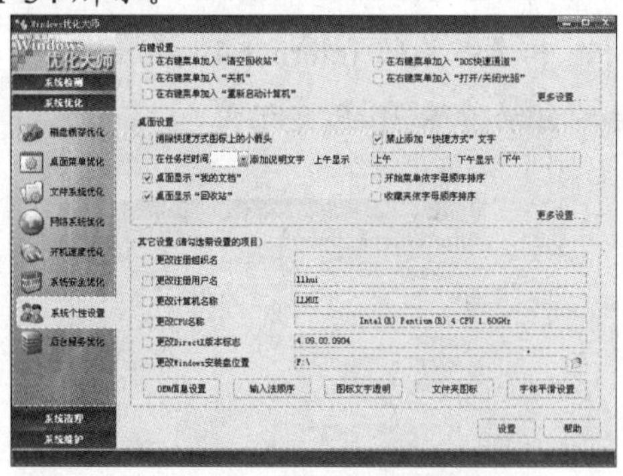

图 11-33 优化系统个性设置

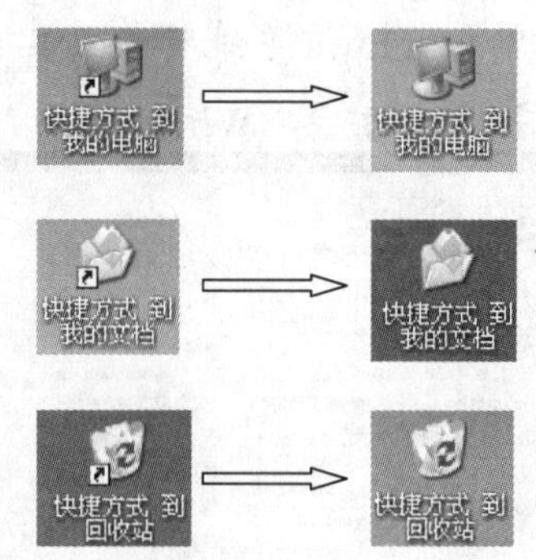

图 11-34 修改快捷方式图标

8. 后台服务优化

Windows 优化大师的【后台服务优化】功能可以使用户方便的查看当前所有的服务并启用或停止某一服务。

例 11-8　使用 Windows 优化大师的后台服务优化功能禁用 Server 服务。

❶ 单击【系统优化】菜单项下的【后台服务优化】按钮，打开图 11-35 所示的界面。

❷ 选定【Server】服务选项，然后打开【设置】按钮前面的下拉列表框，从中选择【已禁用】选项，再单击【设置】按钮，系统打开图 11-36 所示的对话框，单击【确定】按钮即可完成设置。

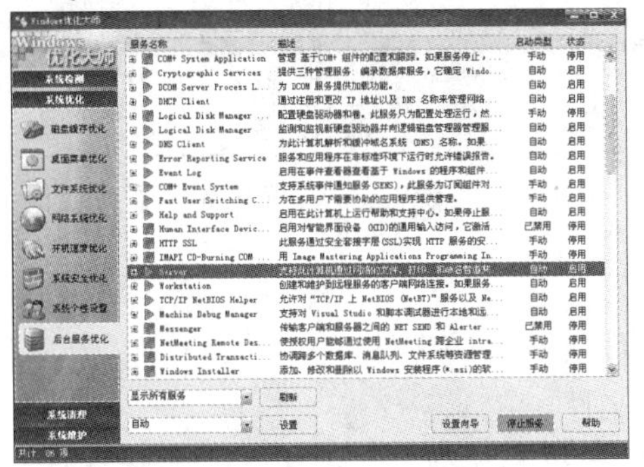

图 11-35　后台服务优化

图 11-36　【Windows 优化大师】对话框

11.1.3　系统清理

单击【系统清理】按钮，展开【系统清理】子菜单项，这些选项分别包括【注册信息清理】、【磁盘文件管理】、【软件智能卸载】和【历史痕迹清理】4 个选项。

1. 注册信息清理

当用户在电脑中安装或者卸载软件时，就会在注册表中生成很多的冗余信息，用户可通过【注册信息清理】功能来删除这些冗余信息。

例 11-9　使用 Windows 优化大师清理注册表冗余信息。

❶ 单击【系统清理】菜单项下的【注册信息清理】按钮，打开图 11-37 所示的界面。

❷ 在【请选择要扫描的项目】中选择需要扫描的文件类型，选定后单击【扫描】按钮，系统即开始扫描文件，如图 11-38 所示。

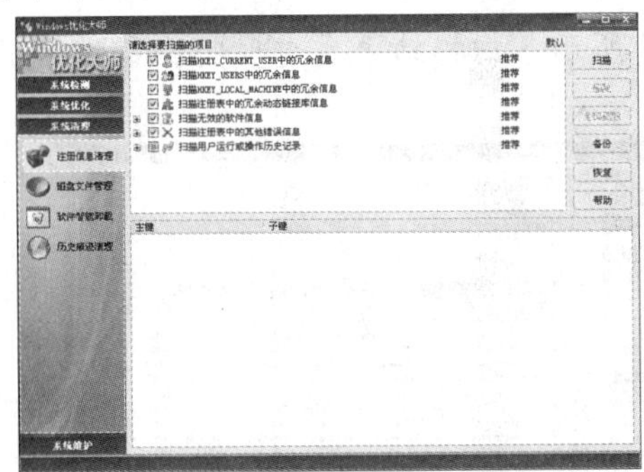

图 11-37　【注册信息清理】界面

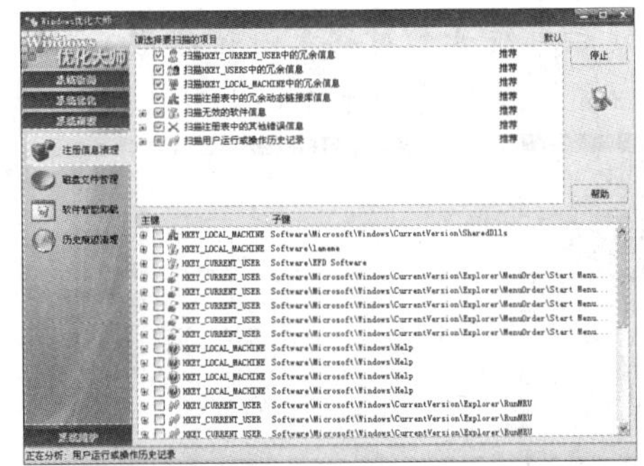

图 11-38　扫描冗余文件

❸ 扫描结束后将显示扫描结果，如图 11-39 所示，从图中可以看出已扫描出 381 项注册信息，单击【全部删除】按钮，系统打开图 11-40 所示的对话框，单击【是】按钮，系统开始自动备份注册表，备份完成后，在打开的对话框中单击【确定】按钮即可清除这些冗余信息。

图 11-39　显示扫描结果

图 11-40　【Windows 优化大师】对话框

2. 磁盘文件管理

【磁盘文件管理】功能可帮助用户轻松地管理电脑上的文件。

例 11-10　使用 Windows 优化大师管理磁盘文件。

❶ 单击【系统清理】菜单项下的【磁盘文件管理】按钮，打开图 11-41 所示的界面。

❷ 在【磁盘信息】选项卡中，用户可以查看硬盘的使用情况；在【扫描选项】选项卡中，用户可以设置扫描文件的类型。设置完成后单击【扫描】按钮，系统即准备开始扫描分析，如图 11-42 所示。

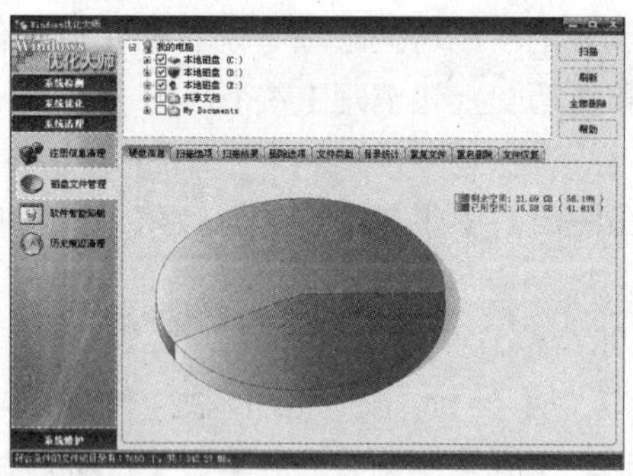

图 11-41　【磁盘文件管理】界面

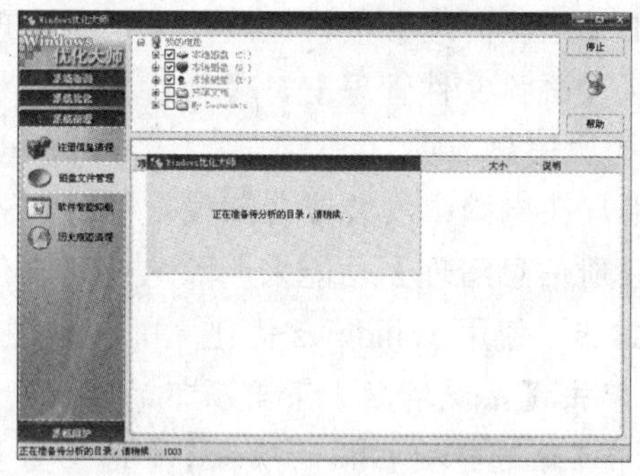

图 11-42　扫描分析

❸ 随后系统开始对磁盘进行扫描，如图 11-43 所示。扫描结束后自动将扫描结果显示在【扫描结果】选项卡中，如图 11-44 所示。

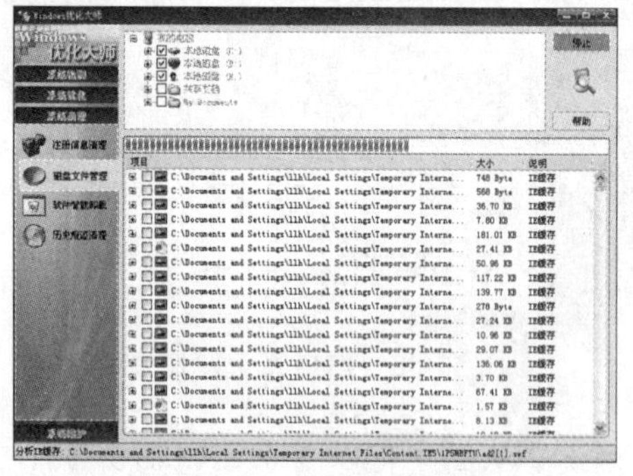

图 11-43　开始扫描磁盘

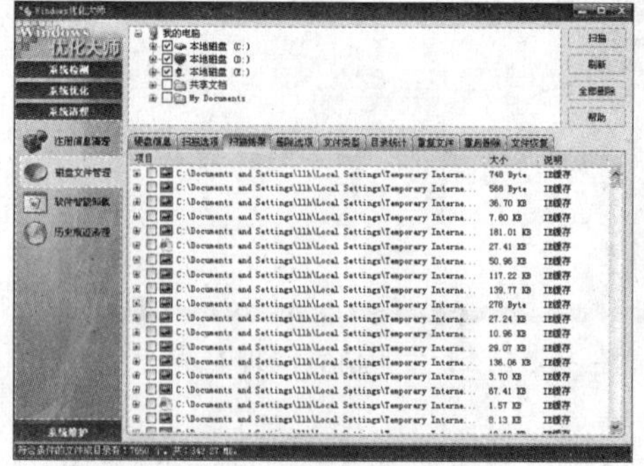

图 11-44　显示扫描结果

❹ 在【删除选项】选项卡中，用户可以设置删除的方式；在【文件类型】选项卡，中用户可以设置文件的类型。

❺ 全部设置完成后，用户可以根据自己的需要进行相应的操作。

3. 软件智能卸载

【软件智能卸载】功能可帮助用户轻松的删除电脑中不需要的程序，它的功能相当于【控制面板】中的【添加和删除程序】功能。

例 11-11　使用 Windows 优化大师卸载 Outlook Express。

❶ 单击【系统清理】菜单项下的【软件智能卸载】按钮，打开如图 11-45 所示的界面。

❷ 选定【Outlook Express】程序，然后单击分析按钮，系统会自动检测电脑上和 Outlook Express 相关的文件，如图 11-46 所示。

❸ 检测完成后，界面下方的窗格中会显示全部检测到的文件，如图 11-47 所示。

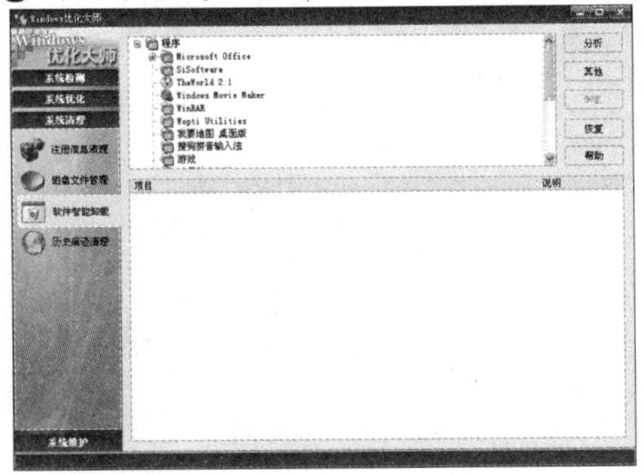

图 11-45　【软件智能卸载】界面

图 11-46　自动分析相关程序

❹ 单击【卸载】按钮，系统打开图 11-48 所示的对话框。单击【是】按钮，系统将打开图 11-49 所示的对话框，该对话框询问用户在卸载程序之前是否需要备份。如果用户需要备份可单击【是】按钮，否则可单击【否】按钮。

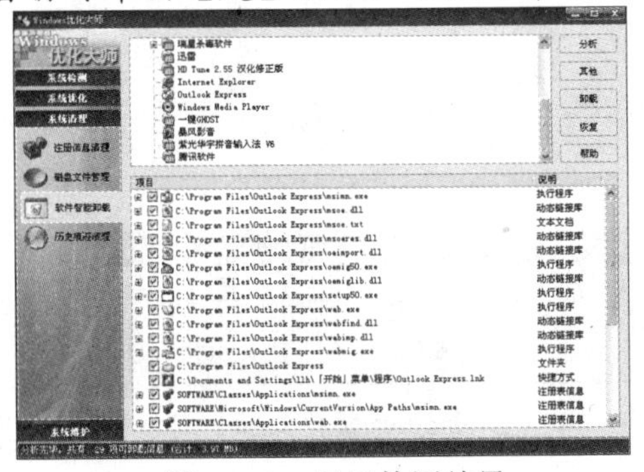

图 11-47　显示检测结果

图 11-48　【Windows 优化大师】对话框

❺ 在此单击【否】按钮，系统即开始卸载软件，卸载完成后会打开图 11-50 所示的对话框，单击【确定】按钮，完成卸载。

图 11-49　提示用户进行备份

图 11-50　卸载成功

4. 历史痕迹清理

【历史痕迹清理】功能可帮助用户轻松的删除电脑自动保存的一些操作记录，包括上网记录和最近打开的文件记录等。

例 11-12　使用 Windows 优化大师清理上网记录。

❶ 单击【系统清理】菜单项下的【历史痕迹清理】按钮，打开图 11-51 所示的界面。

❷ 选定【网络历史痕迹】选项，然后单击【扫描】按钮，系统即开始扫描用户曾经留下的上网记录，如图 11-52 所示。

❸ 扫描完成后，下方的窗格中将显示全部扫描到的上网历史记录，如图 11-53 所示。

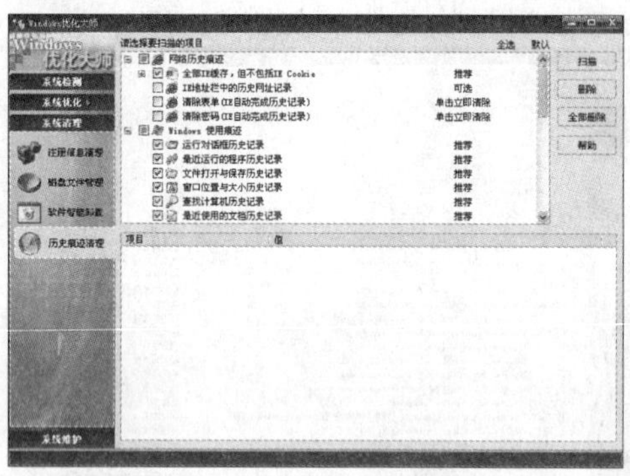

图 11-51　【历史痕迹清理】界面

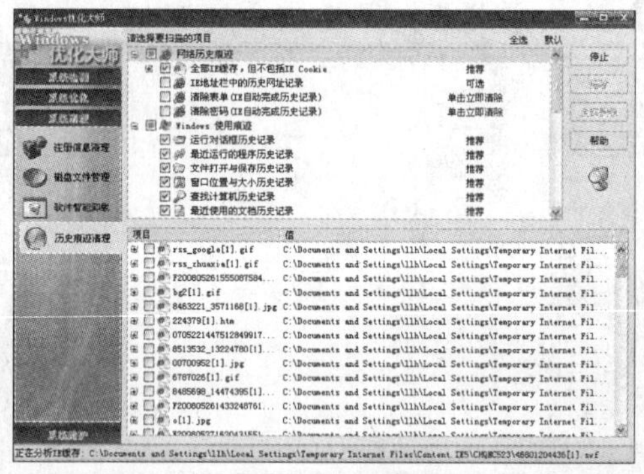

图 11-52　扫描上网记录

❹ 单击【全部删除】按钮，弹出图 11-54 所示的对话框，单击【确定】按钮即可删除扫描到的全部上网记录。

图 11-53　显示扫描结果

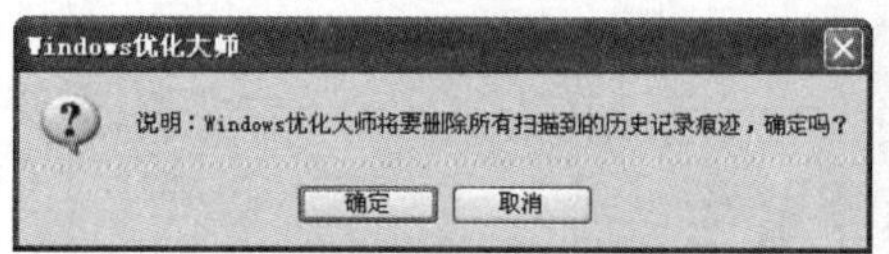

图 11-54　【Windows 优化大师】对话框

11.1.4　系统维护

单击【系统维护】按钮，展开【系统维护】子菜单项，这些选项分别包括【系统磁盘医生】、【磁盘碎片整理】、【驱动智能备份】、【其他设置选项】和【系统维护日志】5 个选项。

1. 系统磁盘医生

系统磁盘医生可帮助用户检查硬盘是否存在存储错误，它的主界面如图 11-55 所示，选定【E: \】盘，然后单击【检查】按钮，系统将自动扫描【E: \】盘，并将扫描结果显示在主界面下方的窗格中，如图 11-56 所示。

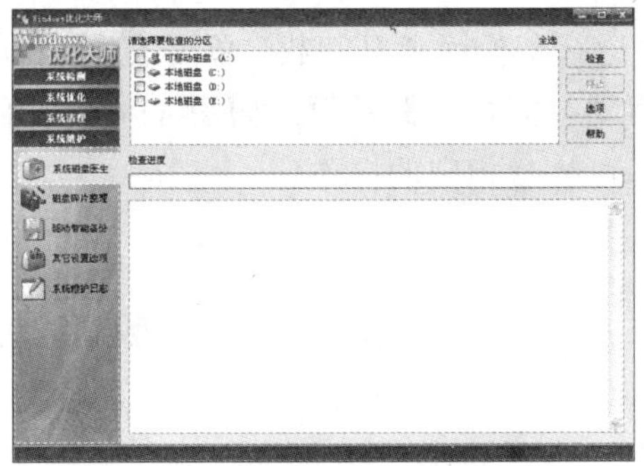

图 11-55　【系统磁盘医生】界面

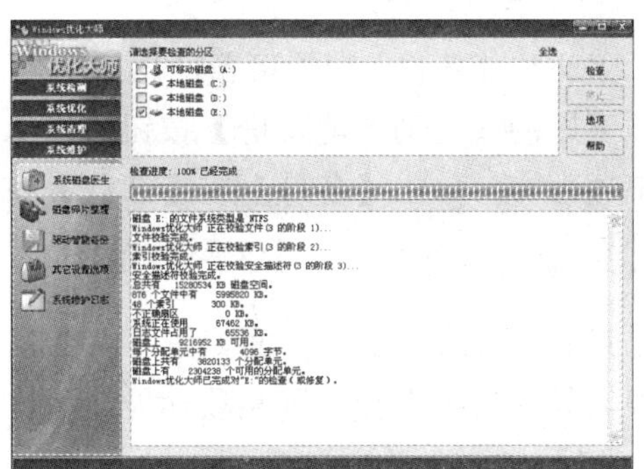

图 11-56　E 盘扫描结果

2. 磁盘碎片整理

用户的创建、删除文件或者安装、卸载软件等操作都会在磁盘内部产生很多碎片。这些碎片的存在会影响系统往硬盘写入数据或者从硬盘读取数据的速度。Windows 优化大师的磁盘碎片整理功能可帮助用户对磁盘碎片进行整理。

例 11-13　使用 Windows 优化大师整理 E 盘的磁盘碎片。

❶ 单击【系统维护】菜单项下的【磁盘碎片整理】按钮，打开图 11-57 所示的界面。

❷ 选定 E 盘，然后单击【分析】按钮，系统将对 E 盘进行扫描，并显示扫描结果，如图 11-58 所示。

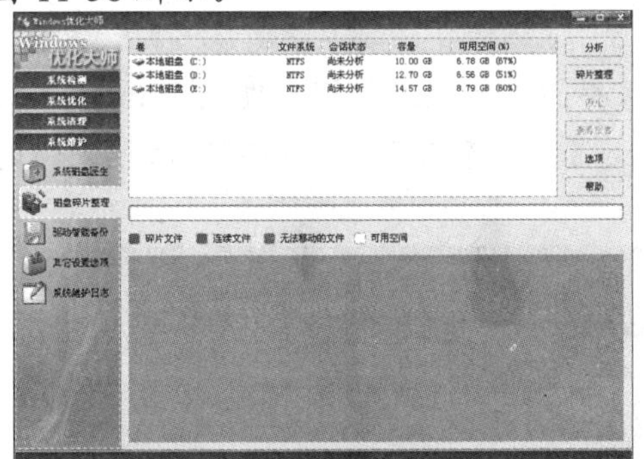

图 11-57　【磁盘碎片整理】界面

图 11-58　扫描结果

❸ 单击【碎片整理】按钮，开始整理磁盘碎片，如图 11-59 所示。整理结束后会打开【磁盘碎片整理报告】对话框，如图 11-60 所示。单击【关闭】按钮，完成磁盘碎片整理。

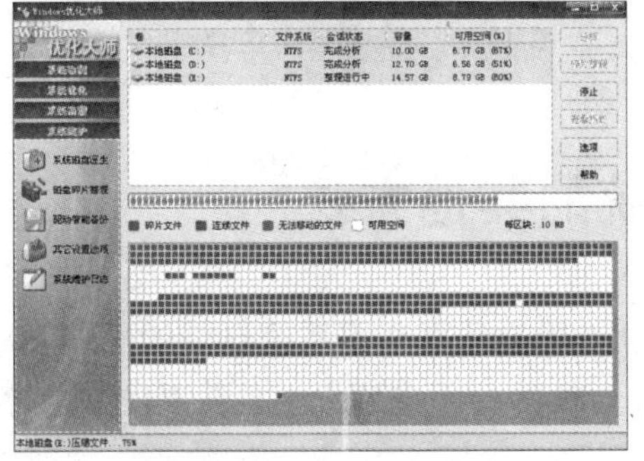

图 11-59　整理磁盘碎片

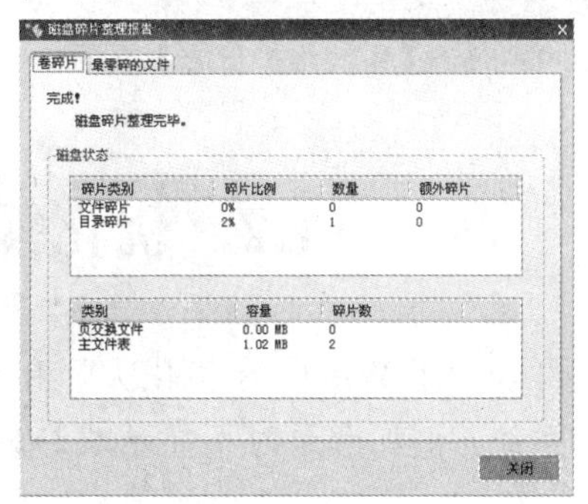

图 11-60　碎片整理完成

3. 驱动智能备份

【驱动智能备份】功能可帮助用户对驱动程序进行备份或者是卸载。单击【系统维护】菜单项下属的【驱动智能备份】按钮，进入到【驱动智能备份】界面，如图 11-61 所示。选中某项内容，单击【备份】或【卸载】按钮，即可执行相应的操作。

4. 其他设置选项

【其他设置选项】的界面如图 11-62 所示，主要提供了一些常用的个性化设置，用户可以根据具体情况选择设置某项功能。

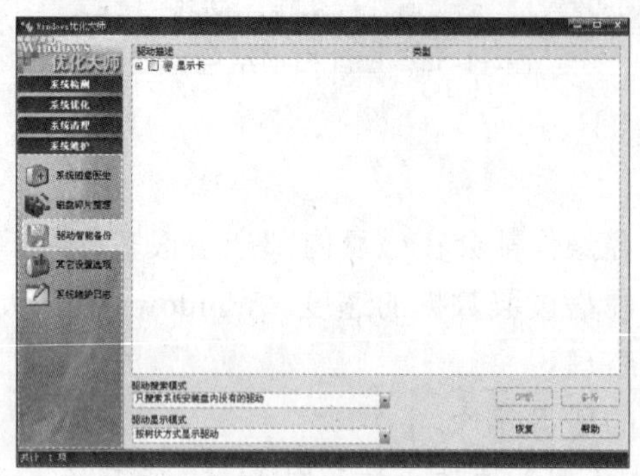

图 11-61 【驱动智能备份】界面

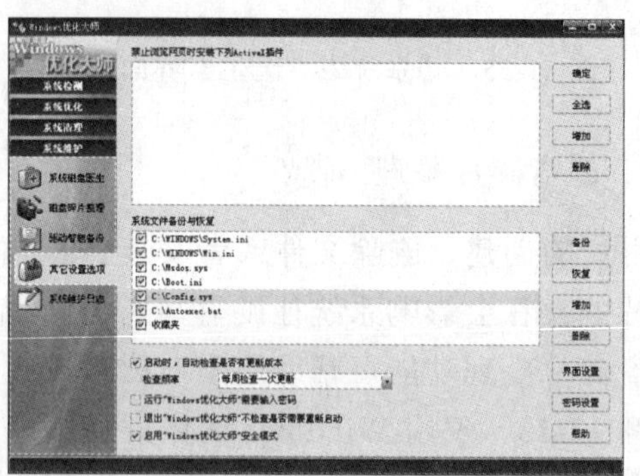

图 11-62 【其他设置选项】界面

5. 系统维护日志

【系统维护日志】的界面如图 11-63 所示，该界面主要记录了用户使用 Windows 优化大师所进行过的操作，方便用户备用和查询。单击【清空】按钮，可清空这些记录，如图 11-64 所示。

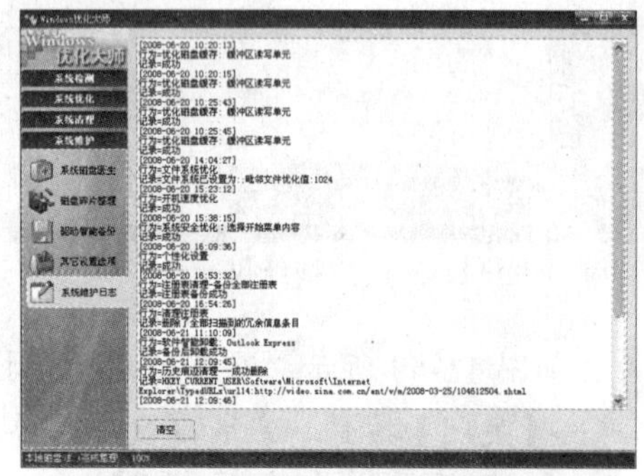

图 11-63 【系统维护日志】界面

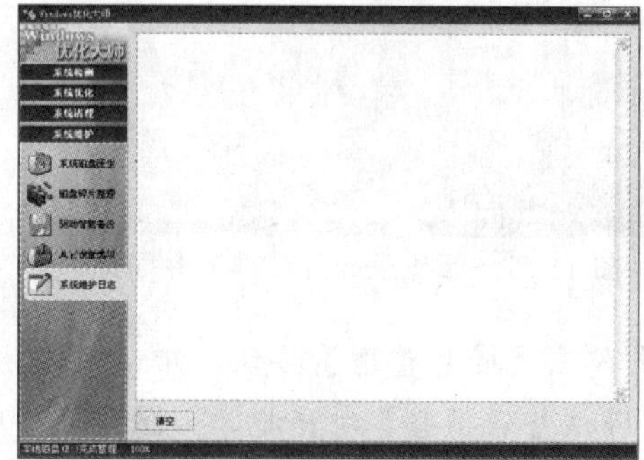

图 11-64 清空日志内容

11.2 优化操作系统的其他方法

除了可以使用 Windows 优化大师和超级兔子外，用户还可使用系统自带的一些功能来优化操作系统，例如登录时不显示欢迎屏幕、设置合理的页面文件大小、设置虚拟内存等。

11.2.1　登录时不显示欢迎屏幕

Windows XP 在启动时，会显示一个“欢迎使用”的界面，为了加快 Windows 的启动速度，用户可以在组策略设置中，隐藏 Windows XP 系统的欢迎屏幕。

例 11-14　使用“组策略”隐藏 Windows XP 系统的欢迎屏幕。

❶ 选择【开始】|【运行】命令，如图 11-65 所示，打开【运行】对话框，如图 11-66 所示。

图 11-65　【开始】菜单

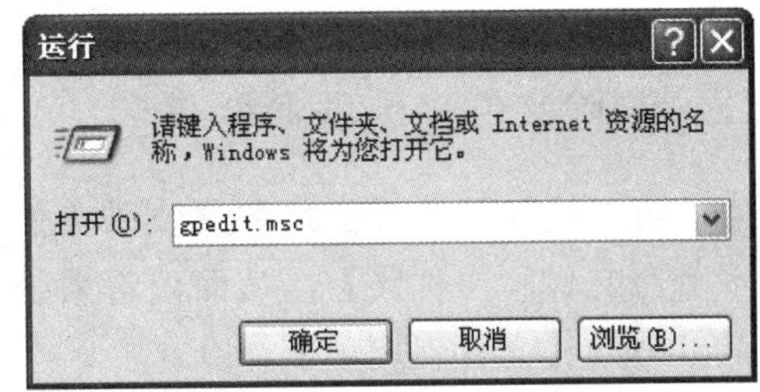

图 11-66　【运行】对话框

❷ 在【打开】下拉列表框中输入命令“gpedit.msc”，然后单击【确定】按钮，打开【组策略】窗口，然后在左侧的列表中依次展开【用户配置】|【管理模板】|【系统】选项，如图 11-67 所示。

❸ 在右侧的列表中双击【登录时不显示欢迎屏幕】选项，打开【登录时不显示欢迎屏幕 属性】对话框。

❹ 在该对话框中选中【已启用】单选按钮，然后单击【确定】按钮，完成设置，如图 11-68 所示。

图 11-67　【组策略】窗口

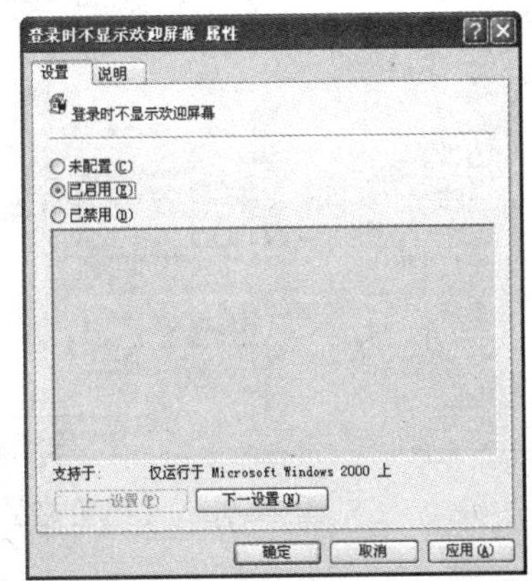

图 11-68　选中【已启用】单选按钮

❺ 设置后的结果如图 11-69 所示，在【登录时不显示欢迎屏幕】选项后方将显示【已启用】标志。

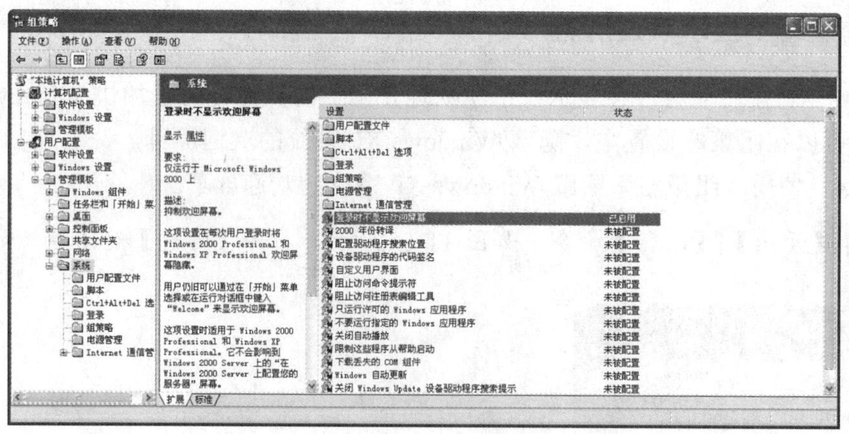

图 11-69　完成设置

11.2.2　删除文件夹选项命令

为了防止他人通过【工具】|【文件夹】选项命令，在【文件夹选项】对话框中，设置【显示所有文件和文件夹】，从而查看系统的隐藏文件。用户可使用组策略功能删除【工具】菜单中的【文件夹选项】命令。

例 11-15　使用“组策略”删除【文件夹选项】命令。

❶ 按照例 11-14 的方法，打开【组策略】窗口，然后在左侧的列表中展开【用户配置】|【管理模板】|【Windows 组件】|【Windows 资源管理器】选项，如图 11-70 所示。

❷ 双击窗口右侧的【从“工具”菜单删除“文件夹选项”菜单】选项，打开【从“工具”菜单删除“文件夹选项”菜单 属性】对话框。

❸ 在该对话框中选中【已启用】单选按钮，然后单击【确定】按钮，完成设置，如图 11-71 所示。

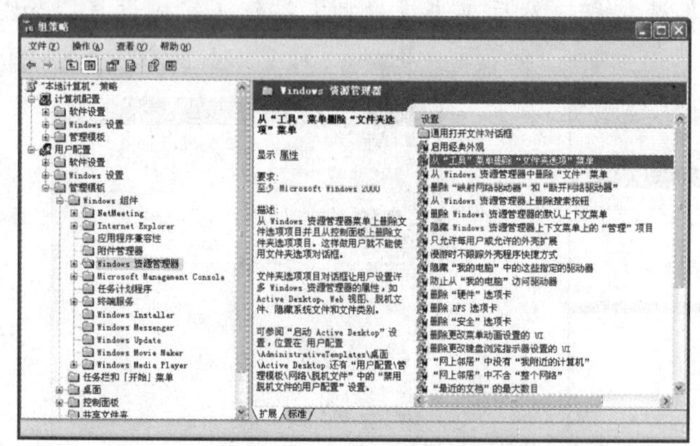

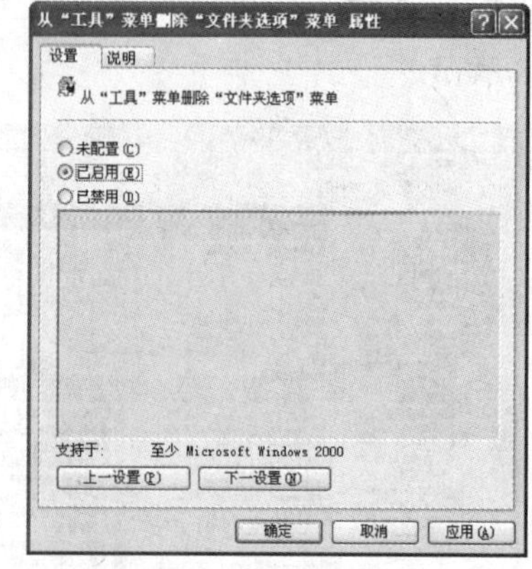

图 11-70　【组策略】窗口

图 11-71　选中【已启用】单选按钮

❹ 操作完成后，返回【组策略】窗口，可以看到【从“工具”菜单删除“文件夹选项”菜单】选项的配置状态是【已启用】，如图 11-72 所示，此时在【工具】菜单中将看不到【文件夹选项】命令，如图 11-73 所示。

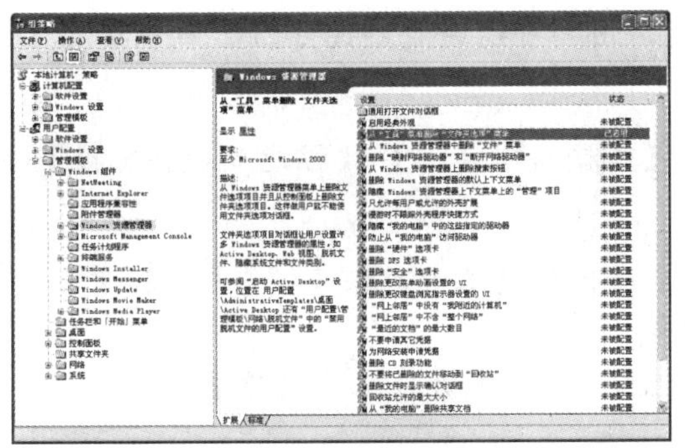

图 11-72　完成设置

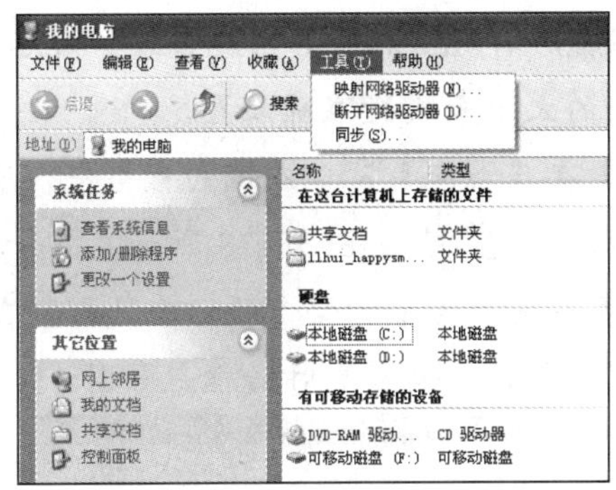

图 11-73　【工具】菜单

11.2.3　设置合理的页面文件大小

设置页面文件的大小有两个公式，即“物理内存×2.5”或者“物理内存×1.5”，但是由于每个用户实际操作的应用程序不可能一样，例如有些用户要运行 3DMAX、Photoshop 等这样的大型程序，而有些用户可能只是打打字、玩些小游戏，因此用户需要因地制宜地设置页面文件的大小。

例 11-16　在 Windows XP 中设置合理的页面文件大小。

❶ 选择【开始】|【控制面板】命令，打开【控制面板】窗口，如图 11-74 和 11-75 所示。

图 11-74　【开始】菜单

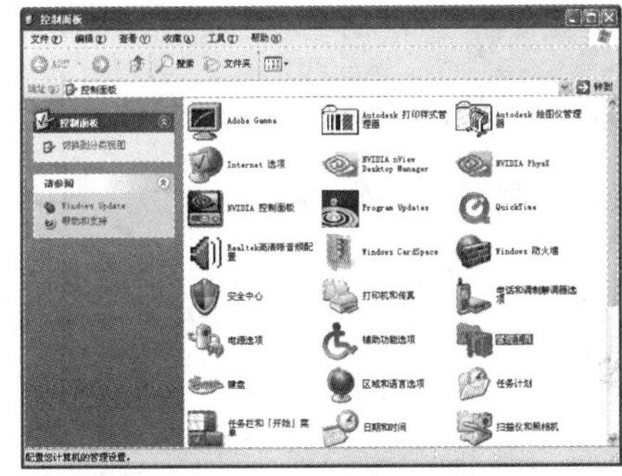

图 11-75　【控制面板】窗口

❷ 双击【管理工具】图标，打开【管理工具】窗口，如图 11-76 所示。然后双击【性能】图标打开【性能】窗口，如图 11-77 所示。

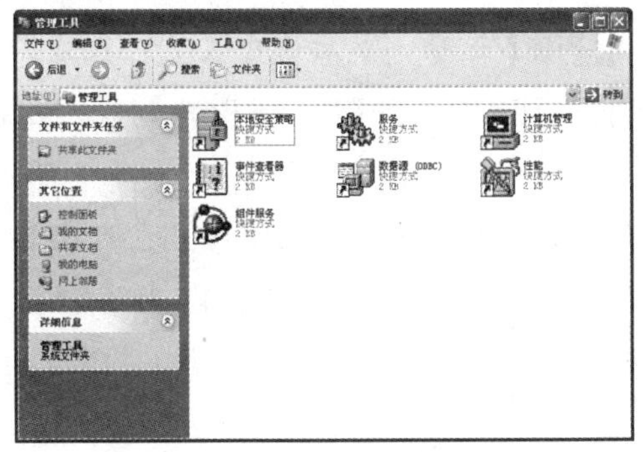

图 11-76　【管理工具】窗口

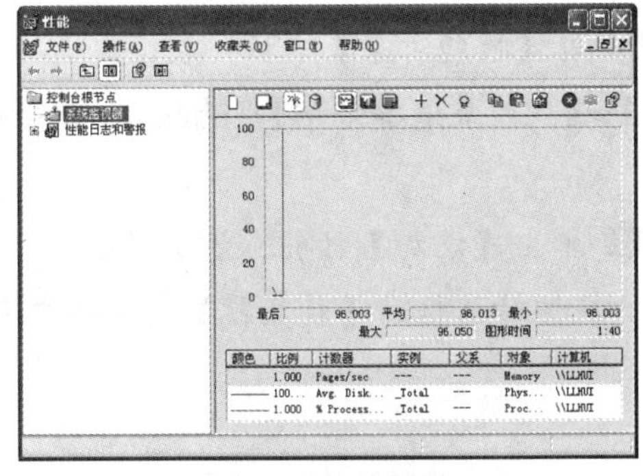

图 11-77　【性能】窗口

注意：Windows XP 系统自带了日志功能，用户可以通过监视自己电脑平常使用的页面文件的大小来进行准确设置。

❸ 在【性能】窗口左侧的窗格中，展开【控制台根节点】|【性能日志和警报】|【计数器日志】选项，如图 11-78 所示。

❹ 在窗口右侧的空白处右击鼠标，在弹出的快捷菜单中选择【新建日志设置】命令，打开【新建日志设置】对话框，如图 11-79 所示。

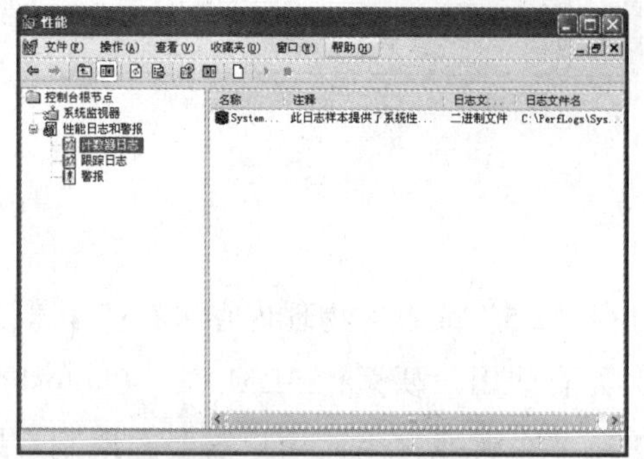

图 11-78 展开控制台根节点

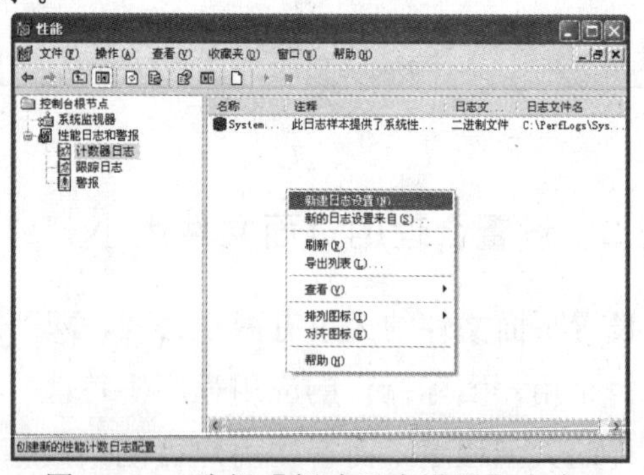

图 11-79 选择【新建日志设置】命令

❺ 在【名称】文本框中输入新建日志的名称，例如“监控日志”，如图 11-80 所示，然后单击【确定】按钮，打开【监控日志】对话框，如图 11-81 所示。

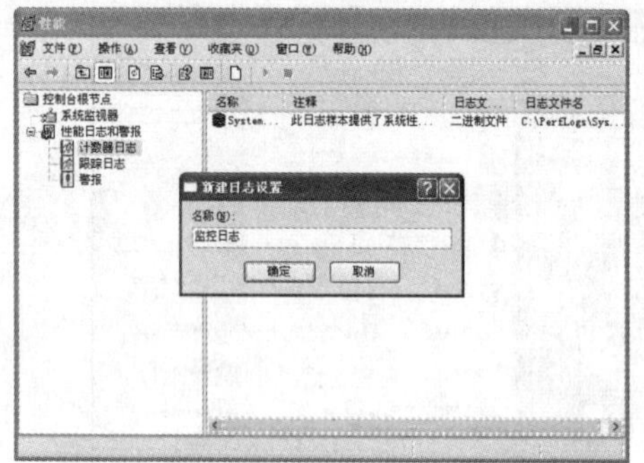

图 11-80 【新建日志设置】对话框

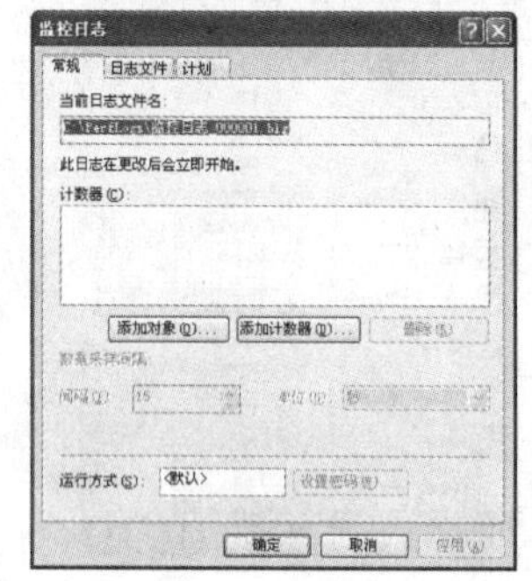

图 11-81 【监控日志】对话框

❻ 在【监控日志】对话框中单击【添加计数器】按钮，打开【添加计数器】对话框，如图 11-82 所示。

❼ 在【性能对象】下拉列表框中选择【Paging File】选项，然后选中【从列表选择计数器】和【从列表选择范例】单选按钮，并分别选中下面列表框中的【Usage Peak】和【_Total】选项。

❽ 单击【添加】按钮，添加计数器，然后单击【关闭】按钮，返回【监控日志】对话框，在该对话框的【计数器】列表框中可以看到新添加的计数器，如图 11-83 所示。

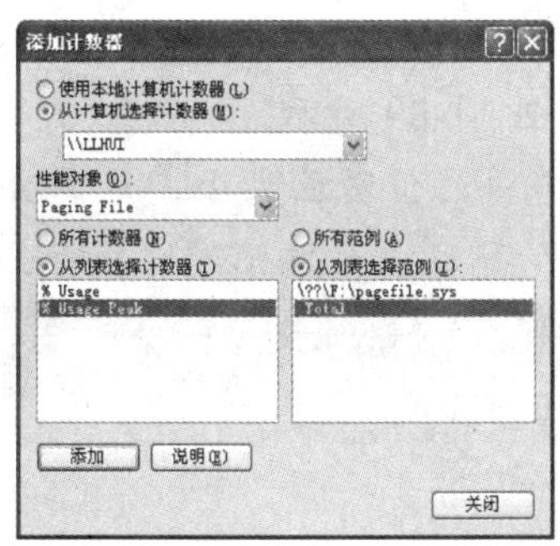

图 11-82　【添加计数器】对话框

图 11-83　新添加的计数器

❾ 切换到【日志文件】选项卡，在【日志文件类型】下拉列表中选择【文本文件(逗号分隔)】选项，如图 11-84 所示。

❿ 单击【配置】按钮，打开【配置日志文件】对话框，在该对话框中用户可以设置日志文件的存放位置、文件的名称并限制日志文件的大小，如图 11-85 所示。

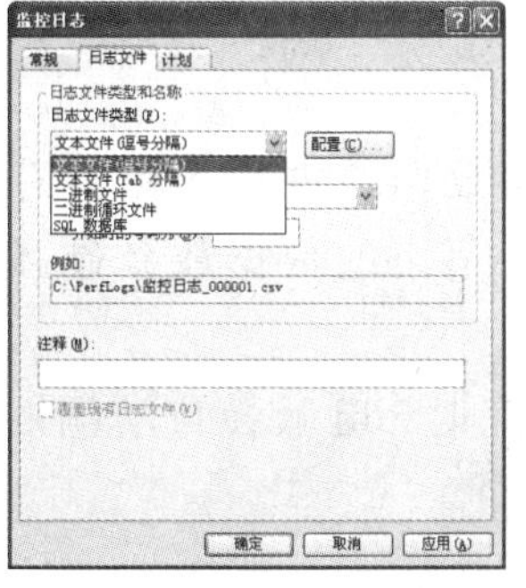

图 11-84　【日志文件】选项卡

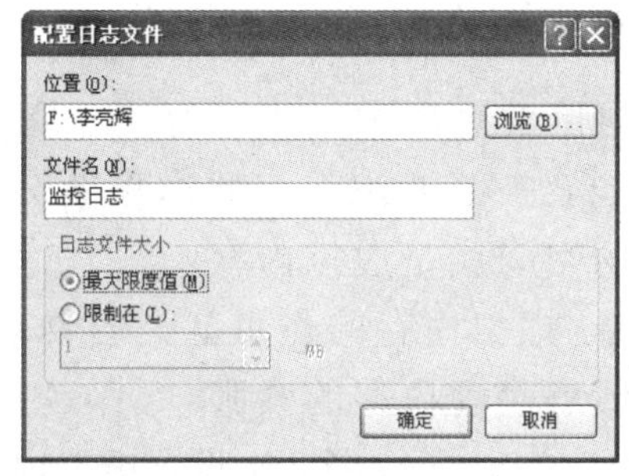

图 11-85　【配置日志文件】对话框

⓫ 设置完成后，单击【确定】按钮，返回到【监控日志】对话框。切换到【计划】选项卡，在该选项卡中用户可以设置日志的开始时间、停止时间和日志关闭时系统执行的命令，如图 11-86 所示。

⓬ 设置完成后，单击【确定】按钮，完成监控日志的创建，返回【性能】窗口，此时在【性能】窗口的右侧可以看到新创建的日志，如果用户设置的启动方式为手动，则可以在该日志上右击鼠标，在弹出的快捷菜单中选择【启动】菜单项即可启动监控日志，如图 11-87 所示。

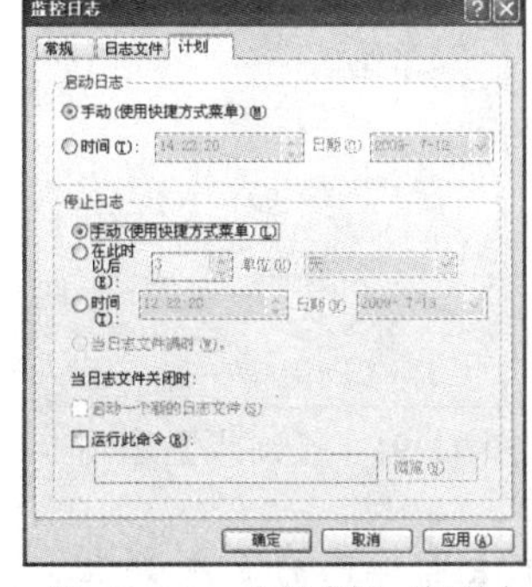

图 11-86　【计划】选项卡

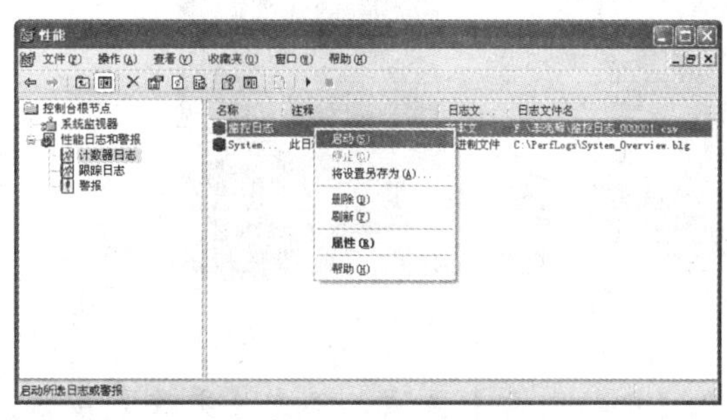

图 11-87　启动监控日志

⓭ 监控一段时间后，找到日志文件的存放位置，如图 11-88 所示。双击打开，在这里用户可以看到一段时间内页面文件的使用情况，如图 11-89 所示。

⓮ 这里显示的是百分比，用户可以通过计算得出最佳页面大小，计算公式是：“页面文件大小 × 百分比”，公式中的“页面文件大小”是目前系统预设好的页面文件大小。

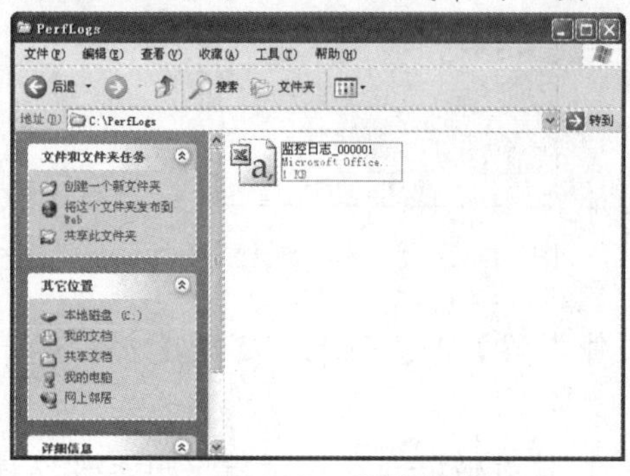

图 11-88　监控日志

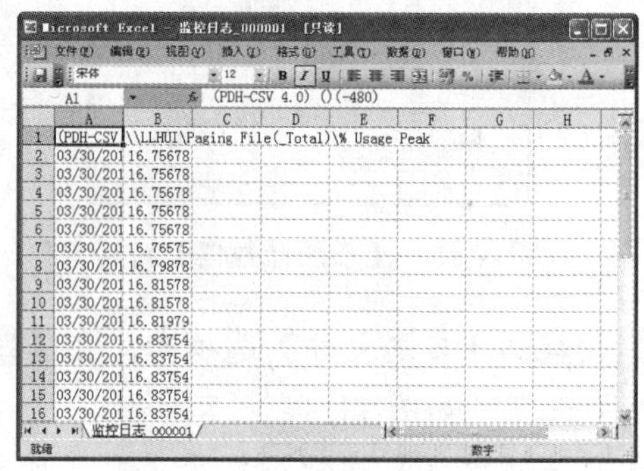

	A	B
1	(PDH-CSV	\\LLHUI\Paging File(_Total)\% Usage Peak
2	03/30/201	16.75678
3	03/30/201	16.75678
4	03/30/201	16.75678
5	03/30/201	16.75678
6	03/30/201	16.75678
7	03/30/201	16.76575
8	03/30/201	16.79878
9	03/30/201	16.81578
10	03/30/201	16.81578
11	03/30/201	16.81979
12	03/30/201	16.83754
13	03/30/201	16.83754
14	03/30/201	16.83754
15	03/30/201	16.83754
16	03/30/201	16.83754

图 11-89　监控结果

11.2.4　设置虚拟内存

在使用电脑的过程中，当运行一个程序需要大量数据、占用大量内存时，物理内存就有可能会被“塞满”，此时系统会将那些暂时不用的数据放到硬盘中，而这些数据所占的空间就是虚拟内存。

简单地说，虚拟内存的作用就是当物理内存占用完时，电脑会自动调用硬盘来充当内存，以缓解物理内存的紧张。

例 11-17　在 Windows XP 中设置虚拟内存的大小。

❶ 在桌面上右击【我的电脑】图标，在弹出的快捷菜单中选择【属性】命令，打开【系统属性】对话框，如图 11-90 所示。

❷ 在【系统属性】对话框中单击【高级】标签，切换至【高级】选项卡，如图 11-91 所示。在【性能】选项区域单击【设置】按钮，打开【性能选项】对话框。

❸ 在【性能选项】对话框中，切换至【高级】选项卡，用户可在该界面中设置处理器计划、内存使用等信息，如图 11-92 所示。

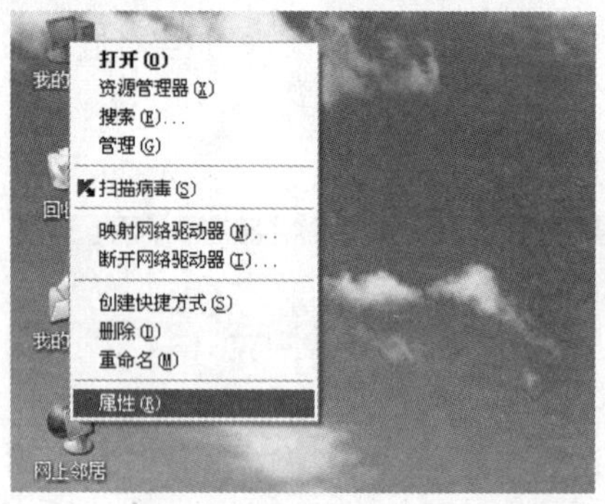

图 11-90　监控日志

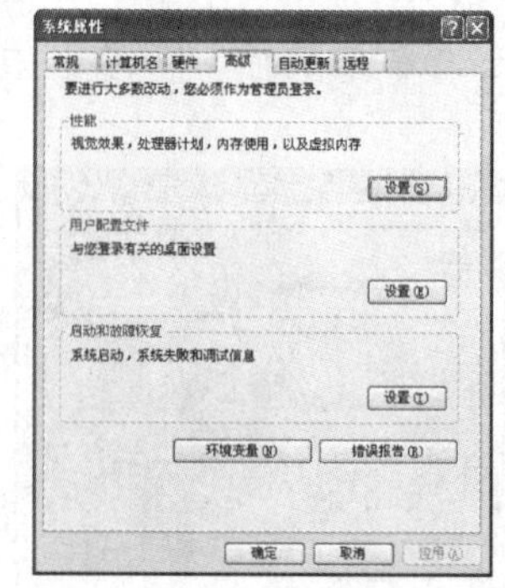

图 11-91　【高级】选项卡

❹ 在【虚拟内存】区域，单击【更改】按钮，打开【虚拟内存】对话框。选中其中的【自定义大小】单选按钮，可在【初始大小】和【最大值】文本框中设置合理的虚拟内

存的值，如图 11-93 所示。

❺ 设置完成后，单击【设置】按钮，然后单击【确定】按钮即可。

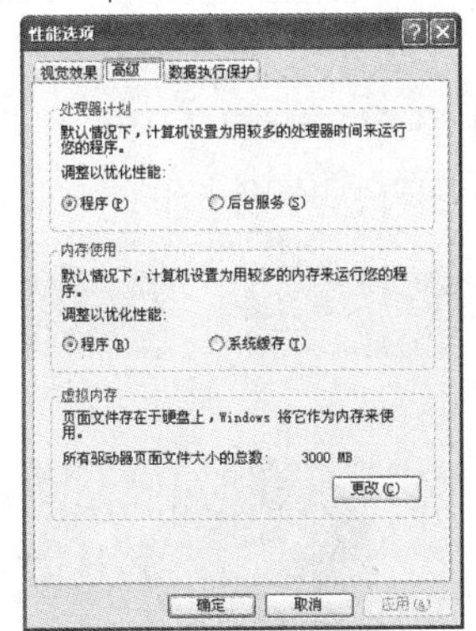

图 11-92　【高级】选项卡

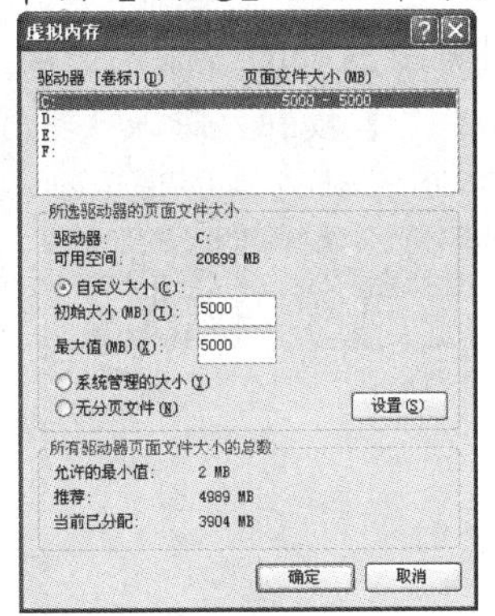

图 11-93　【虚拟内存】对话框

❻ 默认情况下，虚拟内存文件是存放在 C 盘中的，如果用户想要改变虚拟内存文件的位置，可在【驱动器】列表中选中 C 盘，然后选中【无分页文件】单选按钮，再单击【设置】按钮，即可将 C 盘中的虚拟内存文件清除，如图 11-94 所示。

❼ 选中一个新的磁盘(例如选择 F 盘)，然后选中【自定义大小】单选按钮，在【初始大小】和【最大值】文本框中设置合理的虚拟内存值，再依次单击【设置】按钮和【确定】按钮即可，如图 11-95 所示。

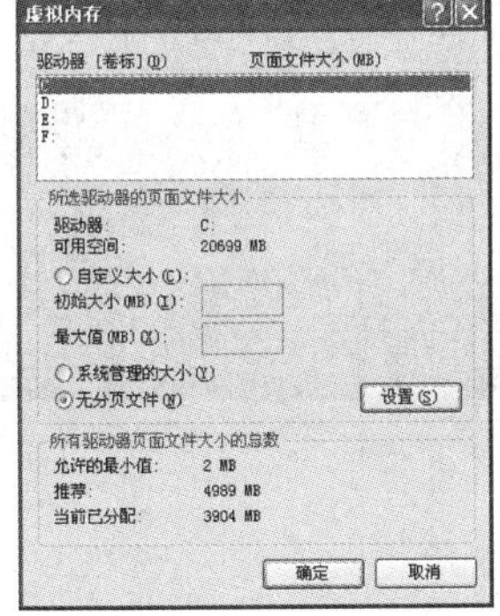

图 11-94　清除 C 盘的虚拟内存文件

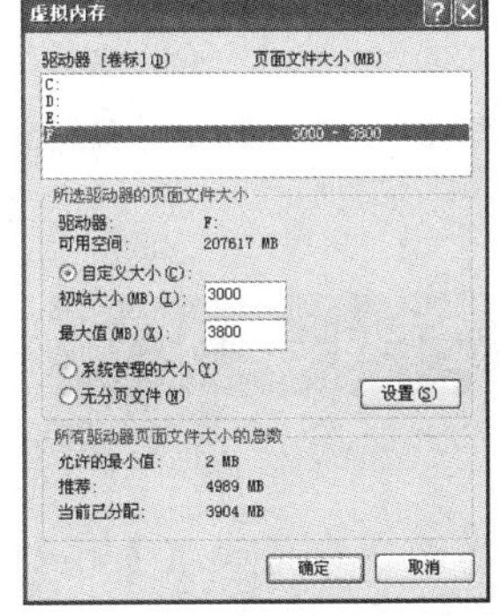

图 11-95　对 F 盘进行设置

11.2.5　使用超级兔子优化操作系统

超级兔子也是一款功能强大的系统优化工具，它具有检测电脑硬件信息、维护系统安全、优化系统配置等功能，是用户管理和维护操作系统的好帮手，下面主要介绍如何使用超级兔子的密保天使功能和 IE 修复功能。

1. 使用密保天使保护密码

当今各种盗号木马层出不穷，用户在输入各种不同类型的账户和密码进行登录时，极有可能被盗号木马所截取，导致密码泄露。超级兔子的【密保天使】功能可以保护用户的客户端软件在注册、登录以及修改密码时不被盗号木马盗取密码信息。当用户开启密码保护后，密保天使能够在其他软件注册、登录以及修改密码时，自动进行密码保护。

密保天使不但能够防御当前90%以上的流行盗号木马，而且还能够对您的电脑进行有效的实时监控，主动防御未知的盗号木马， 从而为您营造一个安全放心的密码输入环境。

例 11-18　开启超级兔子的密保天使功能。

❶ 单击【兔子工具】按钮，进入【兔子工具】界面，如图 11-96 所示。然后单击其中的【密保天使】图标，即可启动密保天使功能，如图 11-97 所示。

图 11-96　【兔子工具】界面

图 11-97　启动密保天使

❷ 此时用户在任务栏的右下角可看到一个标志，双击该标志，可打开【密保天使】的主界面，如图 11-98 所示。

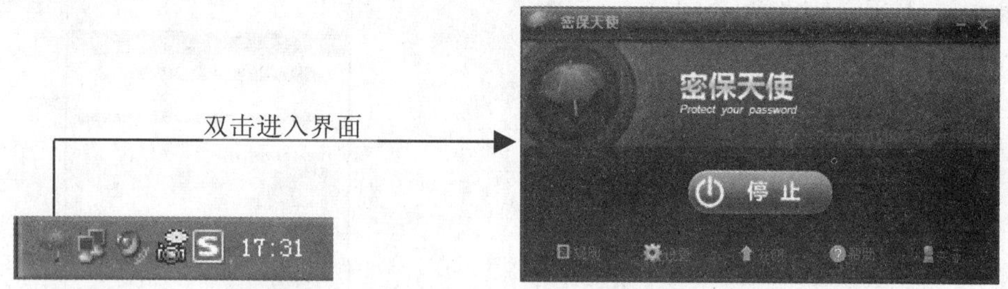

图 11-98　进入密保天使的主界面

❸ 单击主界面中的【设置】按钮，可打开【设置】对话框，在该对话框中用户可对密保天使的基本信息进行设置，如图 11-99 所示。

❹ 单击主界面中的【查杀】按钮，可打开【查杀内核盗号木马】对话框，在该对话框中单击【扫描】按钮，软件会自动对电脑进行扫描，并将扫描到的木马显示在界面下方的空白处，如图 11-100 所示。

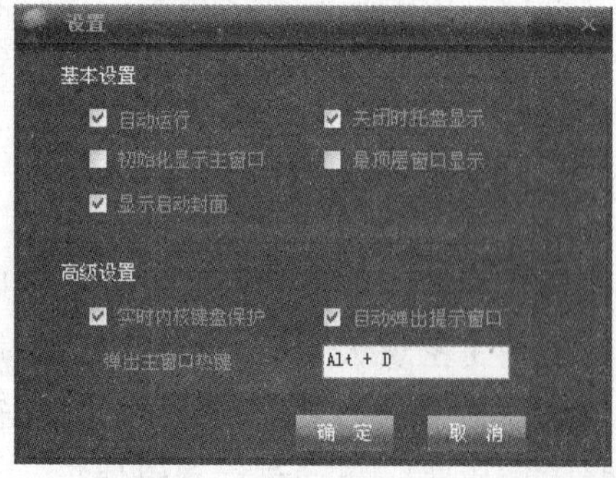

图 11-99　【设置】对话框

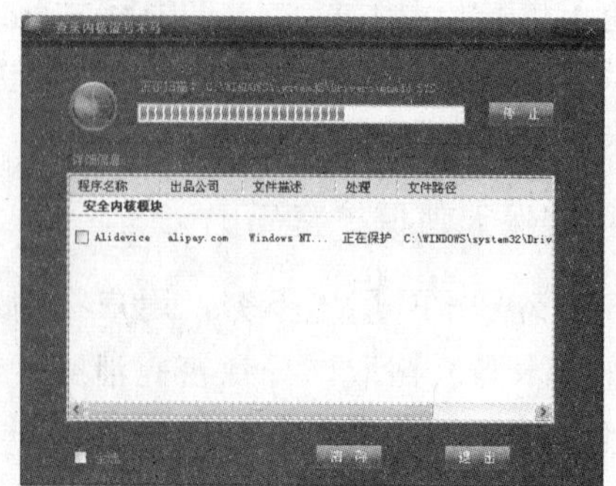

图 11-100　正在扫描木马

❺ 扫描完成后，选中【全选】复选框，可选定全部扫描到的木马，如图 11-101 所示。然后单击【清除】按钮，可将这些木马清除。

❻ 单击【日志】按钮，打开【拦截日志】对话框，用户可查看密保天使的拦截记录，如图 11-102 所示。

图 11-101　选中扫描到的木马

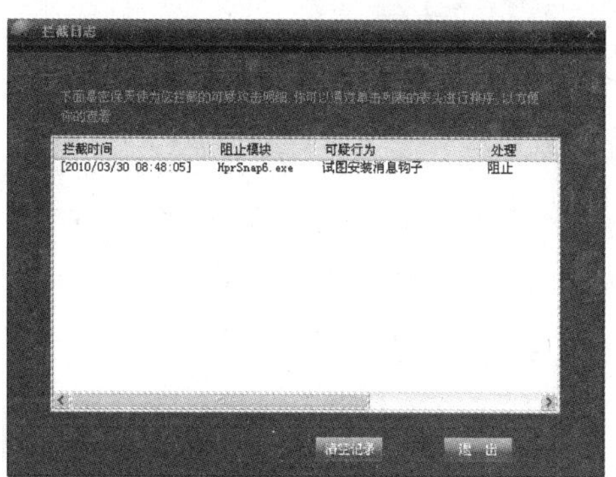

图 11-102　拦截日志

2. 使用超级兔子修复 IE

如果 IE 浏览器被损坏，将无法使用 IE 正常浏览网页，使用超级兔子的 IE 修复功能，可轻松修复被损坏的 IE 浏览器。

例 11-19　使用超级兔子修复 IE。

❶ 在超级兔子的主界面中单击【系统管理】选项下的【修复 IE】按钮，进入【守护天使】界面，如图 11-103 和图 11-104 所示。

图 11-103　单击【修复 IE】按钮

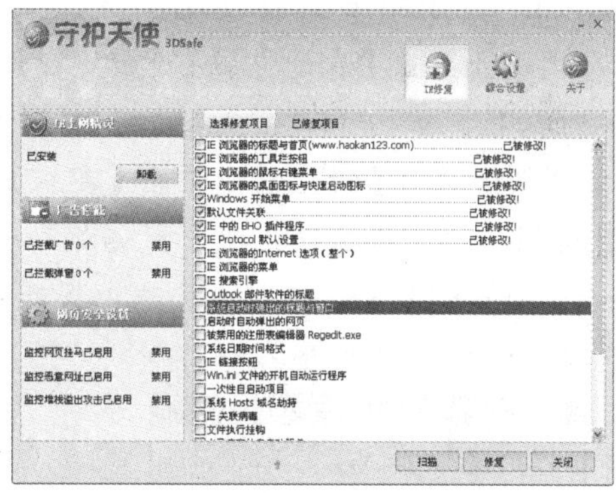

图 11-104　【守护天使】界面

❷ 在图 11-104 中选中要修复的选项，然后单击【扫描】按钮，扫描这些选项，然后单击【修复】按钮，即可开始修复 IE(需要注意的是要使用该功能要先安装 IE 上网精灵)。

❸ 修复完成后，将显示修复结果，如图 11-105 所示。单击【综合设置】按钮，可对【广告拦截】和【网页安全】功能进行设置，如图 11-106 所示。

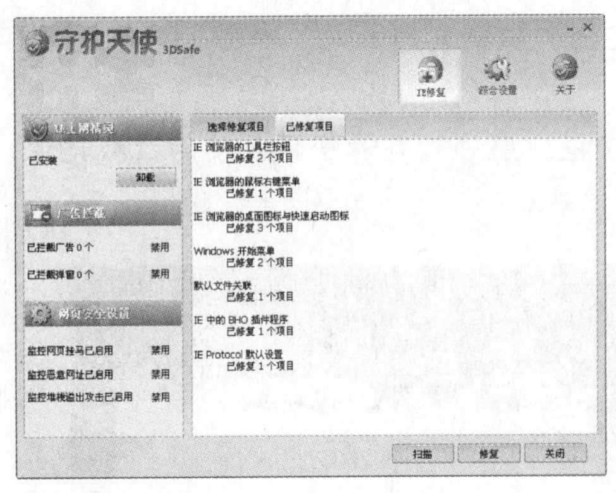

图 11-105　修复结果

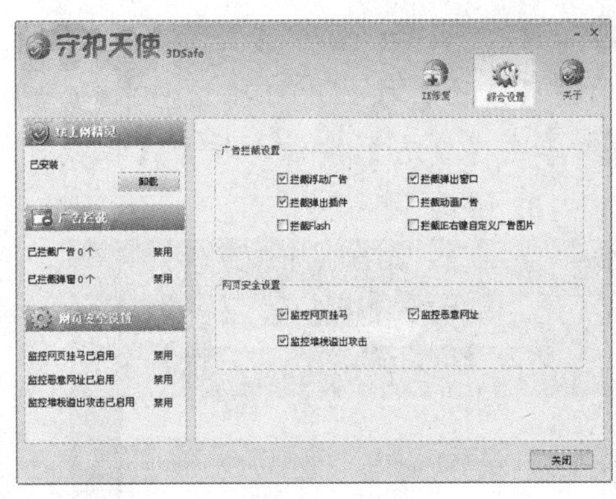

图 11-106　【综合设置】界面

11.3　关闭不需要的功能

Windows XP 系统在安装完成后，自动开启了许多功能，例如系统错误发送报告、休眠功能等。这些功能在一定程度上会占用系统的资源，如果用户不需要使用这些功能可以将其关闭以节省系统资源，优化系统。

11.3.1　关闭系统错误发送报告

在使用电脑的过程中，系统或应用程序出错时总会弹出发送错误报告的对话框，如果用户不想发送错误报告，可将其关闭。

例 11-20　关闭系统错误发送报告。

❶ 在桌面上右击【我的电脑】图标，在弹出的快捷菜单中选择【属性】命令，打开【系统属性】对话框，如图 11-107 所示。

❷ 在【系统属性】对话框中单击【高级】标签，切换至【高级】选项卡，然后单击【错误报告】按钮，打开【错误汇报】对话框，如图 11-108 所示。

❸ 在【错误汇报】对话框中，选中【禁用错误汇报】单选按钮，然后单击【确定】按钮，即可关闭系统错误发送报告。

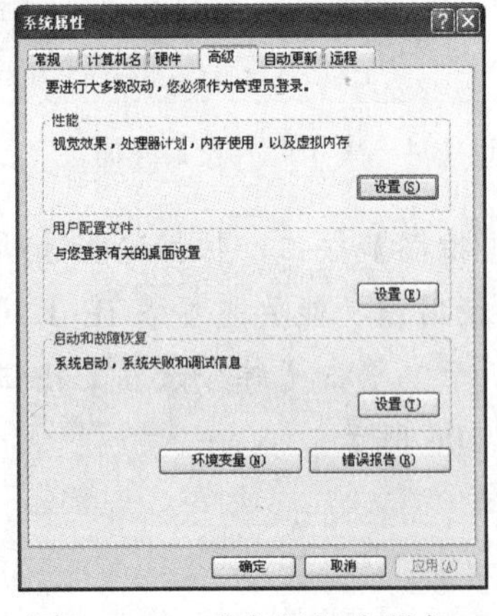

图 11-107　【高级】选项卡

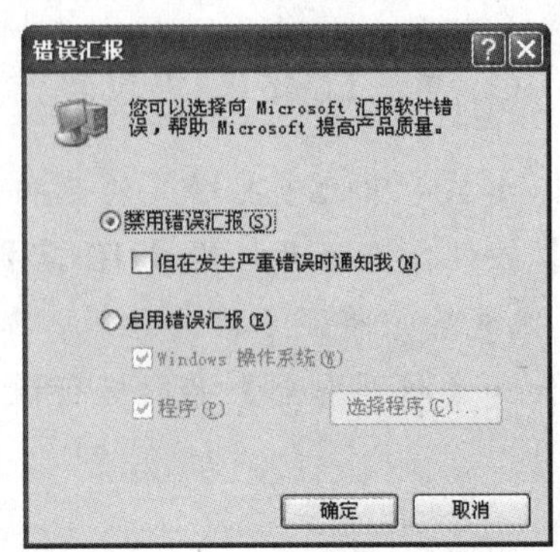

图 11-108　【错误汇报】对话框

11.3.2　关闭休眠功能

如果用户不想使用电脑的自动休眠功能，可将其关闭，以增大内存空间。

例 11-21　关闭系统的休眠功能。

❶ 选择【开始】|【控制面板】命令，打开【控制面板】窗口，如图 11-109 所示。

❷ 在【控制面板】窗口中双击【电源选项】图标，打开【电源选项 属性】对话框，如图 11-110 所示。

❸ 单击【休眠】标签，切换至【休眠】选项卡，在【休眠】区域取消选中【启用休眠】复选框，然后单击【确定】按钮，即可关闭电脑的自动休眠功能。

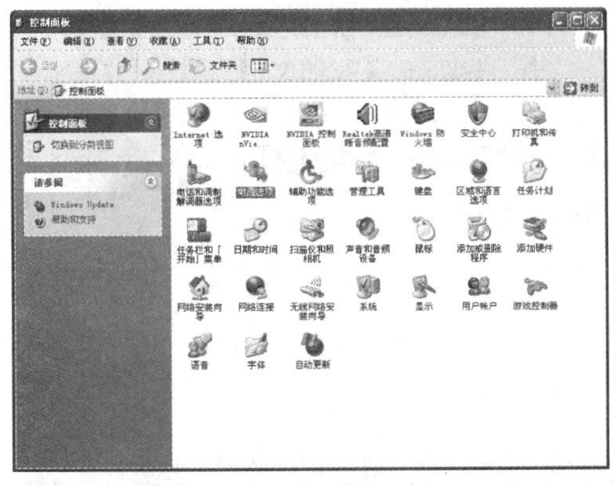

图 11-109　【控制面板】窗口

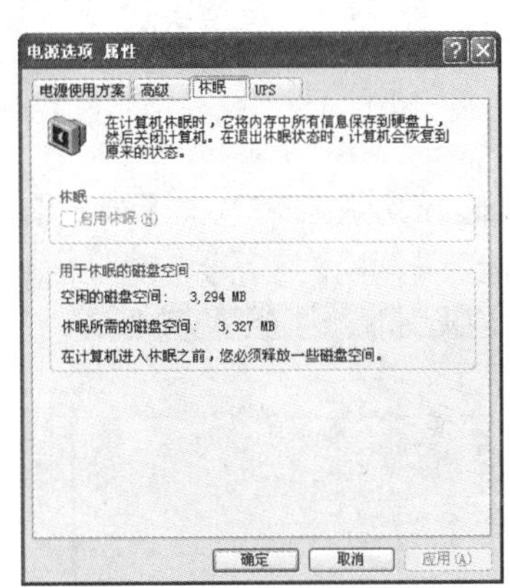

图 11-110　【休眠】选项卡

11.4　降低系统分区的负担

长时间的使用电脑后，系统分区中的文件将会越来越多，这是因为电脑在使用过程中会产生一些临时文件(例如 IE 临时文件等)、垃圾文件以及用户存储的文件等。这些文件的增多将会导致系统分区的可用空间越来越小，影响系统的性能。因此我们应为系统分区降低“负担”。

11.4.1　修改【我的文档】默认路径

在默认情况下，【我的文档】文件夹的存放路径是在 C 盘的：C:\Documents and Settings\Administrator\My Documents 目录下，对于习惯使用【我的文档】来存储资料的用户，【我的文档】文件夹必然会占据大量的磁盘空间。其实我们可以修改【我的文档】文件夹的默认路径，将其转移到其他的磁盘中。

例 11-22　修改【我的文档】文件夹的路径。

❶ 右击【我的文档】图标，在弹出的快捷菜单中选择【属性】命令，打开【我的文档 属性】对话框，如图 11-111 和 11-112 所示。

❷ 单击【移动】按钮，打开【选择一个目标】对话框，在该对话框中用户可为【我的文档】文件夹选择一个新的位置，例如本例选择【D:\我的文档】文件夹，如图 11-113

所示。

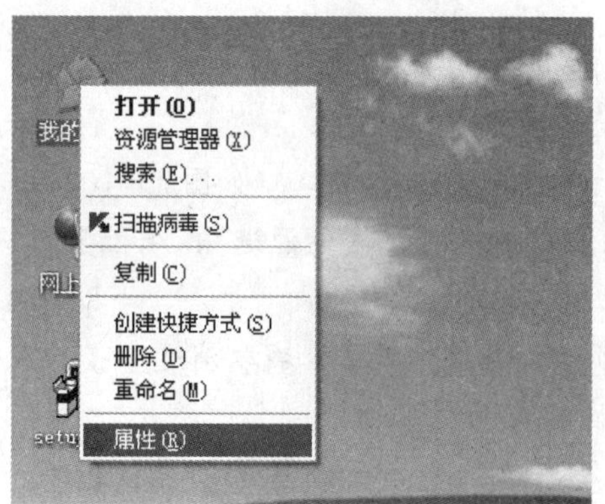

图 11-111　选择【属性】命令

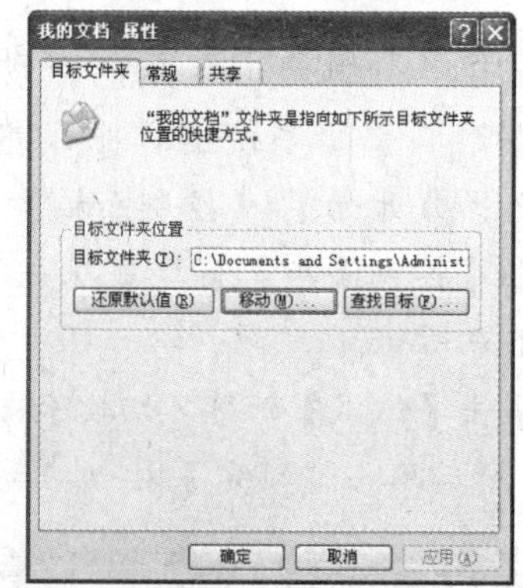

图 11-112　【我的文档 属性】对话框

❸ 选择完成后，单击【确定】按钮，返回至【我的文档 属性】对话框，再次单击【确定】按钮，打开【移动文档】对话框，如图 11-114 所示。

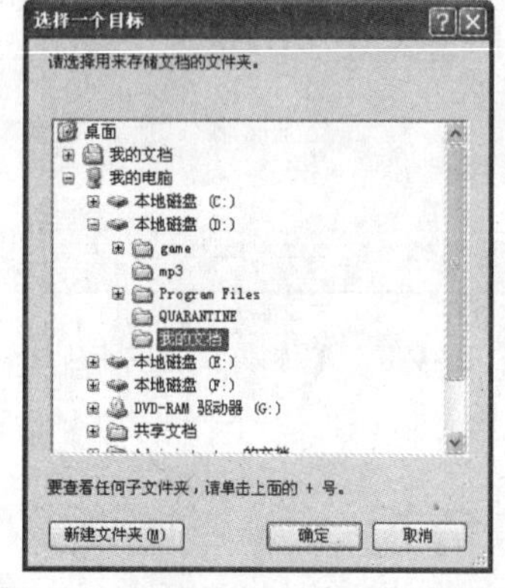

图 11-113　【选择一个目标】对话框

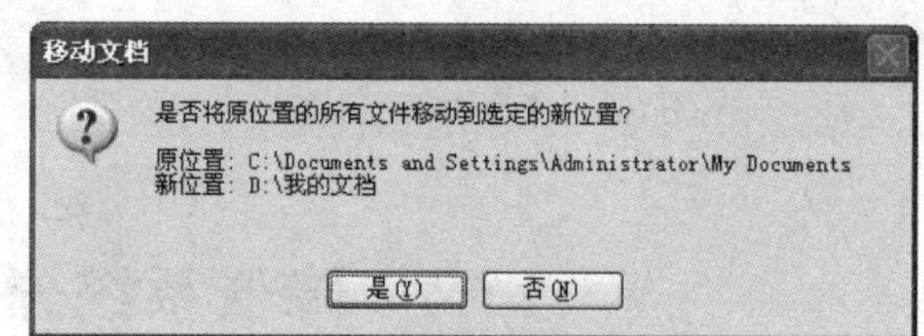

图 11-114　【移动文档】对话框

❹ 直接单击【是】按钮，系统开始进行移动文件的操作，移动完成后，即可完成对【我的文档】文件夹路径的修改。

11.4.2　转移 IE 的临时文件夹

在默认情况下，IE 的临时文件夹也是存放在 C 盘中的，为了保证系统分区的空闲容量，可以将 IE 的临时文件夹也转移到其他分区中去。

例 11-23　转移 IE 的临时文件夹。

❶ 首先打开 IE 浏览器，然后选择【工具】|【Internet 选项】命令，打开【Internet 选项】对话框，如图 11-115 和 11-116 所示。

❷ 在【Internet 临时文件】区域单击【设置】按钮，打开【设置】对话框，如图 11-117 所示。

❸ 单击【移动文件夹】按钮，打开【浏览文件夹】对话框，在该对话框中选择 D 盘，如图 11-118 所示。

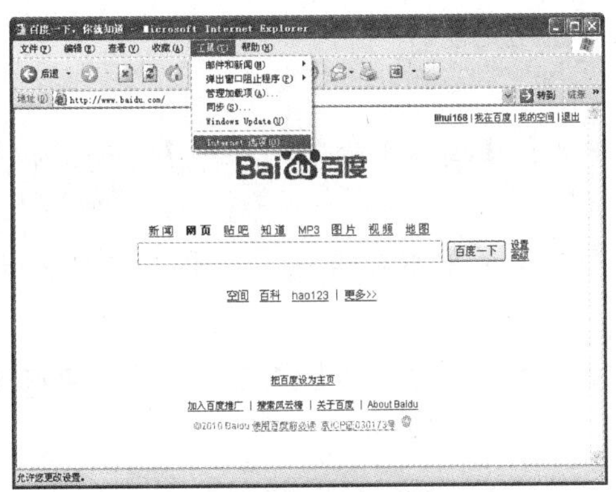
图 11-115　IE 浏览器

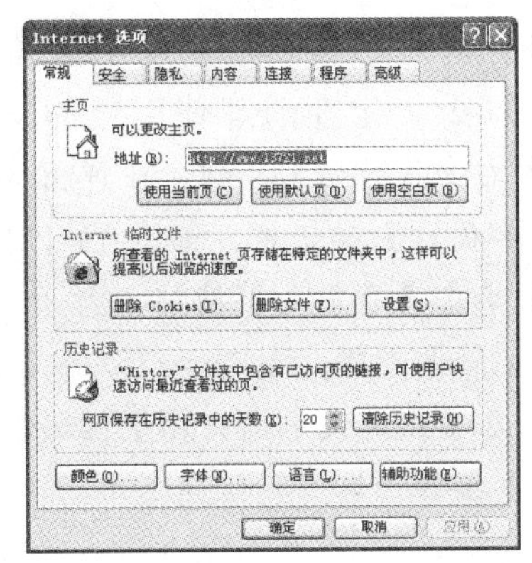
图 11-116　【Internet 选项】对话框

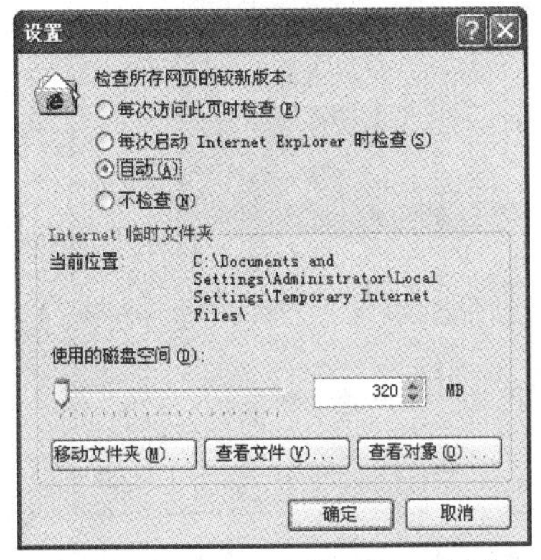
图 11-117　【设置】对话框

图 11-118　【浏览文件夹】对话框

❹ 选择完成后，单击【确定】按钮，返回至【设置】对话框，可以看到 IE 临时文件夹的位置已更改，如图 11-119 所示。

❺ 单击【确定】按钮，打开【注销】对话框，提示用户要重启电脑才能使更改生效，如图 11-120 所示，直接单击【是】按钮，重新启动电脑后即可完成设置。

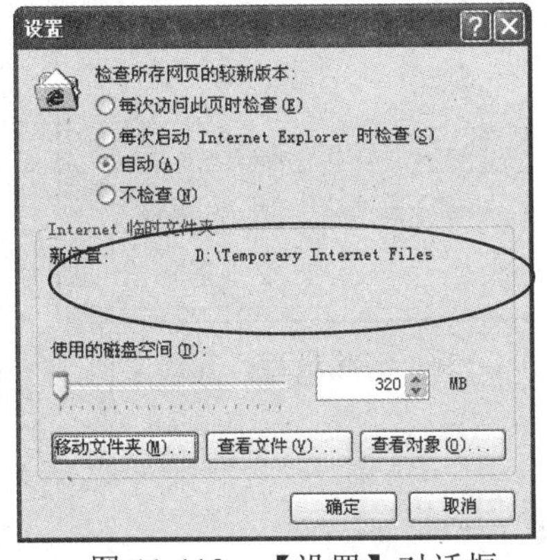
图 11-119　【设置】对话框

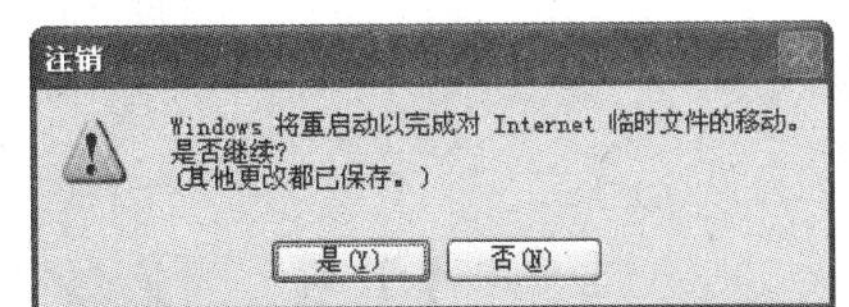
图 11-120　【注销】对话框

11.4.3　定期清理文档使用的记录

在使用电脑的时候，系统会自动记录用户最近使用过的文档，电脑使用的时间越长，这些文档记录就越多，势必会占用大量的磁盘空间，因此用户可定期对这些记录进行清理，以释放更多的磁盘空间。

例 11-24　定期清理使用过的文档记录。

❶ 右击【开始】按钮，在弹出的快捷菜单中选择【属性】命令，打开【任务栏和『开始』菜单属性】对话框，如图 11-121 和 11-122 所示。

❷ 单击【自定义】按钮，打开【自定义『开始』菜单】对话框，如图 11-123 所示。单击【高级】标签，切换至【高级】选项卡。

❸ 在【最近使用的文档】区域选中【列出我最近打开的文档】复选框，然后单击【清除列表】按钮，即可清除最近打开的文档记录，如图 11-124 所示。

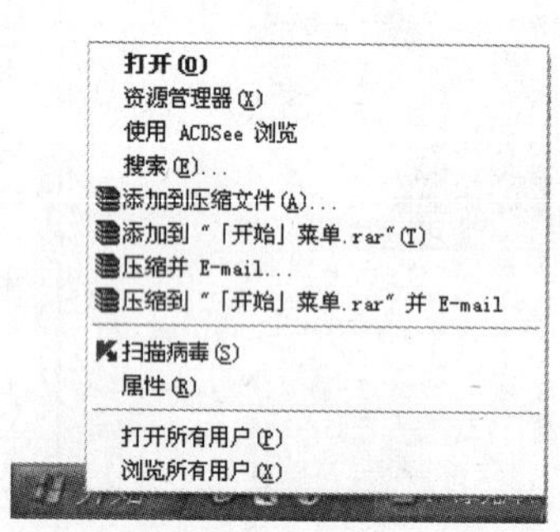

图 11-121　选择【属性】命令

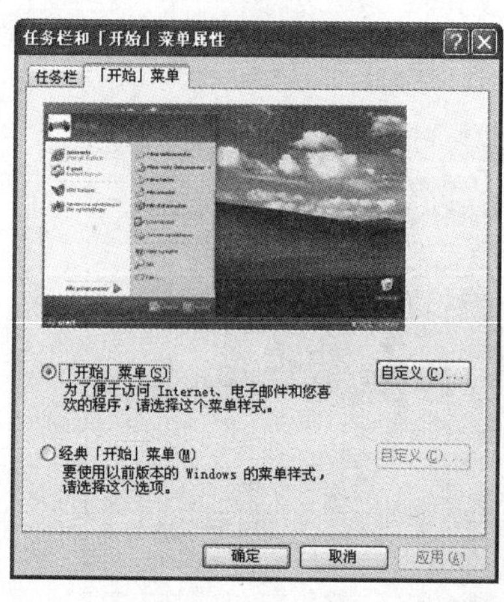

图 11-122　【任务栏和【开始】菜单属性】对话框

图 11-123　自定义【开始】菜单对话框

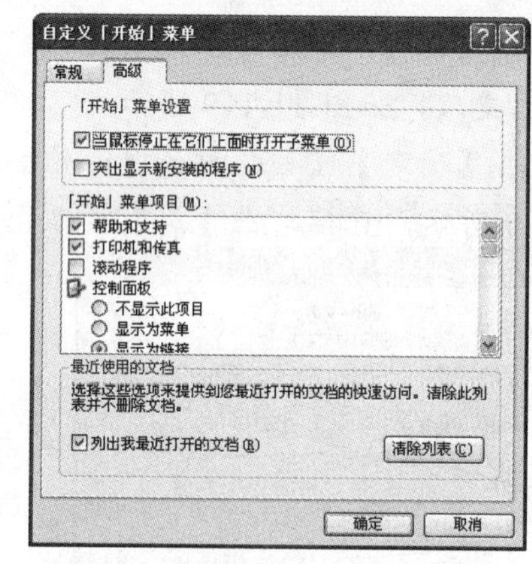

图 11-124　清除最近打开的文档

11.5　优化电脑硬件性能

电脑硬件的优化就是通过修改硬件配件的设置来提高整体的性能。通常硬件优化包括对主板、内存、CPU、显卡、硬盘和光驱等设备的优化。

11.5.1　优化主板

主板是电脑重要的基础配件，它承载着各种电脑关键硬件，例如 CPU、内存、显卡和网卡等等。因此主板性能的强弱将直接影响到其他设备甚至整台电脑的运行速度与稳定性。通常对主板的优化有升级主板 BIOS 和主板芯片组优化两种方法。

1. 升级主板 BIOS

主板 BIOS 芯片负责管理电脑底层的输入和输出模块，升级主板 BIOS 可以改善电脑的性能，其方法包括升级芯片或重写 Flash ROM 两种，图 11-125 所示即为 BIOS 芯片。

- 升级 BIOS 芯片：升级 BIOS 芯片是指更换 BIOS 芯片，在更换时用户应尽量采用主板原生产商提供的同一系列芯片。因为不同厂商提供的 BIOS 芯片在使用时会出现兼容性方面的问题。

图 11-125　BIOS 芯片

- 重写 Flash ROM：重写 Flash ROM 指的是使用 BIOS 升级专用程序对 BIOS 芯片中存储的信息进行升级。一般主板厂商都在 Flash ROM 中固化了一小块启动程序(BOOT BLOOK)用于在紧急情况下接管电脑系统，用户在重写 Flash ROM 时只需要在电脑关闭时，在主板上找到启动该程序的跳线开关，并将其状态设置为 Enable 或 Write，然后重新启动电脑，即可进行 BIOS 升级。另外，用户在执行 Flash ROM 升级程序重写 BIOS 时，还需要注意以下几点：
  - ➢ 一定要选用正确版本的 BIOS 文件。
  - ➢ 必须选用正确的升级软件。一般来说，主板厂商推出的 BIOS 升级程序和升级文件是最配套的，只要有可能，最好直接从主板厂商的网站中下载 BIOS 升级程序和升级文件。
  - ➢ 升级前一定要做备份，以便在升级不正确的时候利用它进行恢复。
  - ➢ 新版本的 Award 升级程序在升级时会自动检查用户指定的 BIOS 升级文件与主板的一致性，如果不匹配，系统会提示“你想要升级使用的 BIOS 文件与你的主板不匹配”，这时最好停止 BIOS 升级，并对升级文件的情况进行检查，以免出错。

BIOS 升级过程中绝对不允许半途退出，无论是用户在升级过程中重新启动了电脑，还是恰好在升级过程中停电，电脑都会如同遭受了 CIH 病毒的破坏一样，失去引导能力。所以升级 BIOS 时，最好使用在线式的 UPS 对主机供电，以避免在升级 BIOS 的过程中主机停电。

下面以一个简单的实例，介绍使用 BIOS 升级专用软件 Awdflash.exe 升级主板 BIOS 的方法。

例 11-25　使用 Awdflash.exe 升级主板 BIOS。

❶ 电脑系统启动之后，切换至新建的存放 BIOS 程序和刷新工具的文件夹，然后运行

刷新工具程序 Awdflash.exe(升级 BIOS 的专用软件)，如图 11-126 所示。

❷ 在 Awdflash.exe 主界面的【File Name to Program】文本框中输入新版 BIOS 的名称(本例假定新版本的 BIOS 名为 3vca.bin)，如图 11-127 所示。

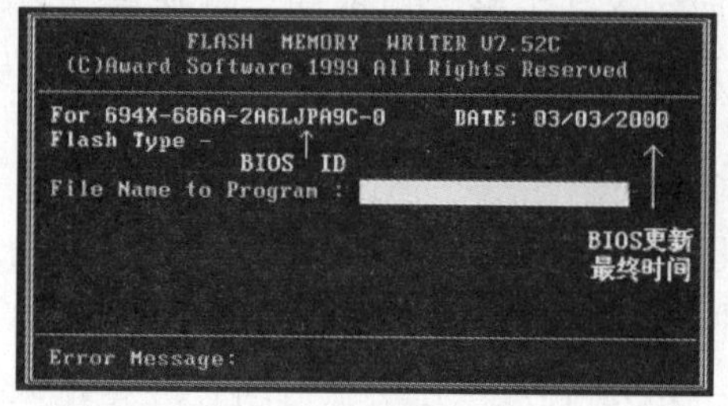

图 11-126 软件主界面

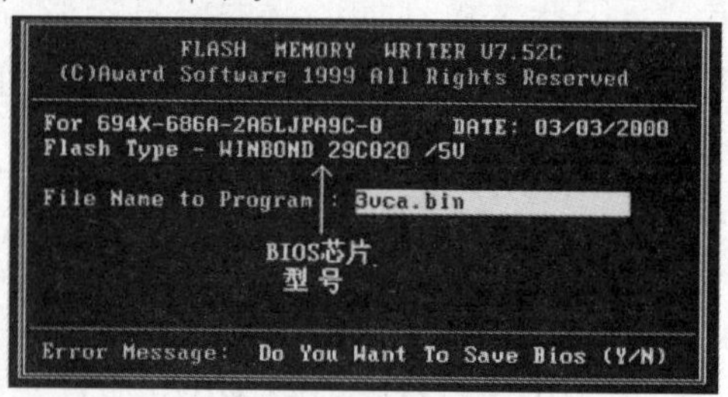

图 11-127 输入 BIOS 名

❸ 完成 BIOS 名的输入工作后按下 Enter 键，BIOS 刷新程序会提示“Do You Want to Save BIOS(Y/N)”，询问否保存原有的 BIOS，建议选择 Y 备份原有的 BIOS 文件以备用。这样，当新的 BIOS 程序不适用现有的主板或运行不稳定时，还可以使用旧的 BIOS 文件进行恢复。

❹ 在打开的备份 BIOS 界面中，按要求输入备份 BIOS 程序名之后(例如输入 3vcal.bin)，按下 Enter 键，即可开始进入备份操作，如图 11-128 所示。

❺ 完成步骤❹的操作后，刷新程序就会自动进行 BIOS 的备份工作，如图 11-129 所示。备份工作完成后，刷新程序会再次提示用户“Are You Sure To Program(Y/N)”，其意思为“你确认更新 BIOS 吗？”，选择 Y 即可进行刷新，选择 N 则退出刷新程序。

图 11-128 输入备份的 BIOS 程序名

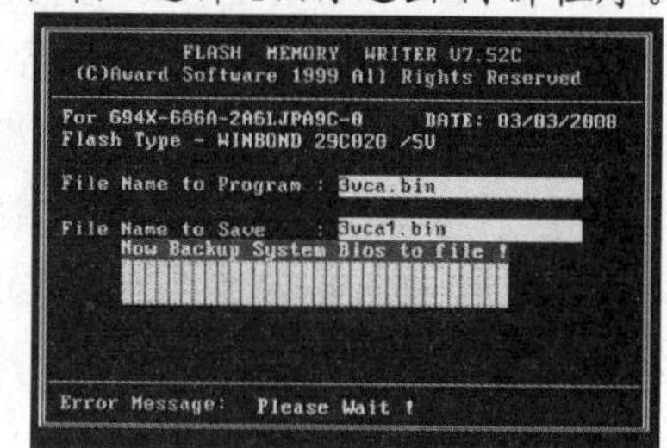

图 11-129 开始备份

❻ 完成主板 BIOS 的备份工作后，BIOS 刷新程序会对新的 BIOS 程序与原主板的 BIOS 程序是否一致进行校验，如果不匹配，就会提示 The Program Files Part Number does not match with your system!，如图 11-130 所示，这时用户应立即按 N 键，中止 BIOS 升级。

❼ 如果 BIOS 刷新程序没有提示 BIOS 程序不匹配，用户可以按下 Y 键开始执行 BIOS 写入程序。在刷新过程中，程序会有两条进度条进行提示，同时有三种状态符号及时报告刷新的情况，其中白色网格为刷新完毕，蓝色网格为不需要刷新内容，红色网格为刷新错误，如图 11-131 所示。

❽ 完成主板 BIOS 刷新与升级工作后，按 F1 键可以推出刷新程序，按 F10 键可以重新启动电脑。

注意：如果在 BIOS 刷新过程中出现红色网格，千万不要轻易重新启动电脑，一定要退出刷新程序再重新进行刷新工作，直到完全正确为止。

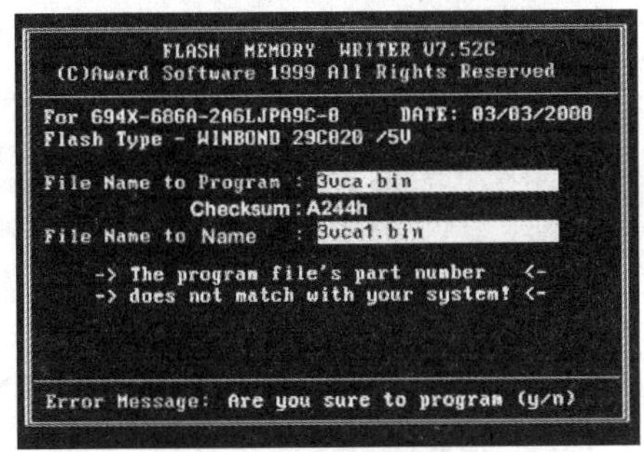

图 11-130　提示不匹配

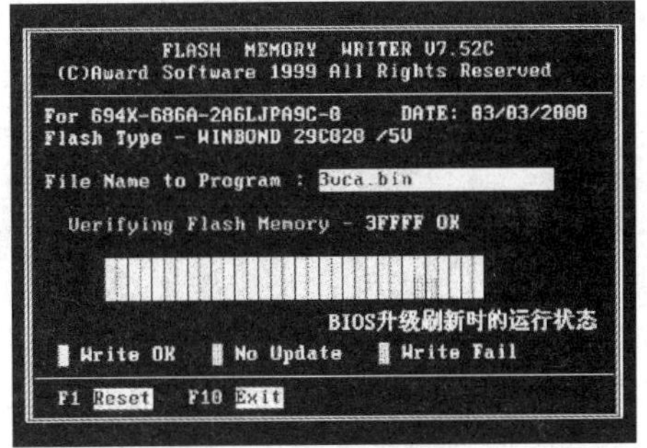

图 11-131　开始升级

2. 主板芯片组优化

由于芯片组更新速度较快，而新的芯片组所支持的新功能电脑操作系统未必能够直接支持，因此芯片组的生产商往往都会提供能够直接使用芯片组新功能的驱动升级程序，以提高主板的性能。用户若要优化自己主板的芯片组性能，可以通过网络下载主板厂商提供的专用主板芯片组驱动程序，然后根据生产商提供的升级方法进行操作即可。

11.5.2　优化 CPU

针对电脑 CPU 的优化可以通过软件优化、CPU 降温或 CPU 超频等方法来完成。若用户选择超频方式优化 CPU 需要注意的是，在完成对 CPU 的超频优化后，电脑的性能会大幅度提升，但 CPU 自身的稳定性将会下降，因此用户应谨慎考虑。

1. CPU 超频

CPU 超频的主要目的是为了提高 CPU 的工作频率，也就是 CPU 的主频。而 CPU 的主频又是外频和倍频的乘积。例如一块 CPU 的外频为 200MHz,倍频为 14，因此可以计算得到它的主频＝外频×倍频＝200MHz×14 = 2800MHz。

提升 CPU 的主频可以通过改变 CPU 的倍频或者外频来实现。但如果使用的是 Intel CPU，用户尽可以忽略倍频，因为 Intel CPU 使用了特殊的制造工艺来阻止修改倍频。而 AMD 的 CPU 可以修改倍频，但修改倍频对 CPU 性能的提升不如修改外频好。CPU 超频主要有以下三种方式。

- 通过硬件设置：通过主板上的跳线完成 CPU 的超频。
- 通过 BIOS 设置：通过在 BIOS 中的设置实现 CPU 的超频。
- 通过软件设置：通过专门的超频软件实现 CPU 的超频。

例 11-26　使用 CPU 专用超频软件 SoftFSB 对 CPU 进行超频。

❶ 双击 SoftFSB 启动文件，进入 SoftFSB 主界面，如图 11-132 所示。

❷ 在【FSB 选取】选项区域中选择【主板】单选按钮，然后单击其后的下拉列表按钮，并在弹出的下拉列表中选择当前电脑的主板型号，如图 11-133 所示。

❸ 在【FSB 选取】选项区域中选择【时钟发生器】单选按钮，然后单击其后的下拉列表按钮，并在弹出的下拉列表中选择当前主板所使用的时钟发生器型号，进行超频，如图 11-134 所示。

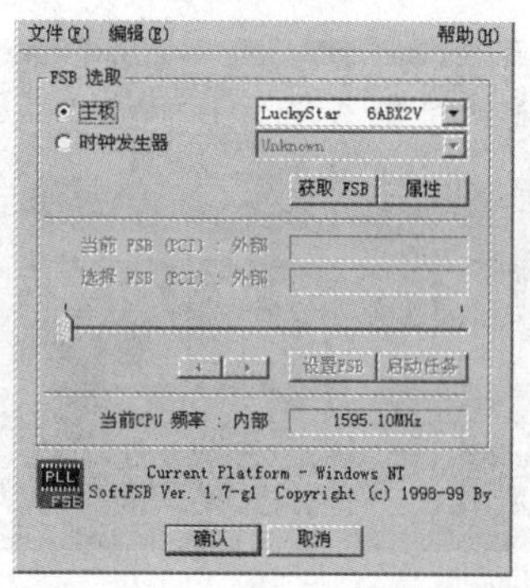

图 11-132 SoftFSB 主界面

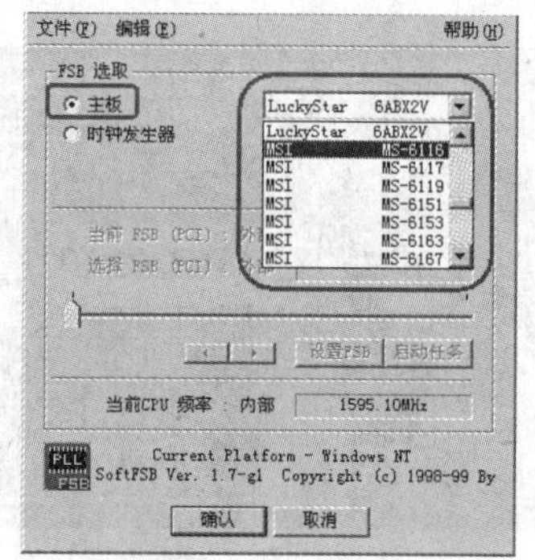

图 11-133 选择主板型号

❹ 若时钟发生器列表中没有所需的选项，用户可以单击【获取 FSB】按钮，获取外频范围。这时程序会自动检测当前电脑 CPU 所支持的外频范围，如图 11-135 所示。

❺ 检测完成后 SoftFSB 程序将显示【当前 FSB(PCI)外频】和【选择 FSB(PCI)外频】的值，这时可以拖动界面中的滑块设定外频值，如图 11-136 所示。

❻ 完成设置后单击【设置 FSB】按钮保存设置，然后单击【确认】按钮，并重新启动电脑即可完成超频。

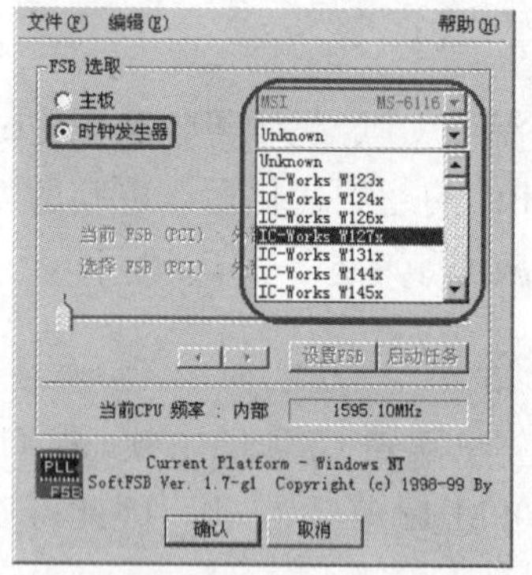

图 11-134 选择时钟发生器

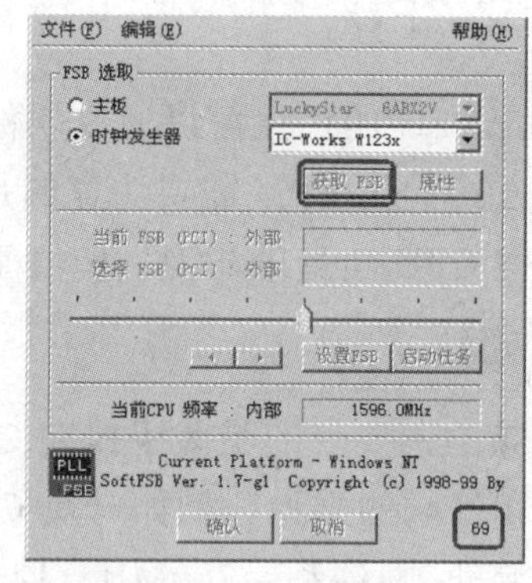

图 11-135 获取 FSB

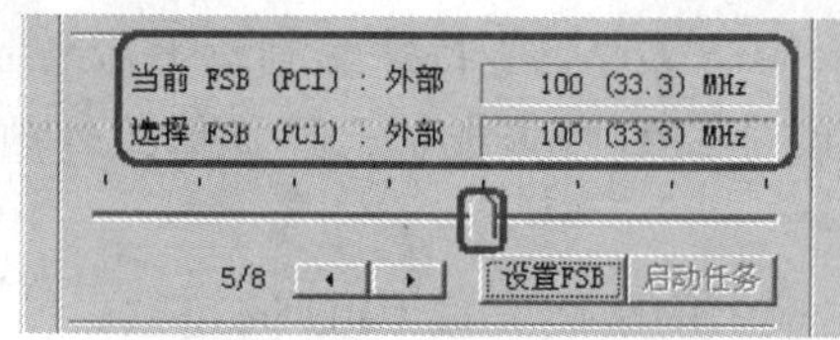

图 11-136 设定外频

2. 软件优化

所谓软件优化，就是利用专用的软件对与 CPU 相关的配件性能进行优化。

例 11-27 使用 CPU 优化软件 Powertweak 优化 CPU。

❶ 完成 Powertweak 软件的安装工作后，执行【开始】|【程序】|【Powertweak】|【Powertweak Optimizer】命令，进入 Powertweak 主界面。

❷ 在 Powertweak 主界面中展开【Processor】选项，并选中该选项下的【Information】项，这时在界面右侧即可看到当前电脑的 CPU 状态，如图 11-137 所示。

❸ 这时用户只需要单击【Optimize】按钮，即可自动对电脑 CPU 和主板芯片组进行优化，如图 11-138 所示。

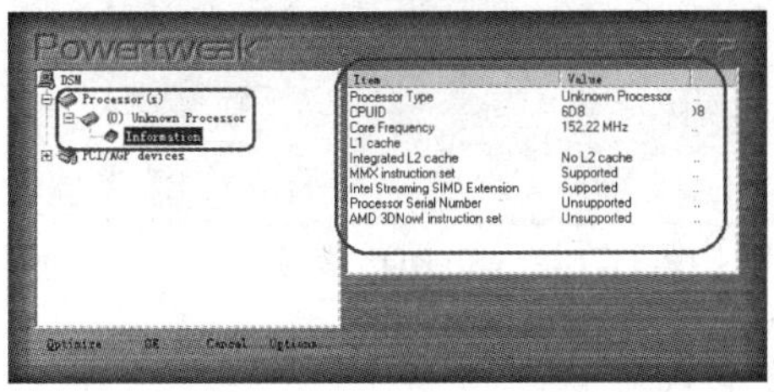

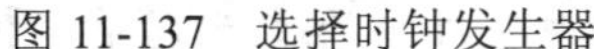
图 11-137　选择时钟发生器

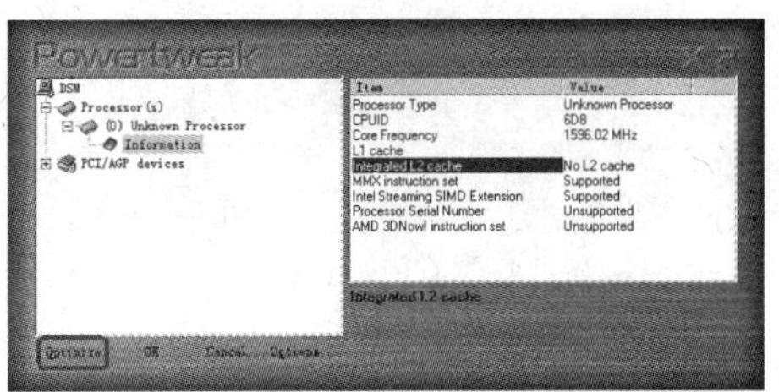

图 11-138　执行优化

(4) 完成优化后单击 OK 按钮，然后重新启动电脑即可。

3. CPU 降温

CPU 在工作时会产生大量的热量，如果这些热量积聚在 CPU 上就会使电脑系统性能和稳定性下降，甚至死机。因此用户在对 CPU 优化的过程中，有时还可以利用一些软件，降低 CPU 的工作温度，以提升电脑系统整体的稳定性。例如下面将要介绍的 CPU 降温软件 CpuIdle。

例 11-28　使用 CPU 降温软件 CpuIdle 降低电脑 CPU 的工作温度。

❶ 执行【开始】|【程序】|【CpuIdle Extreme】|【CpuIdle】命令，启动 CpuIdle。这时任务栏中将出现图 11-139 所示的 CpuIdle 图标。

❷ 右击任务栏中的 CpuIdle 图标，在弹出的菜单中选择 Option 命令，打开 CpuIdle 主界面，如图 11-140 所示。

图 11-139　CpuIdle 图标

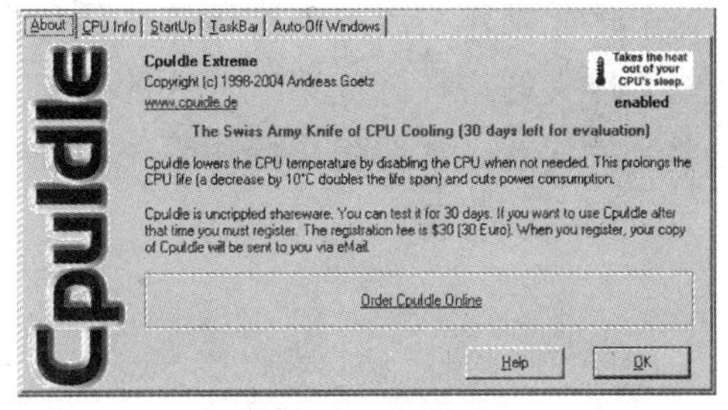

图 11-140　CpuIdle 主界面

❸ 在 CpuIdle 主界面中选择 CPU Info 选项卡可以查看当前电脑 CPU 的主频，时钟频率和物理内存大小等信息，如图 11-141 所示。

❹ 选择 StartUp 选项卡，可以选择该选项卡中的 Run On Windows startup 复选框，允许电脑系统启动后直接运行 CpuIdle 程序。选择 Optimize CPU/Chipset 复选框，允许 CpuIdle 程序对 CPU 和芯片组进行优化，如图 11-142 所示。

❺ 选择 TaskBar 选项卡，在该选项卡的 Idle diskplay in task bar 选项区域中可以选择 CPU 使用率的显示方式，如图 11-143 所示。

❻ 打开 Auto-Off Windows 选项卡，在该选项卡中用户可以设置执行那些程序的时候关闭 CpuIdle 程序，如图 11-144 所示。

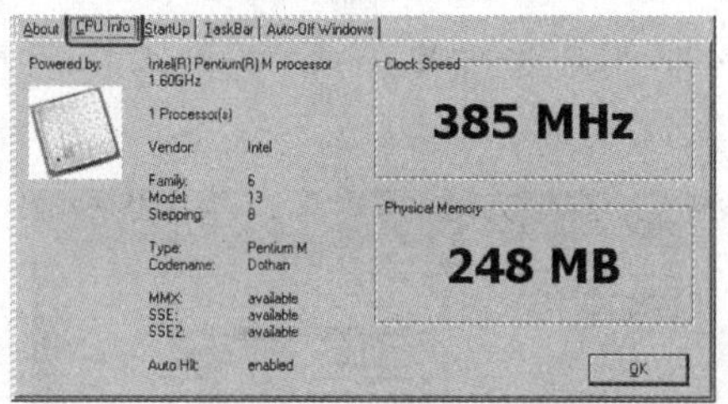
图 11-141　CPU Info 选项卡

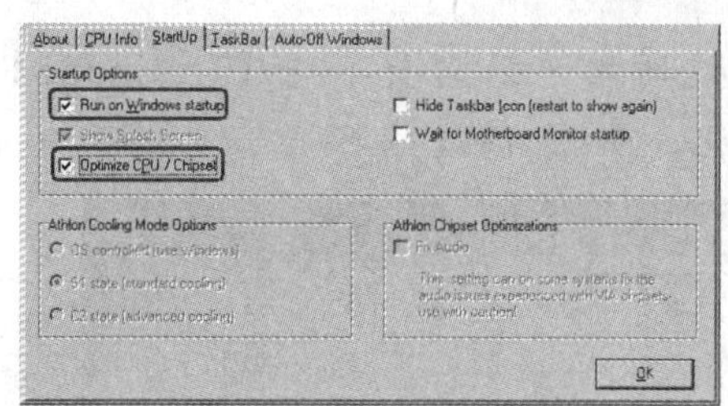
图 11-142　StartUp 选项卡

❼ 完成设置后单击 OK 按钮，然后重新启动电脑即可。

注意：在电脑工作时，只要运行着 CpuIdle 程序，该程序就会自动控制 CPU 的温度，并将温度度数显示在 Windows 系统任务栏上。

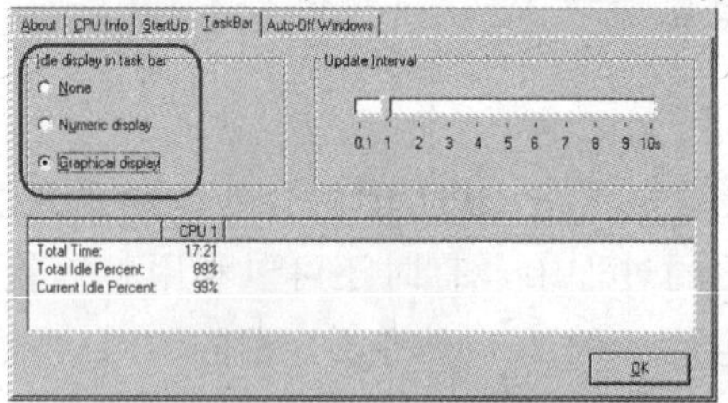
图 11-143　TaskBar 选项卡

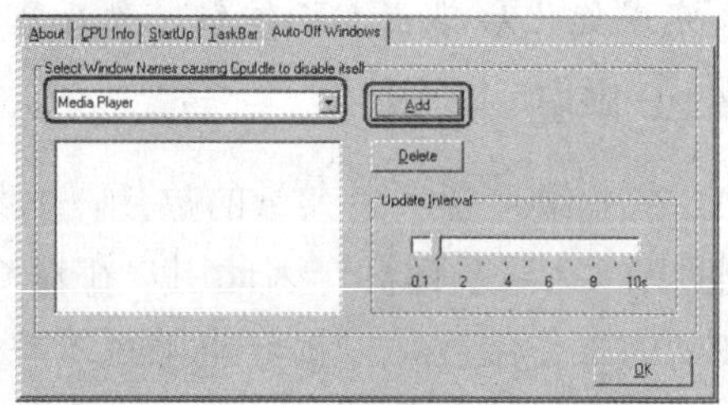
图 11-144　Auto-Off Windows 选项卡

本 章 小 结

本章主要介绍了优化操作系统的技巧。包括使用 Windows 优化大师优化操作系统，使用超级兔子优化操作系统，通过组策略优化操作系统，关闭一些系统不需要的功能，通过修改某些文件夹的路径降低系统分区的负担以及优化主板、CPU 和内存等的方法。通过对本章的学习，读者应掌握优化操作系统的一些基本方法。下一章向读者介绍如何维护系统的安全和防范电脑病毒。

习　　题

上机操作题

1. 使用 Windows 优化大师优化操作系统。
2. 使用超级兔子检测电脑硬件信息并测试内存性能。
3. 使用超级兔子修复 IE 浏览器。
4. 删除文件夹选项命令。
5. 关闭系统错误发送报告。
6. 修改 IE 临时文件夹的路径。
7. 清理近期使用的文档记录。
8. 使用软件对 CPU 进行降温。

第 12 章

维护操作系统的正常运行

电脑在为用户提供各种服务与帮助的同时也存在着危险，各种电脑病毒、流氓软件、木马程序时刻潜伏在各种载体中，随时可能会危害电脑的正常工作。因此，用户在使用电脑时，应为电脑安装杀毒软件与防火墙，并进行相应的电脑安全设置，以保护电脑的安全。本章主要介绍操作系统的日常维护方法和使用中的注意事项。通过本章的学习，应该完成以下学习目标：

- ☑ 掌握硬盘的日常维护方法
- ☑ 掌握如何开启 Windows 的防火墙和自动更新
- ☑ 掌握使用瑞星卡卡维护操作系统
- ☑ 掌握使用 360 安全卫士维护操作系统
- ☑ 熟悉 Windows 任务管理器
- ☑ 掌握电脑病毒的防治方法

12.1　硬盘的日常维护

硬盘是电脑中数据存放的载体，电脑中几乎所有的数据都存储在硬盘中。在对硬盘进行读写的过程中，系统会产生大量的磁盘碎片和垃圾文件。时间久了这些磁盘碎片和垃圾文件就会影响到硬盘的读写速度，进而降低系统的速度，因此应不定期的对磁盘碎片进行整理并清理垃圾文件。

12.1.1　整理磁盘碎片

电脑在使用的过程中不免会有很多创建、删除文件或者安装、卸载软件等操作，这些操作会在硬盘内部产生许多磁盘碎片，这些碎片的存在会影响系统往硬盘写入或读取数据的速度，而且由于写入和读取数据不在连续的磁道上，也加快了磁头和盘片的磨损速度，所以定期对磁盘碎片进行整理，对维护系统的运行和硬盘保护都具有很大实际意义。

例 12-1　整理磁盘碎片。

❶ 单击【开始】按钮，选择【所有程序】|【附件】|【系统工具】|【磁盘碎片整理程序】命令，如图 12-1 所示，打开【磁盘碎片整理程序】对话框。

❷ 在【磁盘碎片整理程序】对话框中，选择一个磁盘，然后单击【分析】按钮，系统

即会对选中的磁盘自动进行分析。分析完成后，系统会自动打开【磁盘碎片整理程序】对话框，显示分析结果，如图 12-2 所示。

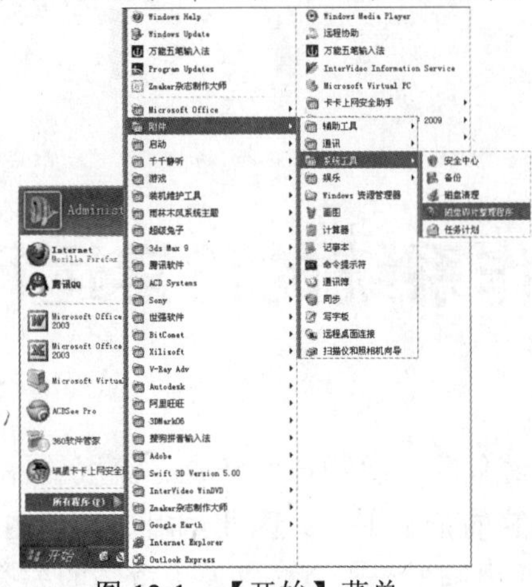

图 12-1 【开始】菜单

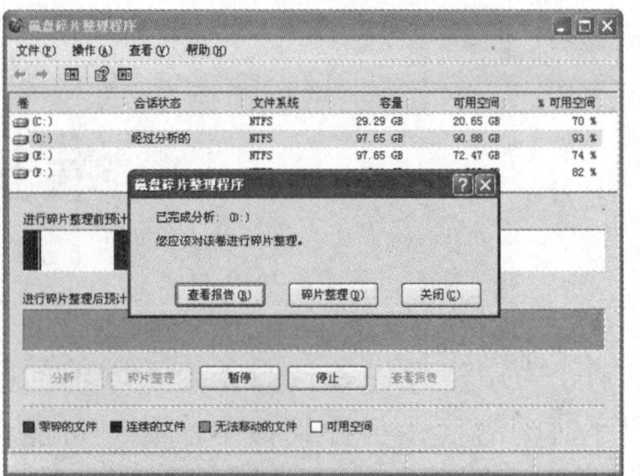

图 12-2 【磁盘碎片整理程序】对话框

❸ 单击【查看报告】按钮，系统会弹出【分析报告】对话框，该对话框中列出了该磁盘的详细情况，如图 12-3 所示。

❹ 如果需要对磁盘碎片进行整理，可单击【碎片整理】按钮，系统即可自动进行磁盘碎片整理。如图 12-4 所示。

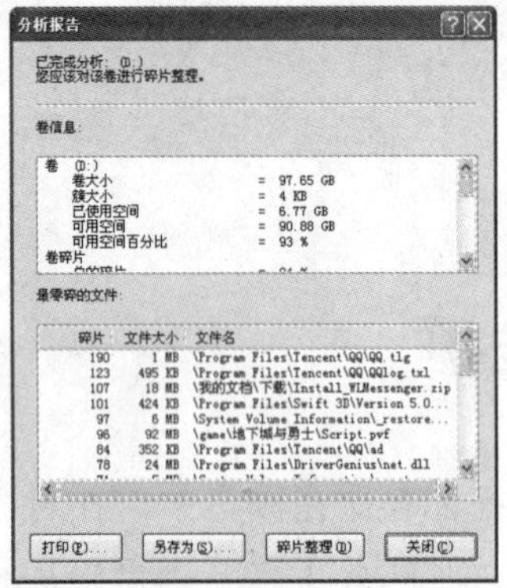

图 12-3 【分析报告】对话框

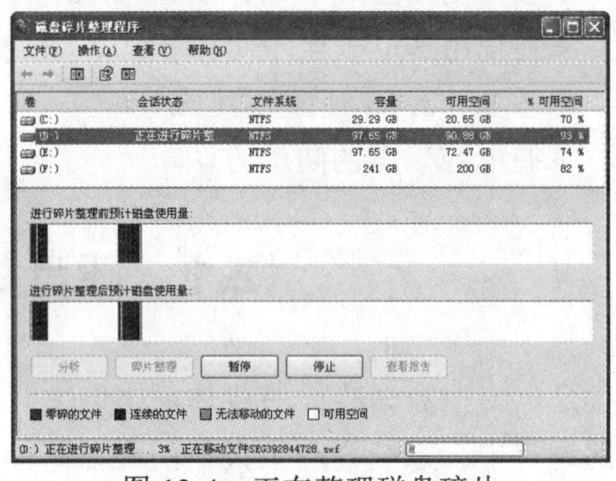

图 12-4 正在整理磁盘碎片

❺ 整理完成后，会弹出【已完成碎片整理】提示对话框，单击【查看报告】按钮，可查看磁盘碎片整理的具体信息，分别如图 12-5 和 12-6 所示。

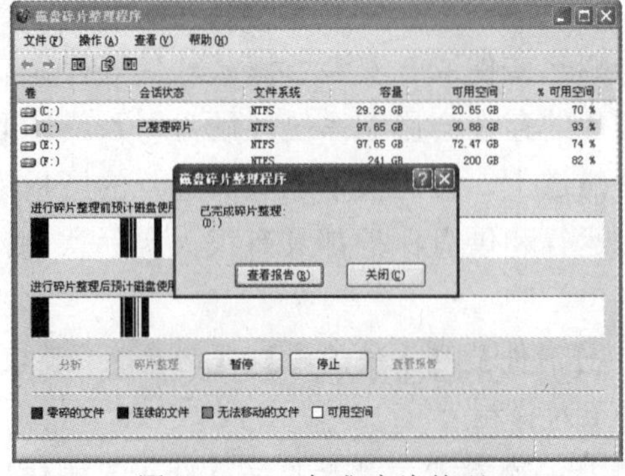

图 12-5 已完成碎片整理

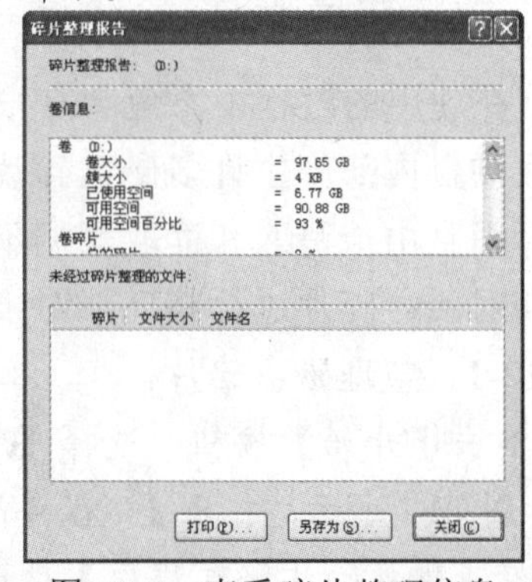

图 12-6 查看碎片整理信息

12.1.2　清理磁盘垃圾文件

Windows 系统运行一段时间后，在系统和应用程序运行过程中，会产生许多的垃圾文件，它包括应用程序在运行过程中产生的临时文件，安装各种各样的程序时产生的安装文件等。计算机使用得越久，垃圾文件就会越多，如果长时间不清理，垃圾文件数量越来越庞大，这不仅会使文件的读写速度变慢，还会影响硬盘的使用寿命。所以用户需要定期清理磁盘中的垃圾文件。

例 12-2　清理磁盘垃圾文件。

❶ 单击【开始】按钮，选择【所有程序】|【附件】|【系统工具】|【磁盘清理】命令，打开【选择驱动器】对话框，如图 12-7 和 12-8 所示。

图 12-7　【开始】菜单

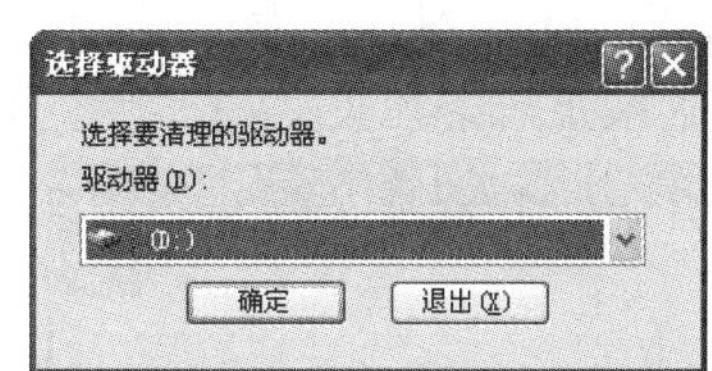

图 12-8　选择驱动器

❷ 在【驱动器】下拉列表框中选择需要清理的磁盘，例如 D 盘，然后单击【确定】按钮，系统开始对 D 盘进行分析，如图 12-9 所示。

❸ 分析完成后，打开【(D:)的磁盘清理】对话框。切换到【磁盘清理】选项卡，在【要删除的文件】组合框中可以选择需要删除的文件类型，如图 12-10 所示。

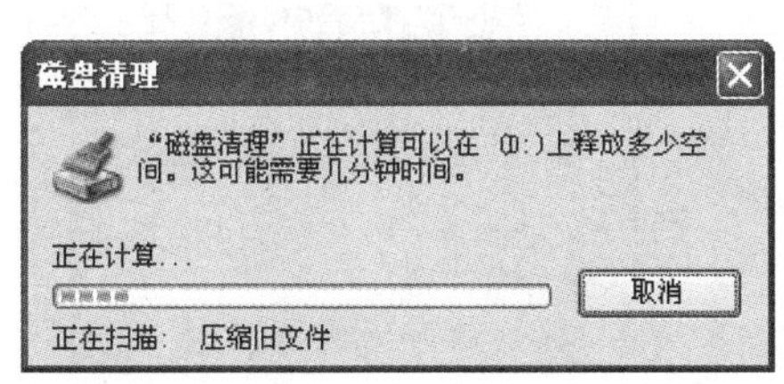

图 12-9　正在计算可以释放多少空间

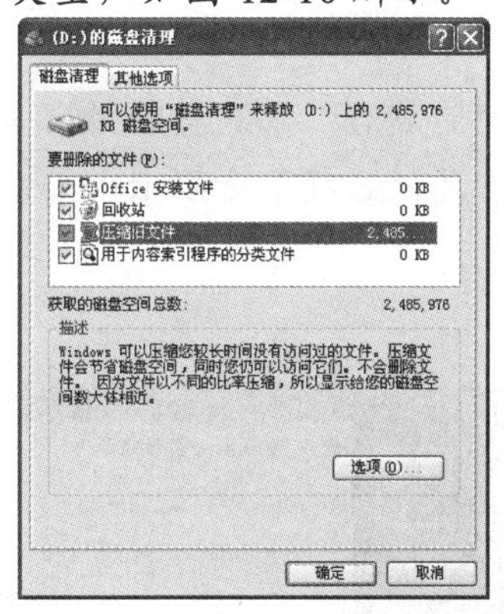

图 12-10　选中要清理的文件

❹ 若用户选择【压缩旧文件】选项，此时可单击【选项】按钮，在弹出的【压缩旧文件】对话框中可以设置清理压缩多长时间没有使用过的文件，如图 12-11 所示。

注意：对于不需清理的文件类型，应取消选中其前方的复选框。

❺ 设置完成后，单击【确定】按钮，返回【(D:)的磁盘清理】对话框，再次单击【确定】按钮，系统即会将这些文件进行压缩，以释放磁盘空间。

❻ 在【(D:)的磁盘清理】对话框中切换到【其他选项】选项卡，如图 12-12 所示，在【Windows 组件】区域中单击【清理】按钮，可打开【Windows 组件向导】对话框。

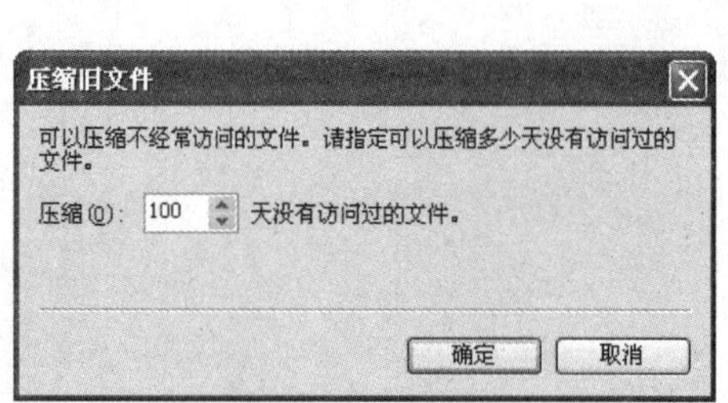

图 12-11 设置时间

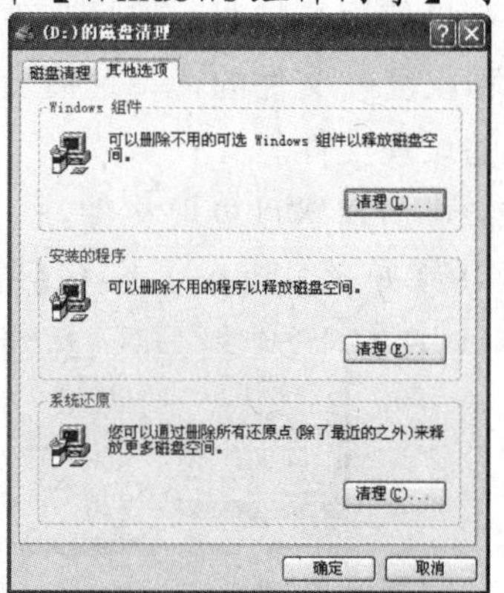

图 12-12 【其他选项】选项卡

❼ 在【Windows 组件向导】对话框中可以选择需要清理的组件，然后单击【下一步】按钮，系统即可开始清理设定的组件，如图 12-13 和图 12-14 所示。

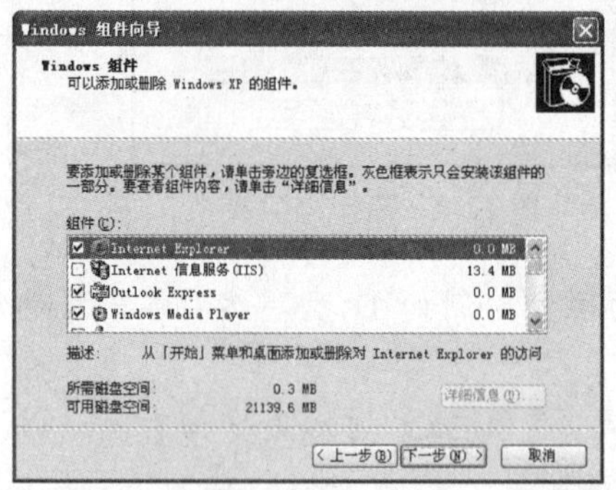

图 12-13 【Windows 组件向导】对话框

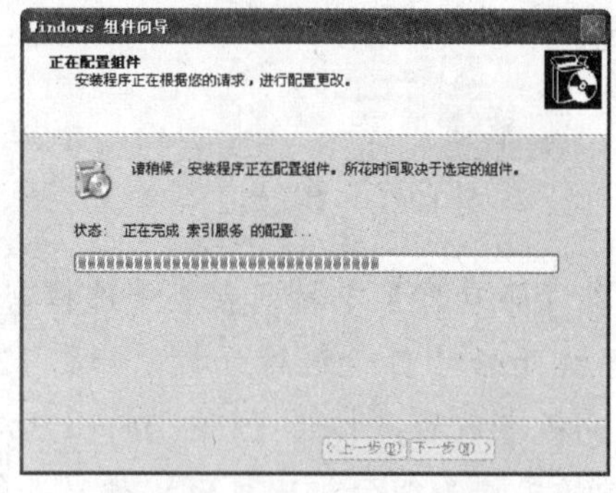

图 12-14 正在配置组件

❽ 清理完成后，系统自动弹出【完成 Windows 组件向导】对话框，如图 12-15 所示。

❾ 在【其他选项】选项卡中单击【安装的程序】区域中的【清理】按钮，如图 12-16 所示。

图 12-15 完成“Windows 组件向导”

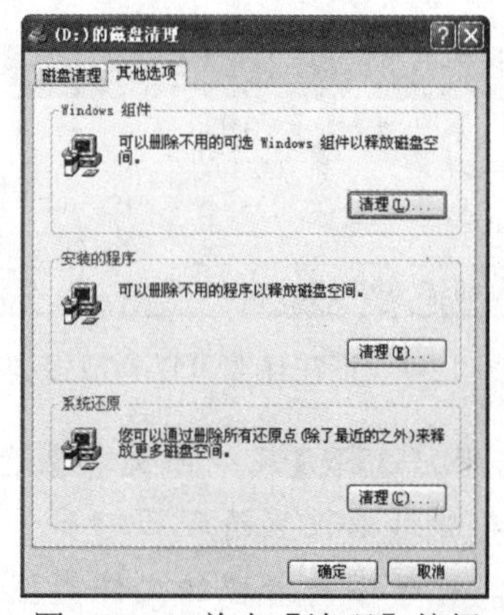

图 12-16 单击【清理】按钮

⑩ 打开【添加或删除程序】对话框，单击【更改或删除程序】图标，在展开的列表框中选择需要删除的程序，然后单击【更改/删除】按钮，如图 12-17 所示。

⑪ 在弹出的对话框中选择【是】按钮，系统即会完成程序的删除工作，如图 12-18 所示。

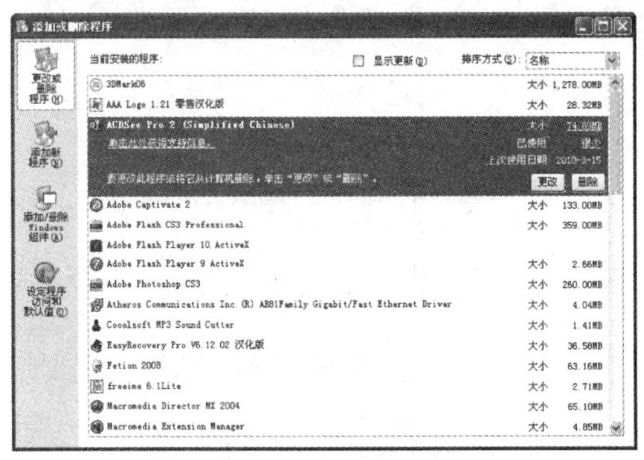

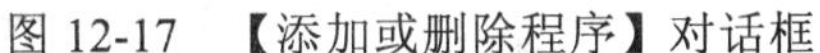

图 12-17　【添加或删除程序】对话框

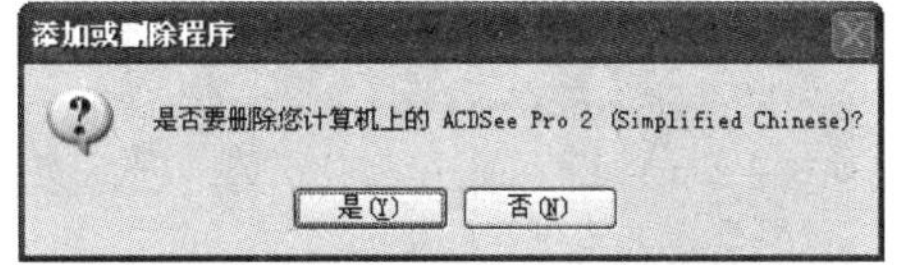

图 12-18　确认删除

⑫ 在【其他选项】选项卡中，单击【系统还原】区域中的【清理】按钮，在打开的【磁盘清理】对话框中单击【是】按钮，即可删除系统中以前存在的还原点，如图 12-19 和 12-20 所示。

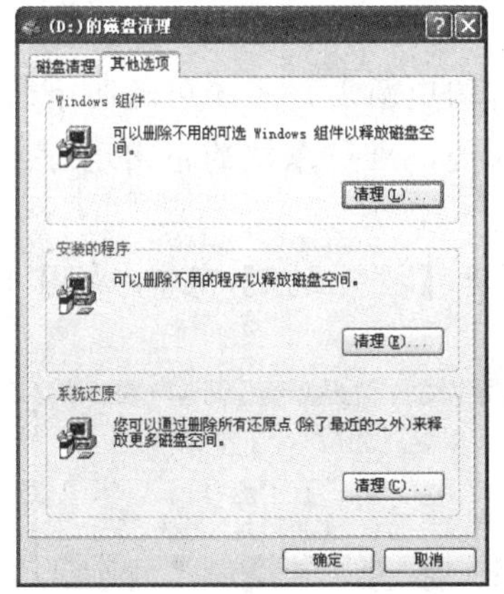

图 12-19　查看碎片整理信息

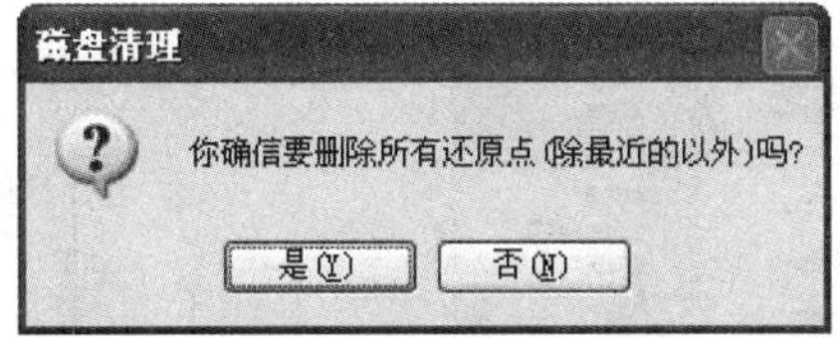

图 12-20　清理还原点

12.2　开启 Windows 的防火墙和自动更新

Windows 自带了防火墙和自动更新的功能，开启 Windows 防火墙可以阻止未授权用户通过网络获得对计算机的访问，开启自动更新功能，可以随时更新系统补丁，以防止病毒程序的侵入。本节就来介绍如何开启 Windows 的防火墙和自动更新功能。

12.2.1　开启 Windows 防火墙

操作系统安装完成后，Windows 的防火墙默认是开启的，如果用户出于某种需要或是受到病毒的感染而把防火墙关闭了，还可以通过【控制面板】重新开启防火墙。

例 12-3　开启 Windows 的防火墙。

❶ 单击【开始】按钮，选择【控制面板】命令，打开【控制面板】窗口，如图 12-21 所示。

❷ 在【控制面板】窗口中双击【Windows 防火墙】图标，打开【Windows 防火墙】对话框。

❸ 选择【启用(推荐)】单选按钮，然后单击【确定】按钮，即可开启 Windows 防火墙，如图 12-22 所示。

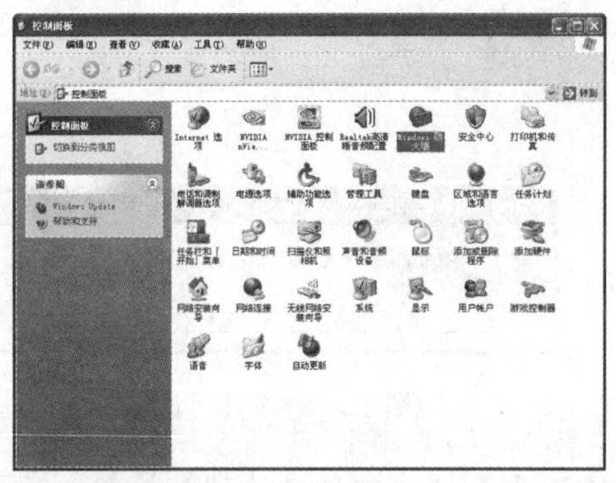

图 12-21　【控制面板】窗口

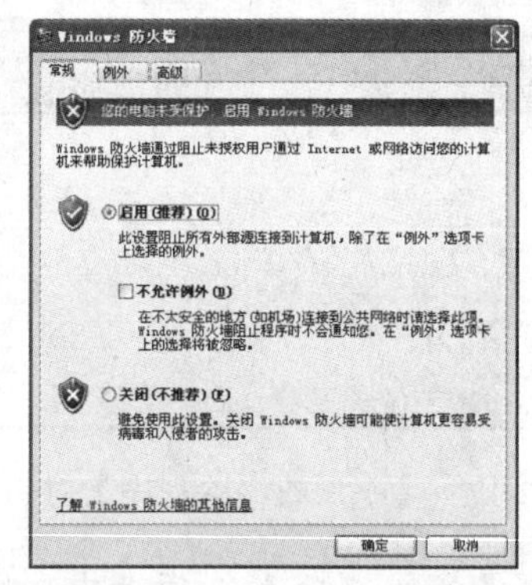

图 12-22　【Windows 防火墙】对话框

12.2.2　开启 Windows 自动更新

Windows 操作系统提供了自动更新的功能，开启自动更新后，系统可随时下载并安装最新的官方补丁程序，以有效预防病毒和木马程序的入侵，维护系统的正常运行。

例 12-4　开启 Windows 的自动更新。

❶ 单击【开始】按钮，选择【控制面板】命令，打开【控制面板】窗口，如图 12-23 和图 12-24 所示。

图 12-23　【开始】菜单

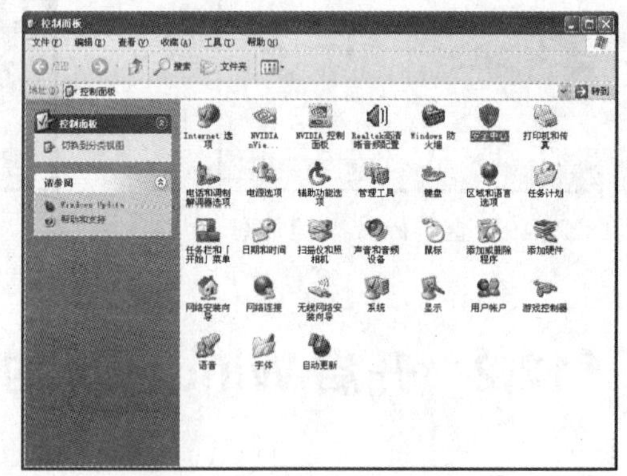

图 12-24　【控制面板】窗口

❷ 在【控制面板】窗口中双击【安全中心】图标，打开【Windows 安全中心】对话框，单击【自动更新】超链接，如图 12-25 所示。

❸ 打开【自动更新】对话框，选中【自动(建议)】单选按钮，然后在其下的下拉列表框中，可设置自动更新的时间，如图 12-26 所示。

❹ 设置完成后，单击【确定】按钮，即可开启 Windows 的自动更新。

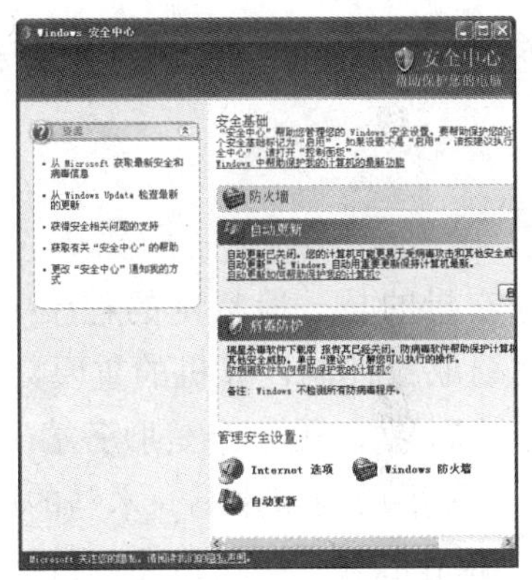
图 12-25　【Windows 安全中心】对话框

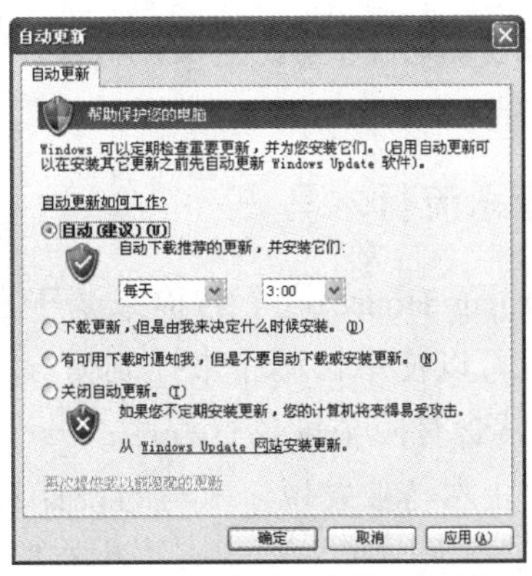
图 12-26　【自动更新】对话框

12.3　使用瑞星卡卡保护上网安全

用户在上网冲浪时，经常会遭受着一些流氓软件和恶意插件的威胁。“瑞星卡卡上网安全助手”是瑞星旗下的一款免费的软件，它能有效地拦截流氓软件和恶意插件的入侵，并能对已入侵的恶意程序进行清除，是保护用户上网安全的好帮手。

12.3.1　清除流氓软件

“流氓软件”是介于电脑病毒与正规软件之间的软件，这种软件主要包括通过 Internet 发布的一些广告软件、间谍软件、浏览器劫持软件、行为记录软件和恶意共享软件等。流氓软件虽然不会像电脑病毒一样影响电脑系统的稳定和安全，但也不会像正常软件一样为用户使用电脑工作和娱乐提供方便，它会在用户上网时偷偷安装在用户的电脑上，然后在电脑中强制运行一些它所指定的命令，例如频繁地打开一些广告网页，在 IE 浏览器的工具栏上安装与浏览器功能不符的广告图标，或者对用户的浏览器设置进行篡改，使用户在使用浏览器上网时被强行引导访问一些商业网站。

例 12-5　使用瑞星卡卡清除流氓软件。

❶ 启动瑞星卡卡上网安全助手，然后单击其主界面中的【扫描流氓软件】按钮，即可开始扫描电脑中的流氓软件，如图 12-27 所示。

❷ 扫描结束后，将显示扫描的结果，如图 12-28 所示，电脑中未发现恶意及流氓软件。

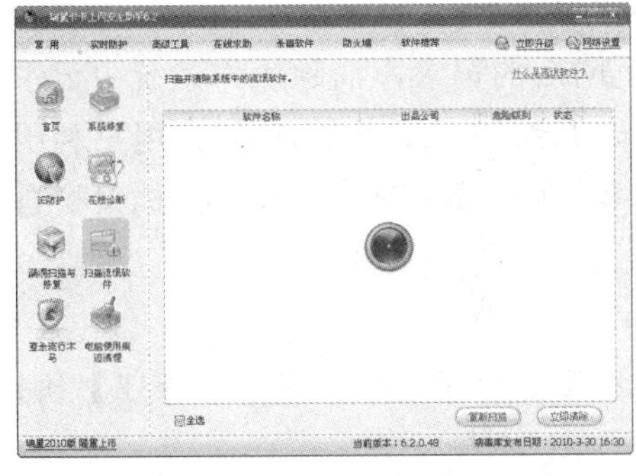
图 12-27　正在扫描

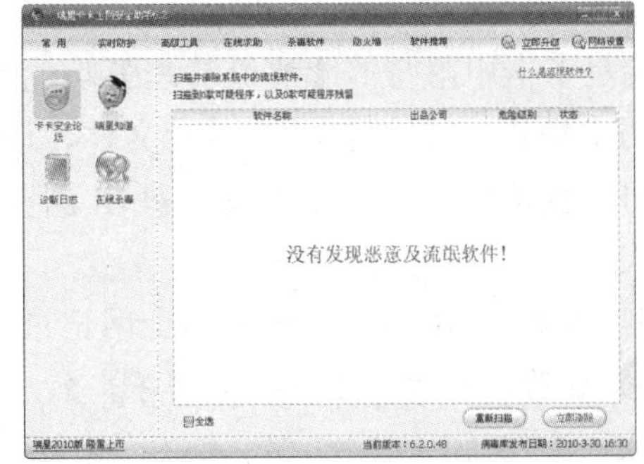

图 12-28　扫描结果

❸ 如果发现电脑中有恶意及流氓软件，可选定扫描到的选项，然后单击【立即清除】按钮，即可将其删除。

12.3.2 查杀流行木马

木马(Trojan House)这个名称来源于古希腊传说，它指的是一段特定的程序(即木马程序)，控制者可以使用该程序来控制另一台电脑，从而窃取被控制计算机的重要数据信息。

木马通常含有两个可执行程序：一个是客户端(即控制端)；另一个是服务端(即被控制端)。为了防止木马被发现，木马的设计者通常会采用多种手段隐藏木马。木马的服务端一旦运行并被控制端连接，控制端将享有服务端的大部分操作权限，例如给计算机修改口令，浏览、移动、复制、删除文件，修改注册表，更改计算机配置等。

随着病毒编写技术的发展，木马程序对用户的威胁越来越大，尤其是一些木马程序采用了极其狡猾的手段来隐蔽自己，使普通用户很难在中毒后发觉。因此做好对木马的防范和查杀工作，对保护电脑的安全来说至关重要。

例 12-6 使用瑞星卡卡查杀流行木马。

❶ 启动瑞星卡卡上网安全助手，然后单击其主界面中的【查杀流行木马】按钮，打开查杀木马的界面，如图 12-29 所示。

❷ 在【扫描对象】选项区域，用户可设置扫描的对象，设置完成后，单击【开始扫描】按钮，即可开始对设置的对象进行扫描，如图 12-30 所示。

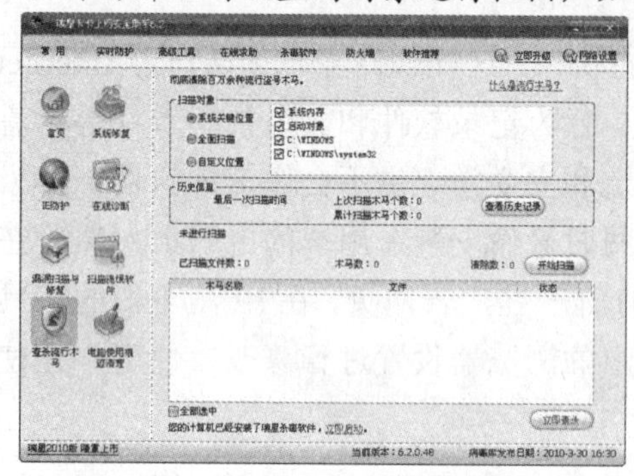

图 12-29 查杀木马界面

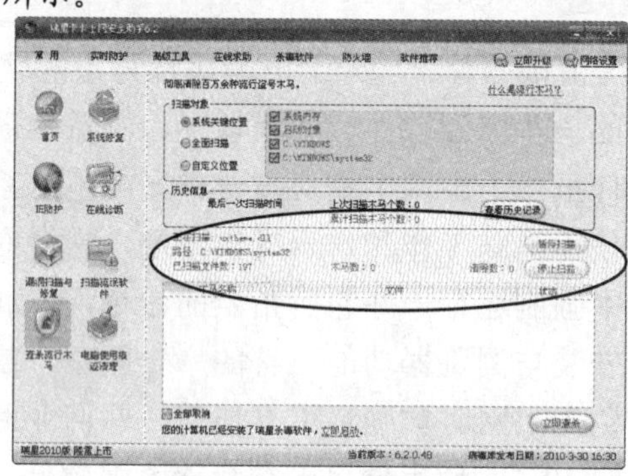

图 12-30 正在扫描

❸ 扫描结束后，选中扫描到的木马，然后单击【立即查杀】按钮，即可将这些木马删除。

12.3.3 清理上网记录

瑞星卡卡中附带的【痕迹清理】功能具有清除上网后的记录，清除操作系统中记录的用户历史操作(如曾经打开的各种文件、运行的命令、系统临时文件等)功能，用户利用该功能可以快速清理电脑使用痕迹和 IE 浏览器地址栏等上网记录信息，从而有效地保护自己的个人隐私。

例 12-7 使用瑞星卡卡清理上网记录。

❶ 启动瑞星卡卡上网安全助手，然后单击其主界面中的【电脑使用痕迹清理】按钮，打开痕迹清理的界面。

❷ 在该界面中，用户可设置清理的对象，包括 Windows 使用痕迹、上网历史痕迹、

影音播放软件历史痕迹等，如图 12-31 所示。

❸ 设置完成后，单击【清理】按钮，即可对选定对象进行清理。清理完成后，弹出【清理完毕】对话框，单击【确定】按钮，完成对电脑使用痕迹的清理，如图 12-32 所示。

注意：某些选项在清理后，需要重新启动电脑或相应的软件才能够生效。

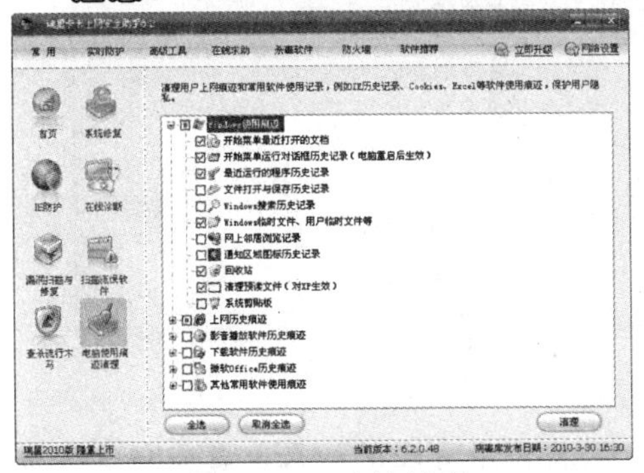

图 12-31 痕迹清理

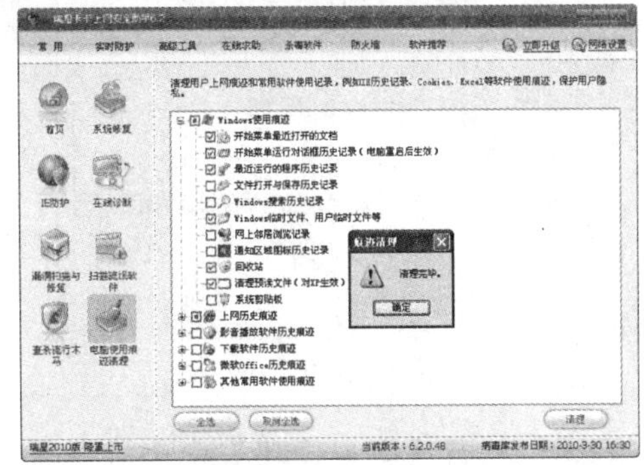

图 12-32 清理完成

12.4 使用瑞星卡卡维护操作系统

瑞星卡卡不仅具有保护用户上网安全的功能，还具有维护操作系统的功能，例如用户可使用瑞星卡卡清理垃圾文件、管理开机启动项以及管理系统进程等。

12.4.1 清理垃圾文件

除了可以使用系统自带的功能清理垃圾文件外，用户还可使用瑞星卡卡来清理系统中的垃圾文件。

例 12-8 使用瑞星卡卡清理垃圾文件。

❶ 启动瑞星卡卡上网安全助手，然后单击其主界面上方的【高级工具】按钮，切换至【高级工具】选项卡，如图 12-33 所示。

❷ 单击左侧的【垃圾文件清理】按钮，打开垃圾文件清理页面，如图 12-34 所示。

图 12-33 【高级工具】选项卡

图 12-34 垃圾文件清理页面

❸ 在右侧的列表中用户可设置要清理的垃圾文件的类型。选中【全选】按钮，可选定全部的文件类型。设置完成后，单击【开始扫描】按钮。

❹ 开始扫描系统中的垃圾文件，扫描结束后，单击【全部清理】按钮，即可将这些垃圾文件全部删除，如图 12-35 和 12-36 所示。

图 12-35　正在扫描

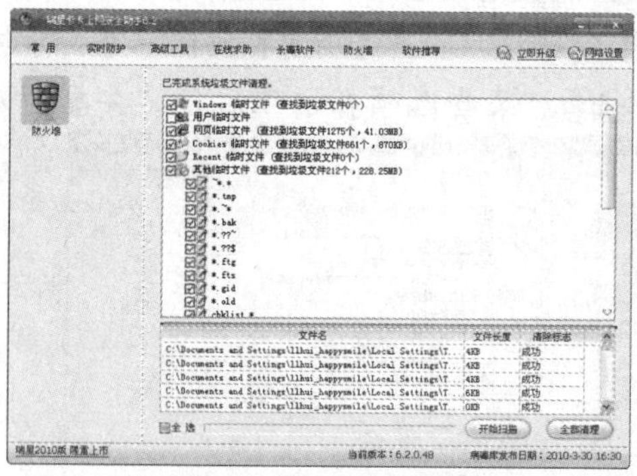

图 12-36　清理完成

注意：执行【全部清理】命令后，【清除标志】列将显示清理的结果，其中包含"成功"和"失败"两种结果。

12.4.2　管理启动项

某些应用软件在安装完成后，会自动将自己的启动程序加入到开机启动项中，从而随着系统的自动启动而自动运行。这无疑会占用系统的资源，并影响到系统的启动速度。用户可以使用瑞星卡卡将这些程序从启动项中删除，以禁止这些软件的自动运行。

例 12-9　使用瑞星卡卡管理开机启动项。

❶ 启动瑞星卡卡上网安全助手，然后单击其主界面上方的【高级工具】按钮，切换至【高级工具】选项卡，如图 12-37 所示。

❷ 单击左侧列表中的【启动项管理】按钮，打开启动项管理页面。

❸ 在右侧的列表中，列出了所有的开机启动程序，用户若想禁止某个程序开机自动运行，只需右击该项，然后选择【禁用】命令即可，如图 12-38 所示。

图 12-37　【高级工具】选项卡

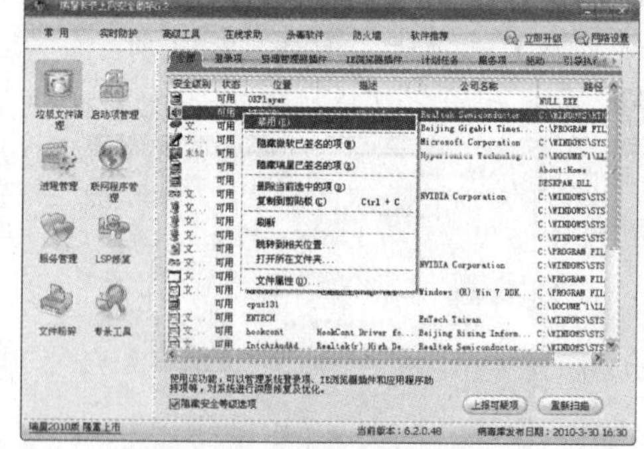

图 12-38　选择【禁用】命令

注意：在图 12-38 中，软件对开机启动项做了详细的分类，用户可针对特定类型的开机启动项分别进行查看。

12.4.3　管理系统进程

除了可以使用 Windows 的任务管理器来管理系统进程外，用户还可以使用瑞星卡卡来管理系统进程。

例 12-10 使用瑞星卡卡管理系统进程。

❶ 启动瑞星卡卡上网安全助手，然后单击其主界面上方的【高级工具】按钮，切换至【高级工具】选项卡，如图 12-39 所示。

❷ 单击左侧列表中的【进程管理】按钮，打开进程管理页面。

❸ 在右侧的列表中，软件将显示当前系统正在运行的应用程序进程。

❹ 若用户想要关闭某个进程，可单击该进程，然后在弹出的页面中单击【中止进程】命令即可，如图 12-40 所示。

图 12-39 【高级工具】选项卡

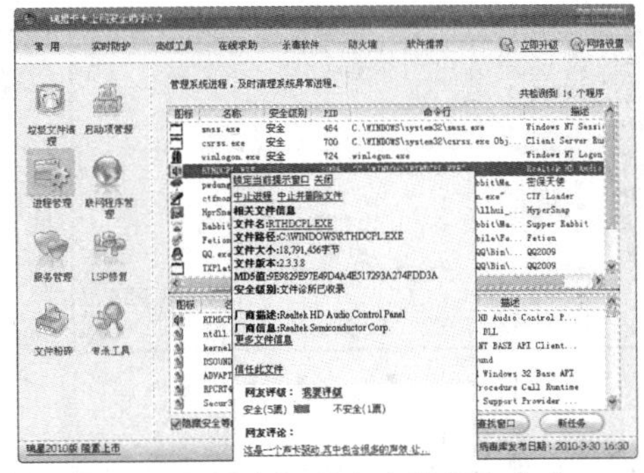

图 12-40 选择【中止进程】命令

12.4.4 粉碎文件

对于某些机密的或个人隐私性质的文件，如果用户想要将其彻底销毁，可使用瑞星卡卡的文件粉碎功能，文件一旦被粉碎将不可被恢复。

例 12-11 使用瑞星卡卡粉碎文件。

❶ 启动瑞星卡卡上网安全助手，然后单击其主界面上方的【高级工具】按钮，切换至【高级工具】选项卡，如图 12-41 所示。

❷ 单击左侧列表中的【文件粉碎】按钮，打开文件粉碎页面，如图 12-42 所示。

图 12-41 【高级工具】选项卡

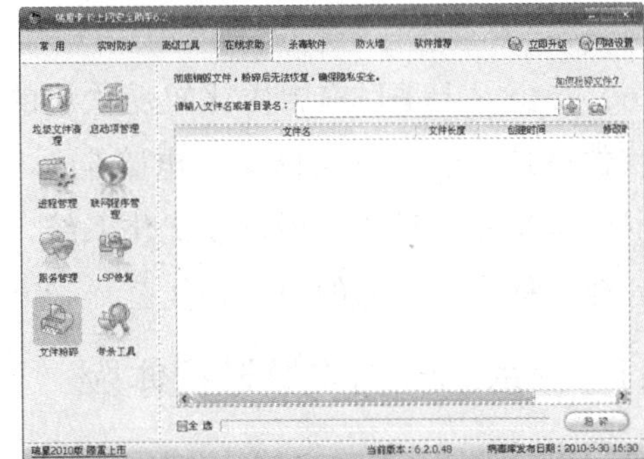

图 12-42 文件粉碎页面

❸ 单击右侧的【请输入文件名或目录名】文本框后方的按钮，打开【打开】对话框，在该对话框中选择要粉碎的文件。选择完成后，单击【打开】按钮，如图 12-43 所示。

❹ 将选定文件的路径加入到【请输入文件名或目录名】文本框中，并会自动添加到粉

碎列表中，如图 12-44 所示。需要注意的是粉碎文件时只能对单个文件进行操作，不能粉碎整个文件夹。

❺ 在粉碎列表中选中该文件前方的复选框，然后单击【粉碎】按钮，打开【提示】对话框，确认用户是否要粉碎文件，如图 12-45 所示。

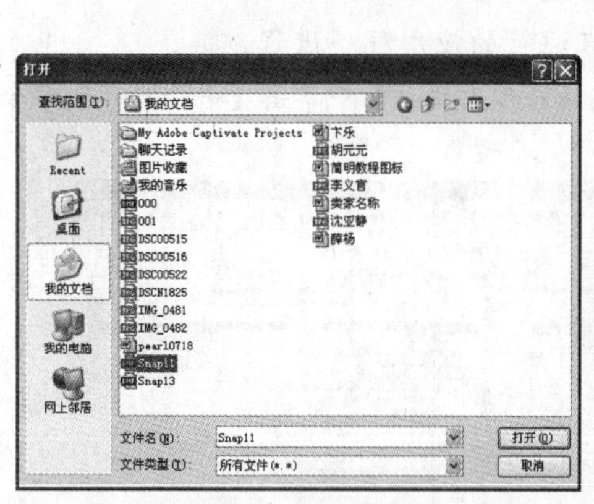

图 12-43 【打开】对话框

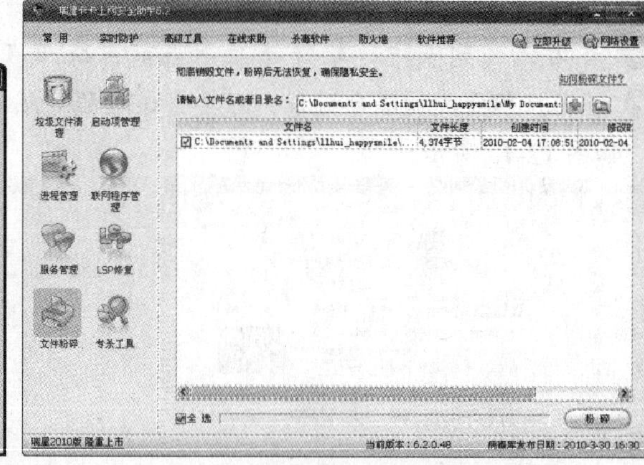

图 12-44 文件已添加

❻ 直接单击【是】按钮，即可将该文件粉碎，在弹出的【文件粉碎操作完成】提示对话框中单击【确定】按钮，完成文件的粉碎操作，如图 12-46 所示。

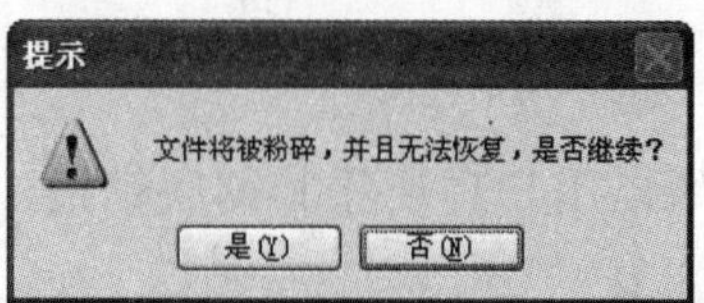

图 12-45 【提示】对话框

图 12-46 文件粉碎完成

12.5 使用 360 安全卫士维护系统安全

360 安全卫士是目前国内比较受欢迎的一款免费的上网安全软件，它具有木马查杀、恶意软件清理、漏洞补丁修复、电脑全面体检、垃圾和痕迹清理等多种功能。此外，360 安全卫士自身非常轻巧，还可以优化系统，大大加快电脑运行速度，同时还拥有下载、升级和管理各种应用软件的独特功能。

12.5.1 使用 360 对电脑进行体检

当启动 360 安全卫士时，软件会自动对系统进行检测，包括系统漏洞、软件漏洞和软件的新版本等内容，如图 12-47 所示。

检测完成后将显示检测的结果，如图 12-48 所示，在【本次体检发现以下问题】列表中显示了检测到的不安全因素。

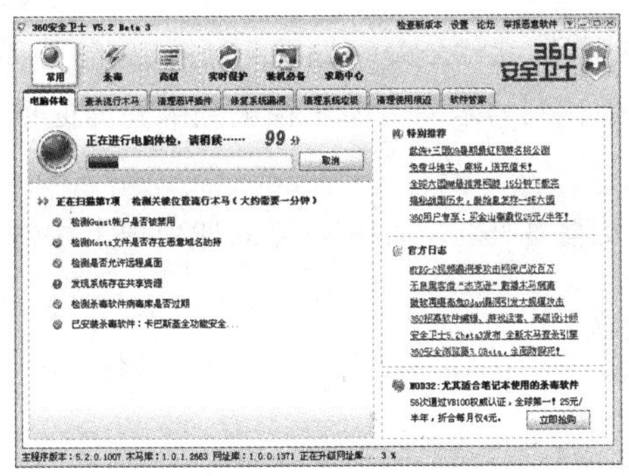

图 12-47　自动检测

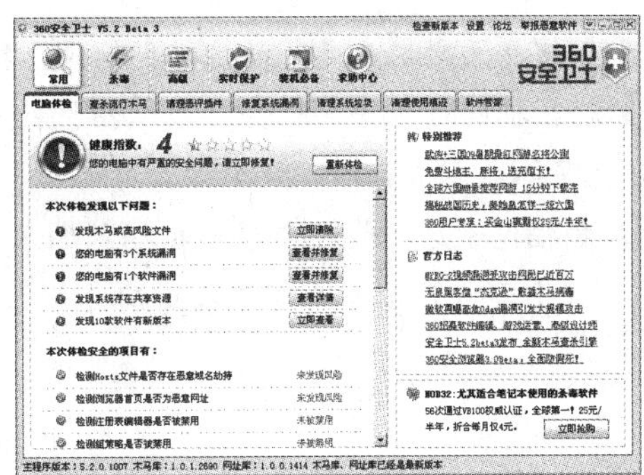

图 12-48　检测结果

用户若想对某个不安全选项进行处理，可单击该选项后面对应的按钮，然后按照提示逐步操作即可。例如用户想要修复软件漏洞，可单击【您的电脑有 1 个软件漏洞】选项后面的【查看并修复】按钮，打开【360 漏洞修复】界面，如图 12-49 所示。选中要安装的补丁，然后单击【安装选中补丁】按钮，打开【存放目录设置】对话框。

在该对话框中选定补丁要存放的路径，如图 12-50 所示。然后单击【保存设置】按钮，软件开始自动下载并安装该补丁。安装补丁和安装应用软件的方法类似，用户只需按照提示逐步操作即可，在此不再赘述。

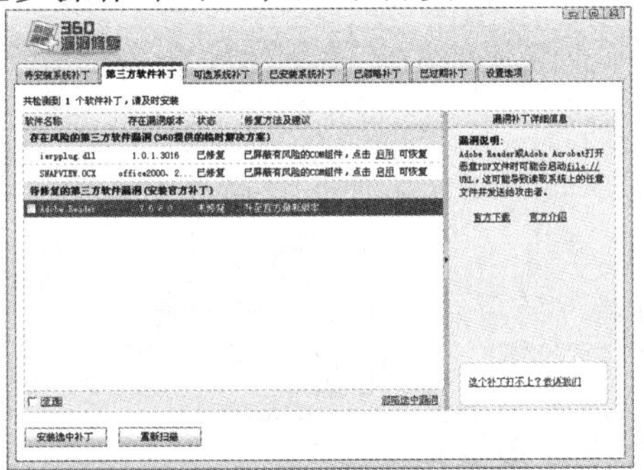

图 12-49　【360 漏洞修复】界面

图 12-50　【存放目录设置】对话框

12.5.2　使用 360 查杀流行木马

360 安全卫士采用了新的木马查杀引擎，应用了云安全技术，能够更有效查杀木马，保护系统安全。

例 12-12　使用 360 安全卫士查杀流行木马。

❶ 启动 360 安全卫士，在其主界面中单击【查杀流行木马】按钮，打开【360 木马查杀】界面，如图 12-51 和 12-52 所示。

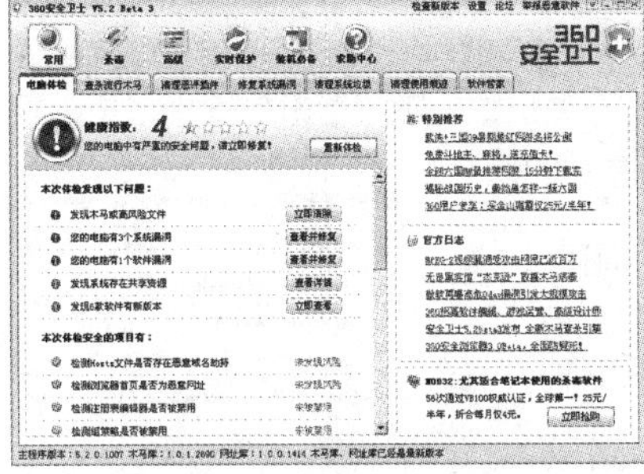

图 12-51　360 的主界面

图 12-52　【360 木马查杀】界面

❷ 在该界面中单击【全盘扫描】命令，软件开始对系统进行全面的扫描，如图 12-53 所示。

❸ 在扫描的过程中，软件会显示扫描的文件数和检测到的木马。其中检测到木马的选项，将以红色字体显示，如图 12-54 所示。

❹ 扫描结束后，软件会显示扫描到的木马，选中这些木马，然后单击【立即处理】按钮，360 安全卫士即可开始删除这些木马病毒。

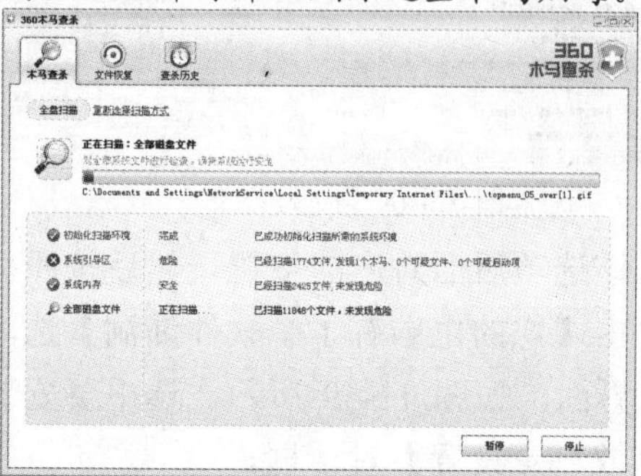

图 12-53　正在扫描

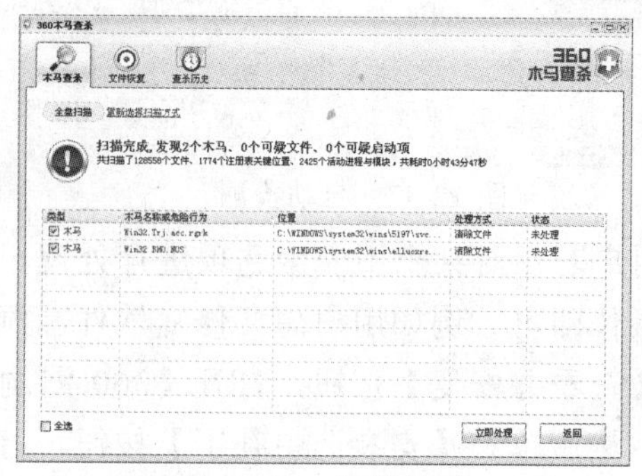

图 12-54　扫描结果

12.5.3　使用 360 清理恶评插件

和瑞星卡卡一样，360 安全卫士同样也具有清理流氓软件和恶评插件的功能。

例 12-13　使用 360 安全卫士清理恶评插件。

❶ 启动 360 安全卫士，单击其主界面中的【清理恶评插件】标签，打开【清理恶评插件】选项卡，如图 12-55 和 12-56 所示。

❷ 单击【开始扫描】按钮，开始对系统进行恶评插件的扫描，如图 12-57 所示。

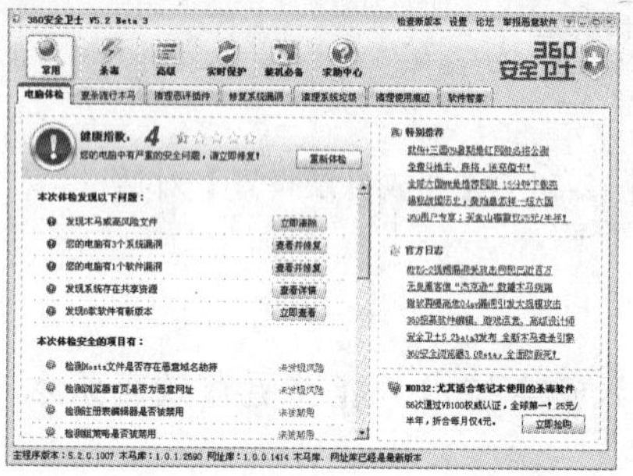

图 12-55　360 主界面

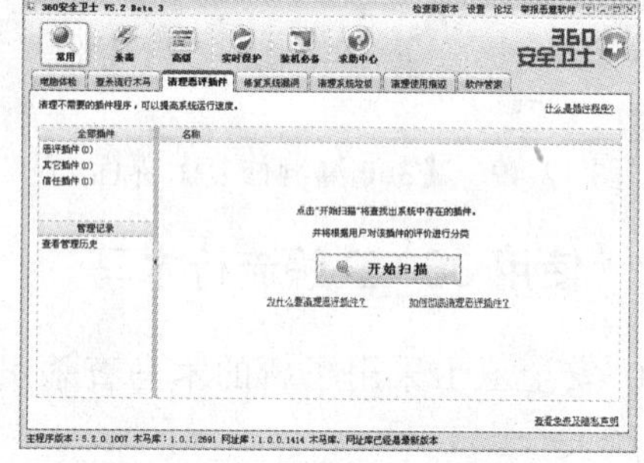

图 12-56　【清理恶评插件】选项卡

❸ 扫描结束后，将显示扫描的结果，如图 12-58 所示。如果扫描到了恶评插件，用户可选定该插件，然后单击【立即清理】按钮，即可将其删除。

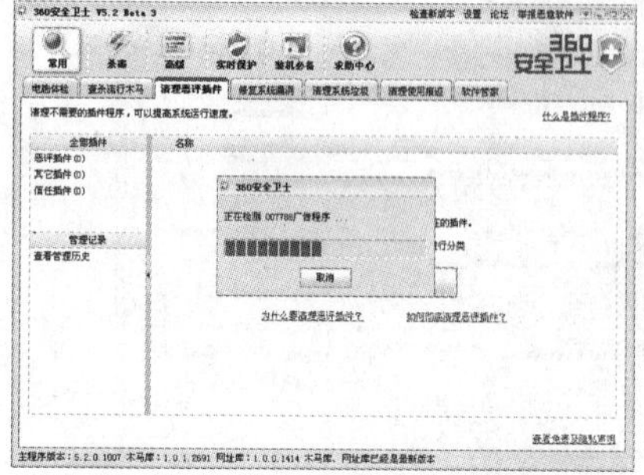

图 12-57　正在扫描

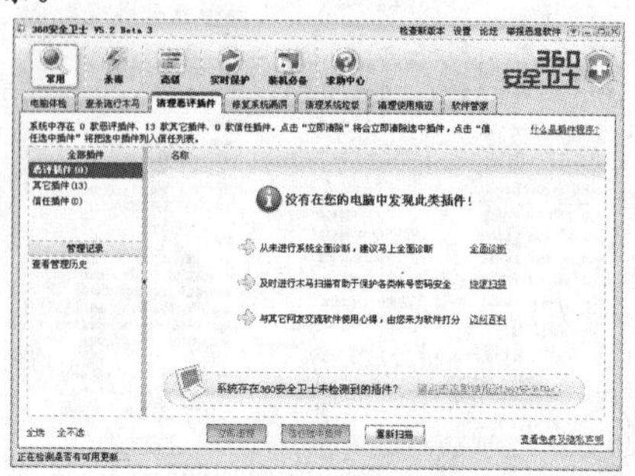

图 12-58　扫描结果

12.5.4　使用 360 修复系统漏洞

360 安全卫士能够检测出系统存在的漏洞，并帮助用户下载和安装最新的补丁程序，提高系统的安全性。

例 12-14　使用 360 安全卫士修复系统漏洞。

❶ 启动 360 安全卫士，单击其主界面中的【修复系统漏洞】按钮，如图 12-59 所示。

❷ 软件开始对系统进行扫描，并将扫描到的漏洞显示在该界面的列表中。选中这些漏洞前面的复选框，然后单击【修复选中漏洞】按钮，如图 12-60 所示。

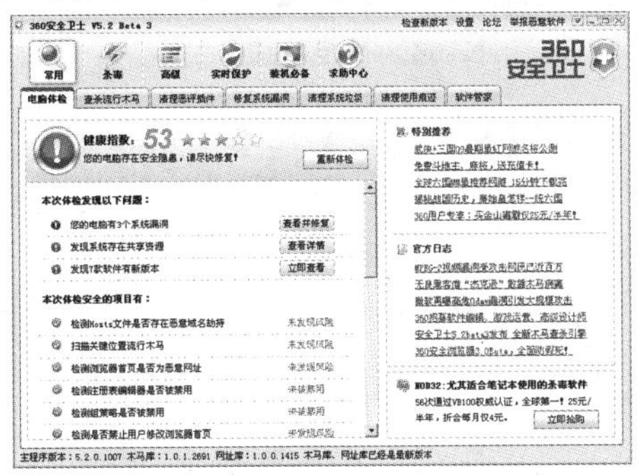

图 12-59　360 主界面

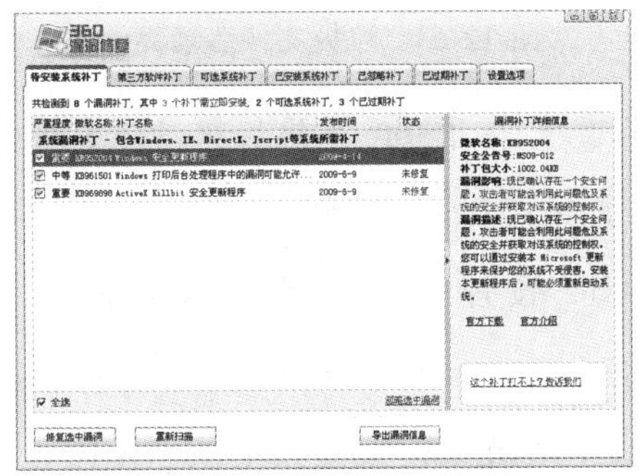

图 12-60　扫描结果

❸ 打开【存放目录设置】对话框，用户可设置下载的补丁程序存放在电脑中的位置。设置完成后，单击【保存设置】按钮，如图 12-61 所示。

❹ 软件开始自动从官方网站下载并安装补丁程序，下载的速度会由用户网速的快慢来决定，如图 12-62 所示。

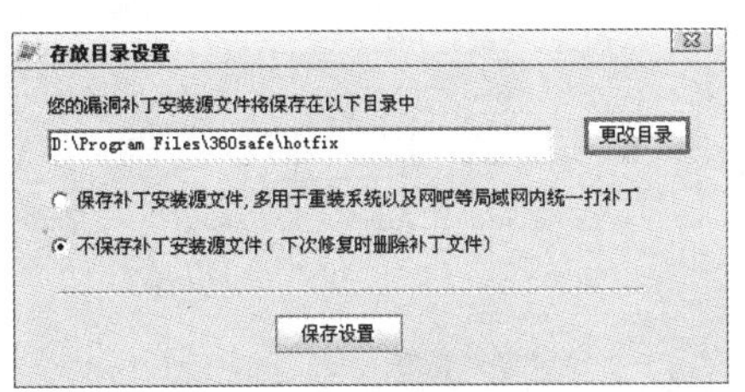

图 12-61　设置存放位置

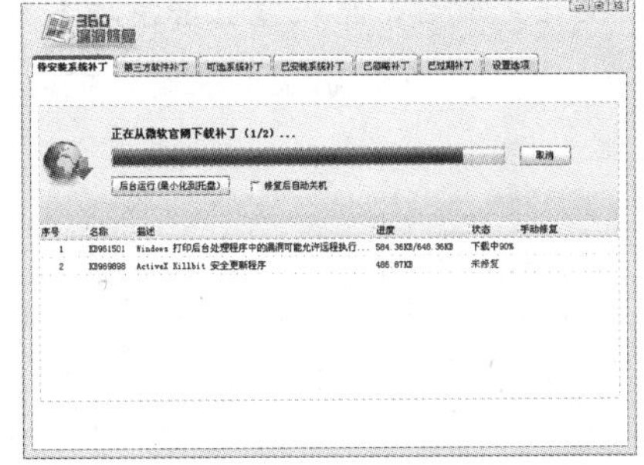

图 12-62　正在下载

12.5.5　使用 360 清理垃圾文件

360 安全卫士自带有垃圾文件的清理功能，能够更加全面的清理系统中的垃圾文件。

例 12-15　使用 360 安全卫士清理垃圾文件。

❶ 启动 360 安全卫士，单击其主界面中的【清理系统垃圾】按钮，打开【360 系统垃圾清理】界面，如图 12-63 所示。

❷ 在该界面中用户可设置要清理的垃圾文件的类型，然后单击【开始扫描】按钮，软件开始自动扫描系统中指定类型的垃圾文件，如图 12-64 所示。

❸ 扫描结束后，单击【立即清理】按钮，即可将这些垃圾文件全部删除。

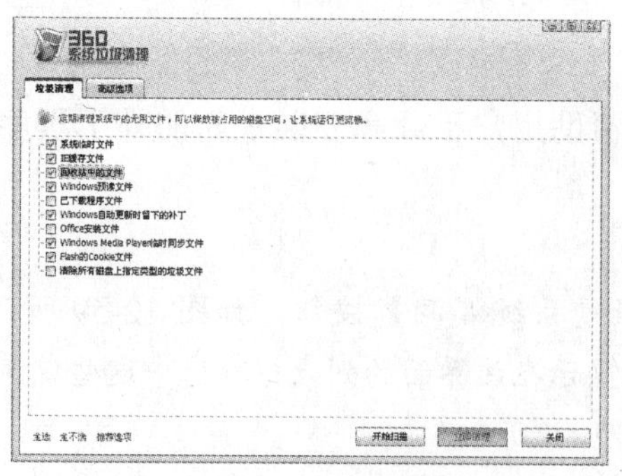

图 12-63　垃圾文件清理界面

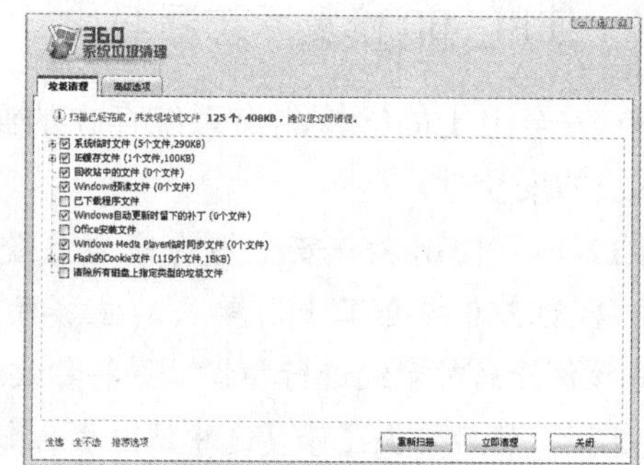

图 12-64　扫描结果

注意：在【360 系统垃圾清理】对话框中，用户可在【高级选项】选项卡中指定要清理的垃圾文件的后缀名。

12.5.6　使用 360 清理使用痕迹

360 安全卫士具有清理电脑使用痕迹的功能，包括用户的上网记录、开始菜单中的文档记录、Windows 的搜索记录以及影音播放记录等。

例 12-16　使用 360 安全卫士清理电脑使用痕迹。

❶ 启动 360 安全卫士，单击其主界面中的【清理使用痕迹】标签，切换到【清理使用痕迹】界面，如图 12-65 所示。

❷ 在该界面中用户可选择要清理的使用痕迹所属的类型，例如【IE 自动保存的密码】、【开始菜单中的文档记录】等。

❸ 设置完成后，单击【立即清理】按钮，即可开始清理指定的使用痕迹。清理完成后，弹出【恭喜！已经成功删除使用痕迹】对话框，如图 12-66 所示，单击【确定】按钮，完成使用痕迹的清理。

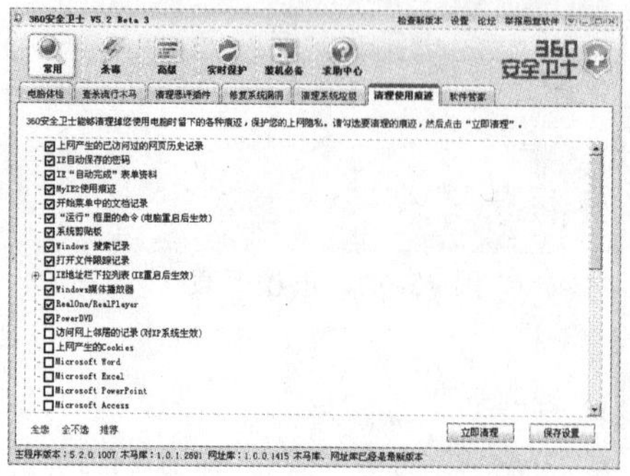

图 12-65　使用痕迹清理界面

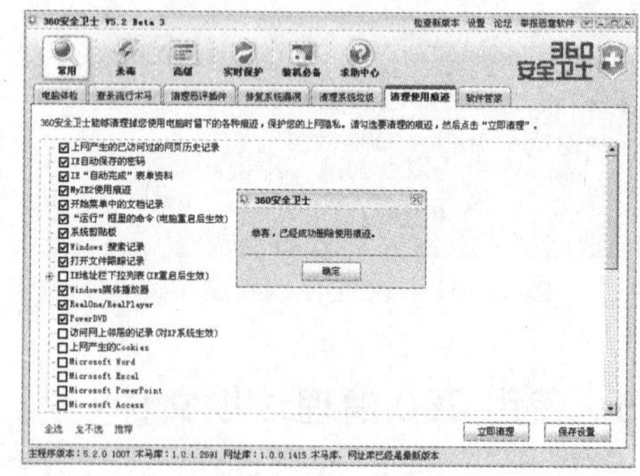

图 12-66　清理完成

12.6　使用 360“软件管家”管理应用软件

360 安全卫士中附带了一个非常有用的功能，那就是 360 的“软件管家”。它能够自动检测用户电脑中已安装的应用软件的版本并提醒用户对软件进行升级，还能帮助用户对软件进行智能卸载，是用户管理软件的好帮手。

12.6.1　使用“软件管家”升级软件

在 360 安全卫士的主界面中单击【软件管家】按钮，即可打开【360 软件管家】界面，在该界面中用户可对软件进行管理。

例 12-17　使用 360“软件管家”升级软件。

❶ 启动 360 安全卫士，单击其主界面中的【软件管家】按钮，打开【360 软件管家】界面，如图 12-67 和 12-68 所示。

注意：“软件管家”功能在安装 360 安全卫士时会自动安装，用户无需另外安装。

❷ 在【360 软件管家】界面中，单击【软件升级】按钮，软件会自动对系统中已安装的应用软件进行检测，并在检测结果中显示出需要更新的软件的名称，如图 12-69 所示。

❸ 例如用户要升级千千静听，可在列表中单击【千千静听】后面的【升级】按钮，下载最新的安装文件。

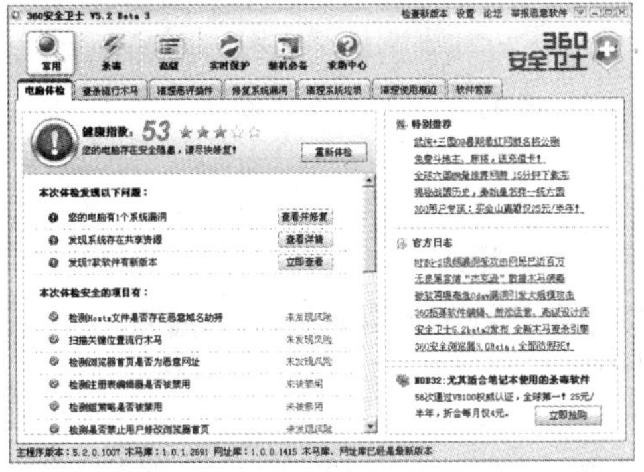

图 12-67　360 主界面

图 12-68　软件管家界面

❹ 下载完成后，将自动打开安装程序进行安装，用户按照提示逐步操作即可，如图 12-70 所示。

图 12-69　检测结果

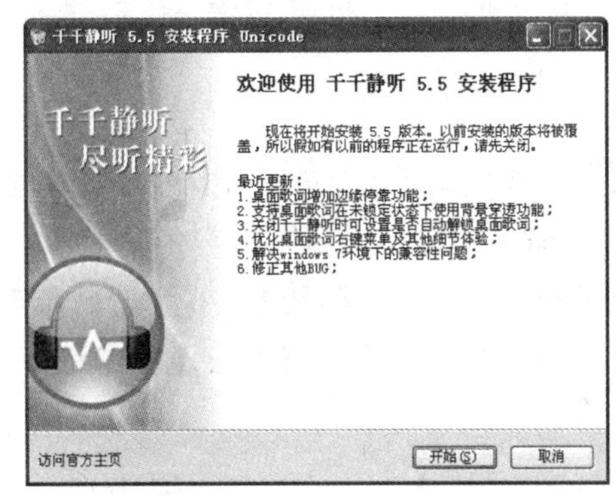

图 12-70　开始安装千千静听

12.6.2　使用“软件管家”卸载软件

用户除了可以使用 Windows 自带的【添加或删除程序】对话框来卸载软件外，还可以使用 360 的“软件管家”来卸载软件。

例 12-18 使用 360“软件管家”卸载软件。

❶ 打开【360 软件管家】界面，单击【软件卸载】按钮，打开【软件卸载】界面，该界面中显示了电脑中所有安装的应用软件，如图 12-71 所示。

❷ 例如用户想要卸载暴风影音播放器，可单击【暴风影音】后面的【卸载】按钮，打开【软件卸载】对话框，如图 12-72 所示。

图 12-71　360 界面

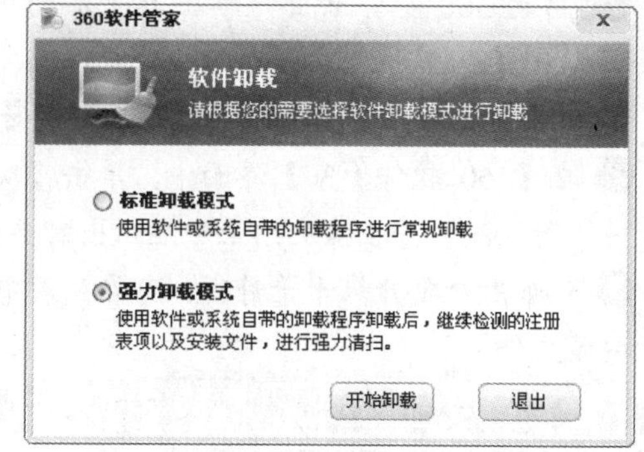

图 12-72　选择卸载模式

❸ 选择【强力卸载模式】单选按钮，然后单击【开始卸载】按钮，可启动暴风影音自带的卸载程序，用户按照提示逐步进行操作即可，如图 12-73 和图 12-74 所示。

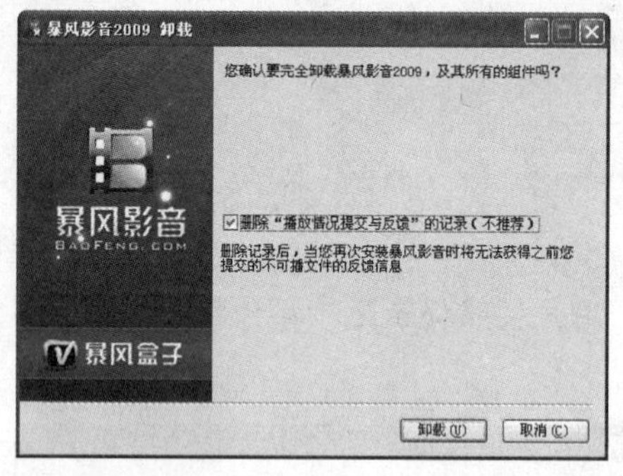

图 12-73　开始卸载

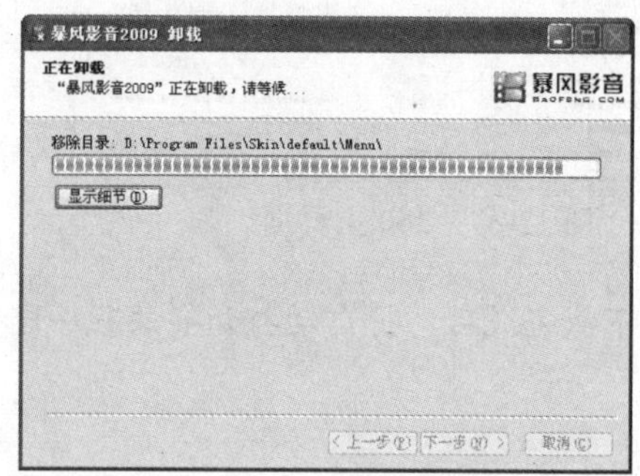

图 12-74　正在卸载

❹ 卸载完成后，打开图 12-75 所示的对话框，单击【开始强力清扫】按钮，软件开始检测暴风影音在安装时写入到注册表中的信息。

❺ 检测完成后，在图 12-76 所示的界面中选中【注册表信息】复选框，然后单击【删除所选项目】按钮，打开【删除提示】对话框，如图 12-77 所示。

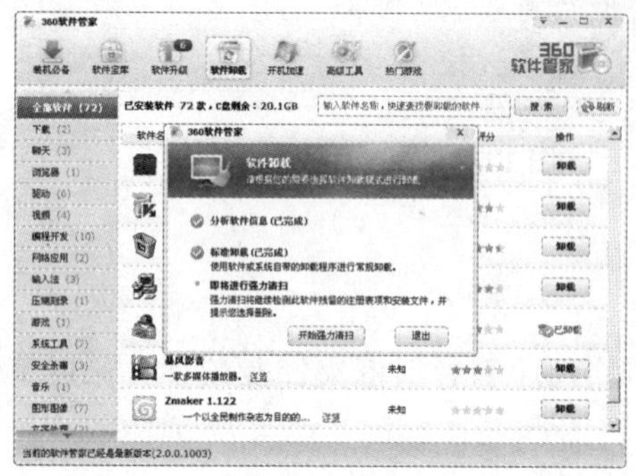

图 12-75　选择强力清扫

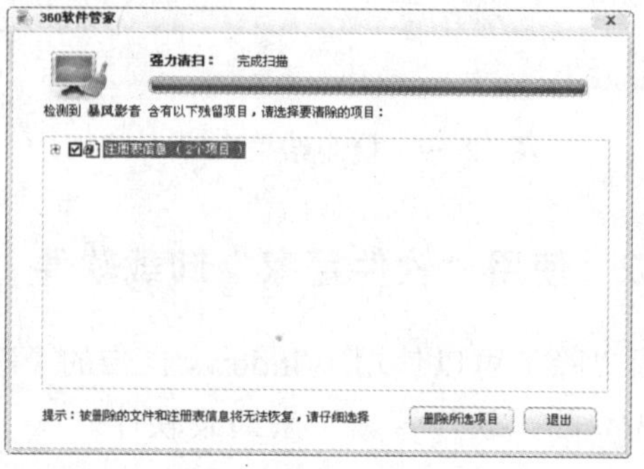

图 12-76　正在检测

❻ 直接单击【确认删除】按钮，开始清除相关的注册表信息，如图 12-78 所示。

❼ 清除完成后，单击【退出】按钮，完成对暴风影音的卸载。

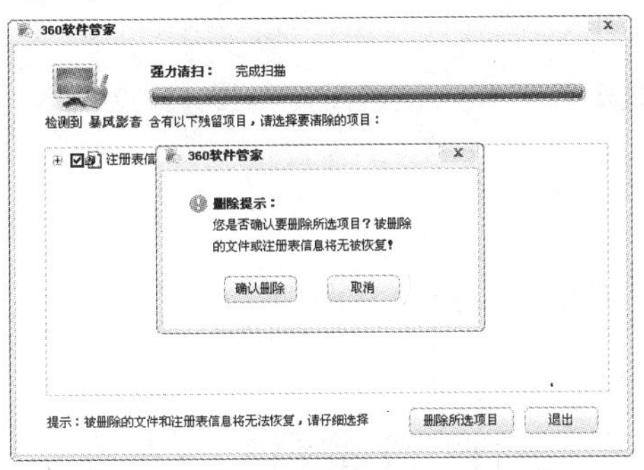

图 12-77 【删除提示】对话框

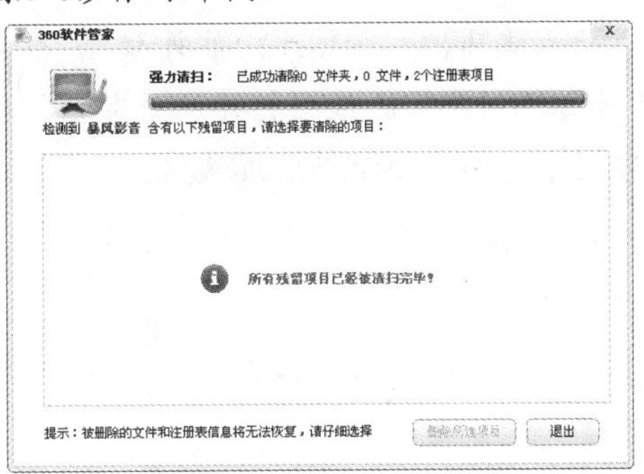

图 12-78 完成卸载

12.7 维护系统安全的常用技巧

在使用电脑的过程中，除了要注意防范病毒和木马程序的入侵以外，还应掌握一些维护系统安全的小技巧，例如禁用注册表、禁用来宾账户、限制密码输入次数等。掌握了这些技巧，可以让我们在管理电脑时更加得心应手，使我们的电脑更加安全。

12.7.1 注册表的禁用与启用

Windows 注册表(Registry)是 Windows 操作系统、各种硬件设备以及用户安装的各种应用程序得以正常运行的核心“数据库”。几乎所有的电脑硬件、软件和设置问题都和注册表相关，因此注册表对于 Windows 来说至关重要。

如果注册表被错误的修改，将会发生一些不可预知的错误，甚至导致系统崩溃。为了防止注册表被他人随意修改，可将注册表禁用，禁用后将不能再对注册表进行修改操作。

例 12-19 禁用 Windows 的注册表。

❶ 选择【开始】|【运行】命令，打开【运行】对话框，如图 12-79 所示。

❷ 在【打开】下拉列表框中输入命令“gpedit.msc”，然后单击【确定】按钮，打开【组策略】窗口。

❸ 在左侧的列表中依次展开【用户配置】|【管理模板】|【系统】选项。在右侧的列表中右击【阻止访问注册表编辑工具】选项，在弹出的快捷菜单中选择【属性】命令，如图 12-80 所示。

图 12-79 【运行】对话框

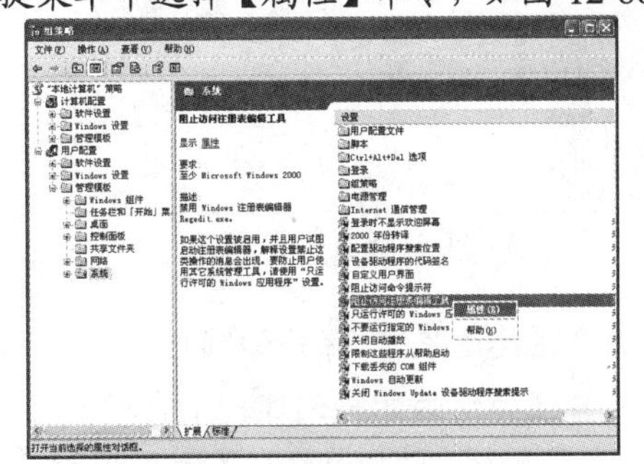

图 12-80 【组策略】窗口

❹ 打开【阻止访问注册表编辑工具】对话框，在【设置】选项卡中选中【已启用】单选按钮，再在【禁用后台运行 regedit?】下拉列表框中选择【是】选项，然后单击【确定】按钮，即可禁用注册表编辑器，如图 12-81 所示。

❺ 此时，用户再次试图打开注册表时，系统将提示注册表已被禁用，如图 12-82 所示。

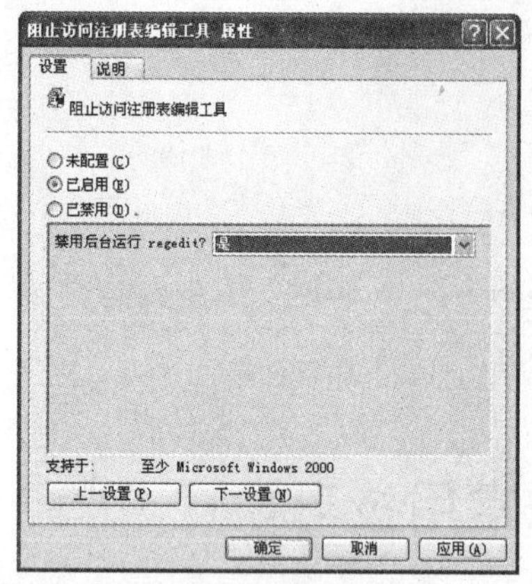

图 12-81　选择【已启用】

图 12-82　提示框

注意：如果用户想要重新启用注册表，只需在【阻止访问注册表编辑工具】对话框中选中【未配置】单选按钮即可。

12.7.2　设置管理员密码

为了维护电脑的安全，用户可为电脑设置管理员密码，只有在输入了正确的密码后，才能够登录操作系统，正常的使用电脑。

例 12-20　为系统设置管理员密码。

❶ 选择【开始】|【控制面板】命令，打开【控制面板】窗口，如图 12-83 所示，然后双击【用户账户】图标。

❷ 打开【用户账户】窗口，单击系统管理员账户图标，如图 12-84 所示。

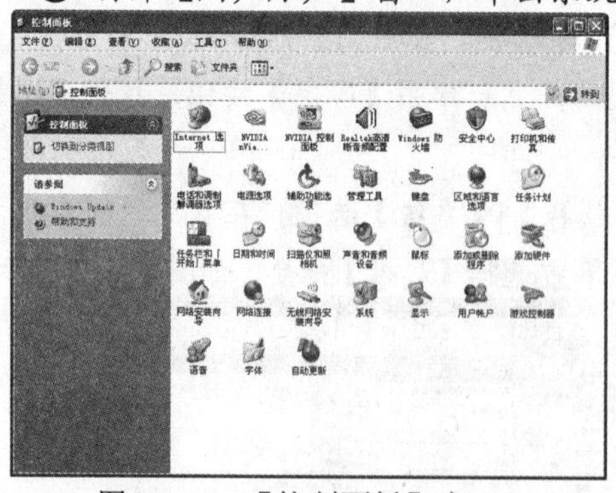

图 12-83　【控制面板】窗口

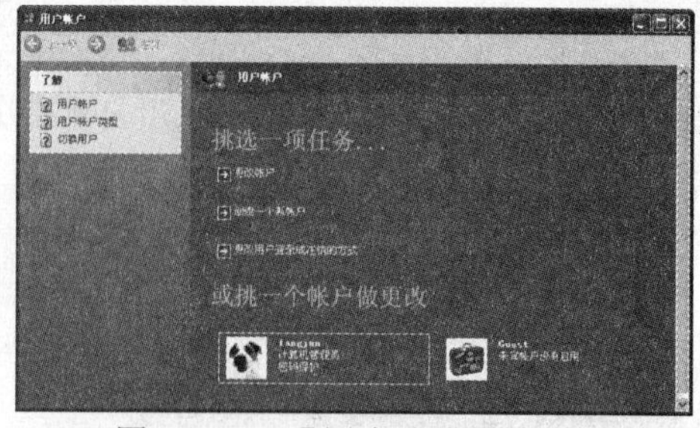

图 12-84　【用户账户】窗口

❸ 打开【您想更改您的账户的什么？】窗口，单击【创建密码】超链接，如图 12-85 所示。

❹ 打开【为您的账户创建一个密码】窗口。在【输入一个新密码】文本框中输入要设置的密码，在【再次输入密码以确认】文本框中再次输入密码，然后单击【创建密码】按钮，即可成功地为系统设置管理员密码，如图 12-86 所示。

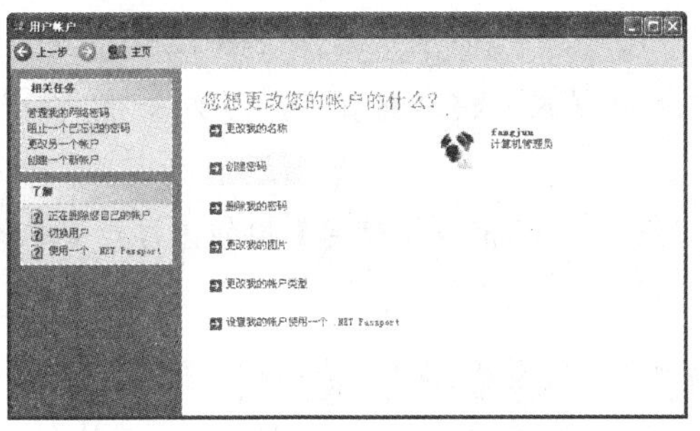

图 12-85　单击【创建密码】超链接

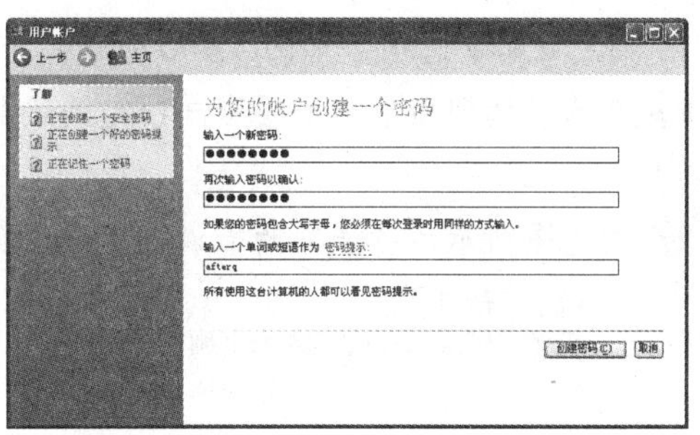

图 12-86　设置密码

❺ 以后用户再次登录系统时，将出现图 12-87 所示的界面，提示用户要输入密码才能登录。

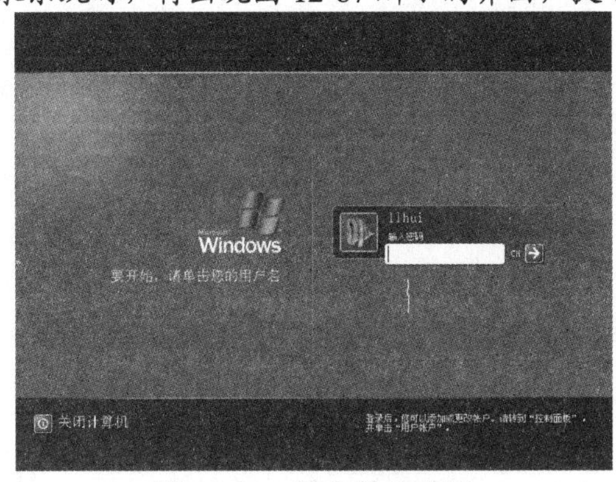

图 12-87　用户登录界面

12.7.3　限制密码输入的次数

为了防止他人尝试暴力破解管理员密码，用户可对密码的输入次数进行限制，当输入密码的错误次数超过设定值后，系统会自行锁定电脑。

例 12-21　设定密码输入错误 3 次时，电脑自动锁定。

❶ 选择【开始】|【运行】命令，打开【运行】对话框，如图 12-88 所示。

❷ 在【打开】下拉列表框中输入命令“gpedit.msc”，然后单击【确定】按钮，打开【组策略】窗口，如图 12-89 所示。

图 12-88　【开始】菜单

图 12-89　【运行】对话框

❸ 在左侧的列表中依次展开【计算机配置】|【Windows 设置】|【安全设置】|【账户策略】

|【账户锁定策略】选项，如图 12-90 所示。

❹ 在右侧的列表中双击【账户锁定阈值】选项，打开【账户锁定阈值 属性】对话框，如图 12-91 所示。

❺ 在下图所示的对话框的微调框中设置数值为“3”，然后单击【确定】按钮，打开【建议的数值改动】对话框。

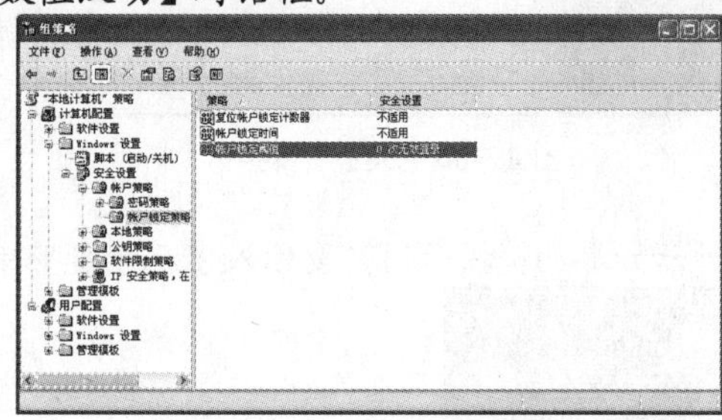

图 12-90 【组策略】窗口

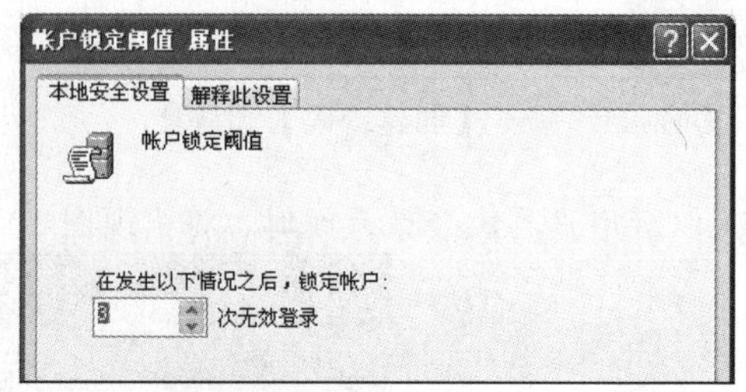

图 12-91 设定阈值

❻ 该对话框中显示了，当输入密码错误的次数超过设定的次数时，账户的锁定时间，如图 12-92 所示。直接单击【确定】按钮，完成设置。

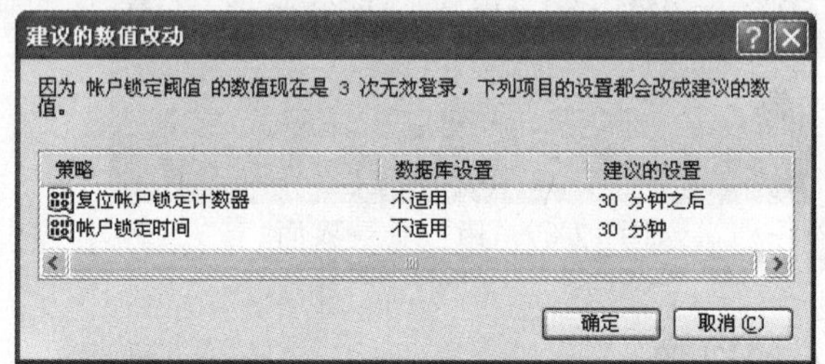

图 12-92 【建议的数值改动】对话框

注意：用户在应用了该项设置后，应牢记自己的管理员密码，否则在密码输入错误的次数超过设定值时，任何用户在 30 分钟内将无法进入系统。用户若要取消此项设置，只需在步骤❺中，将微调框的值设置为“0”即可。

12.7.4 禁止使用控制面板

通过【控制面板】可完成对电脑的大部分操作，为了防止黑客利用【控制面板】来操控自己的电脑，可将控制面板设置为禁用。

例 12-22 禁用 Windows 的控制面板。

❶ 选择【开始】|【运行】命令，打开【运行】对话框，如图 12-93 所示。

❷ 在【打开】下拉列表框中输入命令“gpedit.msc”，然后单击【确定】按钮，打开【组策略】窗口。

❸ 在左侧的列表中依次展开【用户配置】|【管理模板】|【控制面板】选项。

❹ 在右侧的列表中双击【禁止访问控制面板】选项，如图 12-94 所示，打开【禁止访问控制面板 属性】对话框。

❺ 在该对话框中选中【已启用】单选按钮，然后单击【确定】按钮，完成设置，如图 12-95 所示。

图 12-93　【运行】对话框

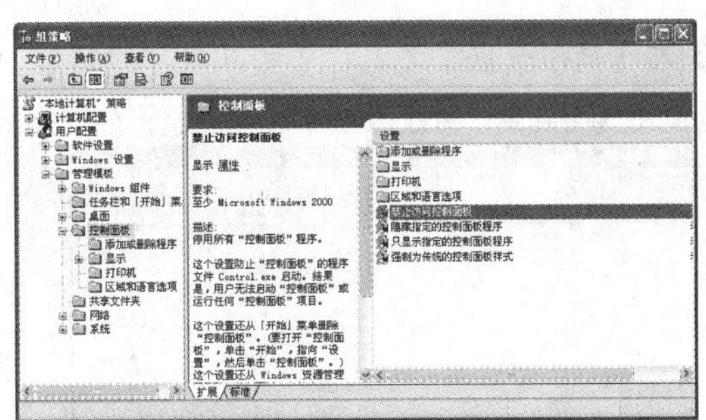

图 12-94　【组策略】窗口

❻ 此时，用户再次试图打开【控制面板】时，将会弹出【限制】对话框，提示【控制面板】已被管理员禁用，如图 12-96 所示。

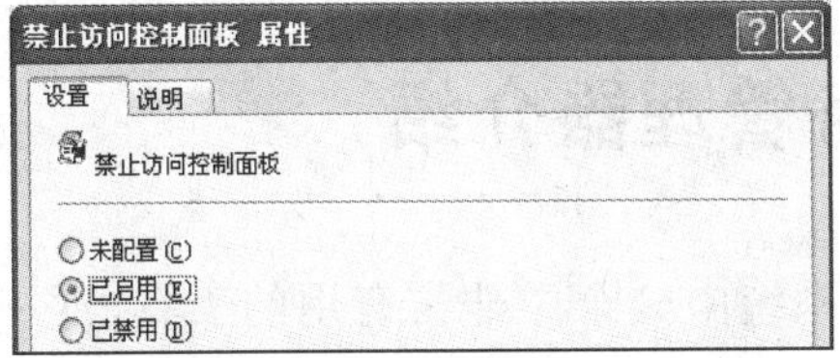

图 12-95　选择【已启用】单选按钮

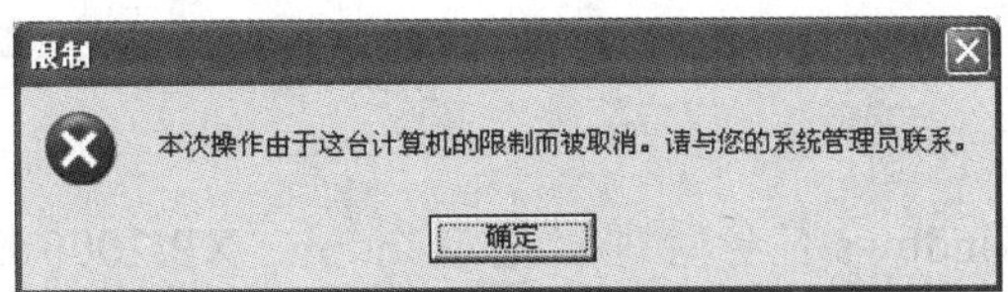

图 12-96　【限制】对话框

12.7.5　禁用 Windows 的搜索功能

通过 Windows 的搜索功能，可以方便地查找电脑中需要的内容，但同时也降低了系统的安全性，用户可通过注册表编辑器禁用 Windows 的搜索功能。

例 12-23　禁用 Windows 的搜索功能。

❶ 选择【开始】|【运行】命令，打开【运行】对话框，如图 12-97 所示。

❷ 在【打开】下拉列表框中输入命令“regedit”，然后单击【确定】按钮，打开【注册表编辑器】窗口，如图 12-98 所示。

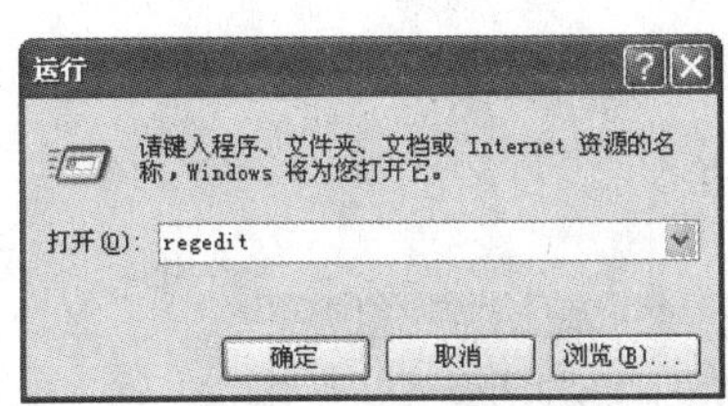

图 12-97　【运行】对话框

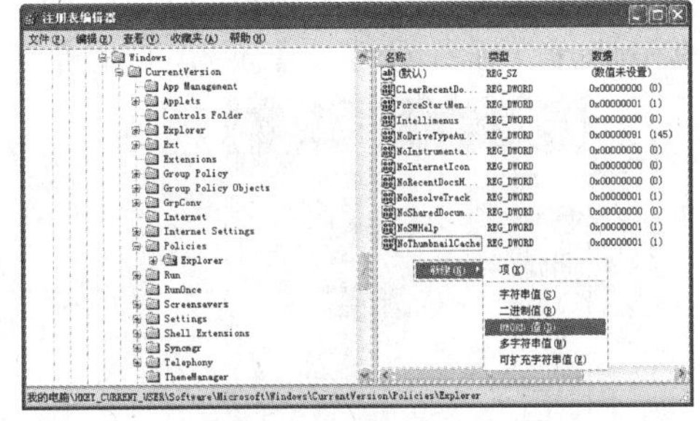

图 12-98　注册表编辑器

❸ 在左侧的列表中依次展开 HKEY_CURRENT_USER\Software\Microsoft\Windows\CurrentVersion\Policies\Explorer 选项。

❹ 在窗口右侧的空白处右击鼠标，在弹出的快捷菜单中选择【新建】|【DWORD 值】命令，新建一个选项。

❺ 将这个新建的选项的名称修改为“NoFind”，如图 12-99 所示，然后双击该选项，打开【编辑 DWORD 值】对话框，如图 12-100 所示。

❻ 在【数值数据】文本框中输入数字“1”，然后单击【确定】按钮，完成设置。此时用户就不能使用 Windows 的搜索功能查找文件了。

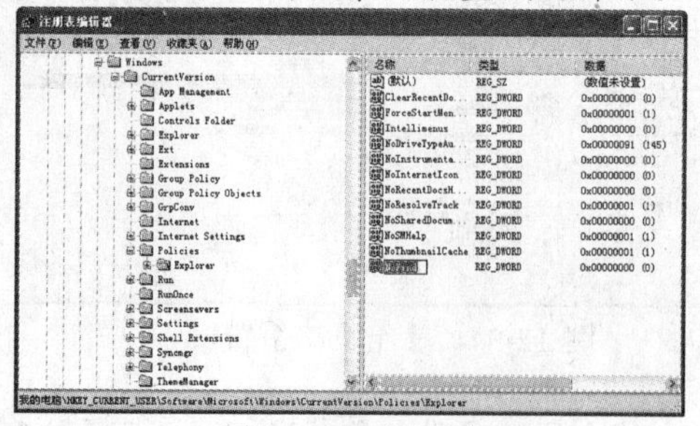

图 12-99 新建选项

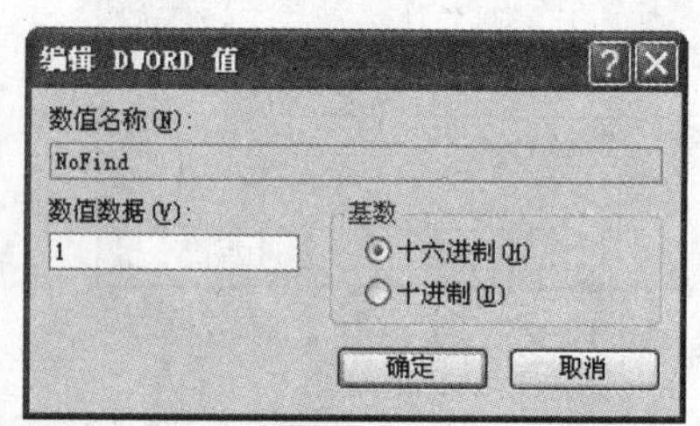

图 12-100 【编辑 DWORD 值】对话框

12.8 Windows 任务管理器介绍

Windows 任务管理器是 Windows XP/2000 操作系统中一个中非常有用的工具，它提供了有关电脑性能的信息，并显示了电脑上所运行的程序和进程的详细信息，可有效地帮助用户随时发现可疑进程，有利于木马和病毒的防范。

12.8.1 打开 Windows 任务管理器

可以通过以下方法之一来打开 Windows 任务管理器系统：

- 通过快捷键打开：同时按下 Ctrl＋Alt＋Del 组合键，即可打开任务管理器。
- 通过运行命令打开：单击 开始 按钮，选择【开始】|【运行】命令，打开【运行】对话框，如图 12-101 所示。然后在【运行】对话框中的【打开】文本框中输入“taskmgr”，单击【确定】按钮即可打开 Windows 任务管理器。
- 通过右击任务栏打开：用户可在任务栏的空白区域右击鼠标，然后在弹出的快捷菜单中选择【任务管理器】菜单项即可打开 Windows 任务管理器。

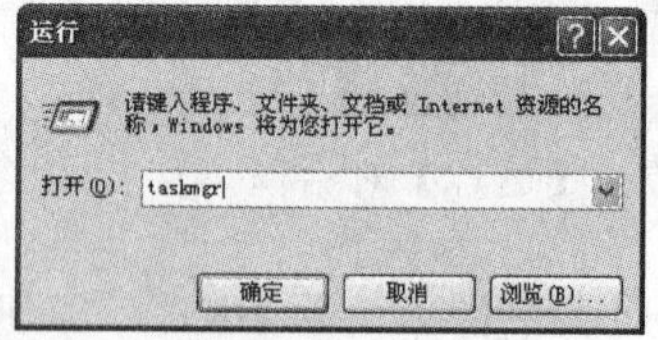

图 12-101 打开【运行】对话框

12.8.2 Windows 任务管理器介绍

打开 Windows 任务管理器窗口，可以看到【应用程序】、【进程】、【性能】、【联网】及用户 5 个选项卡，每个选项卡都包含不同的内容。

1. 【应用程序】选项卡

打开 Windows 任务管理器，切换到【应用程序】选项卡，如图 12-102 所示。该选项卡中显示用户电脑当前正在运行的程序，如果运行的程序比较多，造成系统缓慢，用户可选定某个暂时不用的程序，然后单击窗口下部的【结束任务】按钮，关闭该程序。如果需要在运行的程序之间进行相互切换，用户只需选中将要打开的程序，然后单击窗口下部的【切换至】按钮即可。

如果用户想要通过任务管理器运行新的应用程序，可以单击窗口下部的【新任务】按钮，系统将弹出【创建新任务】对话框，如图 12-103 所示，例如输入“dxdiag”命令，然后单击【确定】按钮，将打开【DirectX 诊断工具】对话框。

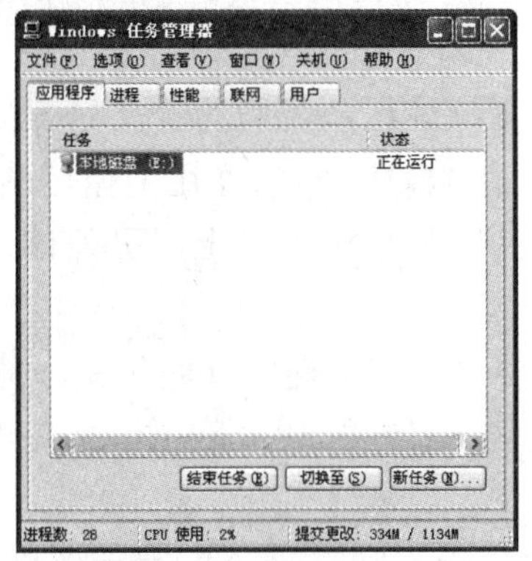

图 12-102 【应用程序】选项卡

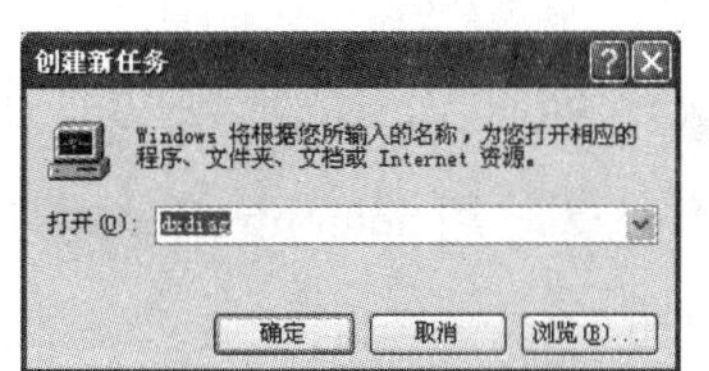

图 12-103 【创建新任务】对话框

2. 【进程】选项卡

切换到进程选项卡，如图 12-104 所示，用户可看到当前电脑上正在运行的所有系统进程和应用进程。默认情况下用户在【进程】选项卡中只能看到【映像名称】、【用户名】、【CPU】和【内存使用】4 列内容。如果用户想要看到更多的内容，可单击【查看】菜单项，在弹出的子菜单中选择【选择列】命令，打开【选择列】对话框，如图 12-105 所示。

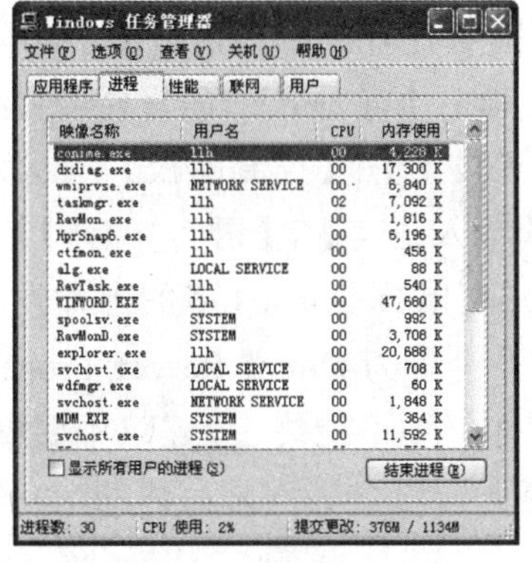

图 12-104 【进程】选项卡

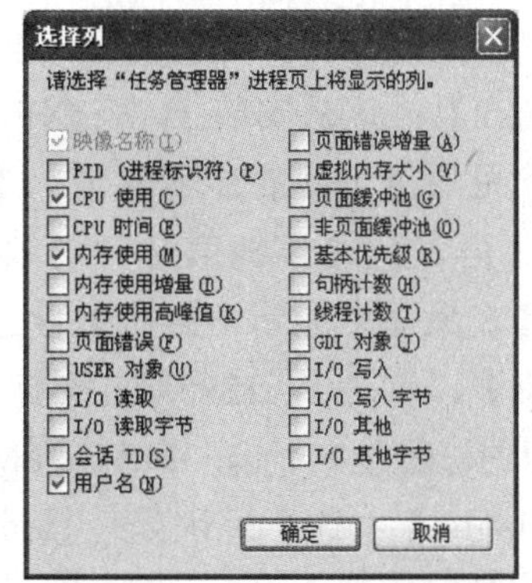

图 12-105 【选择列】对话框

在该选项卡中选中想要在【进程】选项卡中显示的列表项，例如选择【基本优先级】选项，如图 12-106 所示，然后单击【确定】按钮，即可在【进程】选项卡中显示【基本优先级列】，如图 12-107 所示。

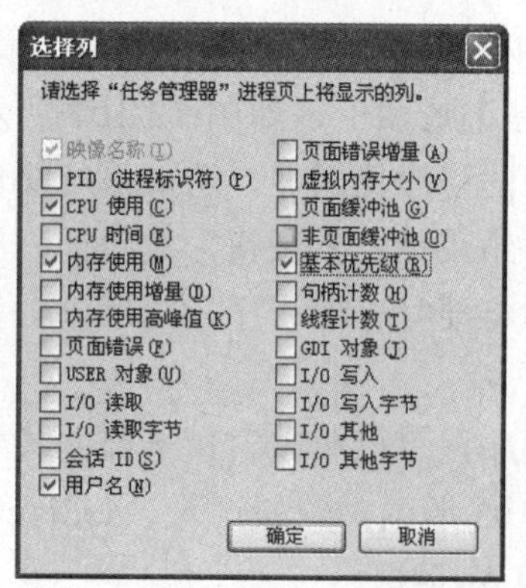

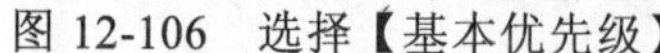

图 12-106　选择【基本优先级】

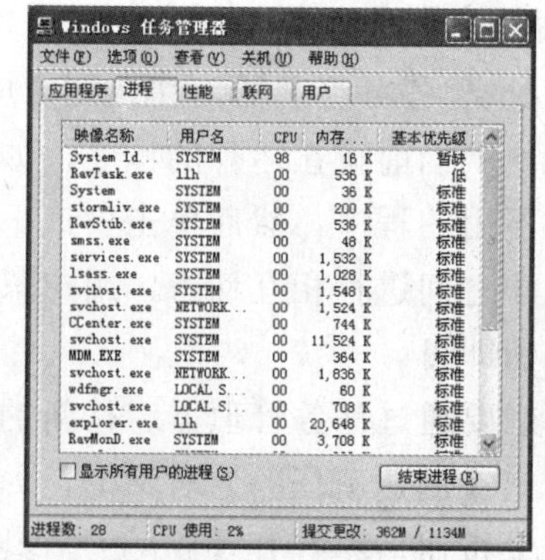

图 12-107　显示【基本优先级】列

【进程】选项卡中显示有许多后缀名为.exe 的系统进程，他们的含义如下：

- 【System Idle Process】：这是关键进程，只有 16kB，它的作用是循环统计 CPU 的空闲度，这个值越大越好，且大多数情况下保持在 50%以上。另外该进程不能被结束。
- 【System】：System 是 Windows 页面内存管理进程，拥有 0 级优先。当 system 后面出现.exe 时是 netcontroller 木马病毒生成的文件，出现在 c:\\windows 目录下，建议将其删除。
- 【explorer】：explorer.exe 控制着标准的用户界面、进程、命令和桌面等。explorer.exe 总是在后台运行，根据系统的字体、背景图片、活动桌面等情况的不同，通常会消耗 5.8MB 到 36MB 内存不等。用户应注意区别 explorer.exe 和 Internet Explorer 的不同。
- 【IEXPLORE】：iexplore.exe 是 Microsoft 对 Internet 的主要编程器。iexplore.exe 是非常必要的进程，不应终止，除非怀疑造成问题。它的作用是加快用户再一次打开 IE 的速度，当关闭所有 IE 窗口时，它将依然在后台运行。当用户用它上网时，占有 7.3MB 甚至更多的内存，内存占有量随着打开浏览器窗口的增加而增多。
- 【ctfmon】：这是安装了 WinXP 后，在桌面右下角显示的语言栏。如果不希望它出现，可通过下面的步骤取消：【开始】|【设置】|【控制面板】|【区域和语言选项】|【语言】|【详细信息】|【文字服务和输入语言】|【语言栏】|【语言栏设置】禁用【在桌面上显示语言栏】复选框。这样可以节省 4MB 多的内存。
- 【csrss】：这是 Windows 的核心部分之一，全称为 Client Server Process。这个只有 4K 的进程经常消耗 3MB 到 6MB 左右的内存，不能终止，建议不要修改此进程。
- 【winlogon】：这个进程处理登录和注销任务，这个进程是必需的，它的大小和你登录的时间有关。
- 【services】：services.exe 是微软 windows 操作系统的一部分。用于管理启动和停止服务。该进程也会处理在计算机启动和关机时运行的服务。这个程序对你系统的正常运行是非常重要的，该进程系统禁止结束。
- 【svchost】：svchost.exe 是属于微软 windows 操作系统的系统程序，用于执行 dll 文件。这个程序对系统的正常运行是非常重要的。开机出现“Generic Host Process

for Win32 Services 遇到问题需要关闭”一般都是由于这个进程找不到 dll 文件所致。

- 【msmsgs】：这是微软的 MSN(即时通信软件)进程，在 WinXP 的家庭版和专业版里面绑定的，如果电脑运行着 Outlook 和 MSN Explorer 等程序，该进程会在后台运行支持所有微软的 NET 功能。
- 【msn6】：这是微软在 WinXP 里面的 MSN 浏览器进程，当 msmsgs.exe 运行后才有这个进程。
- 【spoolsv】：用于将 windows 打印机任务发送给本地打印机，关闭以后稍后又会自动打开。
- 【smss】:只有 45KB 的大小却占据着 300KB 到 2MB 的内存空间,这是一个 Windows 的核心进程之一，是 windows NT 内核的会话管理程序。
- 【taskmgr】：如果看到了这个进程在运行，其实就是看这个进程的“任务管理器”本身，它大约占用了 3.2MB 的内存。
- 【Tastch】：在 Windows XP 系统中安装了 PowerToys 后会出现此进程，按【Alt】+【Tab】键显示切换图标，大约占用 1.4MB 到 2MB 的内存空间。
- 【lsass】：本地安全权限服务，是微软安全机制的系统进程，主要处理一些特殊的安全机制和登录策略。
- 【atievxx】：这是随 ati 显卡硬件产品驱动一起安装而来。它不是纯粹的系统程序，但如果终止它，可能会导致不可知的问题。
- 【alg】：这是微软 windows 操作系统自带的程序。它用于处理微软 windows 网络连接共享和网络连接防火墙，这个程序对系统的正常运行是非常重要的。
- 【wdfmgr】：wdfmgr.exe 是微软 Microsoft Windows Media Player 10 播放器的一部分。该进程用于减少兼容性问题。

3. 【性能】选项卡

切换到【性能】选项卡，如图 12-108 所示。该选项卡中用户可以看到内存和 CPU 的使用情况等信息。

4. 【联网】选项卡

切换到【联网】选项卡，如图 12-109 所示，该选项卡中主要显示的是当前用户的网络连接状态和使用情况。

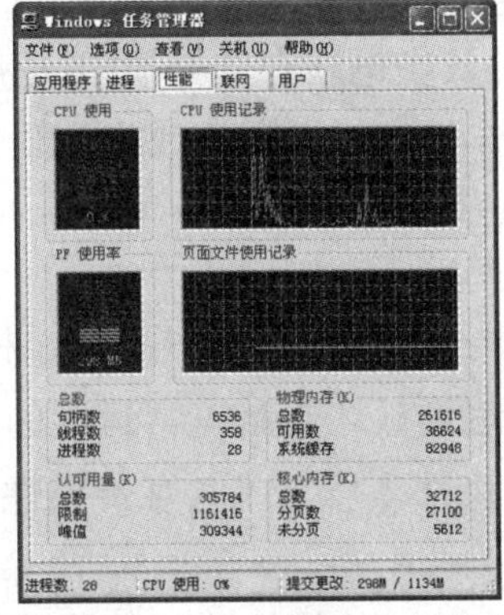

图 12-108 【性能】选项卡

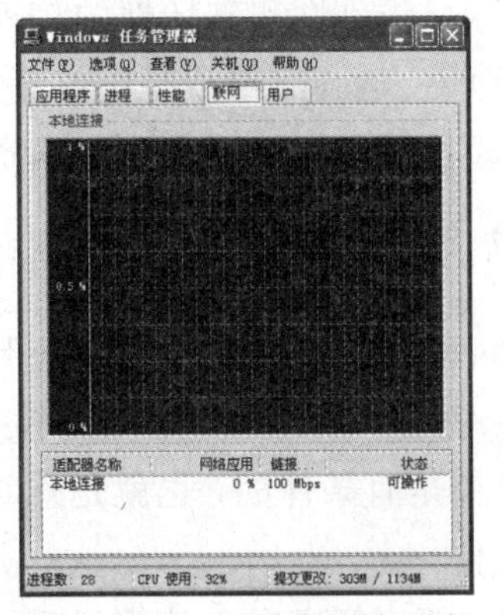

图 12-109 【联网】选项卡

5. 【用户】选项卡

切换到【用户】选项卡，如图 12-110 所示。在该选项卡中用户可以看到当前系统中连接的所有用户。如果用户想要断开某个用户，只需选中该用户，然后单击【断开】按钮，再在随即弹出的对话框中单击【是】按钮即可，如图 12-111 所示。

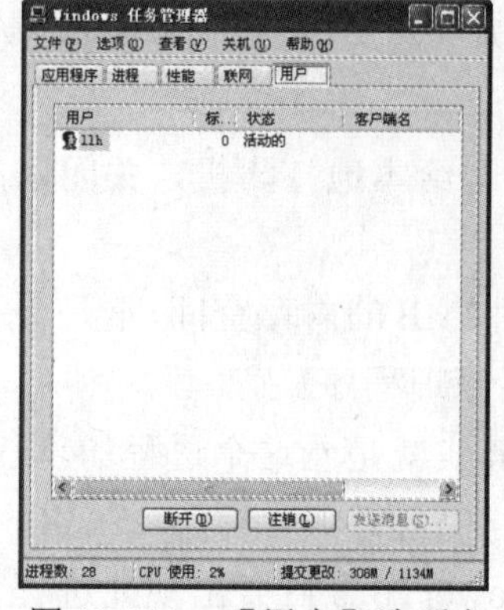
图 12-110 【用户】选项卡

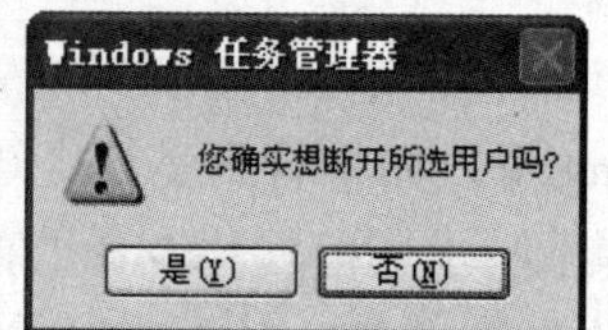

图 12-111 【Windows 任务管理器】对话框

12.9 电脑病毒的防治

网络的普及为人们的学习、生活和工作带来了极大的方便，但人们在享受网络方便快捷的同时，也受到了网络安全问题的困扰，其中电脑网络病毒已经给电脑用户带来了严重的威胁。

12.9.1 电脑病毒的概念

电脑病毒是一个程序，一段可执行码。就像生物病毒一样，电脑病毒有独特的复制能力并且可以很快地蔓延，又常常难以根除。它们能把自身附着在各种类型的文件上。当文件被复制或从一个用户传送到另一个用户时，它们就随同文件一起蔓延开来。

对电脑病毒的定义可以分为以下两种：一种定义是通过磁盘、磁带和网络等作为媒介传播扩散，能“传染”其他程序的程序；另一种是能够实现自身复制且借助一定的载体存在的具有潜伏性、传染性和破坏性的程序。

因此确切地说，电脑病毒就是能够通过某种途径潜伏在电脑存储介质(或程序)里，当达到某种条件时即被激活的，具有对电脑资源进行破坏作用的一组程序或指令集合。

12.9.2 电脑病毒的特点

凡是电脑病毒，一般来说都具有以下特点：

- 传染性：病毒通过自身复制来感染正常文件，达到破坏电脑正常运行的目的，但是它的感染是有条件的，也就是病毒程序必须被执行之后它才具有传染性，才能感染其他文件。
- 破坏性：任何病毒侵入计算机后，都会或大或小地对计算机的正常使用造成一定的影响，轻者降低计算机的性能，占用系统资源，重者破坏数据导致系统崩溃，甚至会损坏电脑硬件。

- 隐藏性：病毒程序一般都设计得非常小巧，当它附带在文件中或隐藏在磁盘上时，不易被人觉察，有些更是以隐藏文件的形式出现，不经过仔细地查看，一般用户是很难发现。
- 潜伏性：一般病毒在感染文件后并不是立即发作，而是隐藏在系统中，在满足条件时才激活。一般都是某个特定的日期，例如“黑色星期五”就是在每逢 13 号的星期五才会发作。
- 可触发性：病毒如果没有被激活，它就像其他没执行的程序一样，安静地呆在系统中，没传染性也不具有杀伤力，但是一旦遇到某个特定的文件，它就会被触发，具有传染性和破坏力，对系统产生破坏作用。这些特定的触发条件一般都是病毒制造者设定的，它可能是时间、日期、文件类型或某些特定数据等。
- 不可预见性：病毒种类多种多样，病毒代码千差万别，而且新的病毒制作技术也不断涌现。因此，用户对于已知病毒可以检测、查杀，而对于新的病毒却没有未卜先知的能力，尽管这些新式病毒有某些病毒的共性，但是它采用的技术将更加复杂，更不可预见。
- 寄生性：病毒嵌入到载体中，依靠载体而生存，当载体被执行时，病毒程序也就被激活，然后进行复制和传播。

12.9.3　电脑病毒的分类

电脑病毒的分类有很多种，一般有以下几种分类方法：

1. 按表现性质

按病毒的表现性质，可分为良性病毒和恶性病毒两种。

- 良性病毒危害性比较小，不破坏系统和数据，本身可能是恶作剧的产物。良性病毒一旦发作，一般只是大量占用系统资源，可能导致电脑无法正常工作。
- 恶性病毒的危害性比较大，不但可能会毁坏数据文件，而且也可能使电脑停止工作，甚至可能会损坏电脑硬件。

2. 按激活的时间

按病毒的激活时间，可分为定时病毒和随机病毒两种。

- 定时病毒仅在某一特定时间才发作。
- 随机病毒一般不会依靠时钟来激活，随时都有可能发作。

3. 按入侵方式

按病毒的入侵方式，可分为操作系统型病毒、源码病毒、外壳病毒和入侵病毒 4 种。

- 操作系统型病毒：这种病毒具有很强的破坏力，可以导致整个系统的瘫痪。
- 源码病毒：在程序被编译之前插入到 C 或 Pascal 等语言编制的源程序里，完成这一工作的病毒程序一般是在语言处理程序或连接程序中。
- 外壳病毒：常附在主程序的首尾，对源程序不作更改。这种病毒较常见，易于编写，也易于发现，一般测试可执行文件的大小即可知道。
- 入侵病毒：侵入到主程序之中，并替代主程序中部分不常用到的功能模块或堆栈区，这种病毒一般是针对某些特定程序而编写的。

4. 按是否有传染性

按病毒是否有传染性，可分为不可传染性和可传染性病毒。不可传染性病毒有可能比可传染性病毒更具有危险性和难以预防。

5. 按传染方式

按病毒的传染方式，可分为磁盘引导区传染的电脑病毒、操作系统传染的电脑病毒和一般应用程序传染的电脑病毒等。

12.9.4 电脑感染病毒的症状

如果电脑感染上了病毒，用户如何才能得知呢？一般来说感染上了病毒的电脑会有以下几种症状：

- 程序载入的时间变长。
- 平时运行正常的电脑变得反应迟钝，并会出现蓝屏或死机现象。
- 可执行文件的大小发生不正常的变化。
- 对于某个简单的操作，可能会花费比平时更多的时间。
- 硬盘指示灯无缘无故持续处于点亮状态。
- 开机出现错误的提示信息。
- 系统可用内存突然大幅减少，或者硬盘的可用磁盘空间突然减小，而用户却并没有放入大量文件。
- 文件的名称或是扩展名、日期、属性被系统自动更改。
- 文件无故丢失或不能正常打开。

如果电脑出现了以上几种症状，那就很有可能是电脑感染上了病毒。

12.9.5 预防电脑病毒

在使用电脑的过程中，如果用户能够掌握一些预防电脑病毒的小技巧，那么就可以有效的降低电脑感染病毒的几率。这些技巧主要包含以下几个方面：

- 最好禁止可移动磁盘和光盘的自动运行功能，因为很多病毒会通过可移动存储设备进行传播。
- 最好不要在一些不知名的网站上下载软件，很有可能病毒会随着软件一同下载到电脑上。
- 尽量使用正版杀毒软件。
- 对于游戏爱好者，尽量不要登录一些外挂类的网站，很有可能在你登录的过程中，病毒已经悄悄地侵入了你的电脑系统。
- 如果病毒已经进入电脑，应该及时将其清除，防止其进一步扩散。
- 共享文件要设置密码，共享结束后应及时关闭。
- 对重要文件应形成习惯性的备份，以防遭遇病毒的破坏，造成意外损失。
- 定期使用杀毒软件扫描电脑中的病毒，并及时升级杀毒软件。

12.9.6　使用瑞星杀毒软件查杀病毒

瑞星杀毒软件是一款著名的国产杀毒软件，是专门针对目前流行的网络病毒研制开发的产品，采用多项最新技术，能够有效地提升对未知病毒、变种病毒、黑客木马、恶意网页等新型病毒的查杀能力，是保护电脑系统安全的常用工具软件。

获取瑞星杀毒软件的方法有两种，一种是购买正版的瑞星杀毒软件光盘，另一种是在其官方网站(http://www.rising.com.cn)上下载免费版。

下面以具体实例的方式来介绍瑞星杀毒软件的使用方法。

例 12-24　使用瑞星杀毒软件查杀电脑病毒。

❶ 瑞星杀毒软件安装完成后，双击它的启动图标，随即打开瑞星杀毒软件的主界面，如图 12-112 所示。

❷ 切换到【杀毒】选项卡，如图 12-113 所示。在该选项卡左侧的窗格中，用户可以选择需要查杀病毒的位置；在右侧的【发现病毒时】下拉列表框中，用户可以选择发现病毒时的处理方式；在【杀毒结束时】下拉列表框中，用户可以选择，杀毒结束后电脑需要自动进行的操作。设置完成后单击【开始查杀】按钮，即开始查杀电脑的病毒，如图 12-114 所示。此时在窗口最下方的部分显示杀毒的进程和查杀到的病毒数。

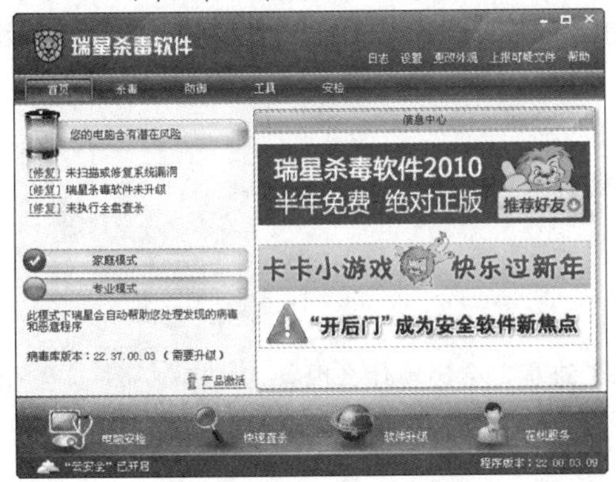

图 12-112　瑞星主界面

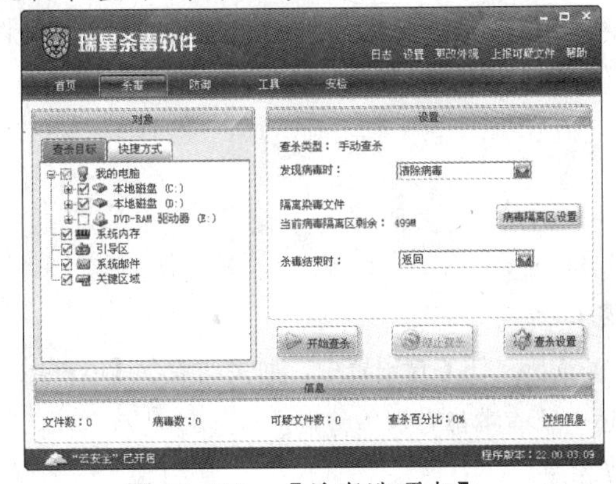

图 12-113　【杀毒选项卡】

❸ 在查杀的过程中，用户可单击【停止查杀】按钮，随时结束杀毒的进程。杀毒结束后，系统会自动弹出【杀毒结束】对话框，报告用户杀毒的情况，如图 12-115 所示。

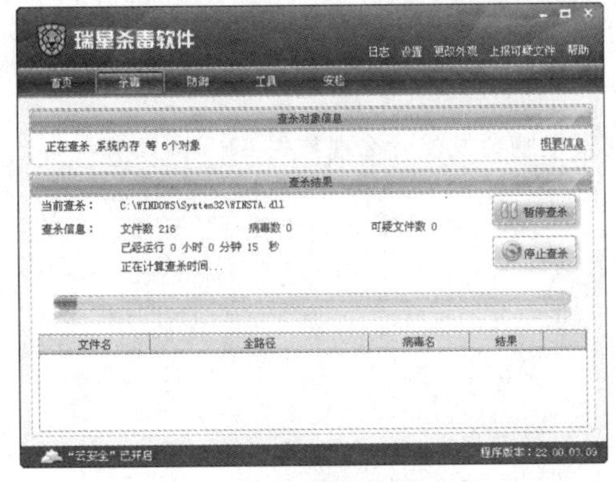

图 12-114　开始查杀病毒

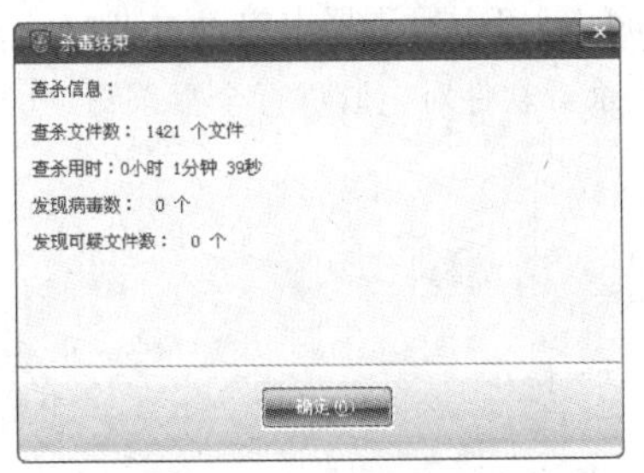

图 12-115　【杀毒结束】对话框

另外使用杀毒软件需要注意以下几个问题：

- 尽量不要使用旧版的杀毒软件，要及时更新，这样才能有效地查杀最新出现的病毒。
- 可以使用一些不同的杀毒软件进行交叉杀毒，但注意不要同时进行。
- 最好启用杀毒软件的实时监控功能，随时防御外来病毒。
- 安装杀毒软件最好使用正版，这样可以在网上进行及时更新。
- 对于U盘或是移动硬盘等可移动存储设备，在打开前要记得先查杀病毒。

本章小结

本章主要介绍了操作系统安全防护的一些技巧。操作系统是用户和电脑进行交互的媒介，一旦操作系统出现问题，可能导致用户无法使用电脑，进而影响用户的工作、学习或生活。通过对本章的学习，用户应该掌握如何整理磁盘碎片和清理磁盘垃圾文件，如何利用工具软件对操作系统进行维护(例如瑞星卡卡、360 安全卫士等)。Windows 任务管理器可帮助用户快速的查看电脑系统中正在运行的进程，并及时发现可疑进程，维护系统的正常运行。另外用户还要注意对电脑病毒的防治，电脑上最好安装杀毒软件，并利用杀毒软件的实时监控功能，随时防御外来病毒，确保操作系统的正常运行。下一章向读者介绍电脑硬件的日常维护方法。

习　题

简答题

1. 在 Windows 任务管理器中，如果结束了【explorer.exe】进程，会出现什么现象？
2. 简述电脑病毒都有那些特点。

上机操作题

3. 使用瑞星卡卡清理上网记录。
4. 使用瑞星卡卡禁用不必要的开机启动项。
5. 使用 360 安全卫士查杀流行木马。
6. 通过组策略禁用注册表。
7. 为电脑设置管理员密码。
8. 结束 Windows 任务管理器中的 explorer.exe 进程，观察电脑会发生什么现象？
9. 使用瑞星杀毒软件对电脑进行全盘杀毒。

第 13 章

电脑硬件的日常维护

本章主要介绍电脑中的各个硬件以及一些常用外设的日常维护方法。通过本章的学习，应该完成以下学习目标：

- ☑ 掌握主板的日常维护方法
- ☑ 掌握 CPU 和内存的日常维护方法
- ☑ 掌握硬盘和光驱的日常维护方法
- ☑ 掌握显示器的日常维护方法
- ☑ 掌握键盘和鼠标的日常维护方法
- ☑ 掌握音箱的日常维护方法
- ☑ 掌握打印机的日常维护方法
- ☑ 掌握可移动存储设备的日常维护方法

13.1 电脑使用常识

本节将重点介绍在使用电脑的过程中需要用户了解并掌握的常识，包括保持良好的使用环境、养成正确的使用习惯以及坚持定期的维护系统 3 个部分。

13.1.1 保持良好的使用环境

在使用电脑时，用户应尽量创建一个良好的电脑工作环境，以避免因为环境问题而造成的电脑故障。

- 机房位置：电脑机房的位置应设在二楼或三楼，并考虑设置防震，配备灭火器等设备。
- 温度与湿度：电脑机房温度应保持在 18℃~24℃之间，相对湿度应保持在 40%~60%之间。
- 防静电、电磁干扰及噪声：电脑机房设备应有接地线，噪声标准应控制在 65dB 以下。
- 供电：保证供电连续，电脑电源的电压应稳定在 220V±10%之间，以保证电脑在工作时的安全与稳定。
- 周围卫生：尽量不要在操作电脑时吃东西等，因为这样可避免电脑设备的污染或损坏。

- 电脑状态：电脑的机箱盖要保持关闭状态，这样可以减少电脑内部沾染的灰尘，并能够避免电脑内部硬件配件受到损坏。
- 固定位置：台式电脑应避免经常移动，以防止其因为震动而收到损坏。
- 保证电源稳定：因为电脑所在的机房部分停电(或是电量的小幅减少)可能会突然使电脑系统重启或关机。因此，对于一些电力不太稳定的用户，建议购买 UPS 或是稳压电源之类的设备，以保证为电脑提供稳定的电力。另外，最好不要让电脑与空调机等设备使用相同的电源插座。因为，雷击等意外事件可能会破坏电脑空调机的电源线，并波及电脑的电源系统。

13.1.2 养成正确的使用习惯

用户在日常使用电脑时，要养成良好的使用习惯，例如下面所介绍的几点。

- 正确地执行开机、关机操作（正常开机的顺序是先开外部设备，后开机，如先开打印机、显示器、扫描仪等的电源，然后再打开主机的电源。关机的顺序则相反）。
- 在电脑运行时，严禁拔插电源或信号电缆，磁盘读写时严禁拔出软盘、晃动机箱。
- 系统非正常退出或意外断电后，应尽快进行硬盘扫描，以及时修复错误。
- 尽量不要使用外来 U 盘，在 U 盘使用前必须查杀病毒。
- 在执行可能造成文件破坏或丢失的操作时，一定格外小心。
- 在执行“关闭系统”命令关机时，若关机后再开机，相互间隔时间最好不小于 60 秒。
- 在使用电脑时，要注意对病毒的防御，尽量使用病毒防火墙。最好在安装或使用软件后进行查毒和杀毒。
- 经常备份重要的数据。

13.1.3 坚持定期的维护系统

除了使用环境和习惯以外，用户还要有计划地定期对电脑进行维护，例如定期每周维护、每月维护和每年维护或者固定时间对电脑进行一次系统检查。另外，还可以使用笔记本，记载每次维护的内容以及发现的问题、解决的方法和过程。用户在对电脑进行定期维护时可进行以下操作。

- 用脱脂棉轻擦电脑表面灰尘，检查电缆线是否松动。
- 查杀病毒等检查并确认硬盘中的重要文件已备份。
- 删除不再使用的文件和目录。
- 检查所有电缆线插接是否牢固，检查硬盘中的碎块文件，整理硬盘等。

13.1.4 硬件维护工具

硬件维护不需要很复杂的工具，一般的除尘维护只需要准备十字螺丝刀、平口螺丝刀、毛刷子。如果要清洗软驱、光驱内部，还需要准备镜头试纸、电吹风、无水乙醇、脱脂棉球、钟表起子(一套)、镊子、吹气球、回形针、钟表油、黄油等。如还需要进一步维修，还需准备一只尖嘴钳、一只试电笔和一只万用表，部分工具如图 13-1 所示。

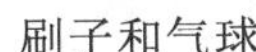

刷子和气球

清洗硬件内部的无水乙醇

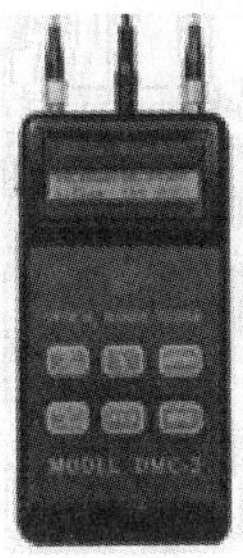

万用表

螺丝刀

图 13-1　维护硬件的常用工具

13.1.5　硬件维护的注意事项

电脑硬件在维护过程中应注意以下事项：

- 有些原装和品牌电脑不允许用户自己打开机箱，如擅自打开机箱可能会失去享有一些由厂商提供的保修权利，用户需要特别注意。
- 各部件要轻拿轻放，尤其是硬盘，防止损坏零件。
- 拆卸时注意各插接线的方位，如硬盘线、软驱线、电源线等，以便正确还原。
- 用螺丝固定各部件时，应首先对准部件的位置，然后再拧紧螺丝，尤其是主板，略有位置偏差就可能导致插卡接触不良。主板安装不平将可能会导致内存条、适配卡接触不良甚至造成短路，天长日久甚至可能会发生形变导致故障发生。
- 由于电脑板卡上的集成电路器件多采用 MOS 技术制造，这种半导体器件对静电高压相当敏感。当带静电的人或物触及这些器件后，就会产生静电释放，而释放的静电高压将损坏这些器件。因此维护电脑时要特别注意静电防护。

在拆卸维护电脑硬件之前还必须要注意以下几点：

- 断开所有电源。
- 在打开机箱之前，双手应该触摸一下地面或者墙壁，释放身上的静电。拿主板和插卡时，应该尽量拿卡的边缘，不要用手接触板卡的集成电路。
- 不要穿容易与地板、地毯摩擦产生静电的胶鞋在各类地毯上行走。
- 保持一定的湿度，空气干燥也容易产生静电，理想湿度应在 40%~60%之间；
- 使用电烙铁、电风扇一类的工具时应接好地线。

13.2　主板的日常维护

主板是主机箱内部表面积最大的部件，也比较容易吸附灰尘，如果不注意日常的清理和维护，就会影响到主板的性能，甚至会影响到安装在主板上的其他部件的性能。

13.2.1 注意温度

一般来说，主板工作的理想温度为 10℃～45℃，温度太高会使电子元件和集成电路产生的热量散发不出去，从而加快半导体的老化，减少电脑配件的寿命。

现在的主板多数已经在北桥芯片上安装了散热片，也就是说主板的北桥芯片温度会远高于南桥芯片，因此要随时注意北桥芯片的温度，如果加装了散热片后散热效果还是不好，那么最好安装一个散热风扇帮助散热。

13.2.2 注意清理灰尘

清理主板不仅是为了保持主板表面的清洁，对于电源、内存和显卡等插件同样是很重要的，很多主板故障都是由于主板插槽接触不良导致的，因此建议用户根据住所的环境情况，以 6 个月左右为一个周期，定期进行除尘。

进行除尘的时候，要拔下所有插卡和内存，拆除固定主板的螺丝，取下主板，用刷子(质软带毛绒的工具皆可，勿用牙刷)轻轻除去各部分的积尘。注意不要用力过大或动作过猛，以免碰掉主板表面的贴片元件或造成元件的松动以致虚焊。同时切忌用电吹风机等大功率的送风装置清理，其清理不干净的同时可能还会把湿气带进主板导致短路。

13.2.3 注意绝缘问题

主板绝缘问题经常出现在更换主板或者安装主板的过程中，因此安装主板的时候一定要注意主板不要与机箱出现短路的现象，以免产生一些莫名其妙的故障，例如无法正常点亮或者某些功能无法使用等，严重的甚至会导致主板烧毁。

在安装主板的时候，最好在安装螺丝的部位的上下方都垫上绝缘垫圈，安装完毕后应仔细检查主板底部有无和机箱短接的地方，以确保万无一失。有些用户在使用电脑的时候喜欢倒置机箱，并且把侧盖打开来提高散热，此时就需要把定位螺丝锁紧，因为正常使用时机箱也会由于硬盘或风扇的转动产生振动，使螺丝松动，万一松动的螺丝掉落在主板上导致短路，可能会烧坏主板。

13.2.4 注意防止静电

静电对电子元件的杀伤力也是很大的，用户在接触电子元件前应该通过触摸水管等接地设备的方式来释放静电。

13.3 CPU 的日常维护

CPU 是一个非常精密的元件，是整个电脑系统的核心，用户如果对 CPU 采取了不恰当的使用或维护方法，很有可能损坏 CPU。

13.3.1 选择合适的散热装置

目前主要的散热技术有风冷、热管和液冷三种方式。虽然热管和水冷的效果比传统的风冷效果要好，但是由于其价格昂贵，装配复杂(特别是水冷系统)，目前仍未能广泛使用。

相比之下，传统风冷散热系统的成本低廉，运行可靠，仍是目前最常用的散热手段。

风冷的工作原理比较简单，就是利用一个散热风扇加快散热表面的空气流动速度，把 CPU 产生的热量带出来。因此，一个好的传统风冷散热器主要是由散热片和风扇所共同决定的。一款好的风扇主要考察风量、噪音和风压大小；一个好的散热片应该有较大的有效散热面积，较高的导热性能和热容量。

13.3.2　正确使用散热硅胶

看似简单的涂抹硅胶的方法是许多用户比较容易忽略的一环。因为很多 CPU 表面的核心部分太小，而且有些 CPU(如 AMD Athlon XP)表面还有外露的电容、电阻及小金桥等，散热硅胶涂抹不当随时可能会因短路而使 CPU 烧毁。

正确涂抹硅胶的方法如下：硅胶挤出时，将散热膏的管嘴对准 CPU 表面的核心位置(注意挤出的量宁少勿多)。如图 13-2 所示。切勿将硅胶和核心边缘靠得太近，因为装散热器时，压力会把核心两侧的散热膏挤出到接近电容的地方，造成短路的隐患。如果挤出的散热硅胶太多，最好把核心以外的污染部分完全清洁干净。

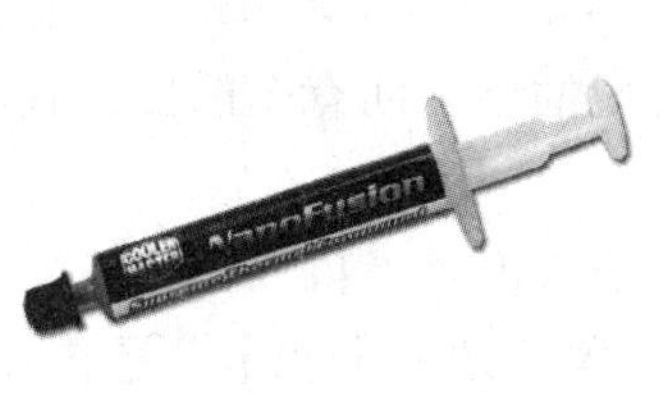

散热硅胶

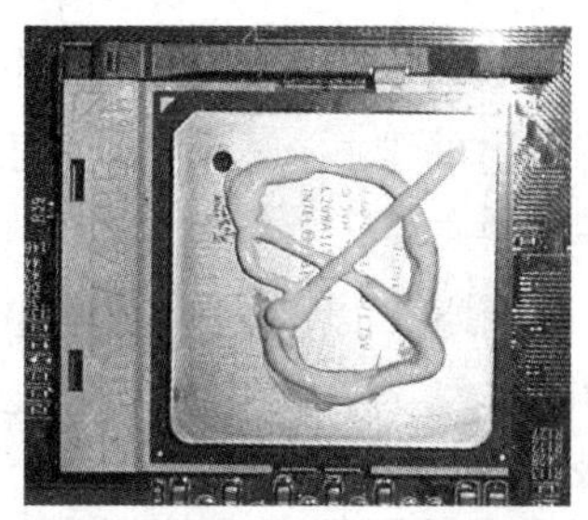

涂抹方法

图 13-2　涂抹散热硅胶示意图

13.3.3　慎重选择超频

超频是免费提升 CPU 性能的最佳方法，而 CPU 主频是由外频和倍频的乘积决定的，CPU 超频就是通过超倍频和超外频来实现的。但是超频带来的电压提升会使 CPU 内部的电子迁移现象更加严重，甚至烧毁 CPU。

对于 Intel 处理器来说，所有的 CPU 都是锁了倍频的，只能提升外频。在对 Intel 处理器超频时千万不能心急，提升外频最好以 5MHz 幅度来提升，如果外频提升到一定幅度时系统不太稳定，可以稍微增加一下电压。对于 Intel 的 CPU，稍微加一些电压效果是明显的。如对于 Pentium 4 处理器来说，要加压超频，幅度最好不要超过 0.1V。

对于 AMD 处理器来说，超频的注意事项与 Intel 处理器差不多，由于一些 AMD 处理器可以破除倍频锁定，这就增加了超频的灵活性。决定超频成功与否除了拥有一款可超频的 CPU 外，主板和内存等部件往往起着举足轻重的作用，所以是否超频及合理超频要根据自己的配置来决定。

13.4 内存的日常维护

内存是电脑中比较娇贵的配件，如果使用过程中不注意维护，也会给用户带来不少的麻烦。

13.4.1 防止外界干扰

所有的电子元件在运行的时候都会对周围的其他电子元件造成干扰，内存也是如此，如果内存的抗干扰能力较差，那么使用的时候就会出现奇怪的问题，如系统工作不稳定、应用程序经常异常退出等。

一般来说，正规厂商的内存都会经过严格的抗干扰和电磁兼容性测试，通常不会产生干扰问题，尽管如此，很多名牌内存还是给内存加上了一层金属“外衣”，以降低外界对其的干扰。

13.4.2 正确的插拔

很多内存故障都是由于不合理插拔导致的，以 DDR SDRAM 为例，安装内存的时候首先要扳开插槽两边的卡扣，接着观察插槽，可以发现插槽中间有个凸出位置，而内存插脚上也同样有一个缺口。

捏住内存条两端，以缺口对准凸出位置，垂直插入内存，再以拇指按住内存顶部，两手同时用力将内存插入。如果成功插入，可以看到插槽两边的卡扣卡住了内存两端的缺口。如图 13-3 和图 13-4 所示。

图 13-3　内存卡槽的卡扣

图 13-4　插入内存

另外需要注意的是，内存条决不能带电插拔，否则会烧毁内存甚至烧毁主板。

13.4.3 注意防尘

由于内存距离 CPU 比较近，受 CPU 风扇的影响，在很短时间内，内存上就会聚集大量的灰尘。内存的防尘问题有两个焦点，内存本身的防尘和内存插槽的防尘。

在清理内存本身灰尘的时候，除了芯片表面的灰尘外，要特别注意内存芯片引脚之间的灰尘，也要小心仔细地清理，清理过程中要注意不要碰断引脚。内存插槽直接使用软毛刷清理即可，同时还要注意清理插槽内部的灰尘。

13.5 硬盘的日常维护

硬盘是电脑系统的核心存储部件，存储了用户大量的数据，若硬盘出现故障则很可能会丢失其保存的重要数据，因此平时应注意保养与维护硬盘，延长其使用寿命，提高使用效率。

13.5.1　避免硬盘震动

应尽量避免移动硬盘，尤其是硬盘读写操作(盘片在高速旋转)时稍不注意就可能造成盘面的损坏，从而导致硬盘出现坏道而无法修复，安装和拆卸硬盘要小心进行，避免硬盘的震动。硬盘要使用螺丝将其固定在机箱内。如图 13-5 所示。

若要移动硬盘，最好是在硬盘正常关机后并等磁盘停止转动后再进行移动。在移动硬盘时应用手捏住硬盘的两侧，尽量避免手与其硬盘背面的电路板直接接触，轻拿轻放，尽量不要磕碰或与其他坚硬物体相撞，如图 13-6 所示。

图 13-5　固定硬盘

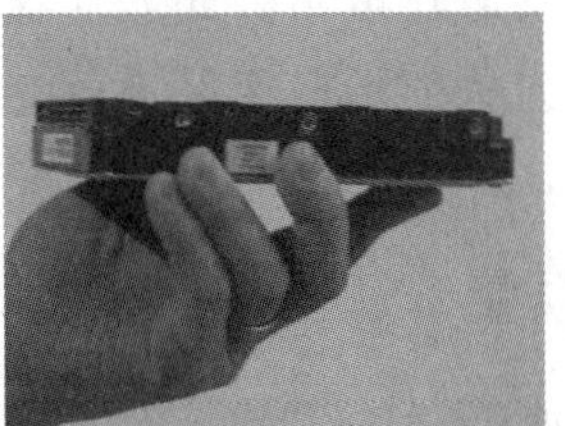

图 13-6　硬盘拿法示意

13.5.2　注意硬盘散热

温度对硬盘的寿命也是有影响的。硬盘在使用过程中会产生一定的热量，所以在使用中存在散热问题。温度过高或过低都会使晶体振荡器的时钟主频发生改变。另外过高的硬盘温度还会造成硬盘电路元件失灵，磁介质也会因热胀效应而造成记录错误。

要保证硬盘的工作温度，要注意以下几个问题：

如果安装了多个硬盘，要注意将硬盘的安装位置拉开距离，不要将两个硬盘安装在相邻的位置，如果安装了一个硬盘，要保证其上下有足够的散热空间，如图 13-7 所示。

对于高转速(7200 转)的硬盘，要注意硬盘的表面温度，如果用手触摸硬盘外壳感觉很热，就要为硬盘添加散热装置，例如专用的硬盘风扇。

图 13-7　硬盘应有足够的散热空间

图 13-8　UPS 电源

13.5.3　保证供电

IDE 硬盘需要电源供应+5V 电压，如果硬盘长时间工作在过低的电压环境中，可能会导致硬盘损坏。因此在安装硬盘的时候，最好使用单个接口的电源线，避免和其他设备共用电源线，同时注意电源提供的+5V 电压不应该有太大的波动。电压不稳定会对硬盘造成很大伤害，如果用户所在地区的电源电压不太稳定，则最好为电脑配置一个 UPS 电源。如图 13-8 所示。

13.5.4 经常备份数据

由于硬盘中保存了很多重要的数据，因此要对硬盘上的数据进行保护。每隔一定时间对重要数据作一次备份。

13.6 光驱的日常维护

光驱的使用寿命较短，因此如何保养好光驱就显得尤为重要。影响光驱寿命的零件主要是激光头，激光头的寿命实际上就是光驱的寿命。正确使用和保养光驱，可以大大提高光驱的寿命。

13.6.1 光盘质量

为了提高光驱的寿命，首先需要注意的是光盘的选择。

一张好光盘必须整洁、无划痕和无破裂。简单地说就是完整和清洁。光盘整洁与否对光驱的寿命影响很大，通常某些盗版光盘在读取时，光驱发出的声音特别大，同时光驱的震动也很大，运转一段时间后光盘会很热，这是因为有些盗版光盘质量很差，表面不平整所致。尽量不要使用盗版或质量差的光盘，如果盘片质量差，激光头就需要多次的重复读取数据，从而使其工作时间加长，加快激光头的磨损，进而缩短光驱的寿命。

13.6.2 注意散热和防尘

灰尘进入光驱内部的途径主要有两种：第一是由光盘带入的灰尘；第二是由电源风扇吸进的空气带入的空气流经光驱时空气中的灰尘就会落到激光头上。

对于第一种途经带入的灰尘只要做好光盘的清洁工作就可以了，也就是在放入光盘前要先用专用光盘清洁光盘。

对于第二种途径带入的灰尘最好的解决办法就是把光驱放到机箱外，这样就不会有灰尘被电源风扇吸到光驱内了，并且也解决了其散热的问题。

散热方面，建议安装光驱的时候应该远离一些发热量大的内部器件，如果靠得太近，光驱就变成其他部件的散热片了，其次就是不要长时间地使用光驱。

13.6.3 其他注意事项

- 不要在电脑附近抽烟，因为烟焦油对光驱的杀伤力很大。
- 光驱在使用的过程中应保持水平放置，不能倾斜放置。
- 在使用完光驱后应立即关闭仓门，防止灰尘进入。
- 关闭光驱时应使用光驱前面板上的盘盒开、关按键，切不可用手直接将其推入盘盒，这样会损坏光驱的传动齿轮。
- 放置光盘的时候勿用手捏住光盘的反光面来移动光盘，指纹有时会导致光驱的读写发生错误。

- 光盘不用时将其从光驱中取出，不要让光驱无谓地空转，这样会导致光驱负荷很重，缩短使用寿命。
- 尽量不要用光驱播放 DVD/VCD 电影，这样会大大加速激光头的老化，可将碟片内容拷贝到硬盘上再播放。
- 尽量选用质量好的光盘，质量差的光盘会导致光驱读盘能力急速下降。
- 尽量避免频繁开关光驱，对于经常要使用的光盘最好将其备份到硬盘中。

13.7　显示器的日常维护

液晶显示器做工精细，所以对它的维护、维修和保养工作更加复杂，本节来介绍液晶显示器的日常维护方法。

13.7.1　注意合理使用

液晶显示器如果用的时间过长可能会烧坏。关机后不同时将显示器也关掉，就会严重损害显示器的寿命。因此不要使液晶长时间处于开机状态(连续 72 小时以上)，在不用的时候，把液晶显示器关掉，或者将它的显示亮度调低。

13.7.2　液晶的脆弱性

拿布擦液晶显示屏会对其造成伤害。而使用清洁剂对液晶显示器进行清洗时也要注意，不要把清洁剂直接喷到屏幕上，因为清洁剂有可能流到屏幕内部，从而造成显示内部电路的短路。正确的做法是用软布蘸上清洁剂轻轻地擦拭屏幕。

13.7.3　避免拆卸液晶显示器

因为在液晶的内部会产生高电压。液晶背景照明组件中的 CFL 交流器在关机很长时间后依然可能带有高达 1000V 的电压，所以用户在维护液晶显示器时应尽量避免拆卸液晶显示屏。

13.7.4　要让水分远离液晶显示器

一旦液晶屏进水或被放在湿度大的地方，液晶的显示会变得非常模糊，较严重的潮气还会损害液晶的元器件，尤其是在给含有湿度的液晶显示器通电时，会导致液晶电极腐蚀，造成永久性的损害。因此千万不要让任何带有水分的东西进入液晶。当然，一旦发生这种情况也不要惊慌失措。如果在开机前发现只是屏幕表面有雾气，用软布轻轻擦掉就可以了，然后再开机。如果水分已经进入液晶，那么，只要把液晶放在较温暖的地方，比如台灯下，将里面的水分逐渐蒸发掉就可以了。

13.7.5　切勿用手指碰触液晶显示屏

当用户用手指碰触液晶屏，屏幕画面便会产生一圈圈的水波纹，若碰触液晶显示屏的用力过大，就很容易造成液晶屏上细小线路与装置的损伤，最常发生的情形就是产生所谓的“坏点”。

13.8 键盘和鼠标的日常维护

键盘和鼠标是电脑中最常用的输入设备，使用频率比较高，因此更加需要对其进行妥善的保养。

13.8.1 禁止热插法

对于大部分用户来说，使用的仍然是 PS/2 接口的鼠标和键盘，PS/2 接口是不支持热插拔的，一定要在关机后再插拔鼠标和键盘，否则可能造成鼠标和键盘损坏，更严重的可能导致主板 PS/2 接口烧毁。当然，对于 USB 接口的鼠标和键盘就不存在这样的问题了。

13.8.2 注意清理和整洁

键盘的清洁主要就是定期清洁表面的污垢，一般可以用柔软干净的湿布擦拭键盘，对于顽固的污渍可以用中性的清洁剂或者少量洗衣粉去除，再用干净的湿布多擦几遍，最后用干布将键盘表面擦干，必要的时候要风干之后再开机使用。对于缝隙内的污垢可以用棉签清洁，注意所有的清洁工作都不要使用医用消毒酒精，以免对塑料部件产生不良影响。清洁过程要在关机状态下进行，所使用的湿布不易过湿，以免水进入键盘内部。

如果键盘内部有太多的脏东西，可以将键盘拆开清理，不过安装的时候要注意塑料键帽的安装位置，以免出错。

鼠标的清理就要简单一些。对于我们日常使用的光电鼠标，要特别注意保持感光板的清洁和感光状态良好，尤其是鼠标垫的清洁，避免污垢附在发光二极管或光敏三极管上，遮挡光线的接收。可以找一个皮鼓对着光头吹气，这样就可以清除大部分灰尘，鼠标就可以恢复正常使用了。

13.8.3 善待键盘和鼠标

理论上，键盘的按键可以经受上 10 万次的敲击(正常操作下)，操作时只要轻轻敲击就可以输入指定的字符。但是如果使用较大的力量来敲打键盘时，可能会使按键上的弹簧发生变形，从而丧失弹性，时间长了，键盘上的按键就会失灵。

特别是经常使用几个键控制游戏，造成键盘上局部按键磨损严重，一旦这几个键坏了，那么整个键盘就可能无法使用，给用户造成很大的损失，在玩游戏时可以适当地设置成其他的键来控制。

鼠标也存在同样的问题。无论在玩游戏还是平时的操作过程中，都要尽量爱护键盘和鼠标，不要用力过猛。

即使现在的键盘都有防水设计，但还是要尽量避免水进入到键盘里面。

键盘应该远离水源，一旦不小心液体进入键盘，应以最快的速度关掉电脑，将键盘按键朝下空出液体，并用干燥的布擦拭键盘表面，然后置于通风处风干。除了远离水源，平时在使用电脑的时候，还应该尽量保证双手的清洁，尽量保证鼠标和键盘表面的清洁。

13.9　音箱的日常维护

音箱是多媒体电脑的重要组成部分，是整个音响系统的重要元件，在使用音箱的过程中不仅要注意听觉上的享受，还应该注意音箱的日常维护。

13.9.1　正确连接声卡和音箱

大多数的声卡上都有“Speaker out”和“Line out”两种输出接口，它们的不同之处在于：

“Speaker out”表示采用声卡上的功放单元对信号进行放大处理，通常是给无源音箱使用的，这种信号的信噪比很低。

“Line out”则表示绕过声卡上的功放单元，直接将信号输出，主要适用于有源音箱和放大器。

如果将有源音箱连接到了“Speaker out ”插头，由于阻抗不匹配及音频信号经过了两次放大，因而会带来较为严重的噪音和失真。

13.9.2　合理摆放音箱

音箱的摆放对系统的效果很重要。在只有两个音箱的情况下，最佳位置是让音箱放在显示器的两侧，离显示器的距离相等，而且最好能和耳朵保持水平。确保和声卡的连接部分是“Line out”，这样可避免使用声卡内部放大线路，对音质的还原和噪音的降低有很多好处。

另外在音箱的前方最好不要有其他东西阻碍到声波的传送。摆放好之后，可以试着播放 CD ，如果摆放位置正确，应该感觉出声音在两个音箱之间主要由显示器的方位产生。

如果是 4.1 或者 5.1 音箱，前置两个的摆放方法没有变化，而后面则和前面两个一起构成矩形，让听众位于中部。也可以让后面的音箱远一点，增强距离感。当然它们最好也和耳朵在一个水平面上，如果不能至少要指向耳朵。

5 声道的系统中，中置音箱最好摆放在显示器的顶部。而独立的低音单元只要放在附近就可以了。一般低音单元不要开得太大，只要效果足够就行。

13.10　打印机的日常维护

在打印机的使用过程中，经常对打印机进行维护，可以延长打印机的使用寿命，提高打印机的打印质量。对于针式打印机的保养与维护应注意以下几个方面的问题。

- 打印机必须放在平稳、干净、防潮、无酸碱腐蚀的工作环境中，并且应远离热源、震源和日光的直接照晒。
- 保持打印机的清洁，定期用小刷子或吸尘器清扫机内的灰尘和纸屑，经常用在稀释的中性洗涤剂中浸泡过的软布擦拭打印机机壳，以保证良好的清洁度，如图 13-9 所示。

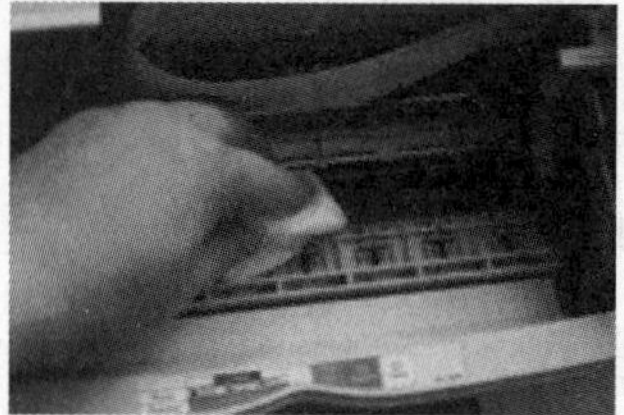

图 13-9　打印机的清理方法

- 在加电情况下，不要插拔打印电缆，以免烧坏打印机与主机接口元件。插拔前一定要关掉主机和打印机电源。
- 正确使用操作面板上的进纸、退纸、跳行、跳页等按钮，尽量不要用手旋转手柄。
- 经常检查打印机的机械部分有无螺钉松动或脱落，检查打印机的电源和接口连接电线有无接触不良的现象。
- 电源线要有良好的接地装置，以防止静电积累和雷击烧坏打印通信口等。
- 应选择高质量的色带。色带是由带基和油墨制成的，高质量色带的带基没有明显的接痕，其连接处是用超声波焊接工艺处理的，油墨均匀。而低质量的色带的带基则有明显的双层接头，油墨质量很差。
- 应尽量减少打印机空转，最好在需要打印时才打开打印机。
- 要尽量避免打印蜡纸。因为蜡纸上的石蜡会与打印胶辊上的橡胶发生化学反应，使橡胶膨胀变形。

喷墨打印机日常维护主要有以下几方面的内容。

- 内部除尘：喷墨打印机内部除尘时应注意不要擦拭齿轮，不要擦拭打印头和墨盒附近的区域；一般情况下不要移动打印头，特别是有些打印机的打印头处于机械锁定状态，用手无法移动打印头，如果强行用力移动打印头，将造成打印机机械部分损坏；不能用纸制品清洁打印机内部，以免机内残留纸屑；不能使用挥发性液体清洁打印机，以免损坏打印机表面。
- 更换墨盒：更换墨盒请注意不能用手触摸墨水盒出口处，以防杂质混入墨水盒。
- 清洗打印头：大多数喷墨打印机开机即会自动清洗打印头，并设有按钮对打印头进行清洗，具体清洗操作可参照打印机操作手册上的步骤进行。

激光打印机也需要定期清洁维护，特别是在打印纸张上沾有残余墨粉时，必须清洁打印机内部。如果长期不对打印机进行维护，则会使机内污染严重，比如电晕电极吸附残留墨粉、光学部件脏污、输纸部件积存纸尘而运转不灵等。这些严重污染不仅会影响打印质量，还会造成打印机故障。对激光打印机的清洁维护有如下方法：

- 内部除尘的主要对象有齿轮、导电端子、扫描器窗口和墨粉传感器。在对这些设备进行除尘时可用柔软的干布对其进行擦拭。

- 外部除尘时可使用拧干的湿布擦拭，如果外表面较脏，可使用中性清洁剂；但不能使用挥发性液体清洁打印机，以免损坏打印机表面。
- 对感光鼓及墨粉盒可用油漆刷除尘，注意不能用坚硬的毛刷清扫感光鼓表面，以免损坏感光鼓表面膜。
- 如果打印机使用时间较长，打印口模糊不清、底灰加重，字型加长，大多是感光鼓表面膜光敏性能衰退所导致。这时，用户可以用脱脂棉签蘸三氧化二铬沿同一方向擦拭感光鼓表面。

13.11　移动存储设备的日常维护

移动存储设备的英文名为 Portable Storage Device，目前应用比较广泛的移动存储设备为 U 盘和移动硬盘，两者都是即插即用设备，使用起来十分方便。正确的使用方法以及避免静电伤害，可以让 U 盘和移动硬盘使用更长时间而不易损坏。

13.11.1　U 盘的日常维护

U 盘是比较常见的移动存储设备，它以良好的性能和小巧的造型深受广大用户的喜爱，但同时 U 盘也是一个比较娇贵的设备，如果对其使用不当，很容易对其构成致命的损害，造成不可挽回的损失，使用 U 盘时应注意以下几个方面。

- 注意将 U 盘放置在干燥的环境中，不要让 U 盘口接口长时间暴露在空气中，否则容易造成表面金属氧化，降低接口敏感性。
- 不要将长时间不用的 U 盘一直插在 USB 接口上，否则一方面容易引起接口老化，另一方面对 U 盘也是一种损耗。
- 插拔 U 盘时要小心插拔，当遇到无法插入的情况时，不要强行用力，换一个方向也许就可以顺利插入了。
- 有些 U 盘上带有写保护开关，开关应在使用前扳倒合适的位置。不要在使用中随意扳动写保护开关，这样可能会损坏 U 盘。
- U 盘比较怕水和震动，使用 U 盘是应轻拿轻放，放置 U 盘时应注意防潮。

13.11.1　移动硬盘的日常维护

使用 U 盘的注意事项对于移动硬盘来说同样适用，另外对于移动硬盘来说还应注意以下几个问题：

- 移动硬盘分区最好不要超过 2 个，否则在启动移动硬盘时会增加系统检索和使用的等待时间。
- 最好不要插在电脑上长期工作，应使用本地硬盘下载和整理资料后 copy 到移动硬盘上，而不要直接在移动硬盘上完成。
- 不要给移动硬盘整理磁盘碎片，容易损伤硬盘，如果确实需要整理，可将整个分区里面的数据都 copy 出来，再 copy 回去。

- 使用的时候最好先用手触摸一下金属物体释放静电，并要轻拿轻放，不用的时候，要放到皮套中，防止和其他杂物混放在一起进入灰尘。

本章小结

本章主要介绍了电脑硬件的基本维护常识，包括主板、CPU、内存、硬盘、光驱、显示器、键盘、鼠标、音箱、打印机和可移动存储设备。通过本章的学习，用户应该了解这些硬件的维护方法，以更好的维护自己的电脑。

习题

问答题

1. 主板的理想工作温度是________。
2. IDE 硬盘需要的供电电压是________。
3. 硬盘使用了一段时间后就要运行________，不仅能使硬盘数据排列的整齐有序，还可以释放磁盘中的零碎空间，加快磁盘的读取速度。
4. 液晶显示器正常工作需要保持的湿度范围是________。
5. 显示器在使用过程中最好将对比度调节到________以下。

选择题

6. 下列对光驱的使用方法中正确的是(　　)。

   A. 关闭光驱时，可以用手直接将其推入

   B. 光驱可以当作影碟机使用，用来播放 DCD 碟片

   C. 光驱在使用的过程中应保持水平放置，不能倾斜放置

   D. 光盘使用完毕后可将其放置在光驱中，以方便下次使用

7. 下列关于键盘和鼠标的叙述中，错误的是(　　)。

   A. 使用 PS/2 接口的键盘和鼠标不能进行热插拔

   B. 使用 USB 接口的键盘和鼠标可以进行热插拔

   C. 键盘和鼠标在使用过程中最好远离水源

   D. 键盘非常经久耐用，即使用力敲击也不会损坏

8. 下列关于 U 盘的操作中正确的是(　　)。

   A. USB 接口支持热插拔，所以 U 盘在使用过程中可以随意插拔

   B. 删除 U 盘时，发现系统显示无法删除 USB 设备，此时可将其强行拔出

   C. U 盘读写指示灯闪烁时，说明 U 盘正在进行读写操作，此时不可拔出 U 盘

   D. 对于经常使用 U 盘的用户，可将 U 盘长期插在电脑上，不必拔出

第 14 章

电脑常见故障排除

当电脑在使用过程中出现故障时，如果用户能够采用正确的故障判断方法和维修手段，迅速找出故障的具体部位并妥善解决故障问题，将会避免许多不必要的麻烦。本章将介绍电脑硬件的常见故障以及解决方法。通过本章的学习，应该完成以下**学习目标**：

- ☑ 掌握电脑故障的处理原则
- ☑ 熟悉系统故障的诊断思路
- ☑ 掌握常见系统故障的处理方法
- ☑ 掌握常见硬件故障的检测方法
- ☑ 掌握电脑三大件常见故障的排除方法
- ☑ 掌握电脑存储设备常见故障的排除方法
- ☑ 掌握电脑输入输出设备常见故障的排除方法

14.1 电脑常见的故障现象

认识电脑的故障现象既是正确判断电脑故障位置的第一步，也是分析电脑故障原因的前提。因此用户在学习电脑维修之前，首先应了解本节所介绍的电脑常见故障现象和故障表现状态。

电脑在出现故障时通常表现为死机、黑屏、蓝屏、花屏、自动重启、自检报错、启动缓慢、关闭缓慢、软件运行缓慢以及无法开机等现象，其具体表现状态如下所示。

- 死机：电脑死机是最常见的电脑故障现象之一，它主要表现为电脑锁死，使用键盘、鼠标或者其他设备对电脑进行操作时，电脑没有任何回应。
- 黑屏：电脑黑屏现象通常表现为电脑显示器突然关闭，或在正常工作状态下显示关闭状态(不显示任何画面)。
- 蓝屏：电脑显示器出现蓝屏现象，并且在蓝色屏幕上显示英文提示。蓝屏故障通常发生在电脑启动、关闭或运行某个软件程序时，并且常常伴随着死机现象同时出现，如图 14-1 所示。
- 花屏：电脑花屏现象一般在启动和运行软件程序时出现，一般表现为显示器显示图像错乱，如图 14-2 所示。
- 自动重启：电脑自动重启故障通常在运行软件时发生，一般表现为在执行某项操作时，电脑突然出现非正常提示(或没有提示)，然后自动重新启动。

- 自检报错：自检报错即启动时主板 BIOS 报警，一般表现为铃声提示。例如，电脑启动时长时间不断地鸣叫，或者反复长短声鸣叫等。

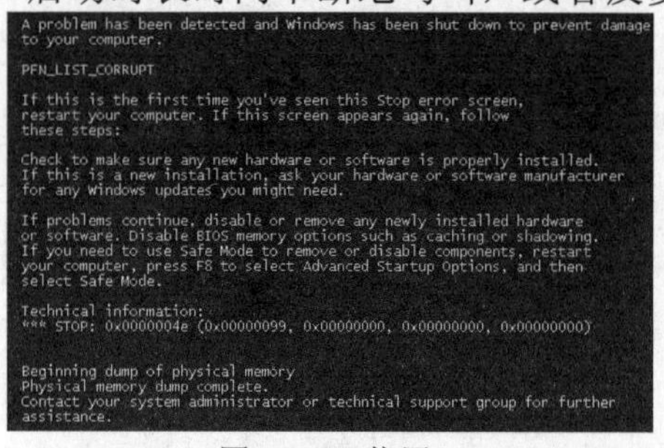

图 14-1　蓝屏

图 14-2　花屏

- 启动缓慢：这种现象一般表现为电脑启动等待时间过长，启动后系统软件和应用软件运行缓慢。
- 关闭缓慢：这种现象一般表现为电脑关闭时，等待时间过长。
- 软件运行缓慢：这种现象一般表现为，电脑在运行某个应用软件时，该软件工作状态异常缓慢。
- 无法开机：电脑无法开机故障主要表现为，在按下电脑启动开关后，电脑无法加电启动。

除了上面所介绍的几种常见电脑故障现象以外，在维修电脑的实际操作过程中用户还会碰到例如鼠标失灵、键盘失灵、显示器显示模糊、无法识别驱动器等各种故障现象。

14.2　电脑故障的处理原则

对于电脑经常出现的各种故障，用户应首先明确两点：第一不要怕；第二要理性地处理故障。不怕就是要敢于动手排除故障，很多用户认为电脑是电子设备，不能随便拆卸，以免触电。事实上，电脑只有输入电源是 220V 的交流电，而电脑电源输出的用于给其他各部件供电的直流电源插头最高仅为 12V。因此，除了在修理电脑电源时应小心谨慎防止触电外，拆卸电脑主机内部其他设备是不会对人体造成任何伤害的，相反人体带有的静电还有可能把电脑主板和芯片击穿并造成损坏。

所谓理性地处理故障就是要尽量避免随意拆卸电脑。正确解决电脑故障的方法是：首先，根据故障特点和工作原理进行分析、判断；然后，逐个排除怀疑有故障的电脑设备或部件。操作的要点是：在排除怀疑对象的过程中，要留意原来的电脑结构和状态，即使故障暂时无法排除，也要确保电脑能够恢复原来状态，尽量避免故障范围的扩大。电脑故障的具体排除原则有以下 4 条。

14.2.1　先软后硬的原则

即当电脑出现故障时，首先应检查并排除电脑软件故障，然后再通过检测手段逐步分析电脑硬件部分可能导致故障的原因。例如：电脑不能正常启动，要首先根据故障现象或电脑的报错信息判断电脑是启动到什么状态下死机的。然后分析导致死机的原因是系统软件的问题，主机(CPU、内存等)硬件的问题，还是显示系统问题。

14.2.2　先外设后主机的原则

如果电脑系统的故障表现在某种外设上，例如当用户遇到电脑不能打印文件、不能上网等故障时，应遵循先外设后主机的故障处理原则。先利用外部设备本身提供的自检功能或电脑系统内安装的设备检测功能，检查外设本身是否工作正常，然后检查外设与电脑的连接以及相关的驱动程序是否正常，最后再检查电脑本身相关的接口或主机内各种板卡设备。

14.2.3　先电源后负载的原则

电脑内的电源是机箱内部各部件(如主板、硬盘、显卡、光驱等)的动力来源，电源的输出电压正常与否直接影响到相关设备的正常运行。因此，当出现上述设备工作不正常时，应首先检查电源是否工作正常，然后再检查设备本身。

14.2.4　先简单后复杂的原则

所谓先简单后复杂原则指的是，用户在处理电脑故障时应先解决简单容易的故障，后解决难度较大的问题。这样做是因为，在解决简单故障的过程中，难度大的问题往往也可能变得容易解决，在排除简易故障时也容易得到难处理故障的解决线索。

注意：在维修过程中应禁忌带电插、拔各种电脑板卡、芯片和各种外设的数据线(USB 接口和 1394 接口连接的设备除外)。因为带电插拔电脑主机内的各种适配卡将产生较高的感应电压，有可能会将外设或板卡上、主板上的接口芯片击穿。而带电插拔电脑设备上的数据线、键盘、串行口外设连线，则有可能会造成相应接口电路芯片损坏。

14.3　常见的系统故障处理

虽然 Windows XP 系统运行非常稳定，但在使用过程中还是会碰到一些系统故障，影响用户的正常使用。本节就将介绍一些常见系统故障的处理方法，此外在处理系统故障时应掌握举一反三的技巧，这样当遇到一些类似故障时也能轻松解决。

14.3.1　系统故障诊断思路

本节首先分析导致 Windows XP 出现故障的一些具体原因，帮助用户理顺诊断系统故障的思路。

1. 第三方软件导致的故障

有些软件的程序编写不完善，在安装或卸载时会修改 Windows XP 的设置，或者误将正常的系统文件删除，导致 Windows XP 出现问题。

软件与 Windows XP 系统、软件与软件之间也易发生兼容性问题。若发生软件冲突、

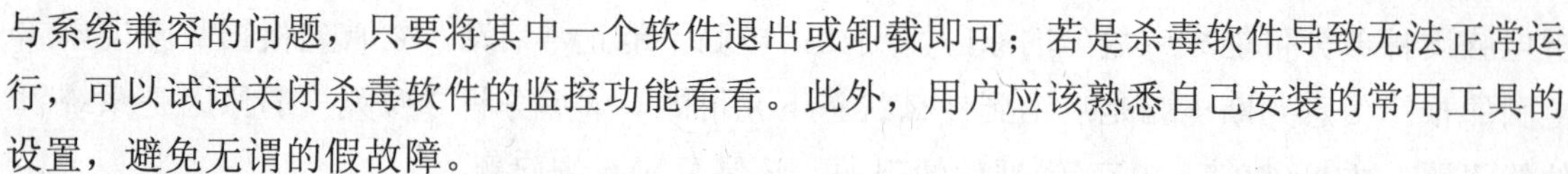

与系统兼容的问题，只要将其中一个软件退出或卸载即可；若是杀毒软件导致无法正常运行，可以试试关闭杀毒软件的监控功能看看。此外，用户应该熟悉自己安装的常用工具的设置，避免无谓的假故障。

2．病毒、恶意程序入侵导致故障

有很多恶意程序、病毒、木马会通过网页、捆绑安装软件的方式强行或秘密入侵用户的电脑，然后强行修改用户的网页浏览器主页、软件自动启动选项、安全选项等设置，并且强行弹出广告，或者做出其他干扰用户操作、大量占用系统资源行为，导致 Windows XP 发生各种各样错误和问题，例如无法上网、无法进入系统、频繁重启、很多程序打不开等等。

要避免这些情况的发生，用户最好安装 360 安全卫士，再加上网络防火墙和病毒防护软件。如果已经被感染，则使用杀毒软件进行查杀。

3．优化 Windows XP 过头

如果用于对于系统不熟悉，最好不要随便修改 Windows XP 的设置。使用优化软件前，要备份系统设置，再进行系统优化。

4．使用了民间修改过的 Windows XP 安装系统

在外面流传着大量民间修改过的精简版 Windows XP 系统、GHOST 版 Windows XP 系统，这类被精简修改过的 Windows XP 普遍删除了一些系统文件，精简了一些功能，有些甚至还集成了木马、病毒，留有系统后门。如果安装了这类的 Windows XP 系统，安全性是不能得到保证的。建议安装原版 Windows XP 和补丁。

5．硬件驱动有问题

如果所安装的硬件驱动没有经过微软 WHQL 认证或者驱动编写不完善，也会造成 Windows XP 故障，比如蓝屏、无法进入系统，CPU 占用率高达 100%等。如果因为驱动的问题进不了系统，可以进入安全模式将驱动卸载掉，然后重装正确的驱动即可。

14.3.2　系统安装与启动故障

本节将介绍在安装与启动操作系统时，可能会遇到的一些问题，以及这些故障问题的处理方法。

1. 安装提示未知硬件错误

- 故障现象：安装完 Windows XP SP3 后，重新启动电脑，提示“C0000135 unknown hard error”错误信息，Windows 安装程序无法继续。
- 故障原因：根据英文提示，是未知硬件错误造成系统无法正常安装。正常情况下，首先应考虑是某个硬件设备与 Windows XP SP3 不兼容引起的。此外还要注意，如果原来的 Windows 系统中某些硬件驱动程序或软件与 SP3 有兼容冲突，也可能会引起安装程序无法正常进行或者蓝屏。
- 解决方法：格式化系统盘 C 盘，先安装 Windows XP SP2，注意此时不安装硬件驱动程序，SP2 安装完成后，再安装 SP3 程序将 Windows XP 从 SP2 升级到 SP3。

2. Boot.ini 文件出错

- 故障现象：开机启动进入 Windows XP 时，弹出对话框提示“Boot.ini 文件非法”，无法正常使用系统。
- 故障原因：是由于 boot.ini 文件丢失或者文件格式有错误造成的。
- 解决方法：从其他正常电脑中复制一个 boot.ini 文件，覆盖掉电脑中受损的 boot.ini 文件即可解决问题。

例 14-1　从其他电脑复制一个正确的 boot.ini 文件。

❶ 在其他安装了 Windows XP 系统的电脑中打开【开始】菜单，选择【开始】|【运行】命令，如图 14-3 所示。

❷ 打开【运行】对话框，在【打开】文本框中输入“c:\boot.ini”命令，然后单击【确定】按钮，如图 14-4 所示。

图 14-3　【开始】菜单

图 14-4　【运行】对话框

❸ 在【记事本】中打开 boot.ini 文件，在菜单栏中选择【文件】|【另存为】命令，如图 14-5 所示。

❹ 打开【另存为】对话框，将 boot.ini 文件另存为同名的文件。然后将该文件复制到 U 盘中即可，如图 14-6 所示。

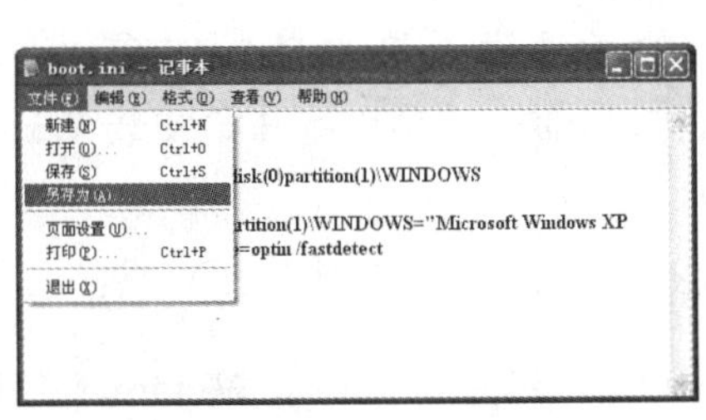

图 14-5　记事本

图 14-6　【另存为】对话框

注意：如果系统在启动时提示无法找到 hal.dll 文件而无法进入桌面和安全模式，这个故障主要是因为 boot.ini 文件出错导致的。按照上述的方法，使用正常的 boot.ini 覆盖掉有问题的 boot.ini 文件也可以解决问题。

3. 进入系统时就重启

- 故障现象：系统在启动到一半就重新启动，没有办法进入系统。
- 故障原因：是由于 kernel32.dll 文件丢失或者被破坏。
- 解决方法：对于这类的情况，只要使用正常的文件替换掉或者恢复回去即可解决问题。把 Windows XP 的安装光盘放进光盘，启动故障恢复控制台，如图 14-7 所示。在命令提示符中，依次输入以下命令，然后重新启动电脑即可正常启动系统。

```
cd system32
ren kernel32.dll kernel32.old
map
expand x:i386kernel32.dl_（x:是光驱盘符）
exit
```

注意：故障恢复控制台在使用前需要手动安装，安装方法为：首先将 Windows XP 的安装光盘放进光驱里，在【运行】对话框中运行“X:\I386\WINNT32.EXE /cmdcons”命令，打开窗口提示用户是否安装故障恢复控制台，单击【是】开始安装即可。安装完成后，故障恢复控制台已经集成到启动菜单了。

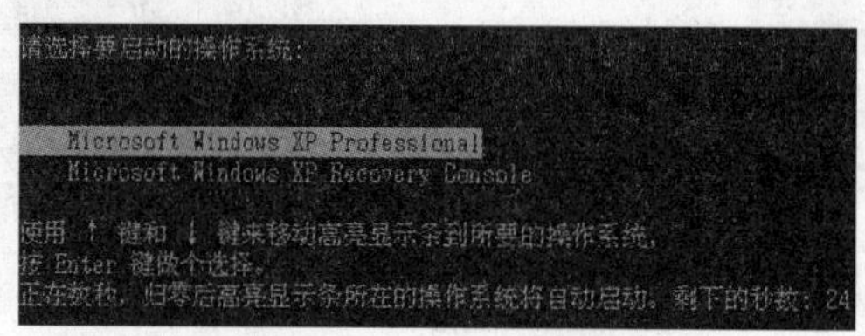

图 14-7　启动故障恢复控制台

4. 无法通过【最后一次正确的配置】进入系统

- 故障现象：在系统发生一些故障时重新启动电脑，按 F8 键调出高级启动选项菜单，选择【最后一次正确的配置】一般能解决很多问题。但有时使用【最后一次正确的配置】也无进入系统。
- 故障原因：这个问题一般是注册表被破坏导致的。
- 解决方法：进入故障恢复控制台，使用 CD 命令进入 C:\WINDOWS\repair 目录，运行“copy *.* C:\windows\system32 \config”命令，调用刚开始安装 Windows XP 时的注册表文件覆盖掉受损的注册表文件。

5. 安装 Windows 7 后 Windows XP 无法启动

- 故障现象：一台电脑原先安装了 Windows XP，然后又安装了 Windows 7 组成双系统，结果 Windows XP 系统不能启动。
- 故障原因：Windows XP 不能启动的原因是由于 Windows 7 在安装后把系统启动分区根目录下的 Windows XP 启动文件覆盖了。
- 解决方法：使用 Windows XP 安装光盘启动电脑，当屏幕提示“欢迎使用安装程序”时，按下【R】键启动故障恢复控制台，输入“BOOTCFG / ADD”命令并回车，会开始自动扫描并显示电脑中安装的所有操作系统，扫描完成后输入“Bootcfg /rebuild”命令并回车，完成提示后按 Y 键。在【输入加载识别符】后输入丢失的启动菜单项，在【输入 OS 加载选项】后输入“fastdetect”后回车，即可找到多系统菜单。

6. 更新补丁时提示【IEXPLORE 错误】

- 故障现象：使用 Windows XP 的“自动更新”功能更新补丁时，提示“IEXPLORE 错误”。
- 故障原因：有可能是 Windows“自动更新”功能相关文件 wuv3is.dll 出错导致故障的发生。
- 解决方法：在【运行】对话框中输入“regsvr32 /u wuv3is.dll”命令，如图 14-8 所示，卸载 wuv3is.dll，接着进入【C:\Program Files\Windows Update】目录删除 wuv3is.dll 文件。最后重新执行更新操作，系统会重新生成 wuv3is.dll 文件，错误提示也不会再次弹出。

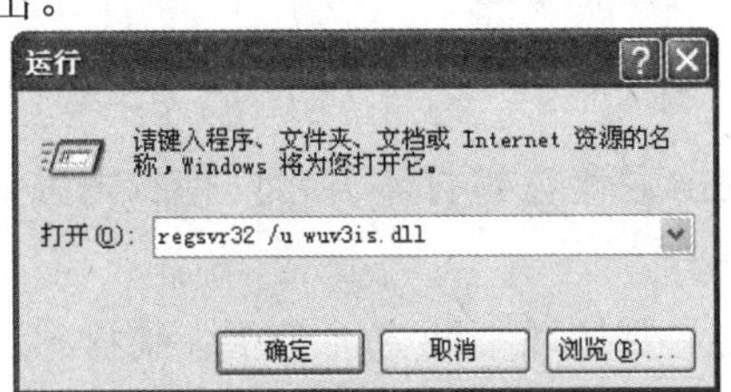

图 14-8　【运行】对话框

14.3.3　系统使用故障

本节将介绍在使用 Windows XP 操作系统时，可能会遇到的一些故障以及故障的处理方法。

1. 不显示音量图标

- 故障现象：每次启动系统后，系统托盘里总是不显示音量图标。需要进入控制面板的【声音和音频设备 属性】，将已经选中的【将音量图标放入任务栏】取消选中状态后再重新选中，音量图标才会出现。
- 解决方法：在系统中打开“注册表编辑器”，依次展开【HKEY_LOCAL_MACHINE\SOFTWARE\Microsoft\Windows\CurrentVersion\Run】，然后在右侧的窗口右击新建一个字符串值【Systray】，双击该键值，编辑其值为“c:\windows\system32\Systray.exe”，然后重启电脑，让系统在启动的时候自动加载 systray.exe。此外，还可以下载【XP 任务栏修复工具】修复该故障。

2. 不显示桌面

- 故障现象：启动 Windows 操作系统后，桌面没有任何图标。
- 故障原因：大多数情况下，桌面图标无法显示是由于系统启动时无法加载 explorer.exe，或者 explorer.exe 文件被病毒、广告破坏。

- 解决方法：首先手工加载 explorer.exe 文件，打开注册表编辑器，依次展开【HKEY_LOCAL_MACHINE\SOFTWARE\Micrososft\WindowsNT\CurrentVersion\Winlogon\Shell】，如果没有，则可以按照这个路径在 shell 后新建一个 explorer.exe。到其他电脑上复制 explorer.exe 文件到本机，然后重启电脑即可。

3. 找不到 Rundll32.exe

- 故障现象：启动系统、打开控制面板以及启动各种应用程序时，打开对话框提示【Rundll32.exe 文件找不到】或者【Rundll32.exe 找不到应用程序】。
- 故障原因：rundll32.exe 用于需要调用 DLL 的程序。rundll32.exe 对 Windows XP 系统的正常运行是非常重要的。但 rundll32.exe 很脆弱，容易受到病毒的攻击，杀毒软件也会误将 Rundll32.exe 删除，导致丢失或损坏 Rundll32.exe 文件。
- 解决方法：将 Windows XP 的安装光盘放入光驱，在【运行】对话框中输入“expand X:\i386\rundll32.ex_ c: \windows\system32\rundll32.exe”命令，（其中【X：】是光驱的盘符），然后重新启动启动即可。

4. 打不开硬盘分区

- 故障现象：鼠标左键双击磁盘盘符打不开，只有右击磁盘盘符，在弹出的菜单中选择【打开】命令才能打开。
- 故障原因：打不开硬盘主要从以下两方面分析：硬盘感染病毒；如果没有感染病毒则可能是 Explorer 文件出错，需要重新编辑。
- 解决方法：第一步：首先更新杀毒软件的病毒库到最新，然后重新启动电脑进入安全模式查杀病毒。第二步：如果故障依旧，设置显示隐藏文件，然后在各分区根目录中查看是否有 autorun.inf 文件，如果有则手工删除。

14.4 常见硬件故障概述

电脑硬件故障包括电脑主板故障、内存故障、CPU 故障、硬盘故障、显卡故障、显示器故障、驱动器故障以及鼠标和键盘故障等电脑硬件设备所出现的各种故障。下面将介绍硬件故障的具体分类和检测方法。

14.4.1 硬件故障的分类

硬件故障是指因电脑系统中的硬件系统部件中，元器件损坏或性能不稳定而引起的电脑故障。造成硬件故障的原因包括元器件故障、机械故障和存储器故障 3 种，具体如下所示。

1. 元器件故障

元器件故障主要是板卡上的元器件、接插件和印制板等引起的。例如，主板上的电阻、电容、芯片等的损坏即为元器件故障；PCI 插槽、AGP 插槽、内存条插槽和显卡接口等的损坏即为接插件故障；印制电路板的损坏即为印制板故障。如果元器件和接插件出了问题，可以通过更换的方法去排除故障，但需要专用工具。如果是印制板的问题，维修起来相对困难。

2. 机械故障

机械故障不难理解，比如，硬盘使用时产生共振，硬盘、软驱的磁头发生偏转或者人为的物理破坏等。

3. 存储器故障

存储器故障是指使用频繁等原因使外存储器磁道损坏，或因为电压过高造成的存储芯片烧掉等。这类故障通常也发生在硬盘、光驱和一些板卡的芯片上。

14.4.2 检测硬件故障的方法

电脑硬件故障的诊断方法主要有直觉法、对换法、手压法和使用软件诊断法等几种方法，具体如下所示。

1. 直觉法

直觉法就是通过人的感觉器官如手、眼、耳和鼻等来判断出故障的原因，在检测电脑硬件故障时，直觉法是一种十分简单有效的方法。

- 电脑上一般器件发热的正常温度在器件外壳上都不会很高，若用手触摸感觉到太烫手，那么该元器件就有可能会有问题。
- 通过眼睛来观察机器电路板上是否有断线或残留杂物，用眼睛可以看出明显的短路现象，可以看出芯片的明显断针，可以通过观察到一些元器件的表面有焦黄色、裂痕和烧焦的颜色，从而诊断出电脑的故障。
- 通过耳朵可以听出电脑报警声音，从报警声诊断出电脑的故障。在电脑启动时如果检测到故障，电脑主板会发出报警声音，通过分析这种声音的长短可以判断电脑错误的位置(主板不同，其报警声音也有一些小的差别，目前常见的主板 BIOS 有 AMI BIOS 和 Award BIOS 两种，用户可以查看其各自的报警声音说明来判断出主板报警声所代表的提示含义)。
- 通过鼻子可以判断电脑硬件故障的位置。若内存条、主板、CPU 等设备由于电压过高或温度过高之类的问题被烧毁。用鼻子闻一下电脑主机内部可以快速诊断出被烧毁硬件的具体位置。

2. 对换法

对换法指的是如果怀疑电脑中某个硬件部件(例如 CPU、内存和显卡)有问题，可以从其他工作正常的电脑中取出相同的部件与其互换，然后通过开机后状态判断该部件是否存在故障。其具体方法是：在断电情况下，从故障电脑中拆除被怀疑存在故障的硬件部件，然后将其与另外一台正常电脑上的同类设备兑换，在开机后如果故障电脑恢复正常工作，就证明被换的部件存在问题。反之就证明故障不在所猜测有问题的部件上，这时应重新检测电脑故障的具体位置。

3. 手压法

所谓手压法就是指利用手掌轻轻敲击或压紧可能出现故障的电脑插件或板卡，然后通过重新启动后的电脑状态来判断电脑故障所在的位置。应用手压法可以检测出显示器、鼠标、键盘、内存、显卡等设备导致的电脑故障。例如，电脑在使用的过程中突然出现黑屏规章，但在重启后恢复正常，这时若用手把显示器接口和显卡接口压紧，则有可能排除故障。

4. 软件检测法

软件诊断法指的是通过故障诊断软件来检测电脑故障。这种方法主要有两种方式：一种是通过 ROM 开机自检程序检测(例如从 BIOS 参数中可检测硬盘、CPU 主板等信息)或在电脑开机过程中观察内存、CPU、硬盘等设备的信息，判断电脑故障。另一种诊断方法则是使用电脑软件故障诊断程序进行检测(这种方法要求电脑能够正常启动)。此类专门诊断软件很多，有部分零件诊断也有整机部件测试。Windows 优化大师就是其中一种，它可以提供处理器、存储器、显示器、软盘、光盘驱动器、硬盘、键盘、鼠标、打印机、各类接口和适配器等信息的检测。

14.5 主板常见故障排除

在电脑的所有配件中，主板是决定电脑整体系统性能的一个关键性部件，好的主板可以让电脑更稳定地发挥系统性能，反之，系统则会变得不稳定。

实际上主板本身的故障率并不是很高，但由于所有硬件构架和软件系统环境都是搭建在主板提供的平台之上，而且在很多的情况下也需要凭借主板发出的信息来判断其他设备存在的故障。所以掌握主板的常见故障现象，将可以为解决电脑出现的故障提供判断和处理的捷径。下面就以主板故障现象分类，介绍排除故障的方法。

1. 主板常见故障——BIOS 设置丢失

- 故障现象：开机无显示(黑屏或死机)。
- 故障原因：由于主板原因，出现此类故障一般是因为主板损坏或被 CIH 病毒破坏 BIOS(一般 BIOS 被病毒破坏后硬盘里的数据将全部丢失)。用户可以通过检测硬盘数据是否完好来判断 BIOS 是否被破坏。另外，还有以下两种特殊原因会造成该现象：因为主板扩展槽或扩展卡有问题，导致插上诸如声卡等扩展卡后主板没有响应而无显示。对于现在的免跳线主板而言，若在 BIOS 里设置的 CPU 频率不对，也可能会导致电脑开机没有画面显示故障。
- 解决方法：杀毒修复 BIOS，屏蔽受损的扩展插槽或重新设置 BIOS 中的 CPU 频率。

2. 主板常见故障——接口损坏

- 故障现象：主板 COM 口、并行口或 IDE 口损坏。
- 故障原因：出现此类故障一般是由于用户带电插拔相关硬件造成的，用户可以用多功能卡代替主板上的 COM 和并行接口，但要注意在代替之前必须先在 BIOS 设置中关闭主板上预设的 COM 口与并行口(有的主板连 IDE 口都要禁止才能正常使用多功能卡)。

- 解决方法：更换主板或使用多功能卡代替主板上受损的接口。

3. 主板常见故障——BIOS 电池失效

- 故障现象：BIOS 设置不能保存。
- 故障原因：此类故障一般是由于主板 BIOS 电池电压不足造成，将 BIOS 电池更换即可解决该故障。若在更换 BIOS 电池后仍然不能解决问题，则有以下两种可能：主板电路问题，需要主板生产厂商的专业主板维修人员维修；主板 CMOS 跳线问题，或者因为设置错误，将主板上的 BIOS 跳线设为清除选项，使得 BIOS 数据无法保存。
- 解决方法：更换主板 BIOS 电池或更换主板。

4. 主板常见故障——设置 BIOS 时死机

- 故障现象：电脑频繁死机，即使在 BIOS 设置里也会出现死机现象。
- 故障原因：在 BIOS 设置界面中出现死机故障，其原因一般为主板或 CPU 存在问题，如若按下面所介绍的方法不能解决故障，就只能通过更换主板或 CPU 排除故障。在死机后触摸 CPU 周围主板元件，如果发现其温度非常高而且烫手，就更换大功率的 CPU 散热风扇。
- 解决方法：更换主板、CPU、CPU 风扇，或者在 BIOS 设置中将 CACHE 选项禁用。

5. 主板常见故障——BIOS 设置错误

- 故障现象：电脑开机后，显示器在显示：Award Soft Ware, Inc　System Configurations 时停止启动。
- 故障原因：该问题是由于 BIOS 设置不当所造成的。BIOS 设置的 PNP/PCI CONFIGURATION 栏目的 PNP OS INSTALLED(即插即用)项目一般有 YES 和 NO 两个选项，造成上面故障的原因就是由于将即插即用选项设为 YES，若将其设置为 NO，故障即可被解决(另外，有的主板将 BIOS 的即插即用功能开启之后，还会引发例如声卡发音不正常之类的现象)。
- 解决方法：使用 BIOS 出厂默认设置或关闭设置中的即插即用功能。

14.6　CPU 常见故障排除

CPU 是电脑的核心设备，当电脑 CPU 出现故障时电脑将会出现黑屏、死机、运行软件缓慢等现象。用户在处理电脑 CPU 故障时可以参考下面介绍的故障原因进行分析和维修。本节总结一些在实际操作中常见的 CPU 故障及故障解决方法，为用户在实际排除故障工作中提供参考。

1. CPU 常见故障——温度问题

- 故障现象：CPU 温度过高导致的故障(死机，运行软件速度缓慢或黑屏等)。
- 故障原因：随着工作频率的提高，CPU 所产生的热量也越来越高。CPU 是电脑中发热最大的配件，如果其散热器散热能力不强，产生的热量不能及时散发掉，CPU就会长时间工作在高温状态下，由半导体材料制成的CPU如果其核心工作温度过高就会产生电子迁移现象，同时也会造成电脑的运行不稳定、运算出错或者死机等现象，如果长期在过高的温度下工作还会造成CPU的永久性损坏。CPU的工作温度一般通过主板监控功能获得，而且一般情况下CPU的工作温度比环境温度高40℃以内都属于正常范围，但要注意的是主板测温的准确度并不不是很高，在BIOS中所查看到的CPU温度，只能供参考。CPU核心的准确温度一般无法测量。

- 解决方法：更换CPU风扇或利用软件降低CPU工作温度。

2. CPU常见故障——超频问题

- 故障现象：CPU超频导致的故障(电脑不能启动，或频繁自动重启)。
- 故障原因：CPU超频使用本身也可能会使CPU产生故障，因为CPU超频就会产生大量的热量，使CPU温度升高，从而导致“电子迁移”效应(为了超频，很多用户通常会提高CPU的工作电压，这样CPU在工作时产生的热会更多)。在很多时候并不是热量直接伤害CPU，而是由于过热所导致的“电子迁移”效应损坏CPU内部的芯片。通常人们所说的CPU超频烧掉了，严格地讲，就是指是由CPU高温所导致的“电子迁移”效应所引发的结果。
- 解决方法：更换大功率的CPU风扇或对CPU进行降频处理。

3. CPU常见故障——引脚氧化

- 故障现象：平时使用一直正常，有一天突然无法开机，屏幕提示无显示信号输出。
- 故障原因：使用对换法检测硬件发现显卡和显示器没有问题，怀疑是CPU出现问题。拔下插在主板上的CPU，仔细观察并无烧毁痕迹，但是无法点亮机器。后来发现CPU的针脚均发黑、发绿，有氧化的痕迹和锈迹。
- 解决方法：使用牙刷对CPU针脚进行清洁工作。

4. CPU常见故障——CPU降频

- 故障现象：开机后发现CPU频率降低了，显示信息为【Defaults CMOS Setup Loaded】，并且重新设置CPU频率后，该故障还时有发生。
- 故障原因：这是由于主板电池出了问题，使得CPU电压不足。
- 解决方法：关闭电脑电源，更换主板电池，然后在开机后重新在BIOS中设置CPU参数。

14.7 内存常见故障排除

内存作为电脑的主要配件之一，其性能的好坏与否直接关系到电脑是否能够正常稳定的工作。本节总结一些在实际操作中常见的内存故障及故障解决方法，为用户在实际维修工作中提供参考。

1. 内存常见故障——接触不良

- 故障现象：此类故障一般是由于内存与主板插槽接触不良而造成的。
- 故障原因：内存条的金手指镀金工艺不佳或经常拔插内存，导致金手指在使用过程中因为接触空气而出现氧化生锈现象，从而导致内存与主板上的内存插槽接触不良，造成电脑在开机时不启动并发出主板报警的故障。
- 解决方法：重新安装内存。

2. 内存常见故障——金手指老化

- 故障现象：经常出现内存接触不良的故障。
- 故障原因：内存条的金手指镀金工艺不佳或经常拔插内存，导致金手指在使用过程中因为接触空气而出现氧化生锈现象，从而导致内存与主板上的内存插槽接触不良，造成电脑在开机时不启动并发出主板报警的故障。
- 解决方法：用橡皮把金手指上面的锈斑擦去即可。

3. 内存常见故障——金手指烧毁

- 故障现象：内存金手指发黑，无法正常使用内存。
- 故障原因：一般情况下，造成内存条金手指被烧毁的原因多数都是因为用户在故障排除过程中，因为没有将内存完全插入主板插槽就启动电脑或带电拔插内存条，造成内存条的金手指因为局部电流放电而烧毁。
- 解决方法：更换内存。

4. 内存常见故障——内存供电电源管被击穿

- 故障现象：内存在该插槽中无法使用，更换到其他插槽可以正常使用。这种故障多是由于内存插槽的供电电源管被击穿而导致。
- 故障原因：因为意外情况或内存没有被插接到位就启动电脑，就有可能出现因为电源短路造成内存的供电电源管被击穿的故障。这时，电脑内存因为直接由电脑电源供电，将出现主板开机报警和黑屏故障。
- 解决方法：更换内存并屏蔽有故障的主板内存插槽。
- 解决方法：自己动手加装机箱风扇，加强机箱内部的空气流通，还可以为内存安装铝制或者铜制散热片。

5. 内存常见故障——重复自检

- 故障现象：开机时内存自检需要重复 3 遍才能通过。
- 故障原因：随着电脑内存容量的增加，有时需要进行几次检测才能完成检测操作。
- 解决方法：自检按 Esc 键跳过自检，或进入 BIOS 设置【Quick Power On Self Test】选项为【Enabled】。

6. 内存常见故障——不定期死机

- 故障现象：电脑随机性死机。
- 故障原因：该故障一般是由于采用了几种不同芯片内存条而造成的，各内存条速度不同产生一个时间差，从而导致死机。

- 解决方法：更换同型号的内存。

7. 内存常见故障——提示内存不足

- 故障现象：运行某些软件时出现“内存不足”提示。
- 故障原因：此情况一般是由于电脑系统盘剩余空间不足造成的。
- 解决方法：删除系统盘中的一些无用文件，多留一些空间即可，一般保持系统盘还有 2GB 以上的可用空间。

14.8 显卡常见故障排除

显卡是电脑重要的显示设备，了解显卡的常见故障有助于用户在电脑出现问题时及早的排除故障，从而节约不必要的故障检查时间。本节总结一些在实际操作中常见的显卡故障及故障解决方法，为用户在实际维修工作中提供参考。

1. 显卡常见故障——显卡接触不良

- 故障现象：电脑开机无显示。
- 故障原因：此类故障一般是因为显卡与主板接触不良或主板插槽有问题造成，对其予以清洁即可。对于一些集成显卡的主板，需要将主板上的显卡禁止方可使用。由于显卡原因造成的开机无显示故障，主机在开机后一般会发出一长两短的报警声(针对 AWARD BIOS 而言)。
- 解决方法：重新安装显卡并清洁显卡的插槽。

2. 显卡常见故障——兼容性问题

- 故障现象：显卡导致的死机故障。
- 故障原因：出现此类故障一般多见于主板与显卡的不兼容或主板与显卡接触不良，还有一些个别的现象，由于显卡与其他扩展卡不兼容而造成死机现象。
- 解决方法：更换显卡或主板。

3. 显卡常见故障——分辨率支持问题

- 故障现象：在 Windows 系统里面突然显示花屏，看不清文字。
- 故障原因：此类故障一般由显示器或显卡不支持高分辨率造成。
- 解决方法：更新显卡驱动程序或者降低显示分辨率。

4. 显卡常见故障—— 驱动程序问题

- 故障现象：在 Windows 里面出现文字、画面显示不完全。
- 故障原因：造成此类故障的原因是显卡不支持高显示分辨率。要解决该故障用户可以按处理花屏故障的方法问题。
- 解决方法：更新显卡驱动程序，或更换显卡。

5. 显卡常见故障——金手指问题

- 故障现象：在窗口中出现一些异常的竖线或不规则的小图案。
- 故障原因：此类故障一般由显卡的显存出现问题或显卡与主板接触不良等问题造成，清洁显卡金手指部位或更换显卡即可解决该故障。
- 解决方法：在清洗显卡金手指后重新安装显卡，或更换显卡。

6. 显卡常见故障——显示花屏

- 故障现象：在某些特定的软件里面出现花屏现象。
- 故障原因：此类现象一般是由于软件版本太老不支持新式显卡，或是由于显卡的驱动程序版本过低。
- 解决方法：升级软件版本与显卡驱动程序。

7. 显卡常见故障——显示乱码

- 故障现象：开机启动时，屏幕上显示乱码。
- 故障原因：此类故障一般是由于主板与显卡接触不良引起。
- 解决方法：清洗显卡金手指。

8. 显卡常见故障——画面晃动

- 故障现象：在启动电脑进行检查时，发现进入 Windows XP 操作系统后，电脑显示器屏幕上有部分画面及字符会出现瞬间由微晃、抖动、模糊后又恢复清晰显示的现象。这一现象会在屏幕的其他部位或几个部位同时出现，并且反复出现。
- 故障原因：调整显示卡的驱动程序及一些设置，均无法排除该故障。接下来判断电脑周围有电磁场在干扰显示器的正常显示。仔细检查电脑周围，是否存在变压器、大功率音响等干扰源设备。
- 解决方法：让电脑远离干扰源。

9. 显卡常见故障——显示芯片过热

- 故障现象：电脑一般应用时正常，但在运行 3D 游戏或软件时出现无故重启现象。
- 故障原因：该故障可能是由于在运行 3D 游戏和软件时，显卡芯片过热而造成的。
- 解决方法：为显卡添加散热片并更换散热性能更好的风扇。

14.9　硬盘常见故障排除

硬盘是电脑的主要部件，了解硬盘的常见故障有助于避免硬盘中重要的数据丢失。本节总结一些在实际操作中常见的硬盘故障及故障解决方法，为用户在实际维修工作中提供参考。

1. 硬盘常见故障——硬盘连接线故障

- 故障现象：系统不认硬盘(系统从硬盘无法启动，从 A 盘启动也无法进入 C 盘，使用 CMOS 中的自动检测功能也无法检测到硬盘。)。

- 故障原因：这类故障的原因大多在硬盘连接电缆或 IDE/SATA 端口上，硬盘本身故障的可能性不大，用户可以通过重新插接硬盘电源线或改换 IDE/SATA 连接线检测该故障的具体位置(如果电脑上安装的新硬盘出现该故障，最常见的故障原因就是硬盘上的主从跳线被错误设置)。
- 解决方法：在确认硬盘主从跳线没有问题的情况下，可以通过更换硬盘电源线或 IDE/SATA 连接线解决故障。

2. 硬盘常见故障——无法启动故障

- 故障现象：系统无法启动。
- 故障原因：造成这种故障的原因通常有以下 4 个：主引导程序损坏；分区表损坏；分区有效位错误；DOS 引导文件损坏。
- 解决方法：在修复硬盘引导文件无法解决问题时，可以通过软件修复损坏的硬盘分区来排除故障。

3. 硬盘常见故障——硬盘老化

- 故障现象：硬盘出现坏道。
- 故障原因：硬盘老化或受损是造成该故障的主要原因。
- 解决方法：更换硬盘。

4. 硬盘常见故障——病毒破坏

- 故障现象：无论使用什么设备都不能正常引导系统。
- 故障原因：这种故障一般是由于硬盘被病毒的“逻辑锁”锁住造成的，“硬盘逻辑锁”是一种很常见的病毒恶作剧手段。中了逻辑锁之后，无论使用什么设备都不能正常引导系统(甚至通过软盘、光驱、挂双硬盘都无法引导电脑启动)。
- 解决方法：利用专用软件解开逻辑锁后，查杀电脑内的病毒。

5. 硬盘常见故障——主扇区损坏

- 故障现象：开机时硬盘无法自检启动，启动画面提示无法找到硬盘。
- 故障原因：产生这种故障的主要原因是硬盘主引导扇区数据被破坏，其具体表现状态为硬盘主引导标志或分区标志丢失。这种故障的主要原因往往是病毒将错误的数据覆盖到了主引导扇区中(目前市面上一些常见的杀毒软件都提供了修复硬盘的功能，用户可以利用其解决这个故障)。
- 解决方法：利用专用软件修复硬盘。

6. 硬盘常见故障——物理坏道

- 故障现象：无法处理物理坏道。
- 故障原因：一块硬盘在读取时发现存在严重的物理坏道，使用 Format 命令格式化后，仍然无法解决问题。虽然该硬盘能被正常分区，但是在安装操作系统时无法顺利检测该硬盘，造成无法顺利安装 Windows 系统的故障。
- 解决方法：使用分区格式化软件 Fdisk 删除原有分区，算出坏道在硬盘上所在的位置，然后在硬盘坏道处分出约 50MB 的逻辑分区，再将以后所剩的硬盘空间全分为一个逻辑磁盘，接下来使用快速格式化功能将硬盘格式化，最后删除 50MB 的坏道逻辑分区。

7. 硬盘常见故障—— 开关机有怪音

- 故障现象：硬盘平时读取时没有出现怪声，只有在刚开机时和关机后硬盘总会发出“咔”的一声。
- 故障原因：这是由于新式硬盘的磁头都有自动校正归位的功能，这种情况属于正常现象。
- 解决方法：若硬盘的声音是一直持续地发出而不会停止，则可能是硬盘出现故障，建议更换硬盘或送修。

8. 硬盘常见故障—— 长时间使用后电脑死机

- 故障现象：电脑开机一切正常，但使用时间长了就容易死机，尤其是运行大型程序时死机更频繁。
- 故障原因：该故障可能是由于硬盘散热不好有关，现在主流硬盘的转速越来越高，产生的热量也越来越大，若硬盘散热不好即会造成该故障。
- 解决方法：增强硬盘的散热系统，如为硬盘加装风扇，加强机箱通风等。

14.10　光驱常见故障排除

光驱是电脑硬件中使用寿命最短的配件之一，在日常的使用中经常会出现各种各样的故障。本节总结一些在实际操作中常见的光驱故障及故障解决方法，为用户在实际维修工作中提供参考。

1. 光驱常见故障——光驱无法读盘

- 故障现象：光驱的仓盒能够正常进出，但光盘放进后没有任何动作(光盘被放进光驱后，光驱的动作有：光头寻道的上下动作和光盘伺服电机转动的声音。这里指的没有任何动作就是没有上述两种动作中的一种)。
- 故障原因：造成这种故障的原因一般是驱动光驱的 12V 电压和 5V 电压中的 5V 电压没有加上。在打开光驱检查故障位置时，若用户已经确定是光驱的问题，那么故障的确切位置一般是电源接口处的保险电阻损坏。
- 解决方法：要解决这类故障，可以在打开光驱后直接用导线把损坏的保险电阻短接即可。

2. 光驱常见故障——仓盒无法弹出

- 故障现象：光驱的仓盒无法弹出或很难弹出。
- 故障原因：导致这种故障的原因有以下 2 个：

  1)光驱仓盒的出仓皮带老化，这种故障常见于使用了一年以上的光驱，因为出仓皮带老化，自身形变过长，造成光驱仓盒的传动力量不够，不能顺利完成仓盒的出仓动作。要解决该故障，用户可以将光驱带到电子产品市场购买一个录音机的出仓皮带(略小 3~5mm)给光驱换上即可。

2)异物卡在托盘的齿缝里，造成托盘无法正常出仓，光驱运行速度高，如果光盘的质量不好或表面贴有不干胶标签，这时便容易炸盘(光盘在光驱内部碎裂)。有的光驱炸盘后没有造成大的损坏，光驱还可以正常使用，但是因为内部炸开的光盘颗粒没有清除干净，有的小颗粒正好附在托盘的齿缝里的润滑硅脂里，就会造成光驱仓盒不能出盒到位。

- 解决方法：清洗光驱或更换光驱仓盒出仓皮带。

3. 光驱常见故障——光驱仓盒失灵

- 故障现象：光驱的仓盒在弹出后立即缩回。
- 故障原因：这种故障的原因是光驱的出仓到位判断开关表面被氧化，造成开关接触不良，使光驱的机械部分误认为出仓不顺，在延时一段时间后又自动将光驱仓盒收回。解决故障的办法是在打开光驱后用水砂纸轻轻打磨其出仓控制开关的簧片。
- 解决方法：清洁光驱出仓控制开关上的氧化层。

4. 光驱常见故障——读盘能力下降

- 故障现象：光驱读盘性能差。
- 故障原因：导致光盘读盘性能差的原因有两个，一个是光驱内部积聚了灰尘影响了光驱内部的激光头读取光盘信息，另一个则是光驱因为老化，其内部光头电位器功率下降。
- 解决方法：清洗光驱或调高光驱内光头电位器功率。

5. 光驱常见故障——光驱不读盘

- 故障现象：光驱的光头虽然有寻道动作，但是光盘不转或有转的动作，但转不起来。
- 故障原因：光盘伺服电机的相关电路有故障。可能是伺服电机内部损坏(可找同类型的旧光驱的电机更换)，驱动集成块损坏(出现这种情况时，有时会出现光驱一找到盘，只要光驱一转电脑主机就启动的情况，这也是驱动 IC 损坏所致)，也可能是柔性电缆某根断线。
- 解决方法：更换光驱。

6. 光驱常见故障——丢失盘符

- 故障现象：电脑使用一切正常，可是突然在【我的电脑】窗口中无法找到光驱盘符。
- 故障原因：该故障多是由于电脑病毒或者丢失光驱驱动程序而造成的。
- 解决方法：建议首先使用杀毒软件对电脑清除电脑病毒。

7. 光驱常见故障——程序无响应

- 故障现象：光驱在读盘的时候，经常发生程序没有响应的现象，甚至会导致死机。
- 故障原因：在光驱读盘时死机，可能是由于光驱纠错能力下降或供电质量不好而造成的。

- 解决方法：将光驱安装到其他电脑中使用，仍然出现该问题，则需清洗激光头。

8. 光驱常见故障——无法启动系统

- 故障现象：启动时，系统提示插入启动光盘。
- 故障原因：这是由于将光驱设为第一启动设备，并且光驱中拥有光盘。
- 解决方法：在 BIOS 设置中将硬盘设为第一启动设备，或将光驱中的光盘取出，然后再次启动系统即可。

14.11　显示器常见故障排除

显示器是电脑和用户交流的重要媒体，若显示器出现故障会直接导致用户无法正常使用电脑。本节总结一些在实际操作中常见液晶显示器故障及故障解决方法，为用户在实际维修工作中提供参考。

1. 显示器常见故障——显示杂纹

- 故障现象：在对液晶显示器进行开关时屏幕上出现了干扰杂纹。
- 故障原因：这种故障是由于显示卡的信号被干扰所造成的，属于正常现象。可以通过自动或手动调整相位来调整干扰纹。
- 解决方法：调节液晶显示器相位。

2. 显示器常见故障—— 显示黑斑

- 故障现象：在液晶屏幕上有拇指大小的黑斑。
- 故障原因：这种情况很大程度上是由于外力按压造成的。在外力的压迫下液晶面板中的偏振片会变形。偏振片性质的如铝箔，被按凹进去后不会自己弹起来，这样造成了显示器液晶面板在反光时存在差异，就会出现看到的灰暗部分，该部分在白屏下很容易发现，一般大小都是十几平方毫米，也就是拇指大小，这不会影响液晶显示器的使用寿命。
- 解决方法：无需维修。

3. 显示器常见故障—— 显示黑屏

- 故障现象：进入 Windows XP 系统时发生黑屏。
- 故障原因：显示器的分辨率设置超出了液晶显示器的最大支持范围。
- 解决方法：正常启动电脑，在启动时按下键盘上的 F8 键，选择以安全模式启动电脑，然后打开【显示属性】对话框的【设置】选项卡。在【设置】选项卡中调整为较低分辨率，保存后退出。重新启动电脑，进入 Windows XP 后将桌面分辨率更改为正常分辨率即可。

4. 显示器常见故障——显示偏红

- 故障现象：液晶屏无论在启动或运行时都偏红。
- 故障原因：液晶屏无论在启动或运行时都偏红，可以检查电脑附近是否有磁性物品，或者显示屏与主板的数据线是否松动。

- 解决方法：检查显示器数据线。

5. 显示器常见故障——显示模糊

- 故障现象：液晶屏显示模糊，尤其是显示汉字时不清晰。
- 故障原因：由于液晶显示器只有在“真实分辨率”下才能显现最佳影像。当设置为真实分辨率以外的分辨率时，屏幕会显示不清晰甚至产生黑屏故障。
- 解决方法：调整显示分辨率为该液晶显示器的“真实分辨率”。

14.12 键盘常见故障排除

键盘是使用最为频繁的电脑硬件设备之一，因此比较容易出现一些故障。本节就将归纳总结一些在实际操作中常见的电脑键盘故障及故障解决方法，为用户在实际维修工作中提供参考。

1. 键盘常见故障——按键无法弹起

- 故障现象：键盘的某个键按下后无法自动弹起。
- 故障原因：这是由于一些低档键盘键帽下的弹簧老化使弹力减弱，引起弹簧变形，导致该触点不能及时分离，从而无法弹起。这种故障比较常见，一般多发生在 Enter 键、空格键等常用键上。
- 解决方法：将有故障的键帽撬起，更换键帽盖片下的弹簧，或将弹簧稍微拉伸以恢复其弹力，再重新装好键帽即可。

2. 键盘常见故障——按键失灵

- 故障现象：按下某个键后，电脑屏幕上没有反应。
- 故障原因 1：键盘内部的电路板上有污垢，导致键盘的触点与触片之间接触不良，使按键失灵。
- 故障原因 2：该按键内部的弹簧片因老化而变形，导致接触不良。
- 解决方法：清洗键盘电路板或更换按键内的弹簧。

3. 键盘常见故障——关联邻近按键

- 故障现象：按下一个键后会同时出现多个字符。
- 故障原因：这是由于键盘内部电路板局部短路造成的(当键盘使用时间过长时，其按键的弹簧片可能将电路板上的绝缘漆磨掉，或是由于键体磨损电路板，形成了少量金属粉末，导致某局部多处短路)。
- 解决方法：将键盘拆开，检查有故障按键下面对应的电路板上是否有金属粉末，如果有可用软毛刷将其清除再用无水酒精擦洗干净即可。如果绝缘漆被磨掉，应先用无水酒精将电路板擦干净，将胶布贴在已磨损的地方即可。

4. 键盘常见故障——键盘自检报错

- 故障现象：键盘自检出错，屏幕显示“keyboard error Press F1 Resume”出错信息。
- 故障原因 1：键盘接口接触不良。
- 故障原因 2：键盘硬件故障。
- 故障原因 3：键盘软件故障。
- 故障原因 4：信号线脱焊。
- 故障原因 5：病毒破坏和主板故障等。
- 解决方法：当出现自检错误时，可关机后拔插键盘与主机接口的插头，并检查信号线是否虚焊，检查是否接触良好后再重新启动系统。如果故障仍然存在，可用替换法换用一个正常的键盘与主机相连，再开机试验。若故障消失，则说明键盘自身存在硬件问题，可对其进行检修；若故障依旧，则说明是主板接口问题，必须检修或更换主板。

14.13　鼠标常见故障排除

鼠标故障的分析与维修比较简单，大部分故障为鼠标接口或按键接触不良、断线。少数故障为鼠标内部元器件或电路虚焊，这主要存在于某些劣质产品中。本节将归纳总结一些在实际操作中常见的电脑鼠标故障及其解决方法，为用户在实际维修工作中提供参考。

1. 鼠标常见故障—— 系统不认鼠标

- 故障现象：在 Windows 操作系统中找不到鼠标。
- 故障原因 1：鼠标彻底损坏，需要更换新鼠标。
- 故障原因 2：鼠标与主机连接串口或 PS/2 口接触不良，仔细接好线后，重新启动即可。
- 故障原因 3：主板上的串口或 PS/2 口损坏，这种情况很少见，如果是这种情况，只好去更换一个主板或使用多功能卡上的串口。
- 故障原因 4：鼠标线路接触不良，通常是由于线路比较短，或比较杂乱而导致鼠标线被用力拉扯的原因造成的。这种情况是最常见的，接触不良的位置多在鼠标内部的电线与电路板的连接处。
- 故障原因 5：还有一种情况就是鼠标线内部接触不良，由于时间长而造成老化引起的，这种故障通常难以查找，更换鼠标是最快的解决方法。
- 解决方法：维修鼠标接口和连接线，或更换鼠标(建议更换鼠标)。

2. 鼠标常见故障——按键失灵

- 故障现象：鼠标按键失灵。
- 故障原因 1：鼠标按键无动作，造成这种故障的原因可能是因为鼠标按键和电路板上的微动开关距离太远或点击开关经过一段时间的使用而反弹能力下降。要解决该故障，用户可以在拆开鼠标后，在鼠标按键的下面粘上一块厚度适中的塑料片(厚度要根据实际需要而确定）。

- 故障原因 2：鼠标按键无法正常弹起，这种故障可能是因为当按键下方微动开关中的碗形接触片断裂引起的。
- 解决方法：建议用户更换鼠标。

3. 鼠标常见故障——反应慢

- 故障现象：在更换一块鼠标垫后，光电鼠标反映变慢甚至无法移动桌面鼠标。
- 故障原因：该故障多是由于新更换的鼠标垫反光性太强，影响光电鼠标的正常操作。
- 解决方法：更换一款深色，非玻璃材质的鼠标垫。

本章小结

本章主要介绍了电脑常见故障的排除方法。要想快速排除电脑故障，首先了解故障发生的原因，然后再按照正确的思路和方法进行排除。通过对本章的学习，用户应该掌握如何寻找电脑发生故障的原因，并使用正确的方法将故障排除。

习　题

填空题

1. 电脑故障处理的原则有________、________、________、________。
2. Windows XP 启动后，桌面图标不能正常显示，此时应手动加载________文件。
3. 主板 BIOS 设置无法保存，一般是因为________造成的。
4. 系统提示内存不足时，一般是因为________剩余空间不足造成的。
5. 电脑一般应用时正常，但在运行 3D 游戏或软件时出现无故重启现象，这是因为________温度过热而造成的。

简答题

6. 简述电脑有哪些常见的故障现象。
7. 简述电脑故障的处理原则。
8. 简述系统故障的诊断思路。
9. 简述检测硬件故障的常用方法。